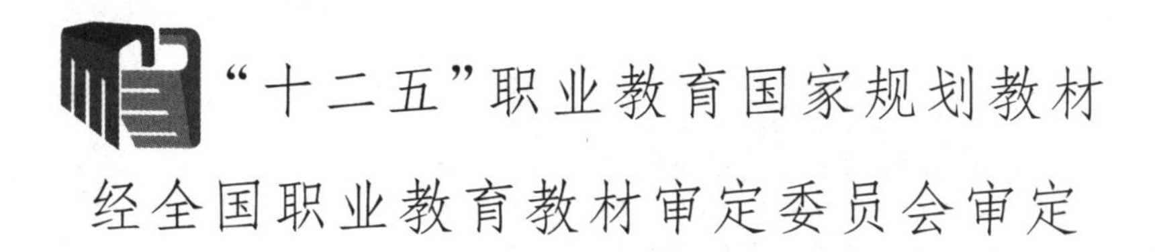

电气控制线路安装与检修

DIANQI KONGZHI XIANLU ANZHUANG YU JIANXIU

电气运行与控制专业

（第2版）

主编　杜德昌

高等教育出版社·北京

内容提要

本书是“十二五”职业教育国家规划教材《电气控制线路安装与检修》的第2版，依据教育部“中等职业学校电气运行与控制专业教学标准”，并参照了有关的国家职业技能标准和行业职业技能鉴定规范，结合经济、社会发展，产业转型升级，智能制造技术提升以及近几年中等职业教育的实际教学情况修订而成。本书也是经人力资源和社会保障部职业技能鉴定中心认定的职业院校“双证书”课题实验教材。

本书主要内容包括电气控制线路基础、电气控制线路常用低压电器及电动机、三相异步电动机控制线路的安装与检修、直流电动机控制线路的安装与检修、PLC及变频器控制线路的安装与检修、常用生产机械电气控制线路的识读及故障检修。

本书配套教学资源，请登录高等教育出版社 Abook 网站 http://abook.hep.com.cn/sve 获取相关资源，详细使用方法见本书“郑重声明”页。另外，本书部分配套学习资源在书中以二维码形式呈现，扫描书中的二维码进行查看，随时随地获取学习内容，享受立体化阅读体验。

本书可作为中等职业学校电气运行与控制、电气技术应用等相关专业的教材，也可作为专业岗位培训用书，还可作为相关专业技术人员的自学教材。

图书在版编目(CIP)数据

电气控制线路安装与检修/杜德昌主编.--2版.--北京:高等教育出版社,2021.2
电气运行与控制专业
ISBN 978-7-04-054300-1

Ⅰ.①电… Ⅱ.①杜… Ⅲ.①电气控制-控制电路-安装-中等专业学校-教材 ②电气控制-控制电路-维修-中等专业学校-教材 Ⅳ.①TM571.2

中国版本图书馆CIP数据核字(2020)第104419号

策划编辑 李 刚　责任编辑 李 刚　封面设计 张 志　版式设计 童 丹
插图绘制 邓 超　责任校对 李大鹏　责任印制 田 甜

出版发行 高等教育出版社
社　　址 北京市西城区德外大街4号
邮政编码 100120
印　　刷 北京市白帆印务有限公司
开　　本 787mm×1092mm 1/16
印　　张 21.25
字　　数 520千字
购书热线 010-58581118
咨询电话 400-810-0598
网　　址 http://www.hep.edu.cn
　　　　 http://www.hep.com.cn
网上订购 http://www.hepmall.com.cn
　　　　 http://www.hepmall.com
　　　　 http://www.hepmall.cn
版　　次 2015年5月第1版
　　　　 2021年2月第2版
印　　次 2021年2月第1次印刷
定　　价 44.50元

物 料 号 54300-00

出版说明

教材是教学过程的重要载体，加强教材建设是深化职业教育教学改革的有效途径，是推进人才培养模式改革的重要条件，也是推动中高职协调发展的基础性工程，对促进现代职业教育体系建设，提高职业教育人才培养质量具有十分重要的作用。

为进一步加强职业教育教材建设，2012年，教育部制订了《关于"十二五"职业教育教材建设的若干意见》(教职成〔2012〕9号)，并启动了"十二五"职业教育国家规划教材的选题立项工作。作为全国最大的职业教育教材出版基地，高等教育出版社整合优质出版资源，积极参与此项工作，"计算机应用"等110个专业的中等职业教育专业技能课教材选题通过立项，覆盖了《中等职业学校专业目录》中的全部大类专业，是涉及专业面最广、承担出版任务最多的出版单位，充分发挥了教材建设主力军和国家队的作用。2015年5月，经全国职业教育教材审定委员会审定，教育部公布了首批中职"十二五"职业教育国家规划教材，高等教育出版社有300余种中职教材通过审定，涉及中职10个专业大类的46个专业，占首批公布的中职"十二五"国家规划教材的30%以上。我社今后还将按照教育部的统一部署，继续完成后续专业国家规划教材的编写、审定和出版工作。

高等教育出版社中职"十二五"国家规划教材的编者，有参与制订中等职业学校专业教学标准的专家，有学科领域的领军人物，有行业企业的专业技术人员，以及教学一线的教学名师、教学骨干，他们为保证教材编写质量奠定了基础。教材编写力图突出以下五个特点：

1. 执行新标准。以《中等职业学校专业教学标准(试行)》为依据，服务经济社会发展和产业转型升级。教材内容体现产教融合，对接职业标准和企业用人要求，反映新知识、新技术、新工艺、新方法。

2. 构建新体系。教材整体规划、统筹安排，注重系统培养，兼顾多样成才。遵循技术技能人才培养规律，构建服务于中高职衔接、职业教育与普通教育相互沟通的现代职业教育教材体系。

3.找准新起点。教材编写图文并茂，通顺易懂，遵循中职学生学习特点，贴近工作过程、技术流程，将技能训练、技术学习与理论知识有机结合，便于学生系统学习和掌握，符合职业教育的培养目标与学生认知规律。

4. 推进新模式。改革教材编写体例，创新内容呈现形式，适应项目教学、案例教学、情景教学、工作过程导向教学等多元化教学方式，突出"做中学、做中教"的职业教育特色。

5. 配套新资源。秉承高等教育出版社数字化教学资源建设的传统与优势，教材内容与数字化教学资源紧密结合，纸质教材配套多媒体、网络教学资源，形成数字化、立体化的教学资源体系，为促进职业教育教学信息化提供有力支持。

为更好地服务教学，高等教育出版社还将以国家规划教材为基础，广泛开展教师培训和教学研讨活动，为提高职业教育教学质量贡献更多力量。

高等教育出版社
2015年5月

前　言

本书是"十二五"职业教育国家规划教材《电气控制线路安装与检修》的第2版,依据教育部"中等职业学校电气运行与控制专业教学标准",并参照了有关的国家职业技能标准和行业职业技能鉴定规范,结合经济、社会发展,产业转型升级,智能制造技术提升以及近几年中等职业教育的实际教学情况修订而成。本书也是经人力资源和社会保障部职业技能鉴定中心认定的职业院校"双证书"课题实验教材。

本书主要讲授常用低压电器及其维修、电动机基本控制线路及安装维修、常用继电器-接触器控制线路及维修等内容。使学生熟悉常用低压电器的功能、结构及原理,掌握常用低压电器的选用和安装维修方法,熟记常用低压电器的图形符号和文字符号,会分析电气控制线路的工作原理,识读电气布置图和接线图,并了解绘制原则,会设计简单电气控制线路,掌握电动机基本控制线路的安装步骤,掌握三相异步电动机点动、连续运行、正反转、顺序控制、降压起动、制动、多速等控制电路的构成、工作原理及其安装、调试与维修,掌握位置控制、自动往返控制、多地控制、Y-Δ降压起动等各种典型控制电路的构成、工作原理及其安装、调试与维修。

本书全面贯彻教育部中等职业教育教学改革的精神,着重体现以下特色:

1. 紧密联系生产实际,突出应用性和实践性。遵循技术技能人才成长规律,以学生职业能力形成为主线,将典型工作任务和能力要求转化为教材内容,引导教与学向生产技术与生产岗位的实际需求方向靠拢,并注意与相关职业资格考核要求相结合。同时,教材引用了大量新知识、新技术、新方法、新工艺,与专业领域的发展接轨。

2. 突出实践技能的培养,体现"做中学,做中教"的职业教育教学特色。本书以项目引领,让学生明确每个项目的意义;以任务导向,让学生在"任务描述"中明确任务目标,在"知识储备"中增补实现任务所需新知识,在"任务实施"中利用"做中学"掌握技能,在"任务评价"中自评、互评,增强责任感、成就感,培养学习兴趣、激发学习动力,提高职业意识,规范操作技能。

3. 教材编排生动活泼,版式新颖,充分体现了以学生为本的思想。教材中设"做中教""做中学""要点提示""思考与拓展"等小栏目,条理清晰,助教助学。其中,恰当适时的"要点提示"可以给学生有针对性、关键性的点拨与提示,方便学生准确把握知识点。同时,教材中采用了大量的图片替代文字描述,尽量做到生动直观。在图片的选择上,尽量多选取实物图、操作图、步骤图,并在图片上做简明扼要的标识和注解,方便学生理解。

本书充分体现"德技并修、工学结合"职业教育理念,符合当今中等职业教育的发展方向。本书的编者既有从事课程改革的教学研究人员,又有长期担任相关课程教学工作的一线教师,还有企业的专家参与指导,他们扎实的理论功底、丰富的实践经验,为本书的高质量编写提供了保障。

本书内容翔实、理实一体,涵盖电气操作技术人员必备的知识和技能,在修订过程中特别凸出了对学生职业道德、劳动精神、工匠精神、职业精神的培育,设置了"职业综合素养提升目标"栏目。本书既适合中等职业学校作为教材使用,又可作为专业岗位培训用书,还可作为相关专业技术人员的自学教材。

本书建议安排90学时，在实施教学过程中，倡导开展理实一体化的教学方式，学时分配建议见下表(带*为选修内容)。

序号	内容	学时
模块1	电气控制线路基础	8
模块2	电气控制线路常用低压电器及电动机	12
模块3	三相异步电动机控制线路的安装与检修	24
模块4	直流电动机控制线路的安装与检修	10
*模块5	PLC及变频器控制线路的安装与检修	14
*模块6	常用生产机械电气控制线路的识读及故障检修	14
机动		8
合计		90

本书配套教学资源，请登录高等教育出版社Abook网站http://abook.hep.com.cn/sve获取相关资源，详细使用方法见本书“郑重声明”页。另外，本书部分配套学习资源在书中以二维码形式呈现，扫描书中的二维码进行查看，随时随地获取学习内容，享受立体化阅读体验。

本书由山东省教育科学研究院杜德昌任主编，参加修订工作的有济南信息工程学校宋丽娜、淄博工业学校崔金华、聊城高级工程职业学校孙延秋、济南职业学院牛军、青岛港湾职业技术学院武玉升。全书由杜德昌统稿。本书承蒙湖南铁道职业技术学院赵承荻教授审稿，审者对书稿提出了很多宝贵的建议和意见，在此表示衷心的感谢。

由于编者水平有限，书中错误在所难免，敬请读者批评指正，读者意见反馈邮箱：zz_dzyj@pub.hep.cn。

编　者

2020年4月

目　　录

模块1　电气控制线路基础

模块2　电气控制线路常用低压电器及电动机

模块3　三相异步电动机控制线路的安装与检修

模块4 直流电动机控制线路的安装与检修

*模块5 PLC及变频器控制线路的安装与检修

*模块6 常用生产机械电气控制线路的识读及故障检修

模块1

电气控制线路基础

模块导入

电气控制技术主要涉及自动控制，所谓电气自动控制是指在没有人直接参与或仅有少数过程或步骤有人参与的条件下，使被控制对象或生产过程自动地按人们所期望的预定规律进行工作的控制技术。

现代社会，电气控制及自动化的触角已伸向各个领域，小到生活中的洗衣机、电冰箱、空调等家电设备控制，大到生产机械、现代制造业、航海航天等的智能控制，都有它的身影。电气控制技术也从最初简单的继电器-接触器控制，发展到现在集电气技术、控制技术、信息技术、电力电子技术等多种技术为一体的智能化控制时代，快速发展的人工智能和《中国制造 2025》呼唤更多的电气控制技术专业人才贡献力量。

本模块我们将从电气控制线路基础知识入手，学习作为一名电气控制技术专业人员必备的安全用电常识、电气安全技术规范、常用电工工具和电工仪表的使用及电气控制线路图和原理图的识读等专业基础知识，提升职业综合素养。

职业综合素养提升目标

1. 掌握安全用电常识，熟知电气安全技术操作规范，并会灵活地应用在工作和生活中。会应用保护接地、保护接零等预防触电的保护措施；遇到触电事故，会熟练地使触电者快速脱离电源，并会应用口对口人工呼吸和人工胸外挤压抢救等方法进行基本的现场急救；遇到电气火灾会熟练地应用灭火器进行灭火。

2. 认识常用的电工工具和电工仪表，并会熟练地应用在电气线路安装与检修工作中，会绘制、识读电气控制电路图，为分析电气控制电路打下基础。

3. 树立安全用电及规范操作的意识，热爱劳动，尊重生命，关注电气控制技术职业岗位综合素养养成。

项目1
熟悉电器安全技术规范

项目概述

在现代社会中,电已是人类生活、生产中不可缺少的能源,我们如果能够掌握安全用电常识,就可以让电力充分地为我们服务,但是如果安全用电意识淡薄、常识匮乏、措施不当,例如,电气设备的安装过于简陋,不符合安全要求;电气设备老化,有缺陷或破损严重,维修维护不及时;作业时没有严格遵守电工安全操作规程或粗心大意;缺乏安全用电常识等,就易导致人身触电或引发火灾等事故发生,危及人身及财产安全。所以,安全用电人人有责,掌握必要的安全用电常识,认真执行各项电气安全技术规范,是一名电气操作技术人员必备的基本职业素养。

任务1　熟悉安全用电常识

任务描述

在正常情况下,我们生活中的各种家用电器、生产中的各种机械等电气设备的金属外壳是不带电的,因为金属外壳与内部的带电部分是绝缘的。但是当电气设备发生故障导致金属外壳与内部带电体之间的绝缘损坏,就会使金属外壳带电,俗称"漏电",此时人体接触金属外壳就会触电。触电有哪些原因呢?预防触电有哪些措施?触电后如何急救?

知识储备

一、电流对人体的危害

人体是导体,能够传导电流。如果人体触及电气设备的带电部分,电流就会通过人体而发生触电伤害事故。触电对人体的伤害程度,与流过人体电流的频率、大小、通电时间的长短、电流流过人体的路径,以及触电者本身的情况有关。

触电事故表明,频率为50~100 Hz的电流最危险,当通过人体的电流在30 mA以上时,就会产生呼吸困难、肌肉痉挛,甚至发生死亡事故。所以一般认为30 mA以下的电流是安全电流。

触电伤人的主要因素是电流大小，但电流大小又取决于作用到人体的电压和人体的电阻。人体的电阻为 800 Ω 至几万欧不等，皮肤潮湿、有伤口时会使人体电阻变小。

电压越高对人体的危险越大，通常规定不高于 36 V 的电压为安全电压，在一些环境潮湿容易漏电的场合（例如隧道施工照明或建筑照明等场合），必须采用更低的电压（例如 24 V、12 V），才能保证安全。

常见的触电类型

二、常见的触电类型

常见的触电类型有三种：单相触电、两相触电和跨步电压触电，见表 1-1-1。

表 1-1-1　常见的触电类型

触电类型	图示	说明
单相触电	L1 L2 L3	单相触电是指人体的一部分触及带电导体，另一部分与大地或中性线相接时，电流从带电体流经人体与大地形成回路发生触电事故。此时，人体承受的电压是电源的相电压，在低压供电系统中是 220 V，人体承受电流超过 100 mA，远大于 30 mA 安全电流，因此单相触电很危险
两相触电	L1 L2 L3	两相触电是指人体的两个部位同时分别触及两相带电导体所引发的触电。此时，加在人体触电部位两端的电压是电源的线电压，在低压供电系统中是 380 V，此时触电的危害比单相触电更大
跨步电压触电	U_K 接地板 V	跨步电压触电是指在高压电网接地点或防雷接地点以及高压相线断落或绝缘损坏处，有电流流入接地点，电流在接地点周围土壤中产生电压降，当人体走近接地点附近时，两步之间就有电位差，由此引起的触电事故。步距越大、离接地点越近，跨步电压也越大。已受到跨步电压威胁者，应采取单脚或双脚并拢方式迅速跳出危险区域

要点提示

通常情况下，应避免带电操作。如果必须带电操作，操作者通常采用穿绝缘鞋、戴绝缘手套、使用带绝缘手柄的电工工具、脚踩木凳或橡胶凳等方式，增大人体与大地间的电阻，以有效避免触电事故发生。

三、预防触电的防护措施

1. 采用保护接地与保护接零

保护接地与保护接零

为了防止人体接触带电的电气设备金属外壳引起触电事故，基本有效的防护措施有保护接地和保护接零，见表1-1-2。

表1-1-2 保护接地与保护接零

		保护接地	保护接零
图示	实物图		
图示	示意图	L1 L2 L3	L1 L2 L3 N
定义		在电源中性点不接地的低压供电系统中，将电气设备的金属外壳与埋入地下的接地体可靠连接，这种方法称为保护接地，通常接地体为钢管或角铁	在电源中性点接地的三相四线制供电系统中，将电气设备的金属外壳与电源中性线（零线）可靠连接，这种方法称为保护接零
若不采用保护	图示	危险！ 大电流	危险！ 大电流

续表

		保护接地	保护接零
若不采用保护	说明	如果不采用保护接地，当设备漏电时，人体与线路构成串联回路，由于人体电阻很大，致使触电电流很小，不足以使线路上的过电流保护装置动作，同时导致加在人体上的电压一直存在，对人体造成危害	对于三相四线制，如果不采用保护接零，设备漏电时，人体的接触电压为相电压，十分危险。人体触及电气设备外壳时便会造成单相触电事故
若采用保护	图示	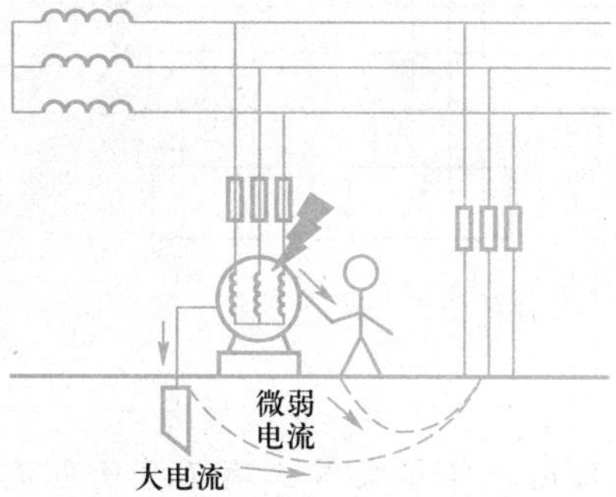 微弱电流 大电流	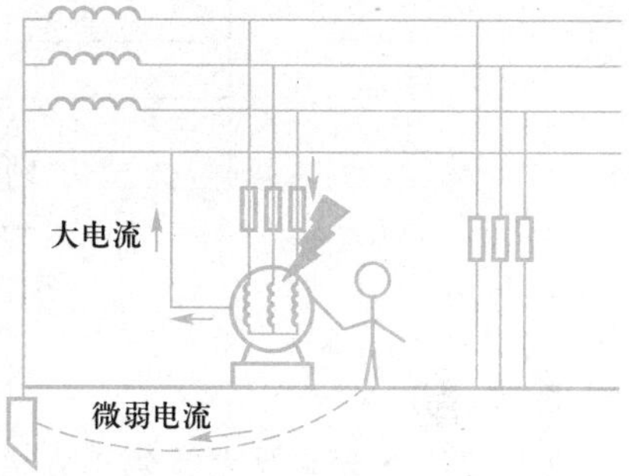 大电流 微弱电流
若采用保护	说明	采取保护接地后，电气设备金属外壳与大地可靠连接，当人体接触漏电设备时，人体电阻与保护接地电阻并联，电流将同时沿着人体与接地体两条途径流过。因为人体电阻远大于保护接地电阻，所以流过人体的电流就很小，绝大部分电流从接地体流过（分流作用），从而避免或减轻触电的伤害	采用保护接零后，当设备漏电时，由于保护接零的导线电阻很小，相当于对中性线短路，这种很大的短路电流将促使线路上过电流保护装置迅速动作，切断电路，既保护了人身安全又保护了设备安全
适用范围		三相三线制供电系统（中性点不接地系统），对于由于绝缘破坏或其他原因而可能呈现危险电压的金属部分，都应采取保护接地措施。如电动机、变压器、开关设备、照明器具及其他电气设备的金属外壳都应予以接地	（1）这种安全技术措施适用于中性点直接接地，电压为 380 V/220 V 的三相四线制供电系统和三相五线制供电系统。 （2）三相三线制供电系统不可能进行保护接零，因为没有中性线
注意事项		（1）保护接地的关键点是接地可靠，而且接地电阻越小越好。一般低压系统中，保护接地电阻应不大于 4 Ω。 （2）对于三相四线制系统，采用保护接地十分不可靠。因为一旦外壳带电，电流将通过保护接地的接地极、大地、电源的接地极而回到电源，人体触及外壳时，就会触电。所以在三相四线制系统中的电气设备不推荐采用保护接地，最好采用保护接零	（1）在保护接零系统中，中性线起着十分重要的作用。一旦出现中性线断线，接在断线处后面一段线路上的电气设备相当于没作保护接零或保护接地。所以中性线的连接应牢固可靠、接触良好。所有电气设备的接零线，均应以并联方式接在中性线上，不允许串联。在中性线上禁止安装断路器、刀开关或熔断器。 （2）在采用保护接零的系统中，要在电源中性点进行工作接地（即将电气回路的中性点与大地连接起来），在中性线的一定间隔距离及终端进行重复接地（即将中性线上工作接地以外的一处或多处通过接地装置与大地再次连接）

要点提示

在采取保护措施时，同一电网中不宜同时采用保护接地和保护接零。

2. TN-S 方式供电系统

TN-S 方式供电系统是把工作零线 N 和专用保护线 PE 严格分开的三相五线制供电系统，如图 1-1-1 所示。

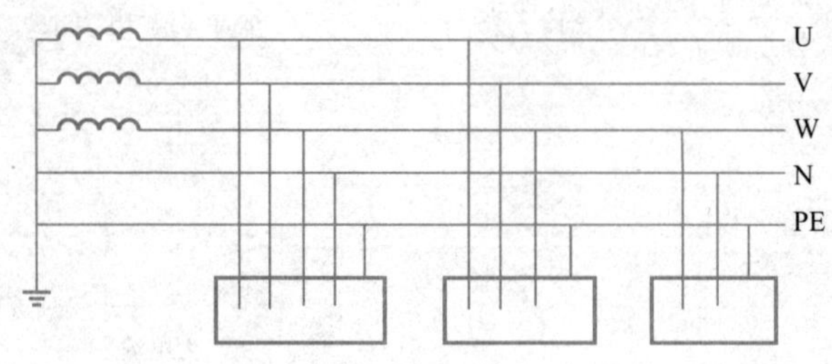

图 1-1-1　TN-S 方式供电系统

要点提示

(1) TN-S 方式供电系统正常运行时，只是工作零线 N 上有不平衡电流，专用保护线 PE 上没有电流，PE 线对地没有电压，但 PE 线绝对不允许断开。

(2) TN-S 方式供电系统干线上可以安装漏电保护器。N 线必须经过漏电保护器但不得有重复接地；而 PE 线不允许经过漏电保护器但必须有重复接地。

(3) TN-S 方式供电系统安全可靠，适用于工业与民用建筑等低压供电系统。国家规定：凡是新建扩建建筑施工现场及临时线路，一律实行三相五线制供电方式。

(4) 三相五线制导线的标准颜色：U 相线用黄色，V 相线用绿色，W 相线用红色，N 线用黑色或淡蓝色，PE 线用黄绿色。由此分出的单相三线线路中，一般相线用红色或棕色，中性线用蓝色，专用保护线用黄绿色。

3. 安装自动断电保护装置

在电气设备的控制线路上安装自动断电保护装置（如图 1-1-2 所示）可以起到安全保护作用。如家庭、实训室电路的总开关都安装空气开关，当电路中发生短路或者电器功率过大致使电路中的电流超过空气开关的额定电流时，空气开关就会跳闸，起到保护作用。另外，在供电线路中，安装漏电保护器也是灵敏有效的保护措施，在设备发生漏电故障时可以实现触电保护，亦可用来保护线路或电气设备的过载和短路。

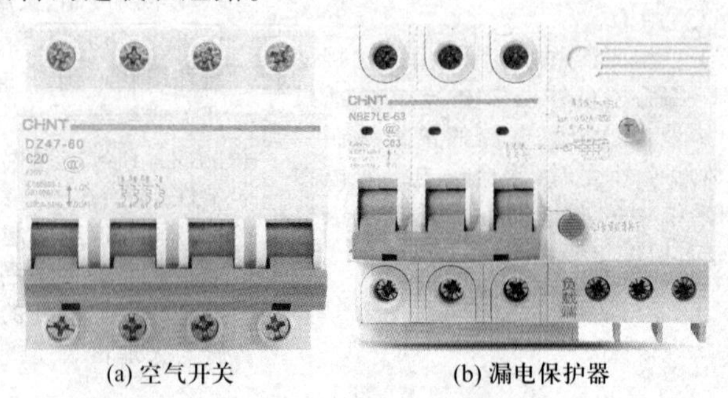

(a) 空气开关　(b) 漏电保护器

图 1-1-2　自动断电保护装置

要点提示

(1) 安装空气开关时,要考虑是否可以承载总额定电流。

(2) 工作零线必须接漏电保护器,而保护零线或保护地线不得接漏电保护器。

任务实施

做中学

熟悉触电急救

一、器材和工具

触电急救训练工具如图 1-1-3 所示。

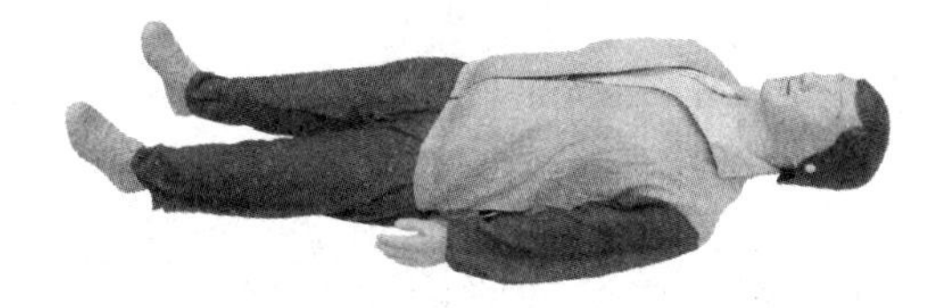

图 1-1-3　触电急救训练工具

二、操作步骤

1. 脱离电源

触电事故发生后,应首先使触电者迅速脱离电源,按照表 1-1-3 进行使触电者迅速脱离电源的技能训练。整个过程要注意安全、动作规范。

表 1-1-3　使触电者迅速脱离电源的方法

操作	图示	说明
拉 (拉闸断电)		迅速拉断电源开关或拔掉电源插头

续表

操作	图示	说明
挑 （挑开导线）	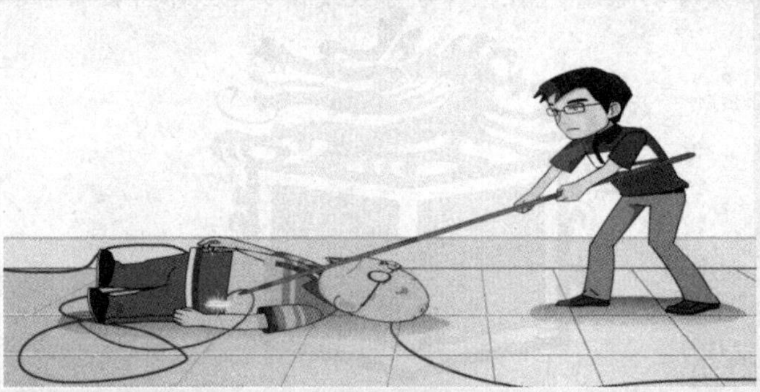	用绝缘棒挑开触电者身上的导线
切 （切断电源线）	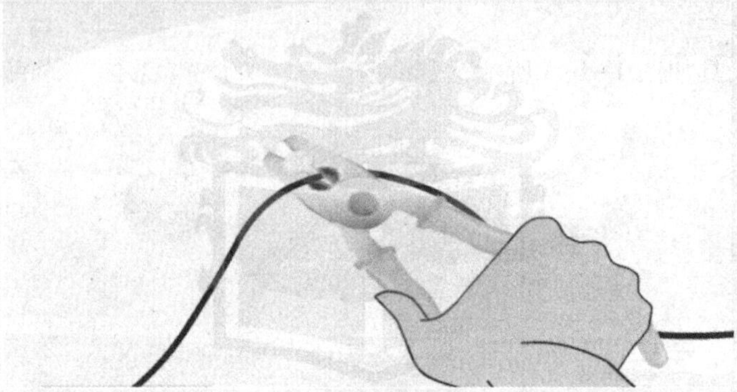	用带有绝缘柄的利器切断电源线
拽 （拖拽触电者）		拖拽触电者的干燥衣服使其脱离电源，同时注意拖拽者的自身安全，脚要踩在干燥木板上

2. 现场急救

发现有人触电，除及时拨打“120”联系医护部门外，还需立即进行现场急救。急救的方法有口对口人工呼吸抢救法和人工胸外挤压抢救法。参照表 1-1-4 进行触电现场急救技能训练。

整个过程要求团队协作、动作规范、严谨细致，养成专注、精益求精的精神。

表 1-1-4　触电现场急救方法

方法	图例	说明
口对口人工呼吸抢救法	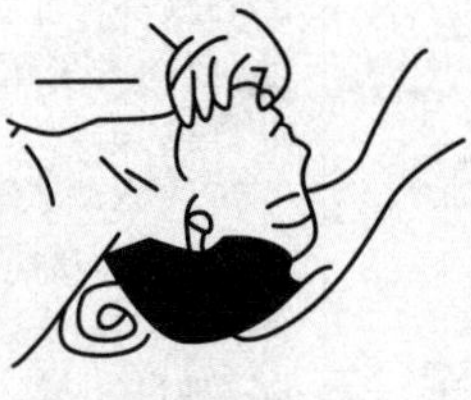 1. 解开衣扣，清除口腔异物，头部尽量后仰  2. 捏鼻、掰开嘴紧贴吹气 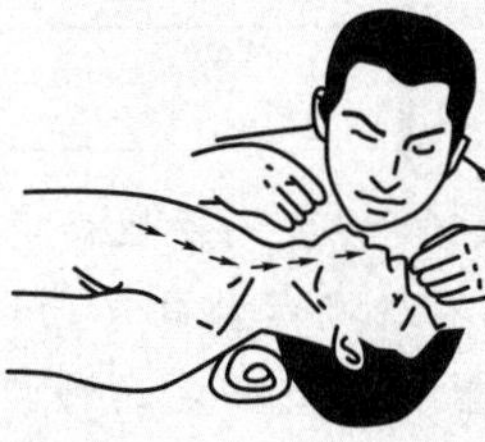 3. 放开口部，松开鼻子自然呼气 4. 重复步骤 2 和步骤 3 的动作，直到触电者恢复自主呼吸	1. 若触电者呼吸停止，但心脏还有跳动，应立即采用口对口人工呼吸抢救法。 2. 掌握好吹气速度和时间：成年人 14~16 次/min，约 5 s 一个循环（吹气约 2 s，换气约 3 s），儿童 18~24 次/min
人工胸外挤压抢救法	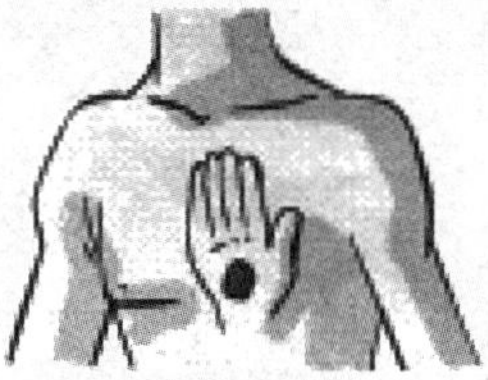 1. 找准按压位置 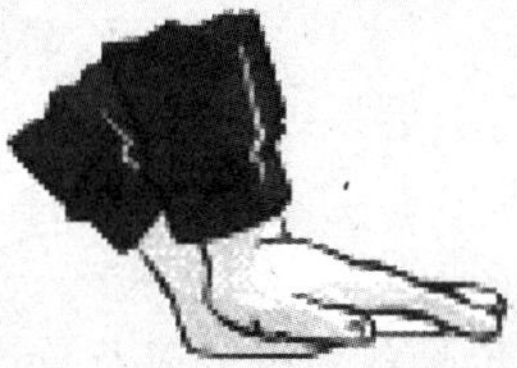 2. 正确的按压手形为着力点在手掌根部  3. 向下挤压胸部  4. 迅速放松 5. 重复步骤 3 和步骤 4，直到触电者心脏恢复自主跳动	1. 若触电者虽有呼吸但心脏停止跳动，应立即采用人工胸外挤压抢救法。 2. 按压时间与放松时间大致一样，60~70 次/min。对儿童用单手，约 100 次/min

续表

方法	图例	说明
两种方法同时采用		1. 若触电者受伤严重,呼吸和心跳都停止,或瞳孔开始放大,应同时采用上述两种方法进行抢救。 2. 注意两人配合默契:口对口吹气时,压胸者松手使胸廓弹起,呼气时,压胸者下压胸廓,如此反复,直到触电者恢复自主呼吸和心脏跳动

要点提示

(1) 当发现触电事故时,不要慌乱,要做到两“快”:快脱离电源,快现场急救。

(2) 无论采用哪种现场急救方法,都要不断观察触电者面部动作,如果发现触电者的眼皮、嘴唇会动,喉头有一定的吞咽动作,说明触电者有一定的呼吸能力,应暂停几秒,观察自主呼吸情况,如果不行再继续施救。在触电者呼吸未恢复正常前,无论什么情况,包括送医院途中、雷雨天气或抢救时间长而效果不太明显,都不能终止这种抢救。

任务评价

根据自评、小组互评和教师评价将各项得分以及总评内容和得分填入表 1-1-5。

表 1-1-5 评价反馈表

任务名称	熟悉安全用电常识	学生姓名	学号	班级	日期

项目内容	配分	评分标准	得分
熟悉电对人体危害	25 分	1. 熟悉电对人体的危害,掌握安全电压、安全电流的大小(10 分)	
		2. 熟悉触电的三种类型(15 分)	
熟悉保护接地与保护接零	20 分	熟悉保护接地与保护接零的含义,会正确进行保护接地、保护接零	
熟悉触电急救的方法	45 分	1. 熟悉让触电者脱离电源的方法,熟练操作、准确到位(15 分)	
		2. 熟悉口对口人工呼吸抢救法,熟练操作、准确到位(15 分)	
		3. 熟悉人工胸外挤压抢救法,熟练操作、准确到位(15 分)	

续表

项目内容	配分	评分标准	得分
职业素养养成	10分	严格遵守安全规程、文明生产、规范操作,养成严谨、专注、精益求精的职业精神,注重小组协作、德技并修	
总评			

思考与拓展

1. 三相三线制供电系统(中性点不接地系统),允许使用________保护。三相四线制中性点直接接地供电系统中,允许使用________保护。

2. 中性线(零线)上不准装设________、________或________。

3. 在同一台变压器供电的低压电网中,________(允许、不允许)将一部分电气设备的金属外壳采用保护接地,而将另一部分电气设备的金属外壳采用保护接零,否则,将引起________________后果。

4. 通常认为____________以下的电流为安全电流,通常认为____________以下的电压为安全电压。

5. 请仔细观察家用电器如空调、洗衣机、电视机的电源插头是两脚插头还是三脚插头?而其他小型家用电器如手机充电器、录音机等的插头是两脚插头还是三脚插头?试分析原因是什么。

6. 试想如果有人触电,你怎样选择合适的方法使触电者尽快脱离电源?

任务2 熟悉电气安全技术操作规范

电气安全技术规范

任务描述

安全责任重于泰山!日常使用电气设备时,若设备或线路长时间过载运行或供电线路绝缘老化引起漏电、短路而导致设备过热、温升太高,从而引起绝缘纸、绝缘油等燃烧,或是电气设备运行中产生明火(如电刷火花、电弧等)引燃易燃物等,都易引发电气火灾。作为一名电气操作人员,要熟悉电气火灾发生的原因及防范措施,并遵守电气安全技术操作规范,文明生产,并且有义务宣传安全用电常识,阻止违反安全用电的行为发生。

知识储备

一、文明操作技术规范

(1) 进入工作场地,必须穿干净的工作服和有效的绝缘电工鞋,戴绝缘手套,使用绝缘工具、站在绝缘板上作业。对相邻带电体和接地金属体应用绝缘板隔开。

(2) 工作严肃认真、小心谨慎,规范操作,要有高度的责任意识、劳动意识与工匠精神。爱护电工工具、仪器仪表、设备、器材,轻拿轻放,用后要用清洁的干布擦拭干净并摆放回原位。

(3) 工作场地要保持清洁、整齐, 工具摆放有序,保护符合电气操作的安全环境。

(4) 要有良好的工作习惯及节约意识、环保意识。工作结束后,必须对工作场地进行全面清扫,将还能够继续使用的导线、器材等放置到指定位置,将不能够再继续使用的废导线、器材等放置到指定地点,不要随意丢弃。

(5) 定期检查电工工具和防护用品的绝缘性能,对不符合安全要求的,必须立刻更换。

(6) 在需要切断故障区域电源时,应认真策划,尽量只切断故障区域分路开关,缩小停电范围,以免给周围用电带来不便。

(7) 具有团队协作意识与创新精神,与从事相关作业的同事配合默契、互相支持。

(8) 电气操作技术人员必须具备电气操作知识与技能,否则不得从事电气操作。

二、电气安全操作技术规范

(1) 在制造电气设备和安装电气线路时,应选用具有一定阻燃能力的材料,要按照防火要求设计和选用电气产品,严格按照额定值规定条件使用电气产品。

(2) 导线和用电器在使用一定时间之后会老化,绝缘性能变差,易引起短路进而引发火灾,应及时更换电路中老化的导线,淘汰老化的用电器。

(3) 经常接触和使用的配电箱、配电板、闸刀开关、插座以及导线等,必须保持完好,不得有破损或裸露带电部分。保持电气设备干燥,不可用湿手接触和湿布擦拭带电电器。

(4) 电气设备要按规定接线,在同一个电源插座上不允许接过多或过大功率的电气设备,用电器的电流不得大于插座的允许电流。

(5) 使用单相电器时,力求选用三脚插头和配套三孔插座,其中上方的专用插孔应妥善接地或接零。

(6) 对产生有害辐射的电器,使用人员应保持说明书规定的安全距离。

(7) 必须谨慎使用电热器具,人员离开时应切断电源。工作温度高的电器的附近不得存放易燃物品。

(8) 在移动电风扇、照明灯、电焊机等电气设备时,必须先切断电源,并保护好导线,以免磨损或拉断。

(9) 较长时间不用的电器,应拔下电源插头。对于连接天线和互联网的电器,如电视机、计算机等,在雷雨季节不用时必须拔出电源插头、天线或网线插头。

(10) 配电箱要装有漏电保护器,漏电保护器不能停止工作,若漏电保护器一直跳闸,说明电气设备和线路有漏电故障,应及时检修或更换。

(11) 电气设备出现异常温度、响声、气味时,要先切断电源,再做处理。严禁在运行中检修电气设备,操作前必须切断电源,检验设备和线路确实无电方可进行检修,并在明显处放置“禁止合闸,有人工作”的警示牌。如果一次任务未完,下次工作前,必须重新检查电源是否断开,设备和线路是否确实无电。

(12) 必须带电操作时,要经过批准,并有专人监护和切实的安全保护措施。

(13) 对出现故障的设备和线路,不能继续使用,必须及时检修或换新。对拆除电气设备后还需继续供电的线路,必须做好线头绝缘处理。

(14) 发生电气火灾时,首先要切断电源,用二氧化碳灭火器或干粉灭火器扑灭电气火灾,阻止火情蔓延,严禁使用水和泡沫灭火器,防止触电事故发生。

(15) 雷雨天,不要站在高处和大树下面,更不要走近高压电线杆、铁塔、避雷针的接地导线。万一高压线路断落在身边或已经在避雷针下面,遇到雷电时,应单脚或双脚并拢跳离危险区域。

三、电工实训室安全操作规程

(1) 实训前必须穿戴好安全防护用品。进入实训室后,听从实训教师安排,按编组就位,自觉遵守实训室安全操作规章制度。

(2) 实训开始前,要认真聆听教师讲解实训目的、步骤、操作方法和注意事项,检查实训台上的仪器、仪表,核对实训元器件数目。

(3) 实训时应正确操作,按电路图接线,元器件安装、连线要可靠牢固,爱护元器件、仪表,避免造成事故。未经教师允许,不得随意动用其他实训台上的实训用品及设备,不得擅自离开自己的位置走出实训室。

(4) 根据实训要求完成接线后,要认真检查,确认电路无误并经教师许可后方可接通电源调试,未经教师许可不得通电。接通电源前,要告知同组同学。

(5) 实训时要严肃认真,讨论问题时应断开电源。

(6) 实训过程中,若出现异常现象,应立即切断电源,并报告指导教师检查故障原因,严禁在运行中检修电气设备。

(7) 如果未经验电,任何室内电气设备一律视为有电,不准用手触及,任何接线、拆线都必须先断电方可进行。

(8) 带电工作时,必须穿戴好防护用品,并在有经验的实训指导教师或电工监护下,用绝缘垫、云母板、绝缘板等将带电体隔开后,方可操作。要使用有绝缘柄的工具,严禁使用锉刀、钢尺等导电工具。

(9) 高空操作要系好安全带,使用梯子时,梯子与地面的夹角以60°为宜,在水泥地上使用梯子时要有防滑措施。

(10) 实训结束后,要整理实训台。拆除线路时,要切断电源,严禁带电操作。核对实训器材有无丢失和损坏,若有丢失和损坏要及时做好记录,汇报指导教师。

任务实施

做中学

熟悉电气火灾消防常识

一、器材和工具

常见的手提式电气消防灭火器如图 1-1-4 所示。

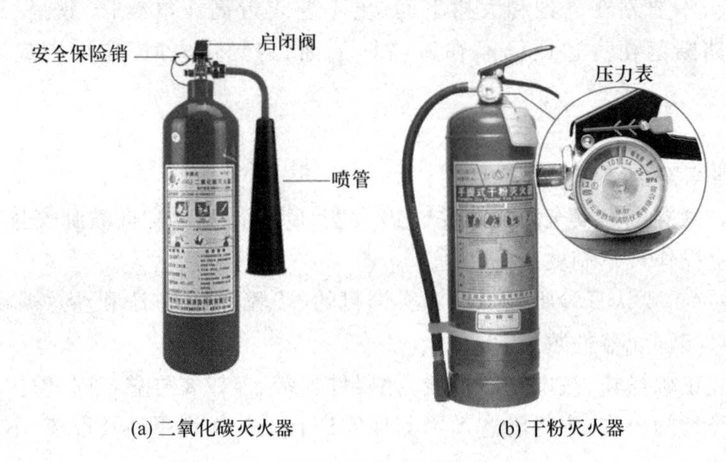

(a) 二氧化碳灭火器 (b) 干粉灭火器

图 1-1-4 常见的手提式电气消防灭火器

二、操作步骤

1. 熟悉电气火灾的扑救方法

电气火灾一旦发生,首先要切断电源,然后灭火。但有时若等待切断电源后再进行扑救,就会有火焰蔓延的危险,或者断电后会严重影响生产,为了取得扑救的主动权,可以带电灭火,但必须注意:

(1) 必须在确保安全的前提下进行,应使用不导电的灭火剂,如二氧化碳灭火剂、干粉灭火剂等,切忌用水或泡沫灭火剂。

(2) 灭火人员要戴上绝缘手套,穿上绝缘靴进入灭火区域。

(3) 灭火时防止触及导线及电气设备。

(4) 在没有切断电源之前,要阻止没有绝缘防护措施的人员进入火灾现场,防止触电事故的发生。

2. 练习灭火器的使用

以二氧化碳灭火器为例,参照表 1-1-6 练习灭火器的使用。整个过程要求团队协作,动作规范,养成严谨细致、精益求精的职业精神。

表 1-1-6　二氧化碳灭火器的使用

序号	图示	说明
1		手提灭火器快速赶到火灾现场
2	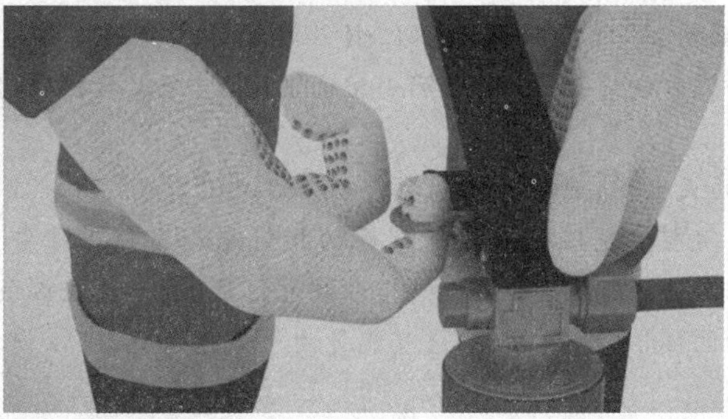	快速拔出安全保险销
3	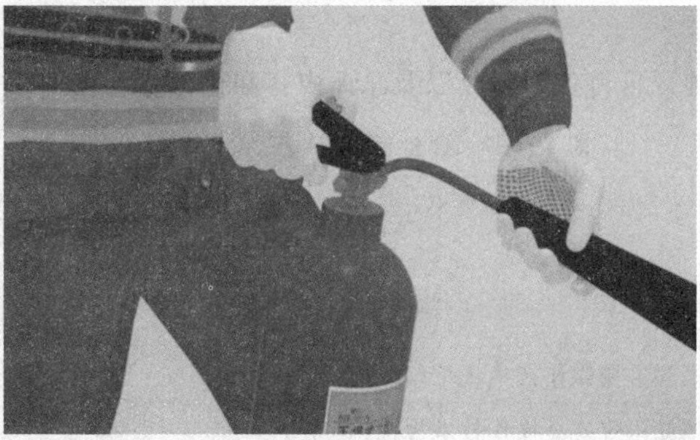	一只手握住喇叭筒根部的手柄,另一只手紧握启闭阀的压把

续表

序号	图示	说明
4		在火焰上风口 2 m 左右位置，对准火焰根部，左右摆动扫射，并且随着射程缩短，走近火源，直至火焰完全扑灭

要点提示

（1）使用二氧化碳灭火器时，不能直接用手抓住喇叭筒外壁或金属连接管，防止手被冻伤。在室外使用时，应选择上风方向喷射；在室内窄小空间使用时，灭火后操作者应迅速离开，以防窒息。

（2）对于没有喷射软管的灭火器，应把喇叭筒往上扳 70°~90°。

（3）对于干粉灭火器，使用前应先检查安全气压阀的指针是否指向正常安全区域。如果指针指在绿色区域，表示在正常使用范围；如果指针指在红色区域，表示已经漏气无法使用，应立即更换；如果指针指在黄色区域，表示压力过高，可能是由于温度过高，可以使用。

任务评价

根据自评、小组互评和教师评价将各项得分以及总评内容和得分填入表 1-1-7 中。

表 1-1-7　评价反馈表

任务名称	熟悉电气安全技术操作规范		学生姓名	学号	班级	日期
项目内容	配分	评分标准				得分
电气操作规范	45 分	1. 熟知文明操作技术规范（15 分）				
		2. 熟知电气安全操作技术规范（15 分）				
		3. 熟知电工实训室安全操作规程（15 分）				

续表

项目内容	配分	评分标准	得分
电气火灾消防常识	45分	1. 明确电气火灾发生的原因及防范措施（5分）	
		2. 认识常见电气消防灭火器(10分)	
		3. 会正确使用各种电气消防灭火器(30分)	
职业素养养成	10分	严格遵守安全规程、文明生产、规范操作，养成严谨、专注、精益求精的职业精神，注重小组协作、德技并修	
总评			

思考与拓展

1. 对于二氧化碳灭火器，在室外使用时，应选择______方向喷射；在室内窄小空间使用时，灭火后操作者应______以防窒息。

2. 对于干粉灭火器，使用前应先检查______________。如果指针指在绿色区域，表示______________；如果指针指在红色区域，表示______________________________；如果指针指在黄色区域，表示______________________________。

3. 作为一名电气操作技术人员，必须遵守哪些安全操作技术规范？

项目2
认识常用电工工具和仪表

项目概述

在工作中,电气操作技术人员经常会用到各种电工工具和电工仪表进行控制线路的组装或检修。正确使用各种电工工具和电工仪表是一名电气操作技术人员必备的专业技能。

任务1 认识常用电工工具

常用电工工具

任务描述

常用电工工具是电气操作的基本工具。电工工具不合规格、质量不好或使用不当,都将影响工作质量,降低工作效率,甚至造成事故。那么,电气控制技术人员必须掌握的常用电工工具有哪些?应该怎样让它们更好地为电气操作服务呢?

知识储备

电工工具有很多,常用的有验电笔、电工钳、螺丝刀、电工刀、扳手、电烙铁等。

一、验电笔

验电笔也称试电笔,是一种检查线路和电气设备是否带电的工具,按工作场合不同可分为高压型和低压型两种。低压型验电笔又可按是否接触测试点,分为接触式验电笔和感应式(非接触式)验电笔,接触式验电笔又可分为钢笔式和螺丝刀式等,常见验电笔的类型及使用方法见表1-2-1。

表 1-2-1 常见验电笔的类型及使用方法

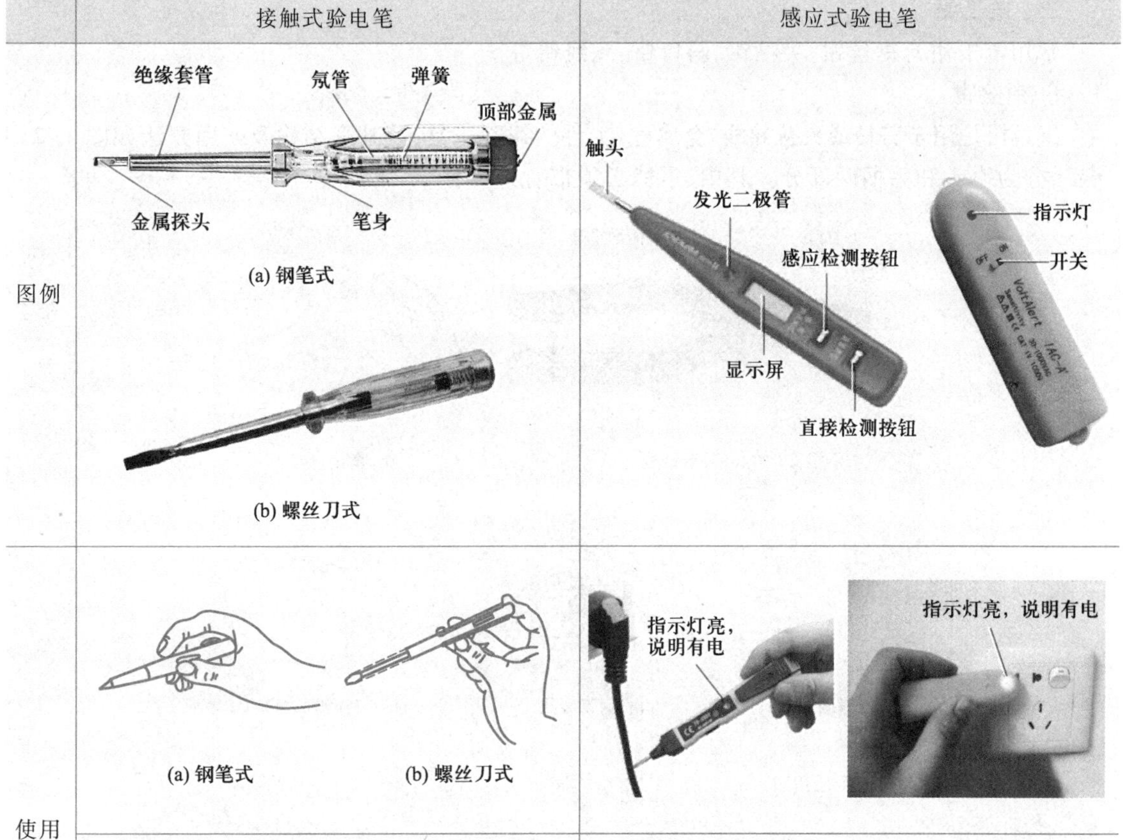

	接触式验电笔	感应式验电笔
图例	(a) 钢笔式 (b) 螺丝刀式	
使用方法	(a) 钢笔式　(b) 螺丝刀式	
	（1）一定要用手触及验电笔笔尖或顶端的金属部分，否则，因带电体、验电笔、人体与大地没有形成回路，验电笔中的氖管不会发光，造成误判。 （2）用金属笔尖接触测试点，观察时将氖管窗口背光面向操作者，若氖管发光说明被测试点带电，否则说明不带电	（1）感应式验电笔采用感应式测试，无需物理接触，用手按下按钮开关，将感应头靠近用电器或电源线，通过指示灯显示有电或通过显示屏读出相应检测数据，可以极大限度地保障检测人员的人身安全。 （2）对于 220 V/380 V 电压，在离电源线 5 cm 左右即可正常测试。当测试线路故障时用手一直按住按钮，沿着线路查找，在验电笔亮与灭的交替处即为线路故障

要点提示

（1）验电笔使用时要防止笔尖金属体触及人体造成触电，螺丝刀式验电笔的金属杆必须套绝缘套管方能使用。

（2）每次使用验电笔前，应检查验电笔有无安全电阻，并在带电体上对验电笔进行检验，以确定其能够正常工作，以免造成误判。

（3）验电笔平时要防止受潮，不要随意拆卸，作螺丝刀使用时要注意探头不能承受过大的扭矩。

二、电工钳

常用电工钳有钢丝钳、尖嘴钳、斜口钳、剥线钳等。

1. 钢丝钳

钢丝钳是用于剪切或夹持导线、金属丝、工件的钳类工具，其外形结构及使用方法如图 1-2-1 所示，分为钳头和手柄两部分。其中，手柄必须带有绝缘套。

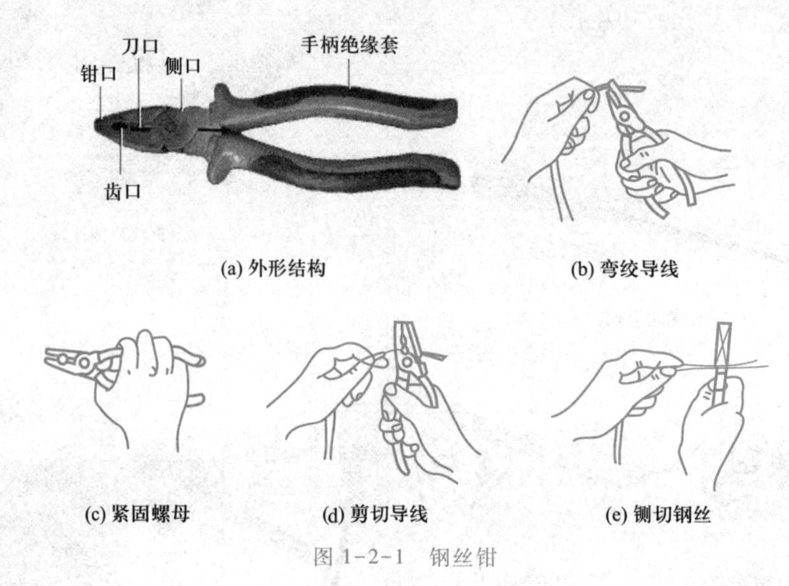

(a) 外形结构　(b) 弯绞导线

(c) 紧固螺母　(d) 剪切导线　(e) 铡切钢丝

图 1-2-1　钢丝钳

> **要点提示**
>
> 钢丝钳使用时应注意以下几点：
>
> (1) 使用前检查手柄绝缘套是否完好，如有破损应及时更换。
>
> (2) 使用时刀口置于内侧，若右手执钳则刀口位于左方，而左手执钳则刀口位于右方。
>
> (3) 在切断带电导体时，不能将相线和中性线放于钳口同时剪切，以防短路。
>
> (4) 不可用钳头代替锤子作敲打工具使用，以免损坏。

2. 尖嘴钳

如图 1-2-2 所示，尖嘴钳除头部与钢丝钳不完全相同外，两者结构和功能相似，主要用于切断较小的导线、金属丝，夹持小螺钉、垫圈，并可将导线端头弯曲成形。

3. 斜口钳

如图 1-2-3 所示，又名断线钳、扁嘴钳，专门用于剪断较粗的电线和其他金属丝，其柄部有铁柄和绝缘柄两种。电工常用的是绝缘柄斜口钳，其绝缘柄耐压值在 1 000 V 以上。

4. 剥线钳

如图 1-2-4 所示，剥线钳是用于塑料、橡胶绝缘电线、电缆芯线的剥皮工具，它是由刀口、压线口和钳柄组成。剥线钳的钳柄上套有额定工作电压为 500 V 的绝缘套管。

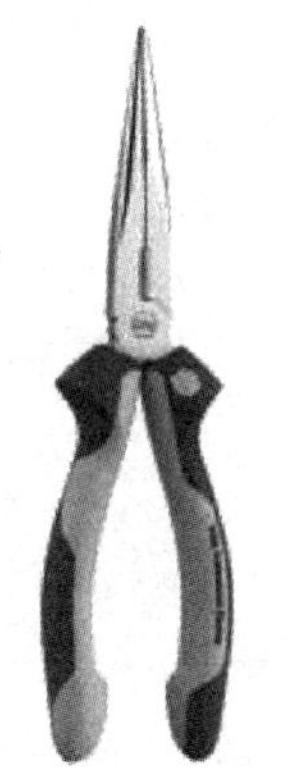

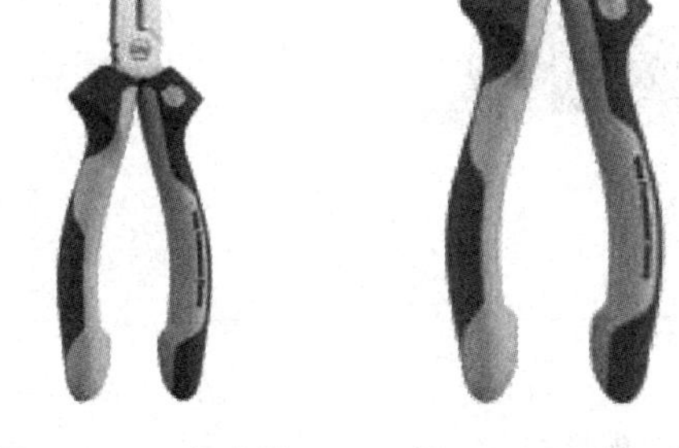

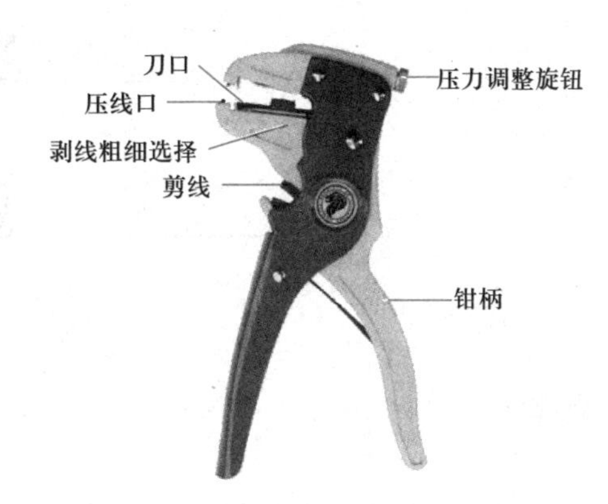

图 1-2-2 尖嘴钳　　图 1-2-3 斜口钳　　图 1-2-4 剥线钳

要点提示

剥线钳使用方法：

(1) 根据电线的粗细型号，选择相应的剥线刀口。

(2) 将准备好的电线放在剥线钳的刀刃中间，选择好要剥线的长度。

(3) 握住剥线钳手柄，将电线夹住，缓缓用力使电线外表皮慢慢剥落。

(4) 松开剥线钳手柄，取出电线，这时电线金属露在外面，其余绝缘塑料完好无损。

三、螺丝刀

螺丝刀又名改锥或旋具，是拆卸和紧固螺钉的工具。通常有一字式和十字式两种，其手柄又分为木制手柄和塑料手柄两种，如图 1-2-5 所示。为避免螺丝刀的金属杆触及皮肤及临近的带电体，应在金属杆上穿套绝缘管。

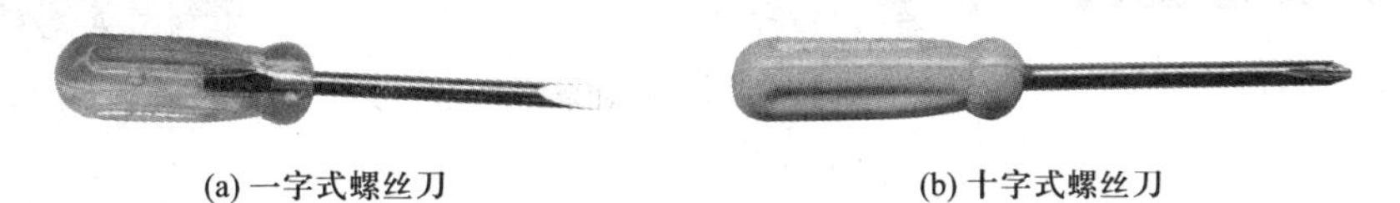

(a) 一字式螺丝刀　　(b) 十字式螺丝刀

图 1-2-5 螺丝刀

要点提示

螺丝刀使用时应注意：

使用时，手不能触及螺丝刀的金属杆，更不能使用金属杆直通手柄顶端的螺丝刀在带电设备上操作。使用螺丝刀扭动螺钉时，应按螺钉规格选用适合的刀口。以小代大或以大代小均会损坏螺钉或电气元件。

四、电工刀

电工刀在电气操作中主要用于剖削导线绝缘层和削制木榫等，其外形如图 1-2-6 所示。有的电工刀还带有手锯和尖锥，用于电工器材的切割和扎孔。

图 1-2-6 电工刀

要点提示

电工刀使用时应注意：

(1) 使用时应使刀口向外进行操作，用后立即把刀身折入刀柄。

(2) 电工刀应在单面刀口上磨出圆弧状刀刃，在剖削导线绝缘层时，使圆弧状刀刃贴在导线上，刀面与导线成较小的锐角，这样不易削伤导线。

(3) 电工刀手柄不带绝缘装置，不能进行带电操作。

五、扳手

扳手是用于旋动螺杆螺母的一种专用工具。扳手种类繁多，其中活络扳手的扳口可在规格所定范围内任意调整大小，使用灵活方便。常见扳手如图 1-2-7 所示。

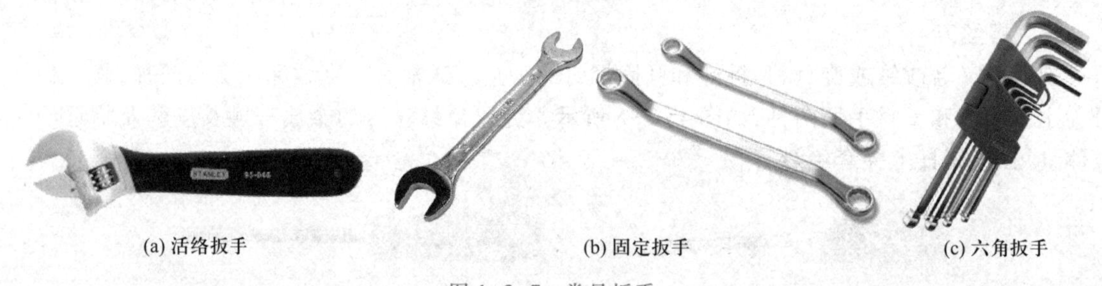

(a) 活络扳手　(b) 固定扳手　(c) 六角扳手

图 1-2-7 常见扳手

活络扳手使用方法如图 1-2-8 所示。使用时，旋动蜗轮使扳口卡在螺母上，然后扳动手柄即可把螺母紧固或旋松。扳动大螺母时，需用大力矩，手应握在手柄尾部；扳动小螺母时，需要力矩小，且容易打滑，因此，手应握在靠近头部的位置，且用拇指随时调节和稳定蜗轮，随时收紧扳口并防止打滑。

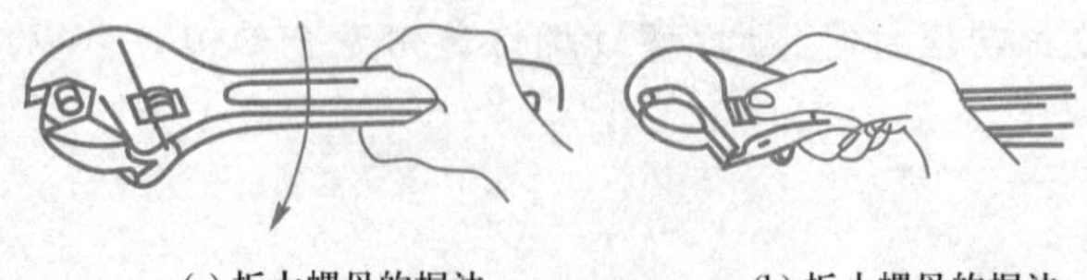

(a) 扳大螺母的握法　(b) 扳小螺母的握法

图 1-2-8 活络扳手使用方法

要点提示

扳手使用时应注意：

（1）旋动螺杆、螺母时，必须把工件的两侧平面夹牢，以免损坏螺杆或螺母的棱角。不能反方向用力，否则容易扳裂活络扳唇。

（2）不准将钢管套在手柄上作加力杆使用。

（3）不准作撬棍撬重物或当锤子敲打。

六、电烙铁

电烙铁是手工焊接的主要工具，包括内热式、外热式以及恒温式，如图 1-2-9 所示。其中，外热式电烙铁的加热体套在烙铁头的外部，功率一般在 25~300 W 之间，功率大但效率低，适用于大型工件和粗径导线以及金属底板接地焊片的焊接。内热式电烙铁加热器插在烙铁头的里面，效率较高但功率较小，一般在 20~75 W 之间，适用于小型元器件的焊接。恒温式电烙铁的温度可调（调好后可保持温度不变），也已广泛使用。

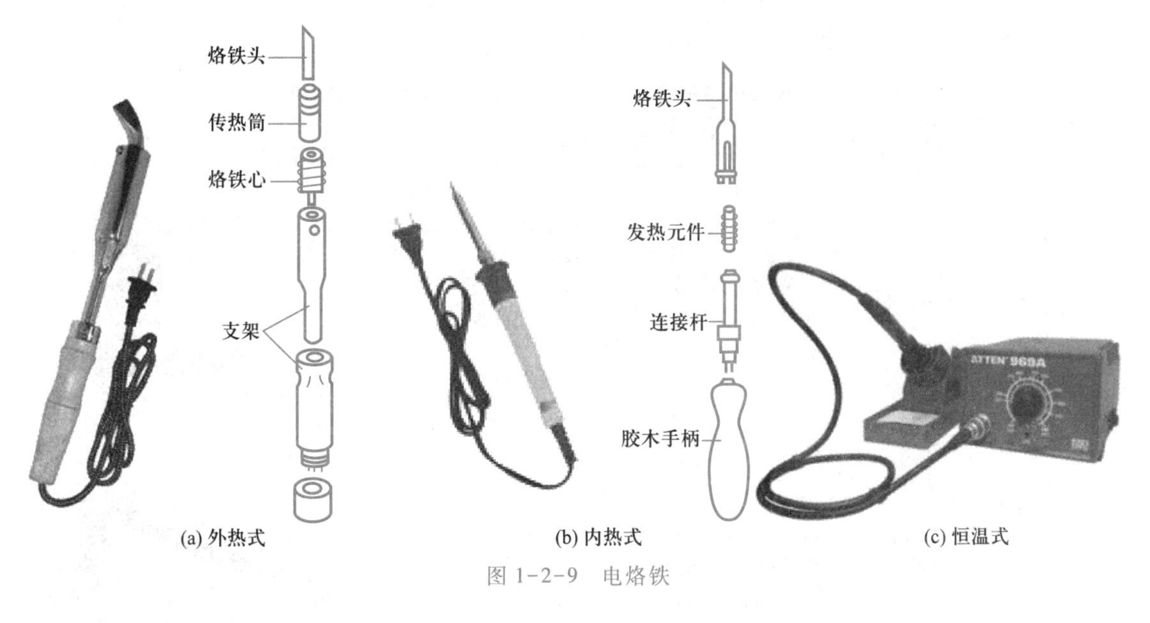

图 1-2-9　电烙铁

要点提示

电烙铁使用时应注意：

（1）使用前，应认真检查电源插头、电源线有无损坏，并检查烙铁头是否松动。

（2）握电烙铁的方法，以扎实稳定、烙铁头不抖动为原则。一般焊接印制电路板，以握铅笔的要领去握电烙铁，使手腕能自由地活动。使用中，不能用力敲击，要防止跌落。烙铁头上焊锡过多时，可用湿布擦掉，不可乱甩，以防烫伤他人。

（3）焊接过程中，电烙铁不能乱放。不焊时，应放在烙铁架上，注意电源线不可搭在烙铁头上，以防烫坏绝缘层而发生事故。

（4）使用结束后，应及时切断电源，拔下电源插头冷却后，再将电烙铁收回工具箱。

任务实施

做中学

熟悉常用电工工具

一、器材和工具

各种电工工具，电线，焊接用元器件(电路板、焊锡丝等)。

二、操作步骤

1. 使用验电笔检测用电器是否带电及查找电路中的断点

按照表 1-2-2，使用验电笔检测用电器是否带电及查找电路中的断点。整个过程要求严谨细致、动作规范，养成安全意识及精益求精的精神。

表 1-2-2 使用验电笔检测用电器是否带电及查找电路中的断点

序号	步骤	操作提示	图示
1	使用接触式验电笔检测带电体	以中指和拇指持验电笔笔身，食指接触笔尾金属体。当带电体与接地之间电压大于 60 V 时，氖管发光，证明有电。在检测交流电时，氖管发光的即是相线，氖管越亮，说明电压越高	氖管发光
2	对感应式验电笔进行自检	感应式验电笔使用前需要进行自检，方法是：一只手捏住笔头金属前端，另一只手按住直接检测按钮，灯亮表示验电笔电池充足，不亮表示需要更换电池	
3	使用感应式验电笔检测电路中的断点	一只手按住感应检测按钮，笔头金属前端靠近导线，若出现带电符号证明有交流电，沿着导线移动笔头，如果带电符号消失，说明此处即为导线的断点	12-250V AC·DC

续表

序号	步骤	操作提示	图示
4	使用感应式验电笔检测直流电	一只手按着电池的一端，另一只手按着直接检测按钮，笔头金属前端触碰电池的另一端，灯亮表示电池电量充足，灯暗或不亮则表明电池电量不足或已经没电	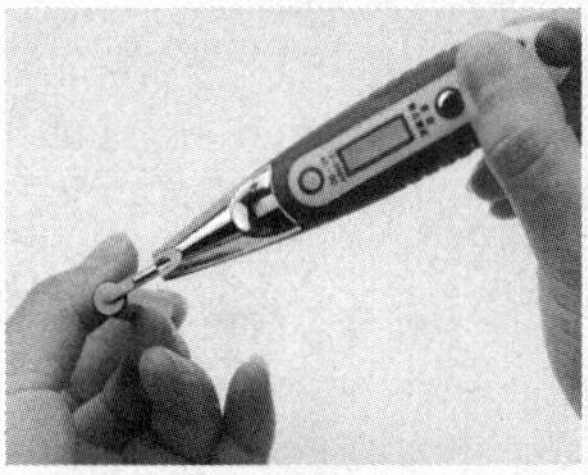
5	使用感应式验电笔检测交流电	一只手按着验电笔的直接检测按钮，然后将笔头金属前端接触相线、中性线或者地线。接触火线会显示：12 V、36 V、55 V、110 V、220 V。接触中性线会显示：12 V，受外界电场影响时不显示。接触地线会显示：12 V	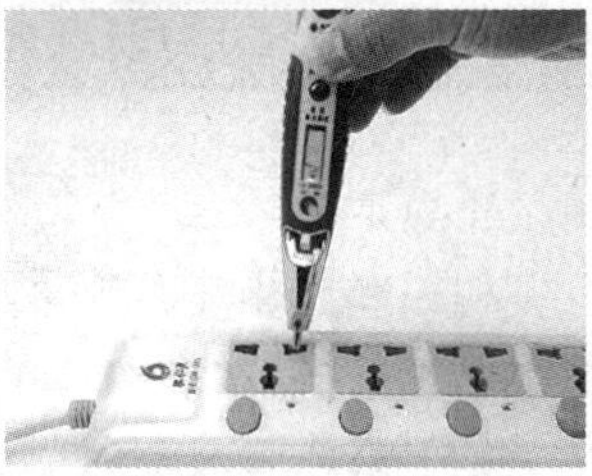
6	使用感应式验电笔检测高压电	一只手按着笔头，将验电笔尾部靠近被测物体，灯亮表示有电，灯越亮表示电压越高	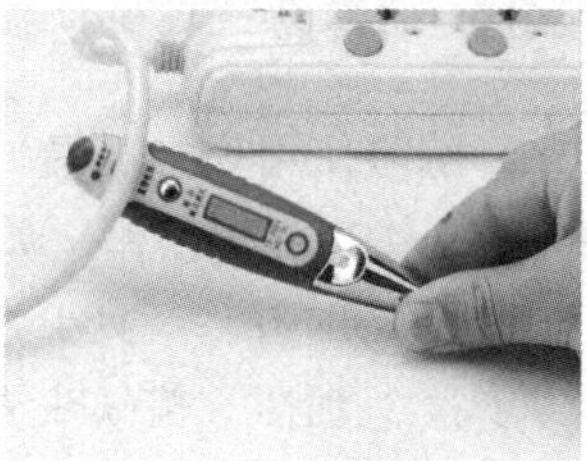

2. 练习使用剥线钳

按表 1-2-3，练习使用剥线钳，注意操作规范、严谨细致。

表 1-2-3　使用剥线钳

序号	操作提示	图示
1	调节钳口拨块	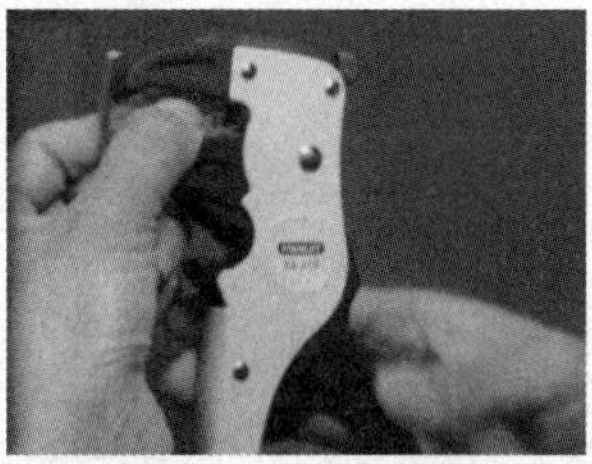
2	将导线放入钳口	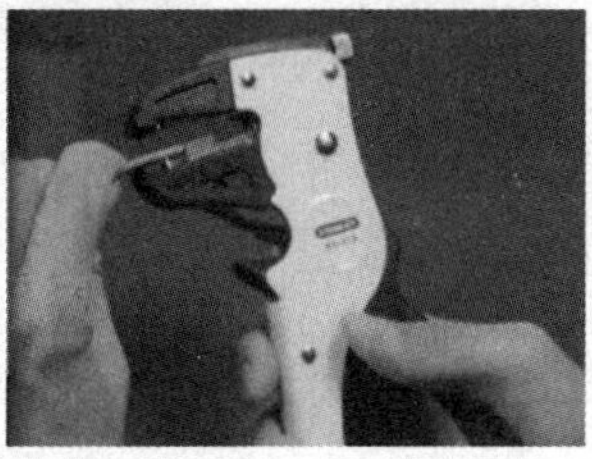

续表

序号	操作提示	图示
3	按压手柄，剥线，用手将两钳柄果断地一捏，随即松开，绝缘皮便与芯线脱开	

要点提示

（1）电气操作人员使用工具进行带电操作之前，必须检查绝缘套的绝缘性能是否良好，以防止绝缘损坏，发生触电事故。

（2）剥线钳用来剥削小直径(1 mm 以下)的导线绝缘层。不要把多根导线放在一起进行剥削，这样容易造成钳口损坏。

3. 练习使用焊接工具

手工锡焊五步操作法如图 1-2-10 所示，步骤如下：

步骤 1：准备。一只手拿焊锡丝，另一只手握电烙铁，看准焊点，随时待焊。

步骤 2：加热。烙铁头先送到焊接处，注意烙铁头应同时接触焊盘和元件引线，把热量传送到焊接对象上。

步骤 3：送焊锡。焊盘和引线被熔化了的助焊剂所浸湿，除掉表面的氧化层，焊料在焊盘和引线连接处呈锥状，形成理想的无缺陷的焊点。

步骤 4：去焊锡。当焊锡丝熔化一定量之后，迅速移开焊锡丝。

步骤 5：完成。当焊料完全浸润焊点后迅速移开电烙铁。

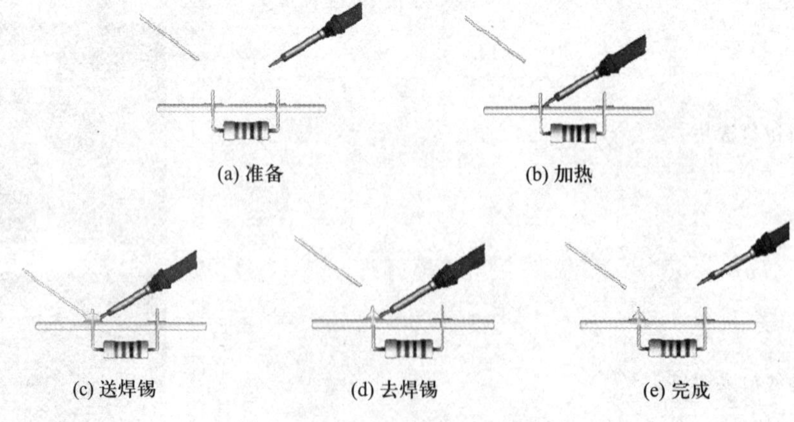

(a) 准备　(b) 加热　(c) 送焊锡　(d) 去焊锡　(e) 完成

图 1-2-10　手工锡焊五步操作法

练习使用焊接工具，焊点标准见表 1-2-4。整个过程要求团队协作、动作规范、严谨细致、精益求精。

表 1-2-4　焊点标准

	合格焊点	有缺陷的焊点		
		虚焊	偏焊	桥接
图示				
说明	焊点明亮、平滑，焊料量充足并呈裙状拉开，焊料与焊盘接合处轮廓隐约可见，无裂纹、针孔、拉尖等现象	焊件表面清理不干净，加热不足或焊料浸润不良，造成虚焊	焊料四周不均造成偏焊，有时会出现空洞	桥接是指焊料将两个相邻的铜箔连在了一起，会造成短路

任务评价

根据自评、小组互评和教师评价将各项得分以及总评内容和得分填入表 1-2-5 中。

表 1-2-5　评价反馈表

任务名称	认识常用电工工具	学生姓名	学号	班级	日期
项目内容	配分	评分标准			得分
熟悉工具	30 分	熟悉各种常用电工工具的结构、应用及注意事项			
练习	60 分	1. 使用验电笔正确检测用电器是否带电（20 分）			
		2. 使用剥线钳剥线（20 分）			
		3. 使用电烙铁进行简单焊接(20 分)			
职业素养养成	10 分	严格遵守安全规程、文明生产、规范操作，养成严谨、专注、精益求精的职业精神，注重小组协作、德技并修			
总评					

思考与拓展

1. ________是检查线路和电气设备是否带电的工具。
2. 电工刀手柄不带绝缘装置，________(能、不能)进行带电操作。
3. 使用电烙铁时需注意哪些事项？

任务2 认识常用电工仪表

任务描述

为了掌握电气设备的特性和运行情况，常需借助各种电工仪表对电气设备或电路进行检测，常用电工仪表有万用表、兆欧表等，如何正确使用各种电工仪表呢？

知识储备

常用电工仪表见表1-2-6。

表1-2-6 常用电工仪表

名称		图示	使用方法
万用表	指针式		指针式万用表是一种多功能电工仪表，可用来测量电阻、交直流电压、电流等，通过量程转换开关来选择相应的功能，测量结果根据量程和表盘刻度读出

续表

名称		图示	使用方法
万用表	数字式		目前,数字式万用表使用较多,可在显示屏上直接显示所测得的数据,使用起来比较方便,可以把人为误差减小到最小的程度,读数精度也比较高
兆欧表	指针式	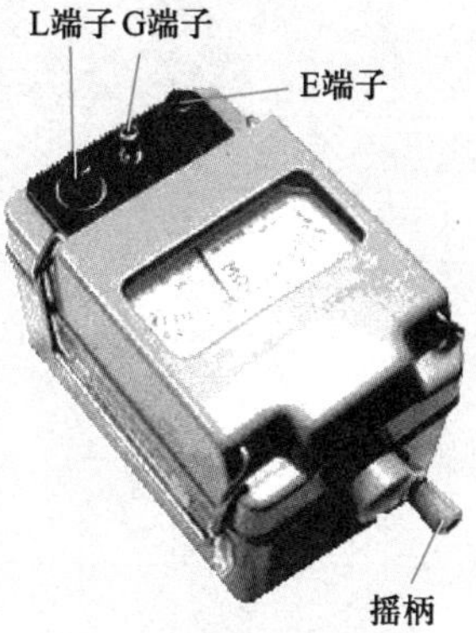 L端子 G端子 E端子 摇柄	兆欧表大多采用手摇发电机供电,故又称摇表,主要用来检查电气设备、家用电器或电气线路对地及相间的绝缘电阻,以保证这些设备、电器和线路工作在正常状态,避免发生触电伤亡及设备损坏等事故。兆欧表的刻度以兆欧(MΩ)为单位。 使用方法: (1) 选用符合电压等级的兆欧表。一般情况下,额定电压在 500 V 以下的设备,应选用 500 V 或 1 000 V 的兆欧表;额定电压在 500 V 以上的设备,选用 1 000~2 500 V 的兆欧表。 (2) 只能在设备不带电,也没有感应电流的情况下测量。 (3) 测量前应将兆欧表进行一次开路和短路试验,检查兆欧表是否良好。将两连接线开路,摇动手柄,指针应指在"∞"处,再把两连接线短接,指针应指在"0"处,符合上述条件者即良好,否则不能使用。 (4) 测量绝缘电阻时,一般只用 L 和 E 端,但在测量电缆对地的绝缘电阻或被测设备的漏电流较严重时,就要使用 G 端,并将 G 端接屏蔽层或外壳。 (5) 线路接好后,可按顺时针方向转动摇柄,摇动的速度由慢而快,当转速达到 120 r/min左右时(ZC-25 型),保持匀速转动,指针稳定约 1 min 后读数,但是要边摇边读数,不能停下来读数。
	数字式		

续表

名称		图示	使用方法
兆欧表	数字式		(6) 兆欧表停止转动之前或被测设备未放电之前,严禁用手触及。测量结束时,对于大电容设备要放电。放电方法是将被测物用导线对地短路放电。 (7) 禁止在雷电时或高压设备附近测绝缘电阻,摇测过程中,被测设备上不能有人工作。此外要定期校验其准确度

任务实施

做中学

万用表的使用

一、器材和工具

指针式万用表和数字式万用表(如图 1-2-11 所示)以及电阻、电路板、导线等。

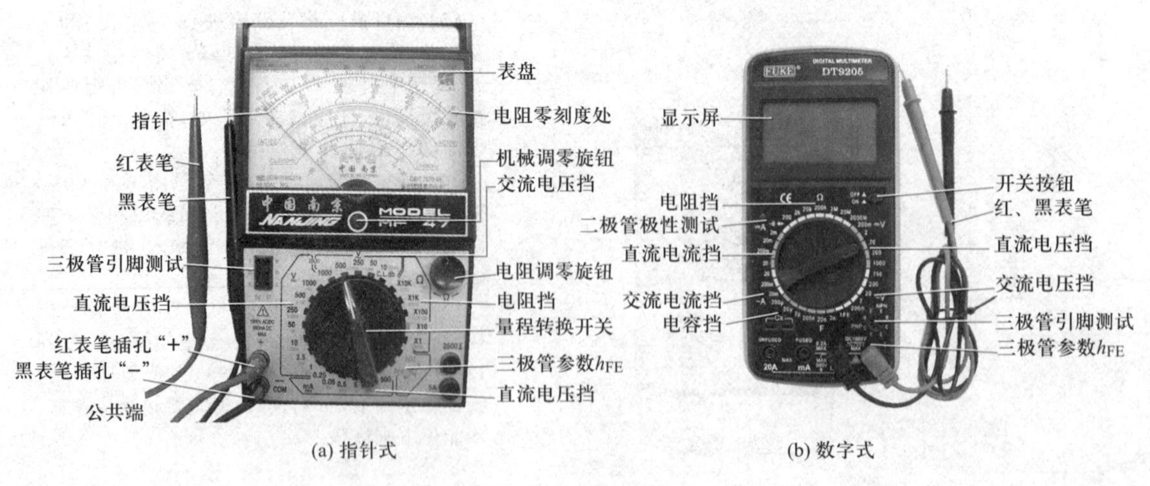

(a) 指针式 (b) 数字式

图 1-2-11 万用表

二、操作步骤

1. 用万用表测量电阻

(1) 用指针式万用表测量电阻

使用指针式万用表测量电阻

参照表 1-2-7，练习使用指针式万用表测量电阻，整个过程要求严谨细致、操作规范，测量结果力求精准、精益求精。

表 1-2-7　用指针式万用表测量电阻的方法

序号	步骤	操作提示	图示
1	选择适当的量程	选择万用表的电阻挡，电阻挡的量程有 $R\times1$、$R\times10$、$R\times100$、$R\times1\ \text{k}$、$R\times10\ \text{k}$ 等，测量前首先根据预估被测电阻值，通过量程转换开关选择适当的量程	A-V-Ω MODEL MF 47 电阻挡，选择 $R\times100$挡
2	电阻调零	把红、黑表笔短接，调节电阻调零旋钮，使指针指到电阻标尺的零位置上（当无法调节到零位时，则应更换电池）	A-V-Ω MODEL MF 47 1. 红、黑表笔短接 2. 调节电阻调零旋钮 3. 使指针指向电阻标尺零刻度

续表

序号	步骤	操作提示	图示
3	测量，读数	电阻调零后，用两表笔分别接触电阻两端，读出表盘上指针的读数，该读数乘以选用的量程即为该电阻的阻值	2. 读数：刻度为47，则该电阻的阻值为：47×100 Ω =4.7 kΩ 1.用两表笔分别接触电阻两端

> **要点提示**
>
> 用指针式万用表测量电阻注意事项如下：
>
> (1) 测量时不要用手同时接触电阻两端导电部分，以免身体电阻的干扰；不允许在电路带电时测量电阻，并且被测电阻要与原电路断开，以免影响测量结果。
>
> (2) 所选量程一般以测量时指针摆至电阻刻度盘的2/3位置较为合适。测量电阻时，若出现指针太偏左(右)，说明量程太小(大)了，需更换大(小)一点的量程。特别注意每次更换量程时，都要重新进行电阻调零。

(2) 用数字式万用表测量电阻

参照表1-2-8，用数字式万用表测量电阻的阻值。整个过程要求严谨细致、规范操作，测量结果力求精准，精益求精。

使用数字式万用表测量电阻

表1-2-8 用数字式万用表测量电阻的方法

序号	步骤	操作提示	图示
1	选择适当的量程	测量前首先根据被测电阻的阻值，通过量程转换开关在电阻挡选择适当的量程，这里量程选为2 k(最大测量值为2 kΩ)	被测电阻 量程转换开关

续表

序号	步骤	操作提示	图示
2	测量	打开数字式万用表的电源开关，将两表笔分别接电阻两端，待数值稳定后读出读数，这里所测电阻值为 1 kΩ	电源开关 显示屏

2. 用万用表测量直流电流（数字式、指针式万用表皆可）

（1）按图 1-2-12（a）所示，在实训台上搭接测量电路（电源 $E=6$ V，可变电阻 R 为 0~4.7 kΩ）。

（2）打开万用表，将量程转换开关置于直流电流挡，根据预估选择合适的量程。

（3）电路连接完毕经检查无误后，闭合开关，用万用表测出通过电灯的电流值，将结果填于表 1-2-9 中。

（4）改变阻值，测量 3 次。

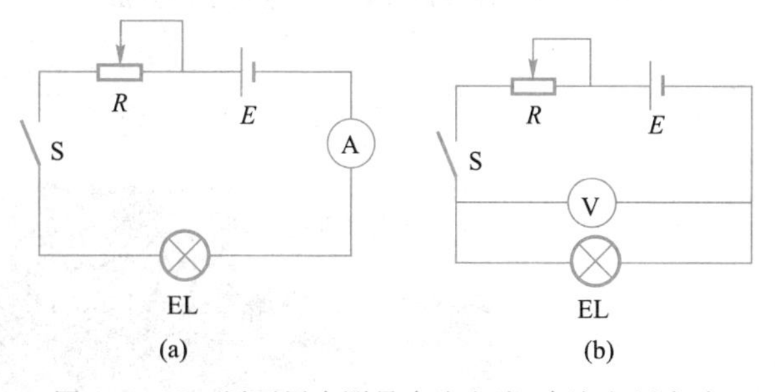

图 1-2-12 用万用表测量直流电流、直流电压实验

表 1-2-9 用万用表测量直流电流、直流电压实验数据

	第一次	第二次	第三次
直流电流			
直流电压			

要点提示

用万用表测量直流电流注意事项如下：

(1) 万用表必须与被测电路串联。

(2) 表笔极性必须正确，即电流从红表笔流入，从黑表笔流出。

(3) 注意选择合适的电流量程，指针式万用表所选量程一般以测量时指针摆至刻度盘的中间位置附近时为合适量程。测电流时，若出现指针太偏左(右)，说明量程太大(小)，需更换小(大)一点的量程。所测量电流不要超过所选量程。

3. 用万用表测量直流电压

(1) 电阻不变，改换电路如图 1-2-12(b)所示，将万用表置于直流电压 10 V 挡。

(2) 电路连接完毕，经检查无误后，闭合开关，用万用表测量电灯两端电压，将结果填于表 1-2-9 中。

(3) 改变阻值，测量 3 次。

要点提示

用万用表测量直流电压注意事项如下：

(1) 万用表必须与被测电路并联。

(2) 表笔极性必须正确，即红表笔接被测电路高电位端，黑表笔接低电位端。

(3) 注意选择合适的电压量程(量程选择方法同测量直流电流)。

(4) 万用表使用完毕要将量程转换开关置于交流电压最高挡(或 OFF 位置)。

4. 用万用表测量交流电压

根据表 1-2-10，练习用万用表测量交流电压的大小。

表 1-2-10 用万用表测量交流电压的方法

序号	步骤	操作提示	图示
1	搭建电路	搭建变压器电路	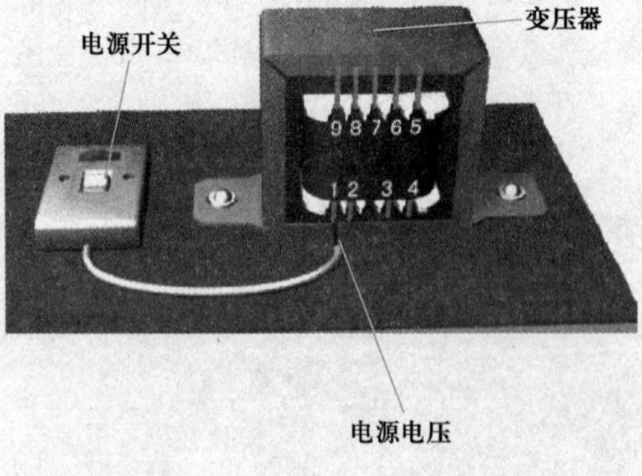

续表

序号	步骤	操作提示	图示
2	测量一次侧交流电压	将量程转换开关置于交流 250 V 挡，打开电源开关，测量 1、2 接线端间交流电压	打开电源开关 读数为 220 V 量程为 250 V
3	测量二次侧交流电压	将量程转换开关置于交流 10 V 挡，打开电源开关，测量 3、4 接线端间交流电压	

任务评价

根据自评、小组互评和教师评价将各项得分以及总评内容和得分填入表 1-2-11。

表 1-2-11　评价反馈表

任务名称	认识常用电工仪表		学生姓名	学号	班级	日期
项目内容	配分	评分标准				得分
熟悉工具	10 分	熟悉各种常用电工仪表				

续表

项目内容	配分	评分标准	得分
掌握万用表的使用方法	70 分	1. 测量电阻方法正确,读数准确(20 分)	
		2. 测量直流电流、直流电压方法正确,读数准确(35 分)	
		3. 测量交流电压方法正确,读数准确(15 分)	
实训后	10 分	规范整理实训器材,打扫卫生,物品归位	
职业素养养成	10 分	严格遵守安全规程、文明生产、规范操作,养成严谨、专注、精益求精的职业精神,注重小组协作、德技并修	
总评			

思考与拓展

1. 用万用表测量电阻时,每更换一次量程,必须先进行__________;用万用表测量电流时必须与被测电路________联;用万用表测量电压时必须与被测电路______联。

2. 使用兆欧表测量绝缘电阻时,一般只用______和______端,但在测量电缆对地的绝缘电阻或被测设备的漏电流较严重时,就要使用______端,并将 G 端接屏蔽层或外壳。

项目3
认识电气控制线路图

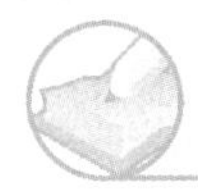

项目概述

电气控制系统是由许多电气元器件按一定要求连接而成的。为了便于阅读、安装和维修，电气控制线路图(简称电气图)可绘制成电气原理图(简称原理图，也称电路图)、元器件布置图(简称布置图)、电气安装接线图(简称接线图)等不同的形式，识读、绘制、分析各种电气控制线路图是分析电气控制线路的基础。

任务1　识读电气原理图

任务描述

分析电气控制线路时，电气原理图必不可少，它用于操作者详细了解控制对象的工作原理，以便为指导安装、调试与维修以及绘制接线图提供依据。电气原理图究竟什么样？如何识读及绘制电气原理图呢？

知识储备

一、电气图形符号和文字符号

在电气图中用来表示电气设备、电气元器件或概念的图形、标记称为图形符号，此时标注在对应的图形、标记旁的文字称为文字符号。

为了便于阅读和理解，国家颁布了统一的图形符号和文字符号，电气图中常用的图形符号和文字符号见表1-3-1。

二、电气原理图

电气原理图是将电气元器件以展开的形式绘制而成的一种电气控制系统图样，包括所有电气元器件的导电部件和接线端点。电气原理图并不按照电气元器件的实际安装位置来绘制，也不反映电气元器件的实际外观及尺寸。C620-1 型车床电气原理图如图 1-3-1 所示。

表 1-3-1 电气图中常用的图形符号和文字符号

类别	名称	图形符号	文字符号
电源	直流电	— 或 ---	DC
	交流电	~	AC
	接地		PE
开关	单极控制开关	或	SA
	刀开关		QS
	组合开关		QS
	低压断路器		QF
接触器	线圈		KM
	主触点		KM
	动合辅助触点		KM
接触器	动断辅助触点		KM
时间继电器	通电延时（缓吸）线圈		KT
	断电延时（缓放）线圈		KT
	瞬时闭合动合触点		KT
	瞬时断开动断触点		KT
	延时闭合瞬时断开动合触点		KT
	延时断开瞬时闭合动断触点		KT
	瞬时断开延时闭合动断触点		KT
	瞬时闭合延时断开动合触点		KT

续表

类别	名称	图形符号	文字符号	类别	名称	图形符号	文字符号
电磁操作器	电磁铁的一般符号	或	YA	接插器	插头和插座	或	X 插头 XP 插座 XS
	电磁吸盘		YH	行程开关	动合触点		SQ
	电磁离合器		YC		动断触点		SQ
	电磁制动器		YB		复合触点		SQ
	电磁阀		YV	按钮	动合按钮		SB
非电量控制的继电器	速度继电器动合触点	n	KS		动断按钮		SB
	压力继电器动合触点	p	KP		复合按钮		SB
发电机	发电机	G	G	熔断器	熔断器		FU
	直流测速发电机	TG	TG	热继电器	热元件		FR
灯	信号灯(指示灯)		HL		动断触点		FR
	照明灯		EL				

续表

类别	名称	图形符号	文字符号
中间继电器	线圈		KA
	动合触点		KA
	动断触点		KA
电流继电器	过电流线圈	$I>$	KA
	欠电流线圈	$I<$	KA
	动合触点		KA
	动断触点		KA
电压继电器	过电压线圈	$U>$	KV
	欠电压线圈	$U<$	KV
电压继电器	动合触点		KV
	动断触点		KV
电铃	电铃		HA
电动机	三相笼型异步电动机	M 3～	M
	三相绕线转子异步电动机	M 3～	M
	直流他励电动机	M	M
	直流并励电动机	M	M
	直流串励电动机	M	M
变压器	单相变压器		T

续表

类别	名称	图形符号	文字符号	类别	名称	图形符号	文字符号
变压器	三相变压器		T	互感器	电流互感器		TA
	自耦调压器		T	电抗器	电抗器		L
互感器	电压互感器		TV				

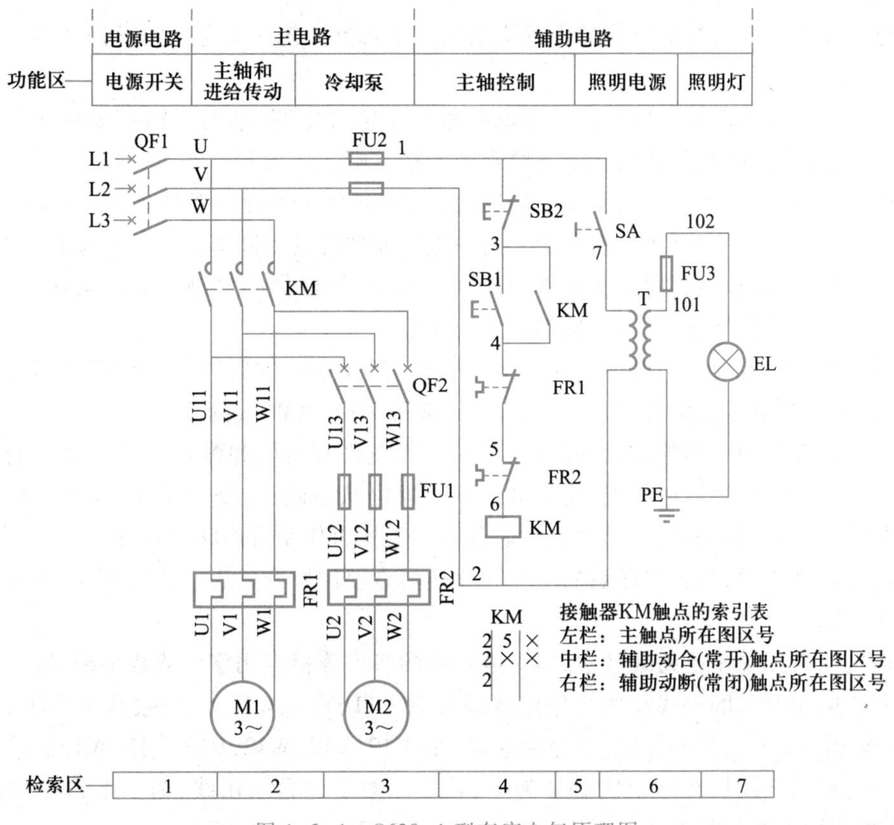

图 1-3-1　C620-1 型车床电气原理图

1. 电气原理图组成

电气原理图一般由电气元器件、电源电路、主电路和辅助电路组成。

(1) 电气元器件

电气元器件是指能够实现相应功能的电路组成部件。

(2) 电源电路

电源电路用于给主电路和辅助电路提供电能,在电气原理图中一般画成水平线,三相交流电源相线 L1、L2、L3 自上而下依次画出,电源开关也应水平画出,中性线 N 和保护线 PE 依次画在相线之下。直流电源的正极端用"+"符号画在图纸的上方,而负极端用"-"符号在下方画出。

(3) 主电路

主电路是设备的驱动电路,是大电流从电源到电动机通过的路径,一般由接触器的主触点、热继电器的热元件以及电动机等组成。

(4) 辅助电路

辅助电路包括控制电路、指示电路和局部照明电路。控制电路用于实现对电动机的控制操作;指示电路用于提示操作人员电动机的运行状态; 局部照明电路则用于对控制台提供照明。

2. 电气原理图绘制原则

(1) 电气原理图中所有电气元器件都应采用国家标准中统一规定的图形符号和文字符号进行绘制和标注。

(2) 主电路一般画在电气原理图的左侧并垂直于电源电路;辅助电路一般画在电气原理图的右侧,控制电路中的能耗元件画在电气原理图的最下端。

(3) 电气原理图中,无论主电路还是辅助电路,各电气元器件一般按动作顺序从上到下、从左到右依次排列,可水平布置或竖直布置。同一电气元器件的不同部件可以不画在一起,而是画在电路的不同地方,且都用相同的文字符号标明。例如,接触器的主触点通常画在主电路,而线圈和辅助触点则画在控制电路中,它们都用 KM 表示。

(4) 同一种电气元器件一般用相同的字母表示,但在字母的后边加上数码或其他字母以示区别。例如,两个接触器分别用 KM1、KM2 表示,或用 KMF、KMR 表示。

(5) 电气原理图中元器件和设备的可动部分,都按没有通电和没有外力作用时的初始状态画出。例如,继电器、接触器的触点,按通电线圈不通电状态画;主令控制器、万能转换开关按手柄处于零位时的状态画;按钮、行程开关的触点按不受外力作用时的状态画等。

(6) 电气原理图中,有直接联系的交叉导线连接点要用黑圆点表示;无直接联系的交叉导线连接点不画黑圆点。

(7) 电气原理图采用电路编号法,即对电路中的各个连接点用字母或数字编号。

主电路在电源开关的出线端按相序依次编号为 U11、V11、W11,然后按从上至下、从左至右的顺序,每经过一个电气元器件后,编号要递增,如 U12、V12、W12,U13、V13、W13。单台三相交流电动机的三根引出线按相序依次编号为 U、V、W。对于多台引出线,为了不致引起误解和混淆,可在字母前用不同的数字加以区别,如 1U、1V、1W,2U、2V、2W 等。

辅助电路按"等电位"原则从上至下、从左至右的顺序用数字依次编号,每经过一个电气元

器件后,编号要依次递增。控制电路编号的起始数字必须是1,其他辅助电路编号的起始数字依次递增100,如照明电路编号从101开始,指示电路编号从201开始等。

(8) 图面应标注出各功能区域和检索区域;根据需要可在电气原理图中各接触器或继电器线圈的下方,绘制出所对应的触点所在位置的索引表。

任务实施

做中学 

识读电气原理图

一、器材和工具

C620-1型车床电气原理图(如图1-3-1所示)。

二、操作步骤

以小组为单位,根据表1-3-1及图1-3-1进行电气原理图识读训练,整个过程要求团队协作,共同完成,注意规范准确、严谨细致。

1. 根据电气原理图中的图形符号和文字符号,熟悉C620-1型车床电气原理图中的熔断器、断路器、接触器、热继电器等电气元器件。

2. 识读电气原理图中的电源电路、主电路及辅助电路,理清各元器件之间的线路关系。

要点提示

电气原理图的识读方法:

(1) 先了解电气原理图的名称及功能栏中有关内容,凭借有关的电路基础知识,分析该电气原理图的类型、性质、作用等。

(2) 识读电气原理图的顺序是先主(电路)后辅(助电路)。

(3) 识读主电路的顺序通常是从下往上看,先从电动机和电磁阀等执行元器件开始,经控制元器件,依次到电源。通过主电路中控制元器件的文字符号,找到有关的控制环节及环节间的联系。

(4) 识读辅助电路的顺序通常是从左往右、从上往下看,先看电源,再依次到各回路,分析各回路元器件的工作情况及其与主电路的控制关系。

任务评价

根据自评、小组互评和教师评价将各项得分以及总评内容和得分填入表1-3-2。

表 1-3-2 评价反馈表

任务名称	识读电气原理图		学生姓名	学号	班级	日期
项目内容	配分	评分标准				得分
熟悉电气元器件	20 分	认识电气原理图中的图形符号和文字符号，熟悉图中的熔断器、断路器、接触器、热继电器等电气元器件				
分清各组成部分	10 分	能够分清电气原理图中的电源电路、主电路和辅助电路				
识读电气原理图	60 分	1. 掌握功能栏的作用（10 分）				
		2. 识读主电路（25 分）				
		3. 识读辅助电路（25 分）				
职业素养养成	10 分	严格遵守安全规程、文明生产、规范操作，养成严谨、专注、精益求精的职业精神，注重小组协作、德技并修				
总评						

思考与拓展

1. 绘制电气原理图时，元器件和设备的可动部分，都按__________（通电、没有通电）和________（有、没有）外力作用时的初始状态画出。

2. 识读电气原理图的顺序是什么？

任务 2　识读元器件布置图和电气安装接线图

任务描述

在实际的安装接线中，为了使各种电气设备和元器件布局合理，接线正确，常常需要根据电气设备和元器件的实际位置和安装情况绘制元器件布置图与电气安装接线图，如何绘制、识读元器件布置图与电气安装接线图呢？

知识储备

一、元器件布置图

一个自动控制系统的电气控制线路通常很复杂，元器件布置图是根据电气元器件在控制板上的实际安装位置，采用简化的外形符号而绘制的一种简图。它不表达各电气元器件的具体结构、作用、接线情况及工作原理，主要用于电气元器件的布置和安装。图中各电气元器件的文字符号必须与电气原理图和电气安装接线图的标注一致。

图 1-3-2 所示是 C620-1 型车床元器件布置图。

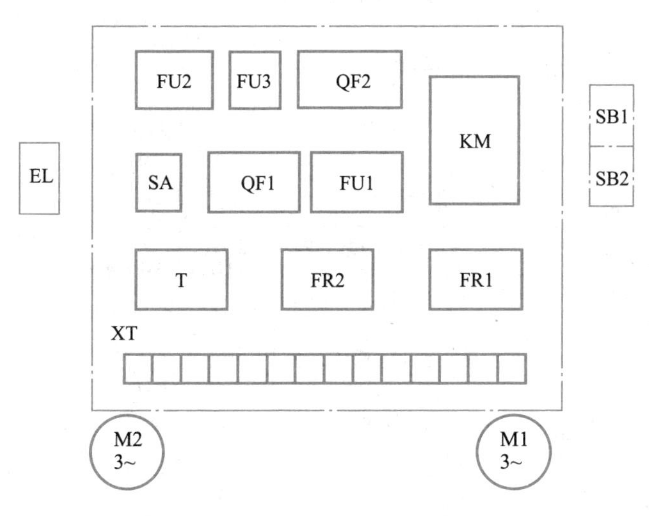

图 1-3-2　C620-1 型车床元器件布置图

绘制元器件布置图时，可先按电气原理图要求，将动力、控制和信号电路划分成几个部分分开布置，以便于操作和维护。每个部分电气元器件布置应满足以下原则：

(1) 体积大且较重的元器件应安装在线路板的下面，发热的元器件应安装在线路板的上面。

(2) 强电与弱电分开并注意对弱电的屏蔽，防止强电干扰弱电。

(3) 需要经常维护和调整的电气元器件安装在适当的地方。

(4) 电气元器件的布置应考虑整齐、美观。结构和外形尺寸相近的电气元器件应安装在一起，以利于安装、配线。

(5) 各种电气元器件的布置不宜过密，要有一定的间距以便维护和检修。元器件布置图根据电气元器件的外形进行绘制，并要求标出电气元器件之间的间距尺寸及其公差范围。

(6) 在电气元器件的布置图中，还要根据元器件进出线的数量和导线的规格，选择进出线方式及适当的接线端子板、接插件，并按一定顺序在元器件布置图中标出线的接线号。

要点提示

元器件布置图根据各电气元器件的安装位置不同进行划分，图 1-3-2 中的按钮 SB1、SB2、照明灯 EL 及电动机 M1、M2 等没有安装在电气箱内，根据各电气元器件的实际外形尺寸进行电气元器件布置，选择进出线方式及接线端子。

二、电气安装接线图

电气安装接线图是根据电气设备和电气元器件的实际位置和安装情况绘制的，只用来表示电气设备和电气元器件的位置、配线方式和接线方式，而不明显表示电气动作原理，主要用于安装接线、线路的检查维修和故障处理。

图 1-3-3 所示是 C620-1 型车床电气安装接线图。

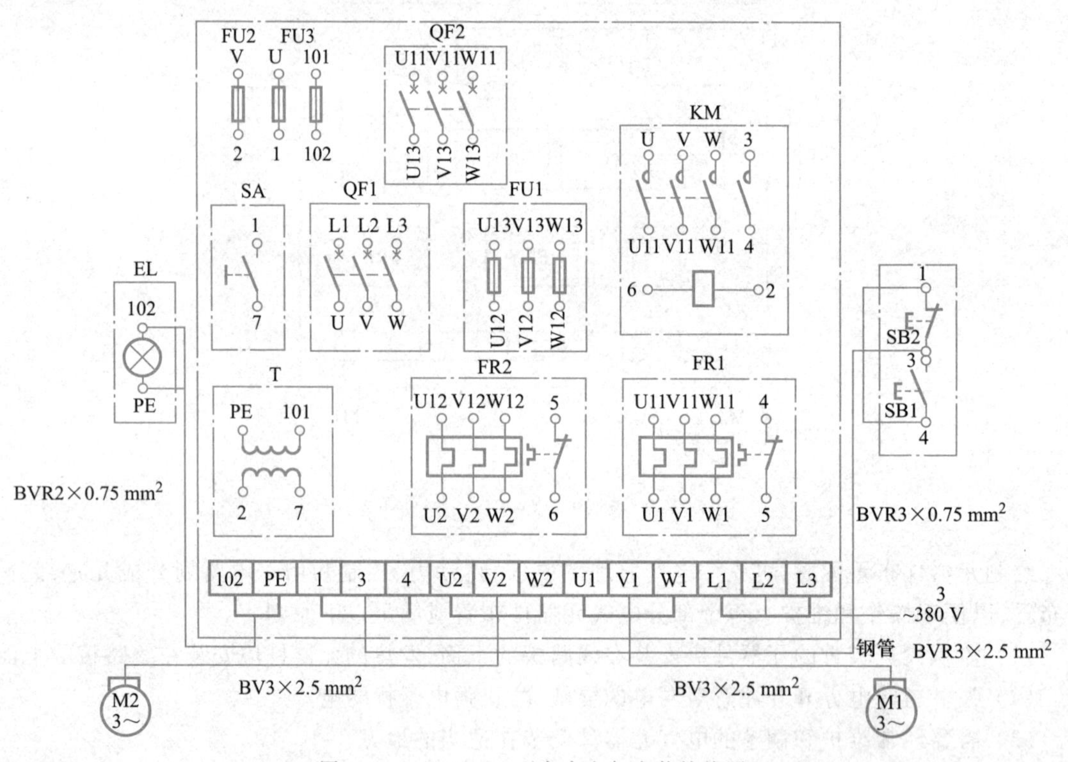

图 1-3-3 C620-1 型车床电气安装接线图

绘制电气安装接线图的原则：

(1) 电气安装接线图中包括的内容一般有：电气设备和电气元器件的相对位置、文字符号、端子号、导线号、导线类型、导线截面积、屏蔽和导线绞合等。

(2) 所有的电气设备和电气元器件都按其所在的实际位置绘制在图纸上，且同一电气设备根据各部分电气元器件的实际结构，使用与电气原理图相同的图形符号画在一起，并用点画线框上，其文字符号以及端子号应与电气原理图中的标注一致，以便对照检查接线。各电气元器件上凡需接线的端子均应编号，并保证与电气原理图中的导线编号一致。

（3）电气安装接线图中的导线有单根导线、导线组、电缆等，可用连续线和中断线来表示。凡导线走向相同的可以合并，用线束来表示，到达接线端子排或电气元器件的连接处时再分别画出。接线很少时，可直接画出接线方式；接线多时，采用符号标注法，就是在电气元器件的接线端，标明接线的线号和走向，不画出接线。

（4）在电气安装接线图中应当标明配线用电线的型号、规格、标称截面积，穿线管的种类、内径、长度及接线根数、接线编号。

（5）安装在底板内外的电气元器件之间的连线需通过接线端子板进行，并在电气安装接线图中注明有关接线安装的技术条件。

任务实施

做中学

识读元器件布置图和电气安装接线图

一、器材和工具

C620-1 型车床的元器件布置图和电气安装接线图（如图 1-3-2 和图 1-3-3 所示）。

二、操作步骤

以小组为单位，根据图 1-3-2 及图 1-3-3 进行元器件布置图和电气安装接线图的识读训练，整个过程要求团队协作，共同完成，注意规范准确、严谨细致。

1. 根据文字符号分清元器件布置图和电气安装接线图中各部分的名称、作用。

2. 根据回路编号、接线端子号等理清配线用电线的型号、规格、标称截面积，穿线管的种类、内径、长度及接线根数、接线编号。

要点提示

电气安装接线图的识读方法：

（1）由于电气安装接线图是由电气原理图绘制出来的，因此，识读电气安装接线图时，应结合电气原理图对照识读。

（2）按先主（电路）后辅（电路）顺序进行识读。

（3）识读主电路部分要从电源引入端开始，经开关设备、线路到用电设备。辅助电路识读顺序也是先从电源出发，按照元器件连接顺序依次分析。

任务评价

根据自评、小组互评和教师评价将各项得分以及总评内容和得分填入表 1-3-3。

表 1-3-3 评价反馈表

任务名称	识读元器件布置图和电气安装接线图	学生姓名	学号	班级	日期
项目内容	配分	评分标准			得分
熟悉各部分电路	10分	根据文字符号分清元器件布置图和电气安装接线图中各部分的名称、作用			
分清各组成部分	20分	理清配线用电线的型号、规格、标称截面积,穿线管的种类、内径、长度及接线根数、接线编号			
识读元器件布置图和电气安装接线图	60分	1. 会结合电气原理图识读元器件布置图和电气安装接线图,识读顺序正确(10分)			
		2. 识读主电路部分(25分)			
		3. 识读辅助电路部分(25分)			
职业素养养成	10分	严格遵守安全规程、文明生产、规范操作,养成严谨、专注、精益求精的职业精神,注重小组协作、德技并修			
总评					

思考与拓展

1. 绘制元器件布置图时应遵循什么原则?
2. 绘制电气安装接线图时应遵循什么原则?

模块小结

1. 保护接地和保护接零的相同点是都属于防止电气设备金属外壳带电而采取的保护措施，都要求有一个良好的接地或接零装置。不同点在于保护接地适用于中性点不接地的高、低压供电系统，保护接零适用于中性点接地的低压供电系统。

2. 文明操作技术规范和用电安全技术规范是电气控制人员操作顺利进行及人身与设备安全的保证，进入电工实训室还需严格按照电工实训室安全技术操作规程开展实训。

3. 触电的方式可分为三种：单相触电、两相触电、跨步电压触电。作为一名电气控制技术人员除了掌握安全用电知识外，还需具备触电现场急救知识和技能。

4. 常用电工工具是电气操作的基本工具，通常有验电笔、电工钳、螺丝刀、电工刀、扳手、电烙铁等。常用电工仪表有万用表、兆欧表等。要认识并会正确使用各种电工工具及电工仪表。

5. 识读电气原理图的顺序是先主（电路）后辅（助电路）。识读主电路的顺序通常是从下往上看，先从电动机和电磁阀等执行元器件开始，经控制元器件，依次到电源。通过主电路中控制元器件的文字符号，找到有关的控制环节及环节间的联系。识读辅助电路的顺序通常是从左往右、从上往下看，先看电源，再依次到各回路，分析各回路元器件的工作情况及其与主电路的控制关系。

6. 元器件布置图是根据电气元器件在控制板上的实际安装位置，采用简化的外形符号而绘制的一种简图。电气安装接线图是根据电气设备和电气元器件的实际位置和安装情况绘制的，用来表示电气设备和电气元器件的位置、配线方式和接线方式，而不明显表示电气动作原理，主要用于安装接线、线路的检查维修和故障处理。元器件布置图和电气安装接线图的文字符号必须与电气原理图的标注一致。

复习思考题

一、填空题

1. 保护接地是指将__________与大地可靠连接；保护接零是指将电气设备的金属外壳与________可靠连接，保护接地适用于______的________供电系统，保护接零适用于______的________供电系统。

2. 电气火灾一旦发生，首先要______，然后进行扑救。带电灭火时，切忌用水和泡沫灭火剂，应使用不导电的灭火剂，如______、______等。

3. 进入工作场地，必须穿干净的工作服和有效的______鞋，戴____手套，使用________工具、站在________上作业。

4. 保持电气设备____，____（可、不可）用湿手接触和湿布擦拭带电电器。

5. 根据实训要求完成接线后，要认真检查，确认____并经教师____后方可接通电源调试，未经教师许可不得____。

6. 已受到跨步电压威胁者，应采取____或____方式迅速跳出危险区域。

7. 若触电者虽有呼吸但心脏停止跳动，应立即采用________抢救法；若触电者呼吸停止，但心脏还有跳动，应立即采用________抢救法；若触电者伤害严重，呼吸和心跳都停止，或瞳孔开始放大，应采用____方法进行抢救。

8. 握电烙铁的方法，以________为原则。一般焊接印制电路板，以____去握，使手腕能自由地活动。

9. 识读电气原理图的顺序是先______电路后______电路。主电路顺序通常是从______往______看，先从__________开始，经控制元器件，依次到______。识读辅助电路的顺序通常是从左往右、从______往______看，先看______，再依次到______，分析各回路元器件的工作情况及其与主电路的控制关系。

10. 绘制电气安装接线图时，如果接线很少，可直接画出接线方式；接线多时，采用______法，就是在电气元器件的接线端，标明接线的______和______，不画出接线。

二、选择题

1. 验电笔的使用方法错误的是（　　）。

A. 使用前检查验电笔有无安全电阻

B. 使用时一定要用手触及验电笔尾端金属部分

C. 使用时不可用手触及验电笔尾端金属部分

D. 不能用手触及验电笔前端的金属探头

2. 一般认为安全电压、安全电流是指（　　）。

A. 电流 30 mA 以下，电压 36 V 以上

B. 电流 40 mA 以下,电压 24 V 以下

C. 电流 50 mA 以下,电压 36 V 以下

D. 电流 30 mA 以下,电压 50 V 以下

3. 在用万用表测量电阻前,首先要(　　)。

A. 选择量程　　　　B. 电阻调零

C. 拨到电压挡　　　　D. 拨到电流挡

4. 下列关于万用表使用说法正确的是(　　)。

A. 测电阻时,每次换挡都要进行电阻调零

B. 万用表使用完毕,量程转换开关应置于电流挡

C. 万用表的电阻挡只有一个量程

D. 万用表使用前,指针应指在 0 Ω 处

5. 跨步电压触电时,(　　)。

A. 人体承受的电压是电源相电压

B. 人体承受的电压是电源线电压

C. 人体承受的电压等于两步间电位差

D. 步距越大,跨步电压越小

6. 关于电工刀的使用,下列说法正确的是(　　)。

A. 使用电工刀时,应使刀口向内进行剖削

B. 使用电工刀时,应使刀口向外进行剖削

C. 电工刀使用完毕,刀身无需折入刀柄内

D. 电工刀刀柄不带绝缘装置,可进行带电操作

7. 关于万用表的使用,下列说法有误的是(　　)。

A. 万用表电阻挡无法调节到零点时,应更换电池

B. 测电阻时,万用表量程转换开关应置于电阻挡

C. 可以在电路带电时测电阻

D. 使用完毕应置于“OFF”挡

8. 使用万用表测量 470 Ω 的电阻时,量程转换开关应置于(　　)。

A. $R\times1$ 挡　　　　B. $R\times10$ 挡

C. $R\times100$ 挡　　　　D. $R\times1\text{k}$ 挡

9. 延时闭合的动合触点的图形符号是(　　)。

A. 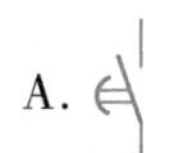　　B.　　C.　　D.

10. 接地装置的图形符号是(　　)。

A. 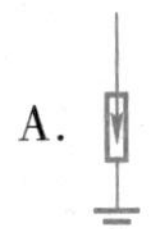　　B.　　C.　　D.

三、判断题

1. 验电笔可用来当螺丝刀使用。 ( )

2. 钢丝钳手柄上装有塑料绝缘套,通常情况下可以带电作业。 ( )

3. 电工刀柄不带绝缘装置,不能进行带电操作。 ( )

4. 用活络扳手扳动大螺母时,手应靠近扳手头部位置。 ( )

5. 电气原理图中电气元器件和电气设备的可动部分,都按没有通电和没有外力作用时的初始状态画出。 ( )

6. 用兆欧表时测量前要切断被测设备的电源,并接地进行放电。 ( )

7. 口对口人工呼吸抢救法对于成人应保持每分钟14~16次的频率。 ( )

8. 电气元器件布置图和电气安装接线图的文字符号必须与电气原理图的标注一致。 ( )

四、分析题

1. 有人说:"选择万用表的量程时,应使指针指到满刻度处,因为该处误差小,最合适。"对吗? 为什么?

2. 为什么不能用湿手触摸电器?

模块2

电气控制线路常用低压电器及电动机

模块导入

电气控制技术主要用于实现对电力拖动系统的起动、制动、反转和调速控制，以及实现对电力拖动系统的保护及生产加工的自动化。

目前的电气控制系统可分为两类，一类是以继电器、接触器、控制按钮等为主的传统电气控制系统，其控制逻辑完全由硬件构成；另一类是基于可编程控制器（PLC）的电气控制系统，其控制逻辑由编程软件来实现。

在以后要学习的各种控制电路中，经常要用到各种低压电器，例如低压保护电器（熔断器、低压断路器、热继电器等），低压控制电器（低压开关、交流接触器、时间继电器、速度继电器、控制变压器等），也经常会使用到各种电动机来实现电力拖动。

本模块我们将一起认识各种常用低压电器和电动机（三相异步电动机和直流电动机），为学习电气控制线路打下基础。

职业综合素养提升目标

1. 认识各种常用低压保护电器及常用低压控制电器，熟知其结构、图形符号、工作过程及其在电气控制线路中的保护或控制作用，会检测其质量好坏及触点接触是否良好，并会正确选用、安装与接线。

2. 认识常用的三相异步电动机及直流电动机的外形、结构、铭牌参数、工作过程及应用，会对电动机进行一般性检测。

3. 树立常用低压电器及电动机设备使用过程中的安全生产、环境保护及规范电气操作意识，在新知探究及技能实操的过程中注意培养团队协作、严谨细致、规范操作、精益求精的工匠精神，促进自身的电气操作职业岗位综合素养养成。

项目1
认识常用低压电器

项目概述

低压电器通常是指工作在交流 1 200 V 及以下、直流 1 500 V 及以下电路中的各种电气元器件。低压电器能够依据操作信号或外界现场信号的要求，自动或手动地改变电路的状态、参数，实现对电路或被控制对象的控制、保护、调节等。根据它在电气控制线路中所处的地位和作用不同，低压电器可分为低压保护电器和低压控制电器两大类。认识并正确使用各种常用低压电器是分析与实现电动机控制的基础。

任务1　认识常用低压保护电器

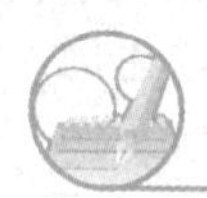

任务描述

有些低压电器能够在电路发生短路、过载等故障时发挥作用，根据电气设备的特点对设备、环境以及人身实行自动保护，这些低压电器是什么？它们有什么样的特点？如何正确使用呢？

知识储备

低压保护电器常用的保护方式有三种：

(1) 短路保护

它是指当线路或设备发生短路时，迅速切断电源的一种保护。熔断器、电磁式过电流继电器和脱扣器都是常用的短路保护元器件。

(2) 过载保护

它是指当线路或设备的载荷超过允许范围时，能延时切断电源的一种保护。热继电器和热脱扣器是常用的过载保护元器件。

(3) 失压(欠压)保护

它是指当电源电压消失或低于某一限度时，能自动断开线路的一种保护。失压(欠压)保护由失压(欠压)脱扣器等元器件执行。

常用的低压保护电器有熔断器、低压断路器、热继电器等。

一、熔断器

做中教

仔细观察所提供的各种形状的熔断器,以小组为单位,试着拆开和组装各种熔断器,探讨交流它们的结构特点,掌握使用要领。

熔断器俗称保险,在低压配电网络和电力拖动系统中用作短路保护。根据结构形式,熔断器分为管式熔断器、螺旋式熔断器、瓷插式熔断器、盒式熔断器等。常见熔断器的外形及符号如图 2-1-1所示。

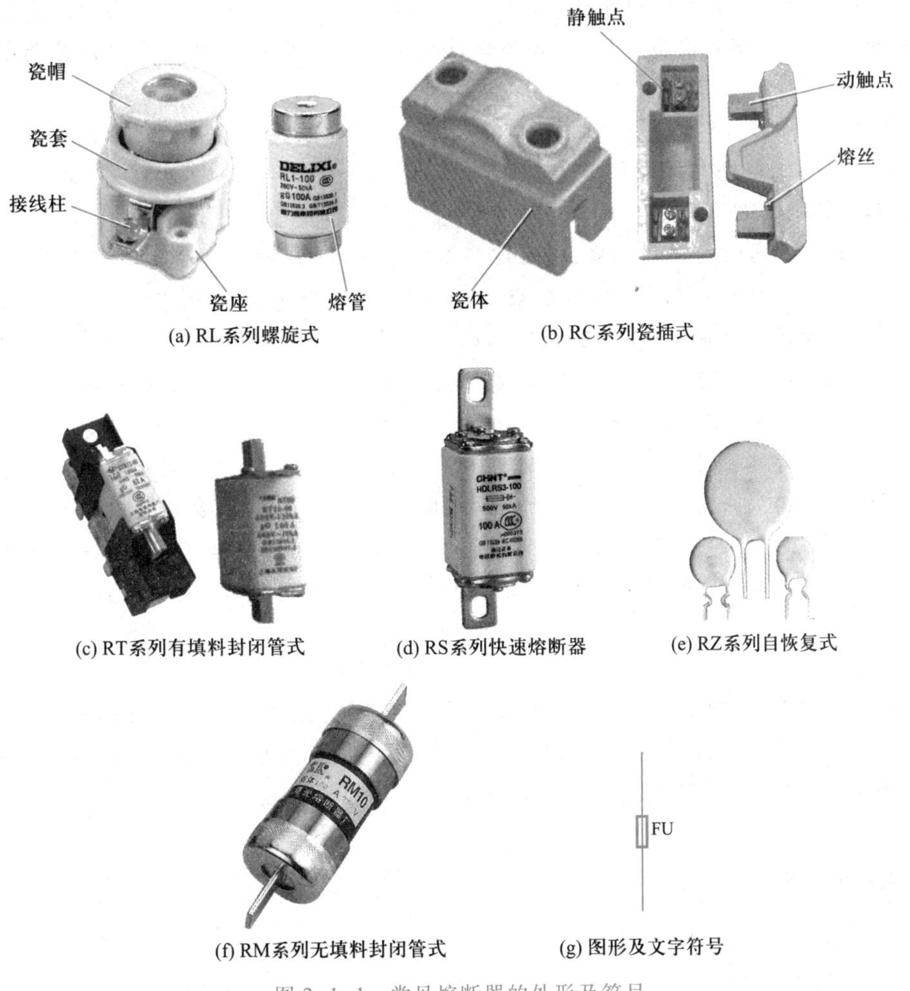

图 2-1-1　常见熔断器的外形及符号

熔断器主要由熔体、安装熔体的熔管和熔座三部分组成。熔体是熔断器的核心部件,通常做成丝状（熔丝）或片状（熔片）。低熔点熔体由锑铅合金、锡铅合金、锌等材料制成；高熔点熔体由铜、银、铝制成。当线路或设备发生短路或过载故障时，通过熔体的电流大于熔体允许的正常发热电流，使熔体温度急剧上升，当达到熔点温度时，熔体自行熔断，分断电路，从而起到保护作用。

要点提示

（1）熔断器的安装与使用

① 使用时，熔断器应串联在所保护的电路中。瓷插式熔断器应垂直安装。螺旋式熔断器的电源线应接在瓷座的下接线座上，负载线应接在螺纹壳的上接线座上。

② 安装时，既要保证压紧接牢，又要避免压拉过紧而使熔断电流值改变，导致发生误熔断故障。安装熔丝时要沿顺时针方向弯曲，这样在拧螺钉时就会越拧越紧，熔丝只需弯一圈即可，不要多弯。熔丝不得使用两股或多股绞合使用。

③ 熔体熔断后，应首先查明原因，排除故障，及时更换以保证负载正常运行。更换的新熔体规格应与换下来的熔体规格一致，不应随意改变熔体的额定电流，更不允许用金属导线代替熔体使用。

④ 更换熔体或熔管时，必须断电，不许带电工作，以防发生触电事故，尤其不允许在负载未断开时带电更换，以免电弧烧伤工作人员。

（2）熔断器的选用原则

① 熔断器有不同的类型和规格，但对这些熔断器共同的要求是：在电气设备正常运行时，熔断器应不熔断；在发生短路时，熔断器应立即熔断；在电路电流正常变化时，熔断器应不熔断；在电气设备持续过载时，熔断器应延时熔断。

② 选择熔断器的类型时，主要依据负载的特性和使用场合，对于照明电路，一般选用 RT 系列圆筒帽形熔断器或 RC 系列瓷插式熔断器；对于电动机控制线路，一般选用 RL 系列螺旋式熔断器；对于半导体元器件保护，一般选用 RS 系列快速熔断器；经常发生故障的地方应选用可拆式熔断器；易着火或者有易燃气体的地方选用高分断能力、封闭良好的熔断器。

③ 选择熔断器规格时，要考虑熔断器的额定电压应不小于线路的额定电压；熔断器的额定电流应不小于所装熔体的额定电流；熔断器的分断能力应大于电路中可能出现的最大短路电流。

熔断器结构简单、分断能力强、安装体积小、动作可靠、使用维护方便，可用于变压器的过载和短路保护，配电线路的局部短路保护，与低压断路器串接辅助断流容量不足的低压断路器切断短路电流，电动机的短路保护，照明系统、家用电器的过流保护等。

二、低压断路器

做中教

仔细观察各种低压断路器，以小组为单位，利用万用表检测各触点间在闭合或分断时的导通或断开关系，总结接线规律。

低压断路器又称自动空气开关，常用来保护电网的各种电气设备，在现代机床控制中被广泛

用作电源的引入开关,也可用来控制不频繁起动的电动机。它不但能带负载接通和分断电路,而且对所控制的电路有短路、过载、欠压和漏电保护等作用。

常见低压断路器为塑壳式,其外形、内部结构及符号如图 2-1-2 所示。

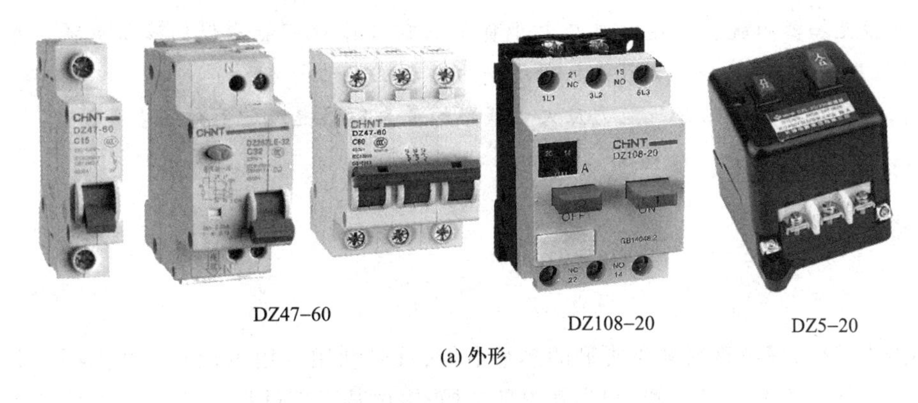

DZ47-60　DZ108-20　DZ5-20

(a) 外形

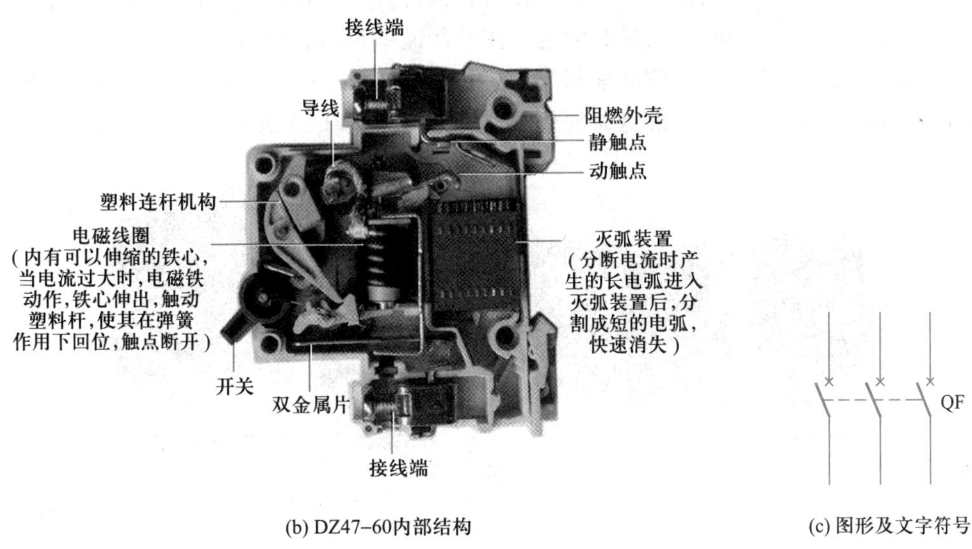

(b) DZ47-60内部结构　(c) 图形及文字符号

图 2-1-2　常见低压断路器

要点提示

(1) 低压断路器的安装与使用

① 低压断路器用作电源总开关或电动机的控制开关时,在电源进线侧必须加装刀开关或熔断器,以形成明显的断点。

② 低压断路器应垂直于配电板安装,电源引线接到上端,负载引线接到下端。

③ 低压断路器内部有电磁脱扣器、热脱扣器、欠电压脱扣器等部件,起到短路、过载、欠压等保护作用,各脱扣器动作值一经调整好,就不允许随意改变,以免影响其动作值。

④ 应定期清除断路器的灰尘,检查各脱扣器动作值。使用过程中若遇到分断短路电流,应及时检查触点系统,若发现电灼烧痕,应及时修理或更换。

(2) 低压断路器的选用原则

① 低压断路器的额定电压和额定电流应不小于线路的正常工作电压和负载电流。

② 热脱扣器的脱扣整定电流应等于所控制负载的额定电流。

③ 电磁脱扣器的脱扣整定电流应大于负载正常工作时可能出现的峰值电流。用于控制电动机的低压断路器,其值应大于1.5~1.7倍的电动机起动电流。

④ 低压断路器的极限分断能力应大于线路的最大短路电流的有效值。

三、热继电器

做中教

以小组为单位,仔细观察各种类型的热继电器,首先利用万用表检测各触点间的关系,并做好记录。然后仔细拆开热继电器,观察其内部结构,探讨其工作过程,最后完成热继电器的组装。整个过程要求团队协作、主动探究,拆装的过程注意严谨细致、精益求精。

热继电器是利用电流的热效应原理制成的一种自动电器,专门用来对连续运行的电动机实现过载保护及断相保护。常见热继电器的外形及符号如图2-1-3所示。

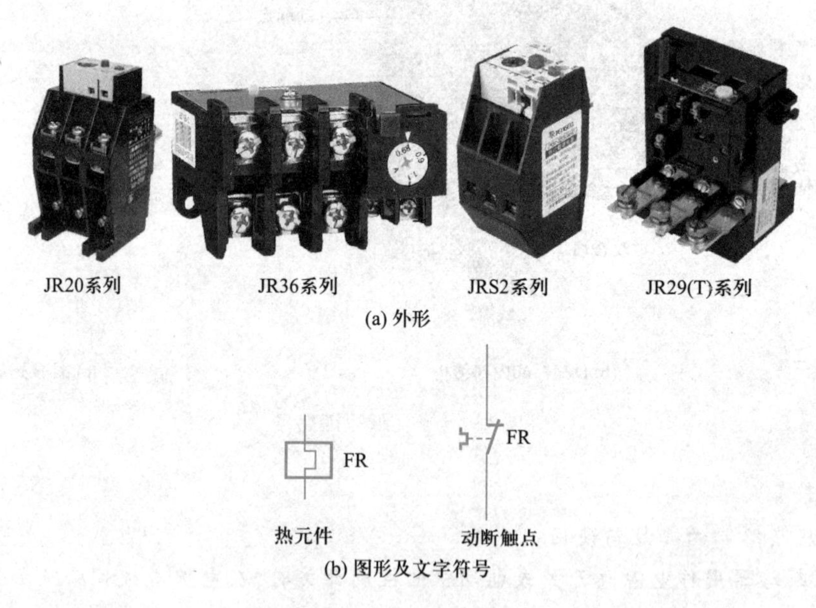

图2-1-3 常见热继电器

热继电器结构示意图如图2-1-4所示,当主电路中电流超过允许值而使双金属片受热时,它便向上弯曲,因而脱扣,转杆在弹簧的拉力下将动断触点断开,动断触点接在电动机的控制电路中,控制电路断开而使接触器的线圈断开,从而断开主电路。

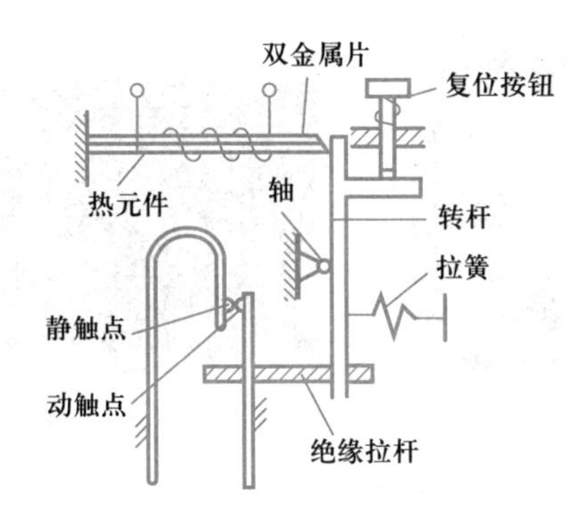

图 2-1-4　热继电器结构示意图

要点提示

（1）热继电器的安装与使用

① 热继电器的分断能力很小，一般用在 5 A 或 5 A 以下的电路中，所以热继电器一般不设灭弧装置。

② 使用时，热继电器的热元件应串联在所保护的主电路中。

③ 热继电器由于热惯性不能作短路保护，但热惯性在电动机起动或短时过载时不会动作，以避免电动机不必要的停车。

④ 当热继电器与其他电器安装在一起时，应将热继电器安装在其他电器的下方，以免其动作特性受到其他电器发热的影响。

（2）热继电器的选用原则

① 热继电器选用时，额定电流应等于或稍大于电动机的额定电流。

② 热继电器的整定电流应等于 0.95～1.05 倍的电动机额定电流。

③ 对于星形联结的电动机，一般选用普通三相结构的热继电器；对于三角形联结的电动机，应选用带断相保护功能的热继电器。

任务实施

做中学

熟悉常用低压保护电器

一、器材和工具

各式熔断器、低压断路器、热继电器若干。检测仪表及工具如图 2-1-5 所示。

(a) 万用表

(b) 电工工具

图 2-1-5 检测仪表及工具

二、操作步骤

1. 正确区分各式熔断器、低压断路器和热继电器。

2. 按照图 2-1-6 所示步骤，将一只 RL1 型熔断器拆开，认真观察其组成，掌握其结构。观察完毕后，按照拆卸的逆顺序完成熔断器的安装。

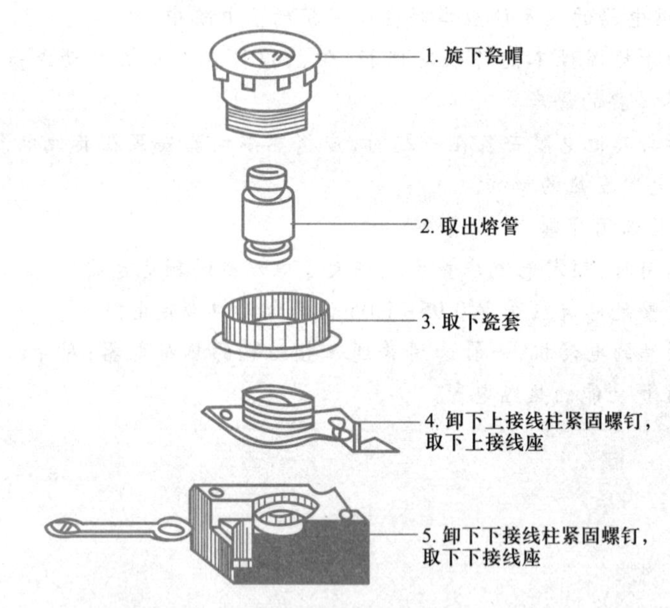

图 2-1-6 RL1 型熔断器拆装步骤

3. 按照图 2-1-7 所示，认识 DZ47 系列低压断路器的面板，熟悉参数及各种标识的含义。

4. 按照图 2-1-8 所示，认识 JRS2 系列热继电器的面板，熟悉各种标识的含义。

5. 用万用表检测熔断器触点的接触情况，学会更换熔体或熔丝；用万用表检测低压断路器、热继电器各触点在开关闭合或断开时的连接或断开情况。

6. 根据图 2-1-9 所示的电动机直接起动电路图和仿真布线图，练习将熔断器、低压断路器接入电路。

7. 小组互评、交流。

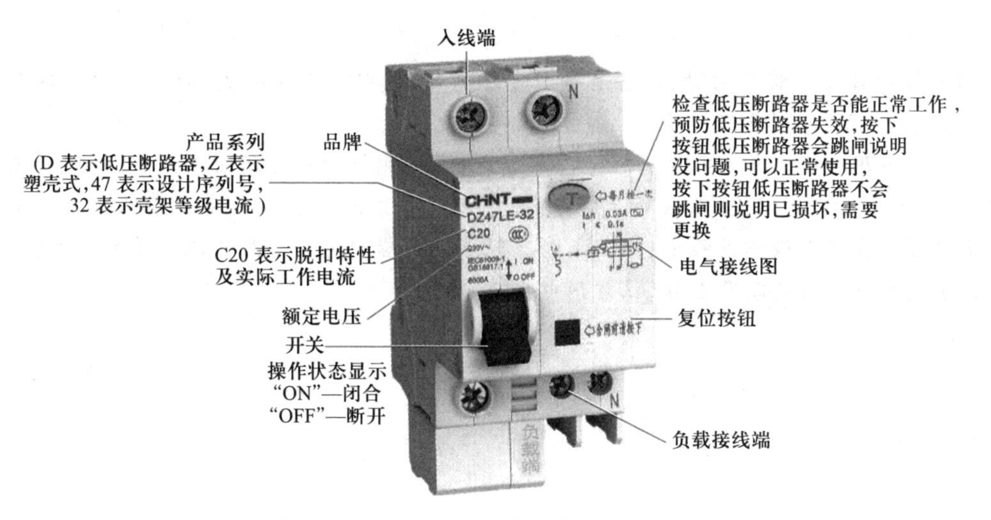

图 2-1-7　DZ47 系列低压断路器的面板

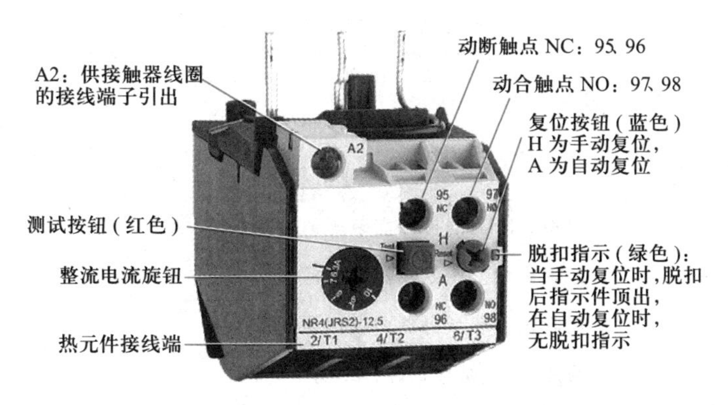

图 2-1-8　JRS2 系列热继电器的面板

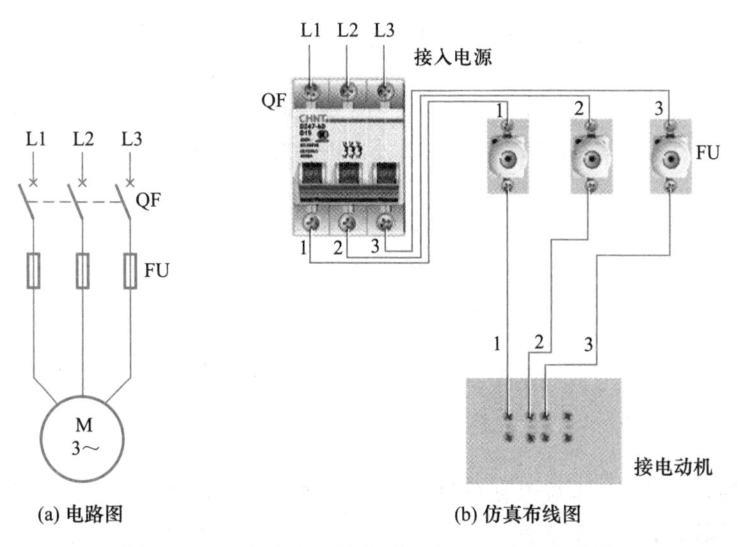

图 2-1-9　电动机直接起动电路图和仿真布线图

要点提示

（1）拆卸RL1型熔断器时，应备有盛放零件的容器，以防零件丢失；拆卸过程中不允许硬撬，以防损坏电器，做到严谨细致。

（2）用万用表检测各低压电器触点接触情况时，若测得两触点间阻值为零，说明触点闭合良好；若阻值为无穷大，说明触点断开良好；若有一定的阻值，可能是触点接触不良或触点间有杂质需清理。在整个检测过程中，按下或断开触点进行检测时需要与其他同学配合进行。

（3）连接电路时要断开电源，注意用电安全。

任务评价

根据自评、小组互评和教师评价将各项得分以及总评内容和得分填入表2-1-1。

表2-1-1 评价反馈表

<table>
<tr><td rowspan="2">任务名称</td><td rowspan="2" colspan="2">认识常用低压保护电器</td><td>学生姓名</td><td>学号</td><td>班级</td><td>日期</td></tr>
<tr><td></td><td></td><td></td><td></td></tr>
<tr><td>项目内容</td><td>配分</td><td colspan="4">评分标准</td><td>得分</td></tr>
<tr><td rowspan="3">熟悉常用低压保护电器</td><td rowspan="3">30分</td><td colspan="4">1. 熟悉熔断器的拆卸与装配（10分）</td><td></td></tr>
<tr><td colspan="4">2. 正确识读低压断路器面板标识（10分）</td><td></td></tr>
<tr><td colspan="4">3. 正确识读热继电器面板标识（10分）</td><td></td></tr>
<tr><td rowspan="2">检测熔断器、低压断路器、热继电器</td><td rowspan="2">30分</td><td colspan="4">1. 检测方法、结果正确（20分）</td><td></td></tr>
<tr><td colspan="4">2. 安装熔丝、熔体正确（10分）</td><td></td></tr>
<tr><td>接入电路</td><td>30分</td><td colspan="4">将各式熔断器、低压断路器、热继电器接入电路</td><td></td></tr>
<tr><td>职业素养养成</td><td>10分</td><td colspan="4">严格遵守安全规程、文明生产、规范操作，养成严谨、专注、精益求精的职业精神，注重小组协作、德技并修</td><td></td></tr>
<tr><td>总评</td><td colspan="5"></td><td></td></tr>
</table>

思考与拓展

1. 熔断器俗称保险，在低压配电网络和电力拖动系统中用作________保护。
2. 选用熔断器时，主要考虑其________和________两个因素。

3. 低压断路器又称________，常用来保护电网的各种电气设备，在现代机床控制中被广泛用作电源的__________开关，也可用来控制不频繁起动的电动机。它不但能带负载接通和分断电路，而且对所控制的电路有________、________、________和漏电保护等作用。

4. 热继电器是利用电流的热效应原理制成的一种自动电器，在电路中用作电动机的________________保护。

任务2 认识常用低压控制电器

任务描述

生活中，电梯的上升下降与自动停层、电动门的自动打开与到位停止、电动机的起停控制等功能，常需要用到低压控制电器实现电路的接通或分断控制。常用的低压控制电器有哪些？它们有什么特点？如何正确使用呢？

知识储备

常用的低压控制电器有低压开关、主令电器、交流接触器、时间继电器、速度继电器等。

一、低压开关

低压开关一般为非自动切换电器，主要用于隔离、转换以及接通和分断电路。常用的低压开关主要有刀开关、组合开关以及倒顺开关等。

1. 刀开关

做中教

仔细观察各种刀开关，以小组为单位，利用万用表检测各触点在闸刀闭合及断开时的关系，并做好记录。然后仔细拆开刀开关外壳，观察其内部结构，探讨其使用方法。探讨结束，将刀开关组装好后归位。整个过程要求团队协作、主动探究，在拆装的过程中要保存好拆装零件，严谨细致、精益求精。

刀开关又称闸刀开关，是结构简单、应用广泛的一种手动电器。刀开关的种类很多，按刀的极数可分为单极、双极和三极，按刀的转换方向可分为单掷和双掷，按操作方式可分为直接手柄操作式和远距离连杆式，按灭弧情况可分为有灭弧罩和无灭弧罩等。常用的刀开关包括胶壳刀开关（HK 系列）和铁壳刀开关（HH 系列），如图 2-1-10 所示。图 2-1-11 所示为刀开关的符号。

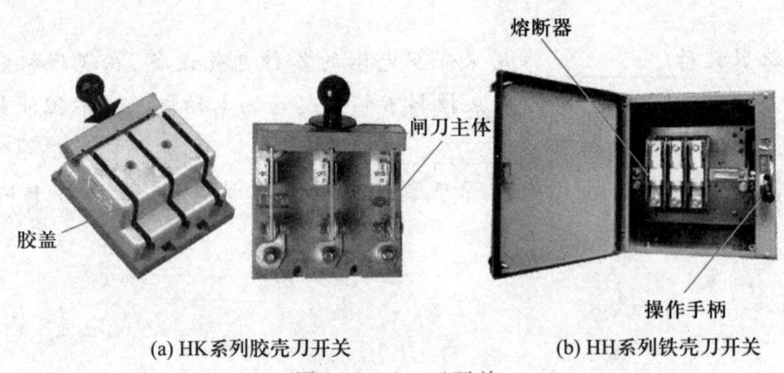

(a) HK系列胶壳刀开关 (b) HH系列铁壳刀开关

图 2-1-10 刀开关

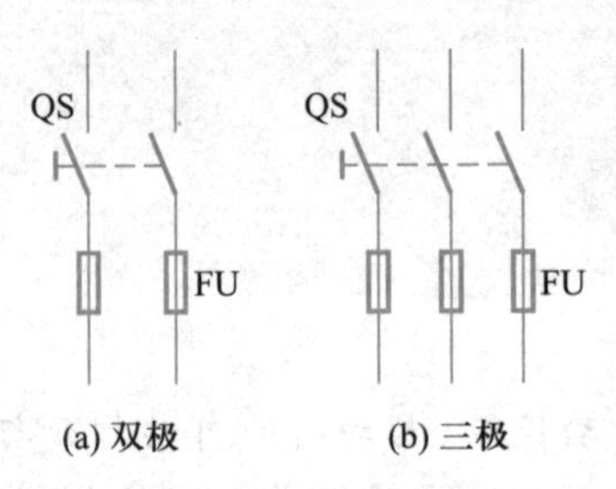

(a) 双极 (b) 三极

图 2-1-11 刀开关的符号

要点提示

(1) 刀开关的安装与使用

① 刀开关一般与熔断器配合使用,安装时必须垂直安装在控制屏或开关板上,且合闸状态时手柄要向上,以防止闸刀松动落下时误合闸,不允许平装,更不允许倒装。

② 刀开关距地面的高度为 1.3~1.5 m,接线时进线和出线不能接反,电源进线应接在静触点一边的进线端(进线座应在上方),用电设备应接在动触点一边的出线端,这样当刀开关断开时,闸刀和熔丝均不带电,以保证更换熔丝时的安全。

③ 拉闸与合闸操作要迅速,一次拉合到位。

④ 操作铁壳刀开关时,人要站在手柄侧,不要面对刀开关,以免意外故障使刀开关爆炸,铁壳飞出伤人。另外刀开关外壳应可靠接地。

(2) 刀开关的选用原则

① 若用于照明和电热负载时,选用额定电压 220 V、额定电流不小于电路所有负载额定电流之和的二极刀开关。

② 用于控制电动机的直接起动和停止时,选用额定电压 380 V、额定电流不小于电动机额定电流 3 倍的三极刀开关。

2. 组合开关

做中教

仔细观察组合开关,利用万用表检测旋动手柄时各触点间的接通与断开关系,并做好记录。

然后仔细拆开组合开关,观察其内部结构,探究其工作过程。探究结束,将组合开关组装好后归位。整个过程要求团队协作、主动探究,在拆装的过程中要保存好拆装零件,严谨细致、精益求精。

组合开关又称转换开关,实质上也是一种刀开关,不过它的刀片是转动的。它有单极、双极和多极之分,常用于各种电气设备中换接电源和负载,如小容量电动机的不经常起、停和正反转控制等。图 2-1-12 所示为 HZ 系列组合开关,它由若干动触片和静触片组成,动触片装在带有手柄的转轴上,各动触片之间及各静触片之间互相绝缘,转动手柄可使各动触片与各静触片接通或断开。

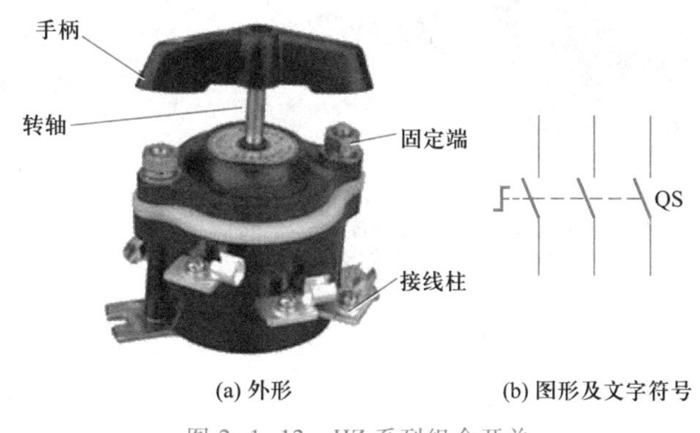

图 2-1-12 HZ 系列组合开关

要点提示

(1) 组合开关的安装与使用

① 组合开关应安装在控制箱内,其操作手柄最好在控制箱的前面或侧面,开关为断开状态时应使手柄在水平位置。

② 在箱内安装时,组合开关最好安装在箱内右上方,并且在它的上方尽量不要安装其他电器,若安装有其他电器应采取隔离或绝缘措施。

③ 组合开关通断能力较低,不能用来分断故障电流。用于控制电动机正反转时,必须在电动机完全停止转动后才能反向起动,且每小时的接通次数不能超过 15~20 次。

(2) 组合开关的选用原则

① 若用于照明、电热电路时,其额定电流应大于或等于被控电路所有负载额定电流之和。

② 若用于直接控制电动机时,其额定电流一般取电动机额定电流的 1.5~2.5 倍。

3. 倒顺开关

做中教

仔细观察倒顺开关,利用万用表检测在旋动手柄时各触点间的接通与断开关系,并做好记录。然后仔细拆开倒顺开关,观察其内部结构,探究其工作过程。探究结束,将倒顺开关组装好后归位。思考倒顺开关的应用场合,整个过程要求团队协作、主动探究、严谨细致、精益求精。

倒顺开关属于组合开关，是一种手动开关，它不但能接通和分断电源，而且还能改变电源输入相序，用来直接实现对小容量电动机的正反转控制，故又称为可逆转换开关，如图 2-1-13 所示。

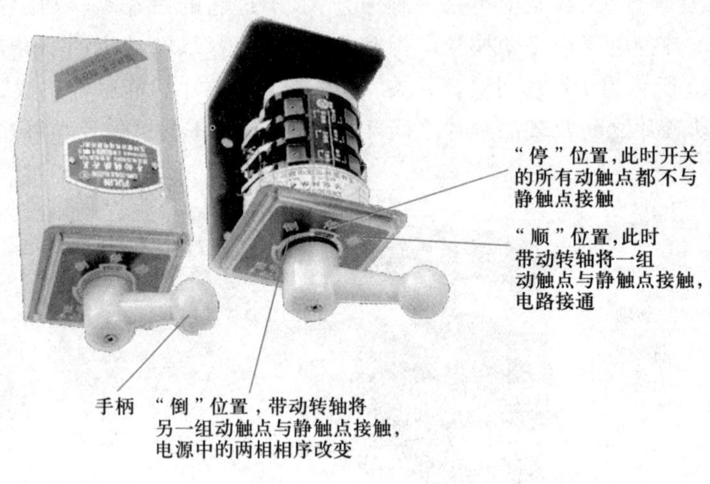

图 2-1-13 倒顺开关

要点提示

(1) 欲使电动机改变转向，应先将手柄置于“停”位置，待电动机停转后，再将手柄转向另一方，切不可不停顿地将手柄直接转向另一方。

(2) 由于倒顺开关可以改变电源的相序，所以也可用来对电动机进行反接制动。

二、主令电器

主令电器是在自动控制系统中发出指令或信号的电器，主要用来接通或分断控制电路以达到控制目的。主令电器应用广泛，种类繁多，最常见的有按钮、行程开关、接近开关等。

做中教

仔细观察各种主令电器，利用万用表检测各主令电器在闭合与分断时各触点间的接通与断开关系，并做好记录。然后仔细拆开各主令电器，观察其内部结构，探究其使用方法。探究结束，将各主令电器组装好后归位。整个过程要求团队协作、主动探究、严谨细致、精益求精。

1. 按钮

按钮是一种手动操作短时接通或分断小电流电路的主令电器，通常用于控制电路发出起动或停止命令，按钮之间还可以实现电气联锁。

常见按钮的外形、结构及符号如图 2-1-14 所示。

(a) 外形

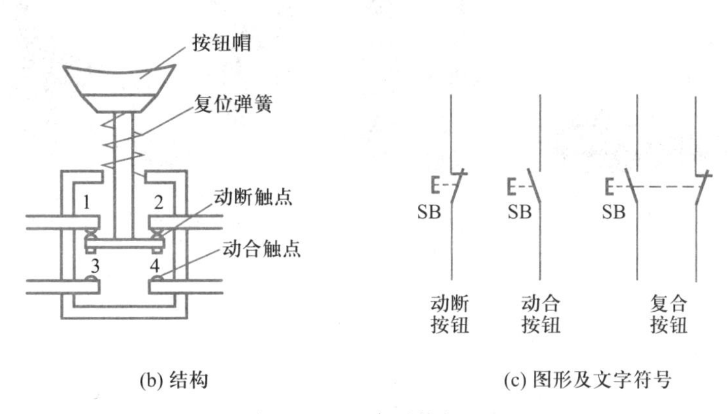

(b) 结构　　(c) 图形及文字符号

图 2-1-14　常见按钮

要点提示

(1) 按钮的安装与使用

① 按钮按静态时触点的分合状态，可分为动合按钮(常开按钮)、动断按钮(常闭按钮)和复合按钮。

动合按钮指未按下时，触点是断开的；按下时触点闭合，当松开后，按钮自动复位，常用作起动按钮。

动断按钮与动合按钮动作状况相反，常用作停止按钮。

复合按钮是将动合按钮与动断按钮组合为一体。按下复合按钮时，其动断触点先分断，然后动合触点再闭合；当松开按钮时，动合触点先断开，然后动断触点再闭合。

② 为了避免误操作，通常将按钮做成不同的颜色加以区分，停止按钮用红色，起动按钮用绿色，应急或干预按钮用黄色。

③ 安装时应根据电动机起动的先后顺序，自上而下或从左到右排列在面板上；同一机床运动部件有多种工作状态时，应将每一对相反状态的按钮安装在一起。

(2) 按钮的选用原则

按钮的主要技术参数有规格、结构形式、触点对数和按钮颜色。要根据使用场合和具体用途选用按钮，嵌装在操作面板上的按钮一般选用开启式；需要显示工作状态的一般选用带指示灯式；重要场所为了防止无关人员误操作，一般选用钥匙式；在有腐蚀的场所一般选用防腐式。

2. 行程开关

行程开关又称位置开关或限位开关，主要用来限制机械运动的位置或行程，使运动机械按一定位置或行程自动停止、反向运动、变速运动或自动往返运动等，其触点的动作不是靠手去操纵，而是利用机械设备的某些运动部件的碰撞或接近感应头时的感应作用来完成操作的。

常见行程开关的外形如图 2-1-15 所示，其图形及文字符号如图 2-1-16 所示。

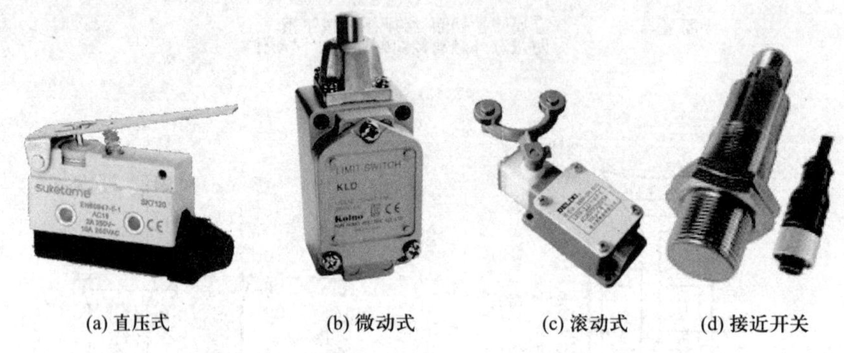

(a) 直压式　(b) 微动式　(c) 滚动式　(d) 接近开关

图 2-1-15　常见行程开关的外形

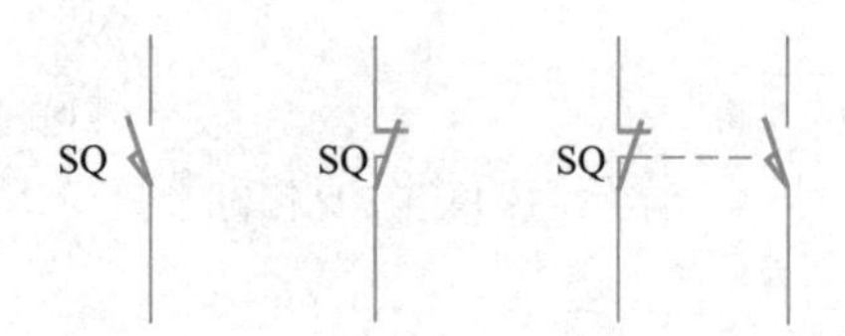

图 2-1-16　行程开关的图形及文字符号

要点提示

(1) 行程开关的安装与使用

① 接近开关又称无触点的行程开关，是一种非接触式的检测装置，当运动物体在一定范围内接近它时，它就能发出信号，以控制运动物体的位置。

② 安装行程开关时，安装位置要准确、牢固，防止尘垢造成接触不良或接线松脱产生误动作导致设备和人身安全事故。

③ 由于行程开关经常受到撞块的碰撞，安装螺钉经常松动造成位移，应注意经常检查；另外在安装时还应该注意，行程开关在不工作时应处于不受外力的释放状态；滚轮的方向不能装反。

(2) 行程开关的选用原则

行程开关主要根据动作要求、安装位置及触点数量选用。

三、交流接触器

做中教

仔细观察交流接触器，利用万用表检测交流接触器在正常和按下衔铁两种情况下，各触点间的接通与断开关系，并做好记录。然后仔细拆开交流接触器，并分类保管好拆装零件，观察其内部结构，探究其工作过程。探究结束后，将交流接触器组装好后归位。整个过程要求团队协作、主动探究、严谨细致、精益求精。

交流接触器是一种用来频繁地接通或断开交流主电路及大容量控制电路的自动切换电器。常见交流接触器的外形、结构及符号如图 2-1-17 所示。

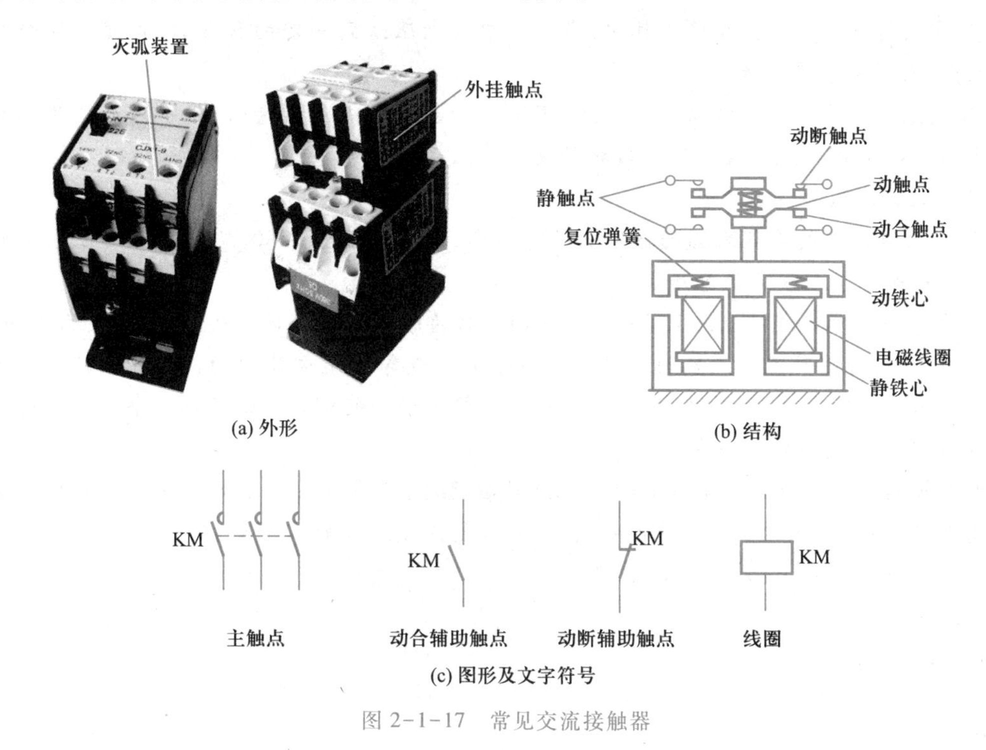

图 2-1-17 常见交流接触器

交流接触器主要由电磁系统、触点系统、灭弧装置和辅助部件组成。

1. 电磁系统

由线圈、动铁心（衔铁）和静铁心组成。工作过程是：当线圈通电后，线圈电流产生磁场，使静铁心产生电磁吸力，将动铁心吸合。动铁心带动触点动作，使动断触点断开，动合触点闭合。当线圈断电时，电磁吸力消失，衔铁在弹簧反作用力的作用下释放，各触点随之复位。

2. 触点系统

按通断能力的不同，触点可分为主触点和辅助触点。主触点用于通断电流较大的主电路，通常为三对动合触点；辅助触点用于通断电流较小的控制电路，一般动合、动断各两对。

3. 灭弧装置

交流接触器在断开大电流或高电压时，在动、静触点之间会产生很强的电弧。灭弧装置的作用是熄灭触点分断时产生的电弧，容量在 10 A 以上的接触器都有灭弧装置。

4. 辅助部件

包括复位弹簧、传动机构及外壳。

要点提示

（1）交流接触器的安装与使用

① 触点的动合与动断，是指电磁机构未通电动作时触点的状态。动合触点与动断触点是联动的，当线圈通电时，动断触点先断开，动合触点再闭合，当线圈断电时，动合触点先恢复断开，动断触点再恢复闭合。

② 交流接触器还有欠压保护作用，当电路中的电压降到一定的程度时，电磁铁因吸力不足而跳开，使动静触点分离。

③ 交流接触器一般安装在垂直面上，交流接触器的触点应该清洁，带有灭弧装置的交流接触器不允许不带灭弧装置或带着破损的灭弧装置运行。

（2）交流接触器的选用原则

① 交流接触器的电磁线圈的额定电压有 36 V、110 V、220 V、380 V 等，选用时必须使线圈的额定电压等于控制线路的电压。

② 主触点的额定电压应大于或等于所控制线路的额定电压。额定电流有 10 A、20 A、40 A、60 A、100 A 等，选用时主触点的额定电流值应略大于或等于主电路中的额定电流值。若交流接触器使用在频繁起动、制动及正反转的场合，应将主触点的额定电流降低一个等级使用。

③ 触点的数量应满足控制线路的要求。

电气控制线路中应用的接触器除了交流接触器外，还有直流接触器。交流电动机控制主要采用交流接触器，下面如无特殊说明，接触器都是指交流接触器。

四、时间继电器

做中教

仔细观察时间继电器，利用万用表检测空气阻尼式时间继电器在正常和按下衔铁两种情况下，各触点间的接通与断开关系，并做好记录。然后仔细拆开时间继电器，观察其内部结构，探究其工作过程。探究结束后，将时间继电器组装好后归位。整个过程注意要分类保管好拆装零件以免丢失或散乱，要求团队协作、主动探究、严谨细致、精益求精。

时间继电器是一种根据电磁原理和机械动作原理来实现触点系统延时接通或断开的自动切换电器，在机械电气控制电路中应用广泛。

时间继电器按动作原理分为电磁式、空气阻尼式、电动式与电子式；按延时方式可分为通电延时型与断电延时型两种。常见时间继电器的外形与符号如图 2-1-18 所示。

JS7空气阻尼式

JS14P数字式

电子式

(a) 外形

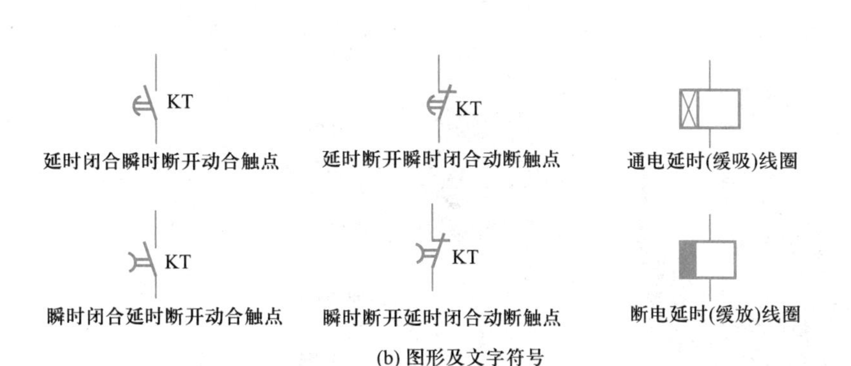

(b) 图形及文字符号

图 2-1-18 常见时间继电器

要点提示

(1) 时间继电器的安装与使用

① 空气阻尼式时间继电器由电磁系统、触点系统和延时机构等组成。延时机构是利用气囊式阻尼器中空气通过小孔时产生阻尼作用来延时的,通过旋转调节螺钉改变进气孔的大小,就可调节延时时间的长短。

② 使用时间继电器时,在不通电的情况下整定时间继电器的整定值,并在试车时校正;时间继电器金属底板上的接地螺钉必须与接地线可靠连接;通电延时型和断电延时型可在整定时间内自行调换。

③ 电子式时间继电器体积小、质量轻、延时时间长(可达几十小时)、延时精度高、调节范围广、工作可靠,目前应用广泛,将逐渐取代机电式时间继电器。

(2) 时间继电器的选用原则

① 根据系统的延时范围和精度,选用时间继电器的类型。对于延时精度要求不高的场合,可选用空气阻尼式时间继电器;对于延时精度要求较高的场合,可选用电子式时间继电器。

② 根据控制线路的要求,选用时间继电器的延时方式。

③ 根据控制线路的电压,选用时间继电器吸引线圈的电压。

五、速度继电器

做中教

仔细观察速度继电器,然后拆开速度继电器,观察其内部结构,探究其工作过程。探究结束后,将速度继电器组装好后归位。整个过程注意要分类保管好拆装零件以免散乱或丢失,要求团队协作、主动探究、严谨细致、精益求精。

速度继电器是一种当转速达到规定值时动作的继电器。它常用于电动机反接制动的控制电路中,当反接制动的转速下降到接近零时,它能及时地自动切断电路。图 2-1-19 所示为常见速度继电器的外形、结构与符号。

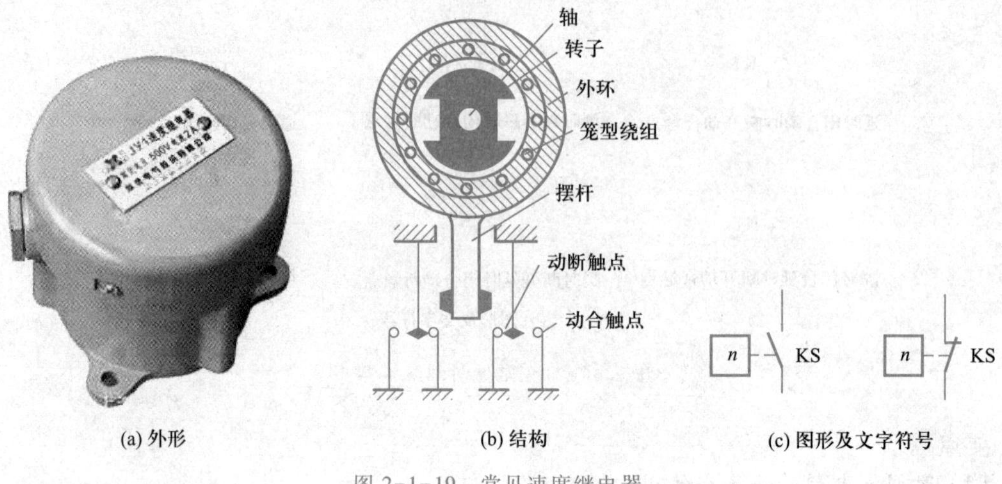

(a) 外形　(b) 结构　(c) 图形及文字符号

图 2-1-19　常见速度继电器

要点提示

（1）速度继电器的安装与使用

① 速度继电器的转子是一个永久磁铁，与电动机或机械轴连接，随着电动机旋转而旋转。定子与笼型转子相似，它也能围绕转轴转动。当转子随电动机转动时，它的磁场与定子笼型绕组相切割，产生感应电动势及感应电流，这与电动机的工作过程相同，故定子随着转子转动而转动起来。定子转动时带动摆杆，摆杆推动触点，使之闭合或分断。当电动机旋转方向改变时，速度继电器的转子与定子的转向也改变，这时定子就可以触动另外一组触点，使之分断与闭合。当电动机转速较低时，速度继电器的触点复位。

② 速度继电器的轴与电动机的轴相连接，转子固定在轴上，定子与轴同心；速度继电器的正反向触点不能接错，否则不能实现反接制动。

（2）速度继电器的选用原则

速度继电器主要根据电动机的额定转速来选择。

六、变压器

变压器的类型很多，在电气控制线路中经常用到的变压器有控制变压器、仪用互感器和自耦变压器。

1. 控制变压器

做中教

仔细观察各种类型控制变压器，小组讨论探究其结构特点及铭牌处所标注参数的意义，总结其使用方法。

控制变压器是一种小型变压器，一般有中间抽头，以输出多种电压，这个电压常常提供给控制板用来控制设备的运行，或控制电路的局部照明或用作信号灯、指示灯电源，所以这种变压器在设备中常称为控制变压器。常用的控制变压器有 BK（壳式）系列或 BKC（心式）系列，如图

2-1-20所示。

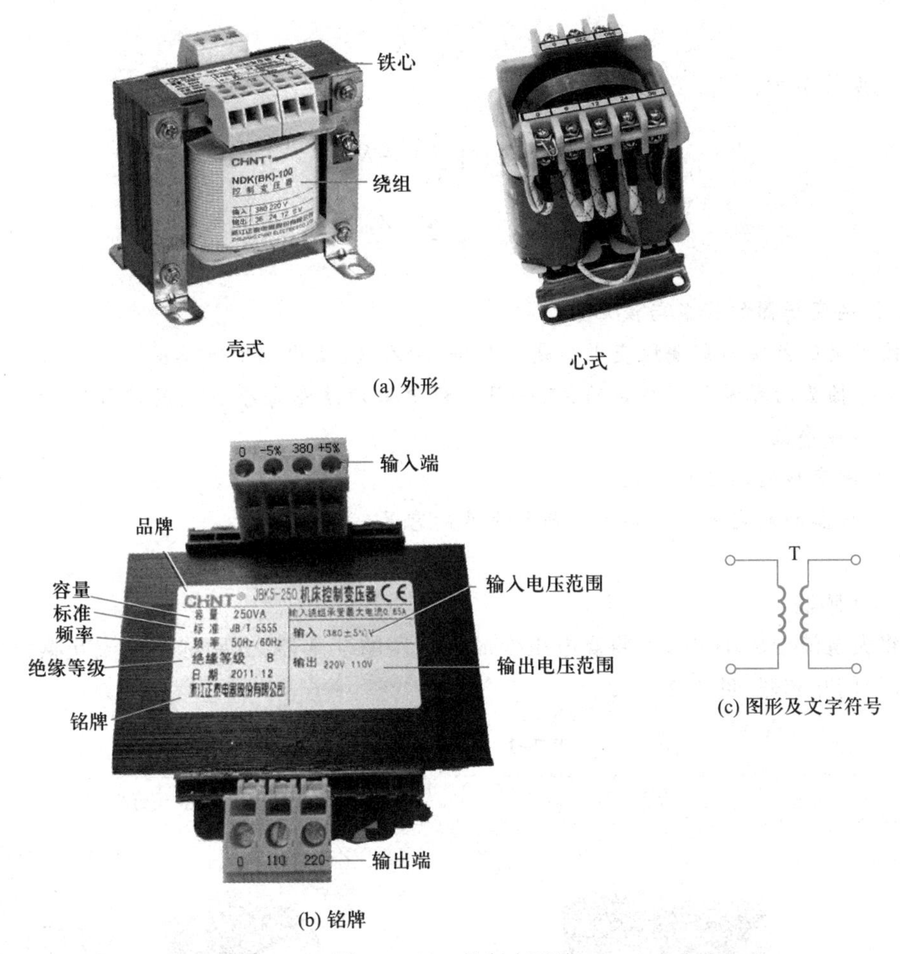

(a) 外形

(b) 铭牌

(c) 图形及文字符号

图 2-1-20　控制变压器

控制变压器与普通变压器结构相似，铁心是磁路部分。为了减少铁心内部的涡流损耗和磁滞损耗，铁心一般用厚度在 0.3 mm 以下的冷轧硅钢片叠成。铁心一般分为壳式和心式两大类，壳式变压器在中间铁心柱上安置绕组，心式变压器在两侧铁心柱上安置绕组。

绕组是电路部分，它由漆包线或绝缘的扁铜线绕制而成，套在铁心上。控制变压器一般有两个或两个以上的绕组，接电源的绕组称为一次绕组（或原绕组），接负载的绕组称为二次绕组（或副绕组）。绕组有单绕组、多绕组和多抽头形式，以实现不同的电压控制。

控制变压器与普通变压器一样有变电压、变电流、变阻抗特性。

设 U_1、U_2 分别为一次、二次绕组电压的有效值；N_1、N_2 分别为一次、二次绕组的匝数；I_1、I_2 分别为一次、二次绕组电流的有效值；$|Z_1|$、$|Z_2|$ 分别是变压器输入阻抗、二次侧负载阻抗；K 称为变压比，那么，在不计各种损耗的状态下，控制变压器的电压变换关系为：

$$\frac{U_1}{U_2}=\frac{N_1}{N_2}=K$$

电流变换关系为：

$$\frac{I_1}{I_2}=\frac{U_2}{U_1}=\frac{1}{K}$$

阻抗变换关系为：

$$\frac{|Z_1|}{|Z_2|}=\left(\frac{N_1}{N_2}\right)^2=K^2$$

$$即\ |Z_1|=K^2|Z_2|$$

要点提示

（1）控制变压器的安装与使用

① 控制变压器使用前要检查电压是否相符，输入端、输出端不可接反。

② 每个抽头的容量是不相等的，在使用过程中必须注意每个抽头的实际容量，不可超载使用，以防造成事故。

（2）控制变压器的选用原则

控制变压器的额定容量必须大于所带负载的容量。

2. 仪用互感器

用于将大电流变成小电流或将高电压变成低电压的互感器，分别称为电流互感器和电压互感器，统称仪用互感器，见表 2-1-2。

表 2-1-2 仪用互感器

项目	电流互感器	电压互感器
外形	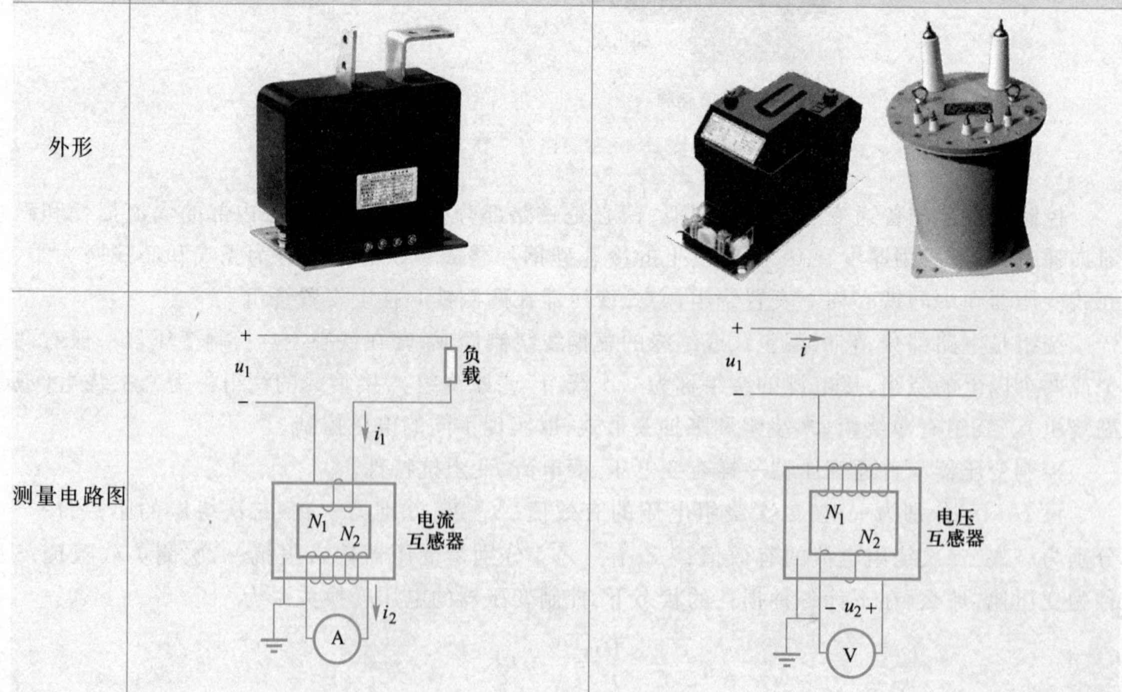	
测量电路图		

续表

项目	电流互感器	电压互感器
特点	电流互感器一次绕组的导线较粗，匝数很少，它串联在被测电路中，流过被测电路负载电流。二次绕组的导线较细，匝数较多，与电流表串联，其工作原理为变压器的变流原理	电压互感器的一次绕组匝数较多，与被测电路并联；二次绕组匝数较少，与电压表并联。其工作原理为变压器的变压原理
应用	电流互感器 $N_1<N_2$，可将线路上的大电流变为小电流进行测量，被测电流的大小等于二次侧电流表的读数与变流比的乘积。通常其二次绕组的额定电流为 5 A	电压互感器 $N_2<N_1$，可将线路上的高电压变为低电压来测量，被测电压的大小等于二次侧电压表的读数与变压比的乘积。通常规定其二次绕组的额定电压为 100 V
注意事项	① 电流互感器的二次绕组可以短路，但不得开路。 ② 电流互感器可以认为是一个内阻无穷大的电流源	① 电压互感器的二次绕组可以开路，但不得短路。 ② 电压互感器可以认为是一个内阻很小的电压源
	为保证工作人员及设备的安全，电流互感器、电压互感器的铁心及二次绕组的一端都必须可靠接地	

3. 自耦变压器

普通变压器的一次、二次绕组在电路上是相互分开的，无直接的电联系。而自耦变压器二次绕组电路是从一次绕组抽头而来，所以自耦变压器的一次、二次绕组之间不仅有磁耦合，而且电路还互相连通，如图 2-1-21 所示。

自耦变压器变压原理与普通变压器相同，即

$$\frac{U_1}{U_2}=\frac{I_2}{I_1}=\frac{N_1}{N_2}=K$$

改变抽头位置，即可在二次绕组获得所需电压。自耦变压器如图 2-1-22 所示。

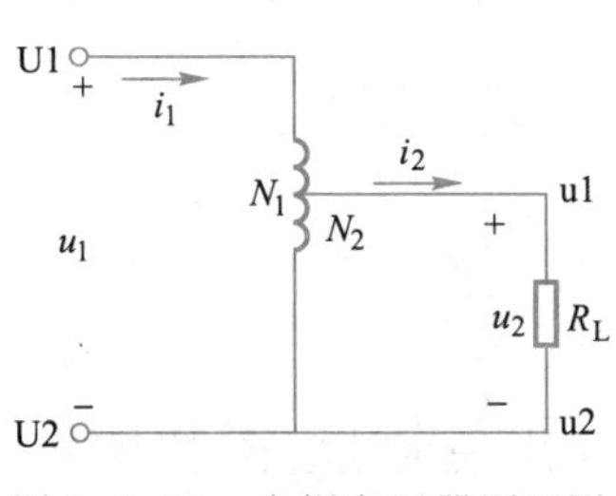

图 2-1-21　自耦变压器原理图

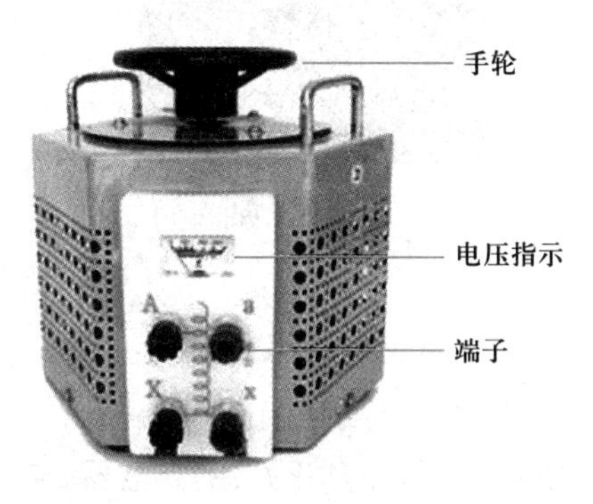

图 2-1-22　自耦变压器

要点提示

自耦变压器的使用原则：

① 自耦变压器体积较小，可以节省材料降低损耗，不但可以降压，也可用于升压。

② 一、二次绕组的电压不能接错，一、二次绕组的公共端接中性线，最好能接地。低压侧的电气设备也要具备高压侧的绝缘等级。

③ 使用前，输出电压要调至零，即将手柄转回到零位，接通电源后，慢慢转动手柄调至所需的电压。

④ 自耦变压器的外壳和公共端必须接地，安全照明变压器不允许采用自耦变压器。不宜作为安全电源来使用。

任务实施

做中学

熟悉常用低压控制电器

一、器材和工具

各种刀开关、主令电器、交流接触器、时间继电器、速度继电器、控制变压器、电动机、钳形电流表等若干。检测仪表及工具如图 2-1-23 所示。

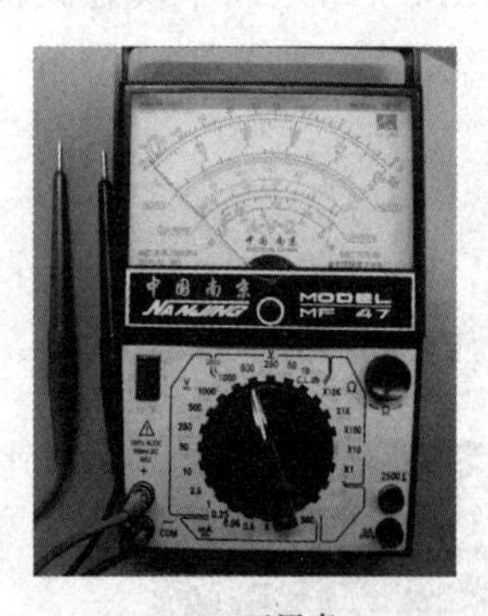

(a) 万用表

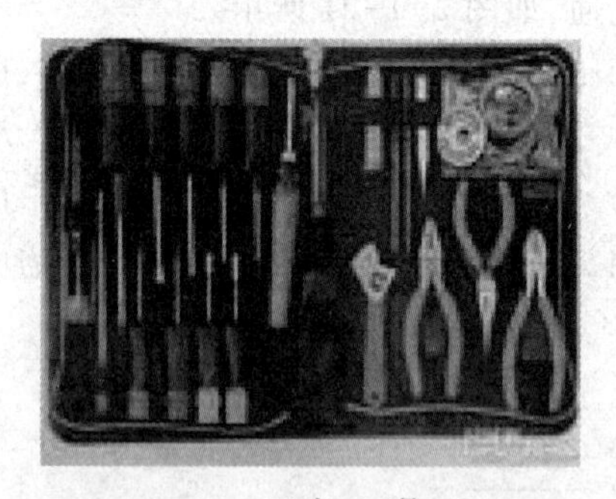

(b) 电工工具

图 2-1-23 检测仪表及工具

二、操作步骤

1. 正确区分各种刀开关、主令电器、交流接触器、时间继电器、速度继电器、控制变压器，理解其结构及工作过程。

2. 根据表 2-1-3，检测交流接触器的触点位置及好坏。并依此类推，小组合作，创新完成各种刀开关、主令电器、时间继电器、速度继电器的触点位置的探究及好坏的检测。

表 2-1-3　使用万用表检测交流接触器触点情况的方法

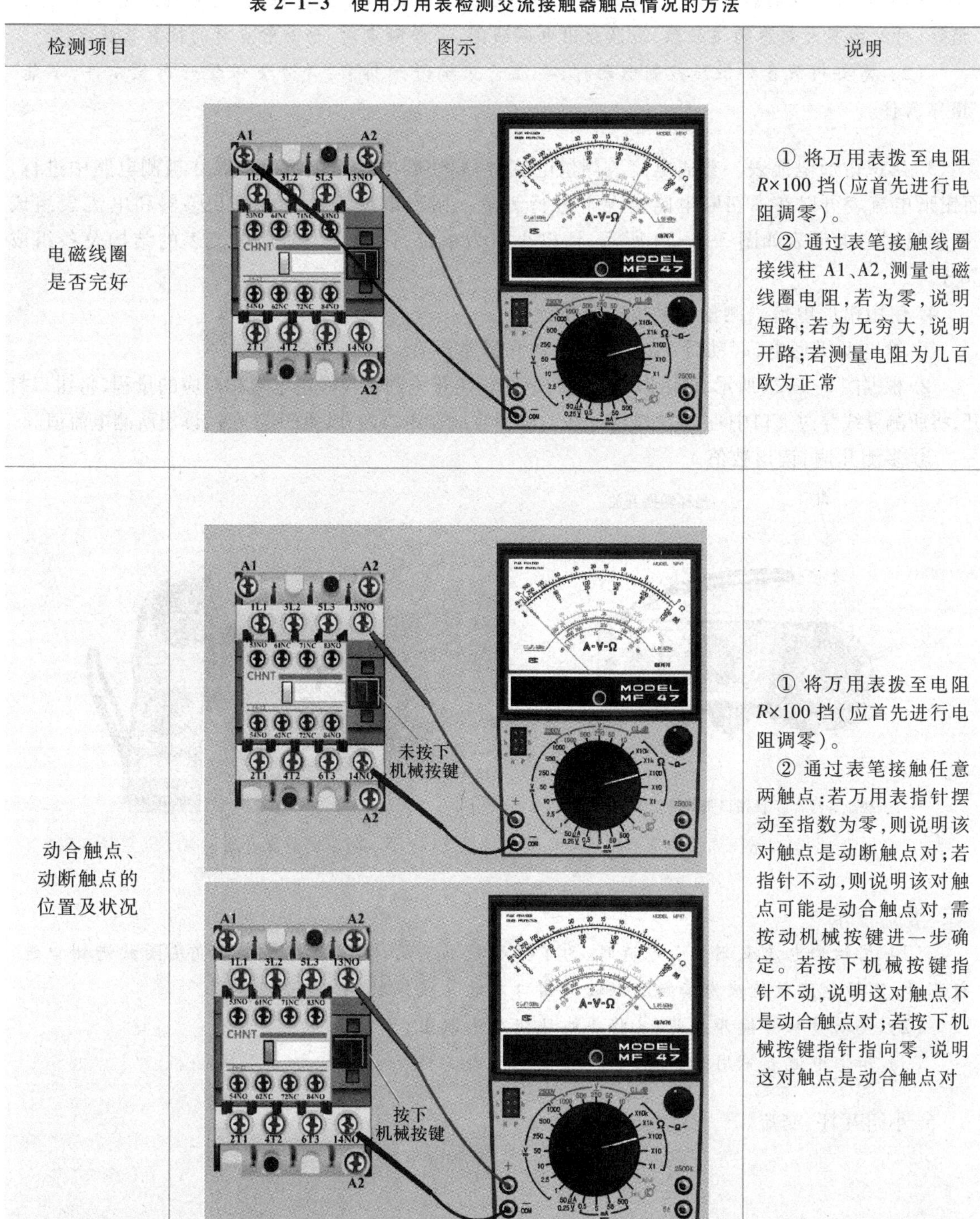

检测项目	图示	说明
电磁线圈是否完好		① 将万用表拨至电阻 $R\times100$ 挡(应首先进行电阻调零)。 ② 通过表笔接触线圈接线柱 A1、A2,测量电磁线圈电阻,若为零,说明短路;若为无穷大,说明开路;若测量电阻为几百欧为正常
动合触点、动断触点的位置及状况		① 将万用表拨至电阻 $R\times100$ 挡(应首先进行电阻调零)。 ② 通过表笔接触任意两触点:若万用表指针摆动至指数为零,则说明该对触点是动断触点对;若指针不动,则说明该对触点可能是动合触点对,需按动机械按键进一步确定。若按下机械按键指针不动,说明这对触点不是动合触点对;若按下机械按键指针指向零,说明这对触点是动合触点对

要点提示

（1）低压控制电器使用前都需进行必要的检测。检测内容包括触点、电磁线圈是否完好无损等，对结构不太熟悉的接触器，应区分出电磁线圈、动合触点对、动断触点对的位置及状况。

（2）需要拆装各种低压控制电器时，要注意正确仔细拆装，并分类保管好拆装零件，不能损坏器件。

3. 认识钳形电流表。普通电流表测量电流时，要切断电路将电流表串联在被测电路中进行，而钳形电流表可以在不切断电路情况下进行测量。钳形电流表是由电流互感器和电流表组成的，常见钳形电流表如图 2-1-24 所示，请以小组为单位，讨论认识钳形电流表的结构及各组成部分。

4. 使用钳形电流表测量电动机空载电流。

① 给电动机通电，起动后，检查有无振动和异常声音。

② 根据图 2-1-25 所示，将钳形电流表的量程转换开关调至与额定电流相对应的量程，将钳口打开，将所测导线穿过夹口中心，被测载流导线的位置应放在钳口内，以免产生误差，读出所测电流值。

③ 多测几遍，读出数值。

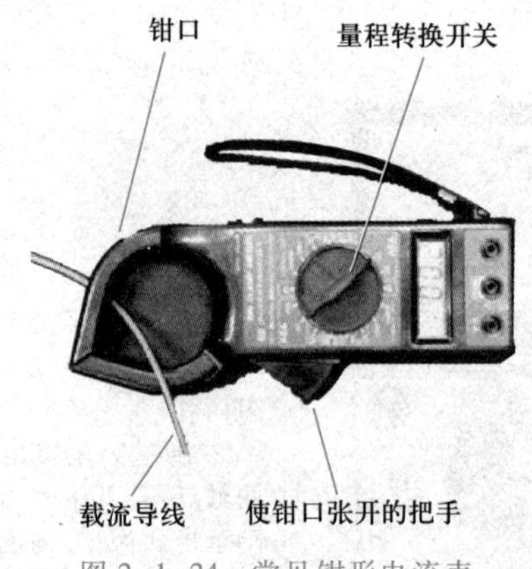

图 2-1-24 常见钳形电流表

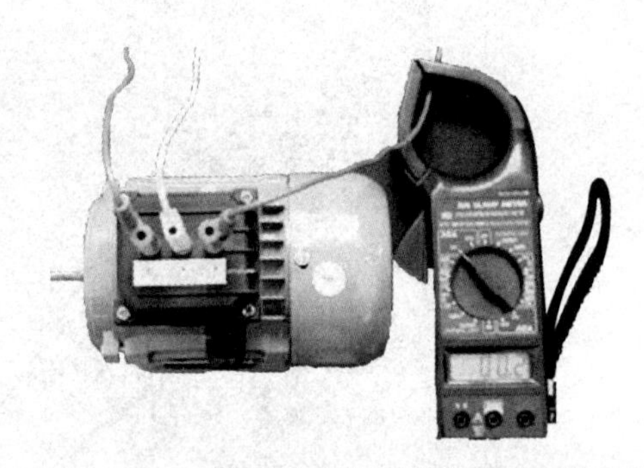

图 2-1-25 用钳形电流表测量电动机空载电流

要点提示

（1）用钳形电流表测量小电流时，为了得到较准确的读数，可把导线多绕几圈放进钳口进行测量，实际电流数值应为读数除以放进钳口内的导线根数。

（2）转动量程转换开关前，应将导线从钳口中取出。

（3）钳形电流表不用时，应将转换开关调至最高挡。

5. 小组互评、交流。

任务评价

根据自评、小组互评和教师评价将各项得分以及总评内容和得分填入表 2-1-4 中。

表 2-1-4 评价反馈表

<table>
<tr><td rowspan="2">任务名称</td><td rowspan="2" colspan="2">认识常用低压控制电器</td><td>学生姓名</td><td>学号</td><td>班级</td><td>日期</td></tr>
<tr><td></td><td></td><td></td><td></td></tr>
<tr><td>项目内容</td><td>配分</td><td colspan="4">评分标准</td><td>得分</td></tr>
<tr><td>熟悉电器</td><td>20分</td><td colspan="4">熟悉各式刀开关、主令电器、交流接触器、时间继电器、速度继电器结构及工作过程</td><td></td></tr>
<tr><td rowspan="2">检测交流接触器等低压控制电器</td><td rowspan="2">40分</td><td colspan="4">1. 电磁线圈是否完好(20分)</td><td></td></tr>
<tr><td colspan="4">2. 动合触点、动断触点的位置及状况(20分)</td><td></td></tr>
<tr><td rowspan="4">使用钳形电流表测量电动机的空载电流</td><td rowspan="4">30分</td><td colspan="4">1. 熟知钳形电流表的结构及使用方法(10分)</td><td></td></tr>
<tr><td colspan="4">2. 测量空载电流时,操作正确、读数正确(15分)</td><td></td></tr>
<tr><td colspan="4">3. 测量完毕将钳形电流表转换开关调至最高挡(2分)</td><td></td></tr>
<tr><td colspan="4">4. 规范整理实验器材(3分)</td><td></td></tr>
<tr><td>职业素养养成</td><td>10分</td><td colspan="4">严格遵守安全规程、文明生产、规范操作,养成严谨、专注、精益求精的职业精神,注重小组协作、德技并修</td><td></td></tr>
<tr><td>总评</td><td colspan="5"></td><td></td></tr>
</table>

思考与拓展

1. 刀开关一般与熔断器配合使用,不允许______,更不允许______,要正装(在合闸的状态下,刀开关的手柄应该向______,以防止闸刀松动落下时误合闸)。

2. 倒顺开关属于组合开关,是一种手动开关,它不但能接通和分断电源,而且还能改变__________,用来直接实现对小容量电动机的正反转控制,故又称为可逆转换开关。

3. 交流接触器是一种用来频繁地接通或断开交流主电路及大容量控制电路的自动切换电器,主要由__________、__________、__________等部分组成。

4. 使用时间继电器时,在__________的情况下整定时间继电器的整定值,并在试车时校正。

5. 速度继电器常用于电动机反接制动的控制电路中,当反接制动的转速下降到接近零时,它能及时地________________。

6. 控制变压器就是小型的普通变压器,铁心是变压器的____路部分,绕组是变压器的____路部分。为了减少铁心内部的涡流损耗和磁滞损耗,铁心一般用__________叠成,绕组由__________绕制而成。

7. 电流互感器的二次侧可以________路,但不得________路。电压互感器的二次侧可以________路,但不得________路。

8. 使用自耦变压器时,应注意哪些方面?

项目2
认识电动机

项目概述

在工业生产(如起重机、机床),运输(如运输机、传送带),医疗,生活(如电梯、风机)等领域,广泛应用各种形式的电动机,其中,三相异步电动机因其具有结构简单、运行可靠、价格便宜、过载能力强及使用、安装、维护方便等优点,被广泛应用。

直流电动机和交流异步电动机相比,虽然结构复杂,使用维护较麻烦,价格较贵,但由于其起动转矩大、在较宽的范围内达到平滑无级调速,同时又比较经济,所以曾被广泛地应用于轧钢机、电力机车、大型机床拖动系统中。但随着交流电动机变频调速技术的飞速发展,目前应用较少。

那么,什么是三相异步电动机?什么是直流电动机?它们是怎样工作的呢?

本项目我们将一起认识常用的各种电动机。

任务1　认识三相异步电动机

任务描述

初次接触三相异步电动机,我们需要从外形入手,认识其结构,熟悉其铭牌含义,了解三相异步电动机的工作过程,掌握三相绕组通入交流电的相序与其转动方向之间的关系。

知识储备

一、三相异步电动机的外形

根据功能与结构的不同,三相异步电动机的外形有很大的差别,如图2-2-1所示。

图 2-2-1　各种三相异步电动机

二、三相异步电动机的结构

三相异步电动机主要由定子和转子两大部分组成。静止部分称为定子，旋转部分称为转子。按转子结构不同，三相异步电动机又分为三相笼型异步电动机和三相绕线转子异步电动机。本项目除特殊说明外，均以三相笼型异步电动机为探究对象。

做中教

查找三相笼型异步电动机的拆卸步骤资料，在教师的指导下，以小组为单位拆卸小型三相笼型异步电动机，观察其内部结构，并做好记录，拆卸结束后，再按装配步骤将三相笼型异步电动机装好后归位。整个过程要求团队协作、主动探究，严谨细致，精益求精。

三相笼型异步电动机的结构如图 2-2-2 所示。三相绕线转子异步电动机在结构上与三相笼型异步电动机相似，主要区别是转子结构不同。

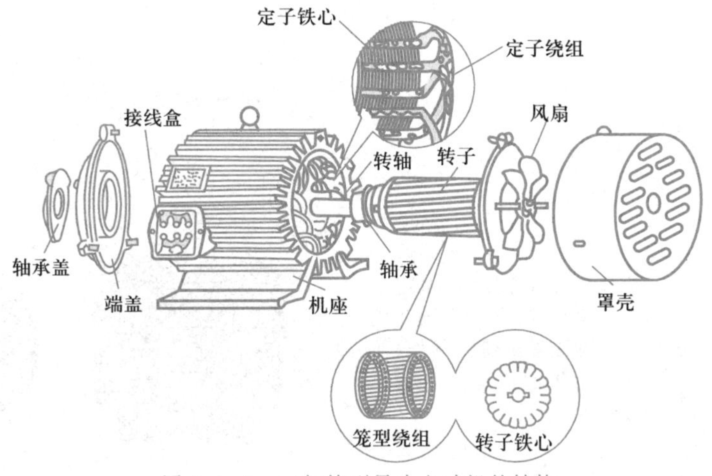

图 2-2-2　三相笼型异步电动机的结构

三相异步电动机的基本部件功能见表 2-2-1。

表 2-2-1 三相异步电动机的基本部件功能

部件名称		作用	图例
定子	定子铁心	定子铁心是三相异步电动机的磁路部分，它由厚度在 0.5 mm以下的硅钢片冲制、叠压而成，其内表面上有许多分布均匀的槽沟，定子绕组就放置在槽沟内	
	定子绕组	定子绕组用绝缘铜线或铝线绕制而成，是三相异步电动机的电路部分。定子三相绕组的结构完全对称，一般有 6 个出线端 U1、U2、V1、V2、W1、W2，置于机座外部的接线盒内，根据需要接成星(Y)形联结或三角(Δ)形联结，也可将 6 个出线端接入控制电路中实现星形联结与三角形联结的换接	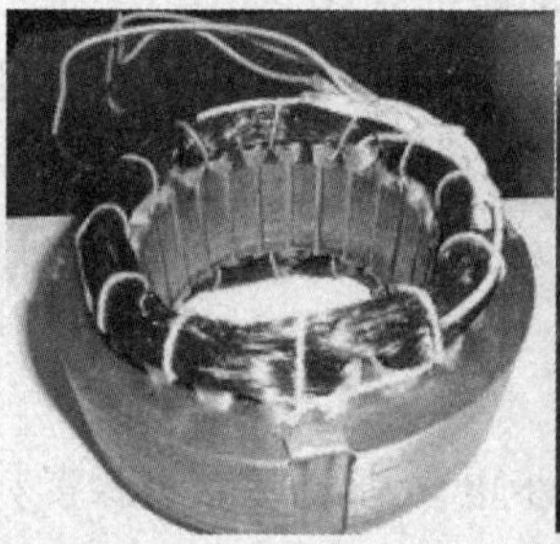 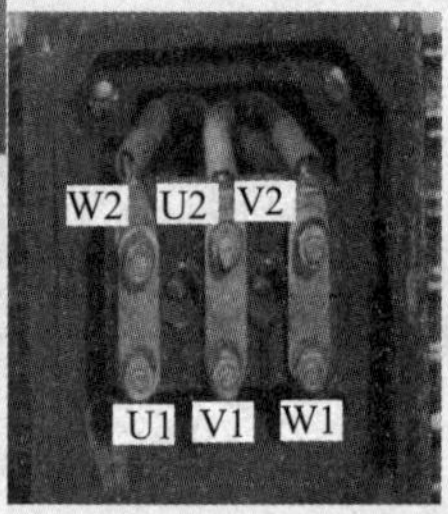 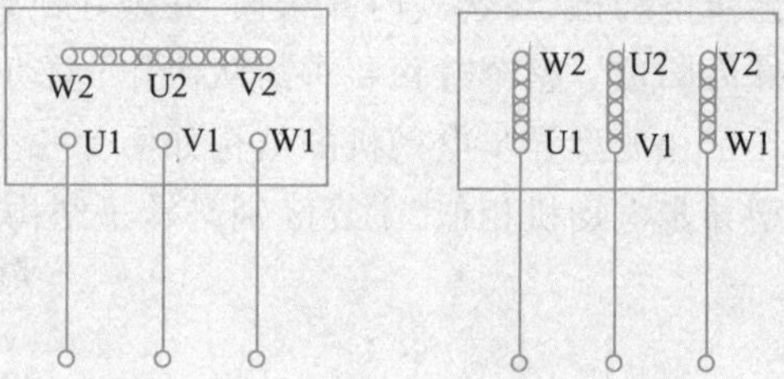 W2 U2 V2 U1 V1 W1 W2 U2 V2 U1 V1 W1 (a) 星形联结 W2 U2 V2 U1 V1 W1 (b) 三角形联结
	机座	机座的主要作用是固定定子铁心和端盖，中小型电动机的机座通常采用铸铁制作，而大型电动机的机座则由钢板焊接而成	

续表

<table>
<tr><th colspan="2">部件名称</th><th colspan="2">作用</th><th>图例</th></tr>
<tr><td rowspan="6">转子</td><td>转子铁心</td><td colspan="2">转子铁心是三相异步电动机磁路的一部分，也是用厚度在0.5 mm以下的硅钢片冲制、叠压而成。在外圆上有许多均匀分布的平行沟槽，沟槽内放置转子绕组</td><td> 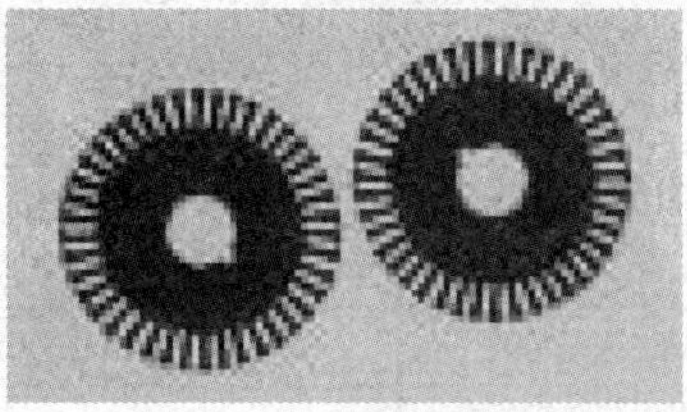</td></tr>
<tr><td rowspan="3">转子绕组</td><td colspan="3">作用是产生感应电动势和电磁转矩</td></tr>
<tr><td>笼型转子</td><td>笼型转子的每个沟槽内都有一根裸导体，在伸出铁心两端的沟槽口处，用两个端环把所有导体连接起来，即由笼条和端环组成笼型转子绕组</td><td> 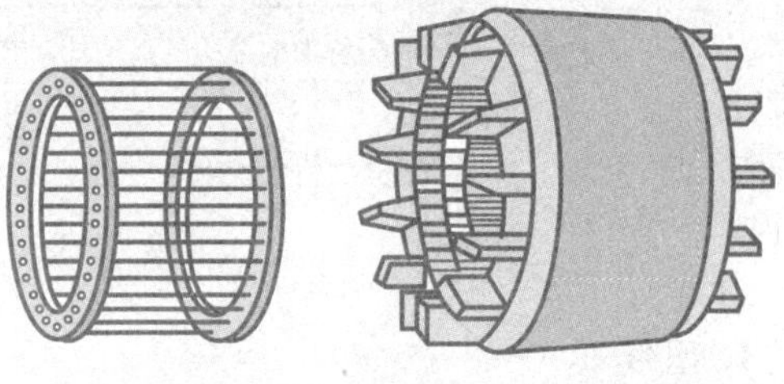(a) 笼型转子绕组 (b) 铸铝的笼型转子绕组</td></tr>
<tr><td>绕线转子</td><td>绕线转子绕组是用导线绕成的线圈，嵌入铁心槽中，并连成三相对称绕组，一般都接成Y形联结。三相绕组的三根引出线接到转轴上的三个滑环，通过电刷与外电路相连</td><td>  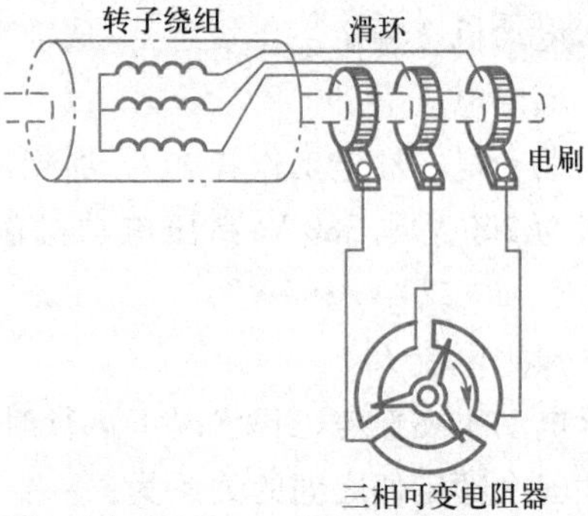</td></tr>
<tr><td>转轴</td><td colspan="3">转轴一般由碳钢制成，轴的两端用轴承支撑</td></tr>
<tr><td>风扇</td><td colspan="3">风扇起轴向通风散热作用，风扇罩起安全防护作用</td></tr>
</table>

三、三相异步电动机的铭牌

图 2-2-3 所示的三相异步电动机铭牌是其外壳上的重要标志,它上面标明了该电动机的型号和技术数据,供正确使用该电动机时参考。

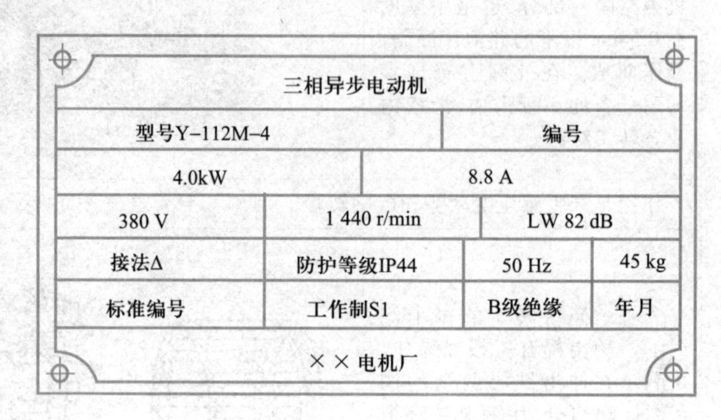

图 2-2-3 三相异步电动机铭牌

1. 型号

型号是电动机的品种代号,由产品代号和规格代号组成。Y 系列是笼型异步电动机,YR 系列是绕线转子异步电动机。以 Y-112M-4 型电动机为例,其含义如下:

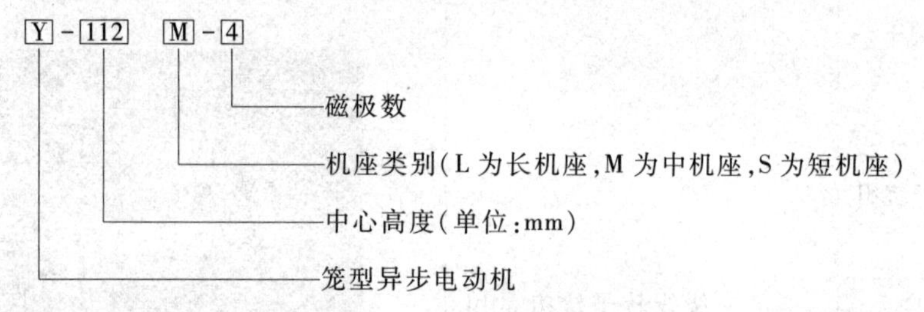

2. 技术数据

(1) 额定功率 P_N

表示电动机在额定工作状态下,从轴上输出的机械功率,单位为 kW。

(2) 额定电压 U_N

表示电动机在额定工作状态下,加到定子绕组上的线电压,单位为 V。我国低压电动机额定电压一般为 220 V 或 380 V,高压电动机额定电压有 3 kV、6 kV、10 kV。当采用两种电压时,用"/"线隔开,如"220 V/380 V"。

(3) 额定电流 I_N

表示电动机在额定工作状况下运行时,定子电路输入的线电流,单位为 A。

上述三个额定值之间的关系为:

$$P_N=\sqrt{3}\,U_N I_N \cos\varphi_N \eta_N$$

式中, $\cos\varphi_N$ 为电动机的额定功率因数;

η_N 为电动机的额定效率。

(4) 额定转速 n_N

表示电动机在额定工作状态时的转速,单位是 r/min。

(5) 接法

指电动机在额定电压下定子三相绕组的连接方法,有 Y 形联结和 Δ 形联结。若铭牌标明"接法 Δ,380 V",表明电动机额定电压为 380 V 时应接成 Δ 形。

要点提示

(1) 三相异步电动机是工农业生产中最常见的电气设备,其中用得最多的是笼型异步电动机,其结构简单、起动方便、体积较小、工作可靠、坚固耐用,便于维护和检修。但其运行性能不如绕线转子异步电动机,绕线转子异步电动机通过外串电阻能改善电动机的起动、调速等性能,在需要大起动转矩时(如起重机械)往往采用绕线转子异步电动机。

(2) 三相异步电动机使用过程中要注意电动机温度不可过高,且不可长时间超额定电流运行。

(3) 要注意电动机的振动情况,电动机振动过大,必须检查基础是否牢固,地角螺钉是否松动,皮带轮或联轴器是否松动等,有时振动是由转子不正常引起的,也有因短路引起的,应查找原因,设法消除。

四、三相异步电动机的工作过程

1. 工作过程

做中教

如图 2-2-4 所示,一个装有手柄的马蹄形磁铁,在它的两极间放着一个由许多铜条组成、两端分别用金属环短接的可以自由转动的笼型转子,磁铁与转子之间没有机械联系。摇动手柄使马蹄形磁铁旋转,观察笼型转子的运动情况,总结规律,分析转子转动的工作过程。

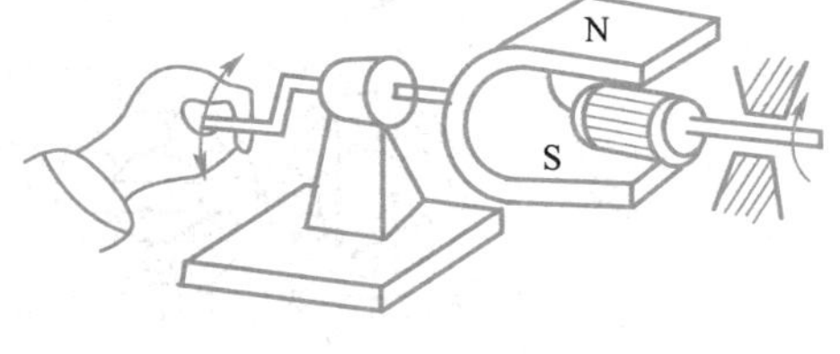

图 2-2-4 转子转动实验

要点提示

(1) 转子会跟着转动的磁铁朝同一方向一起旋转。

(2) 实际的电动机靠定子绕组通过三相交流电产生旋转磁场来代替实验中磁铁的转动。

三相异步电动机的定子绕组结构完全对称,空间位置上互差 120°电角度,如图 2-2-5(a)所示。图 2-2-5(b)所示为三相绕组星形联结的电路图,并标出了电流参考方向。

当定子绕组通入三相交流电时,在气隙中产生一个同步转速为 n_1,在空间按顺时针方向旋转的磁场,如图 2-2-6 所示。开始时转子不动,这样转子导体就会切割磁感线而产生感应电动势,由于转子导体自成闭合回路,所以转子导体中就有电流通过,其电流方向可用右手定则判定,在 $\omega t=0$ 时的电流方向如图 2-2-7 所示,有电流流过的转子导体将在旋转磁场中受电磁力 F 的作用,其方向用左手定则判定,该电磁力 F 在转子轴上形成电磁转矩,从而驱动转子以转速 n 旋转。

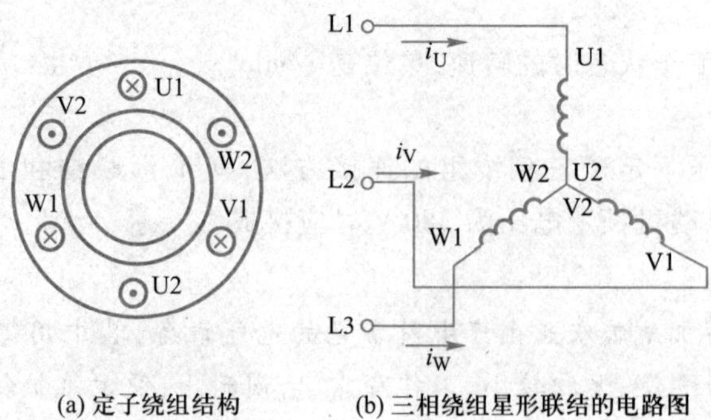

图 2-2-5 简化的定子绕组

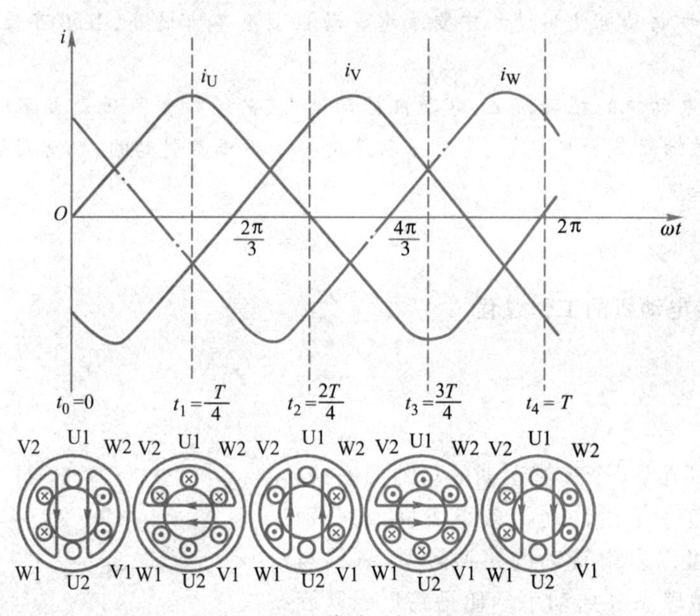

图 2-2-6 旋转磁场的产生

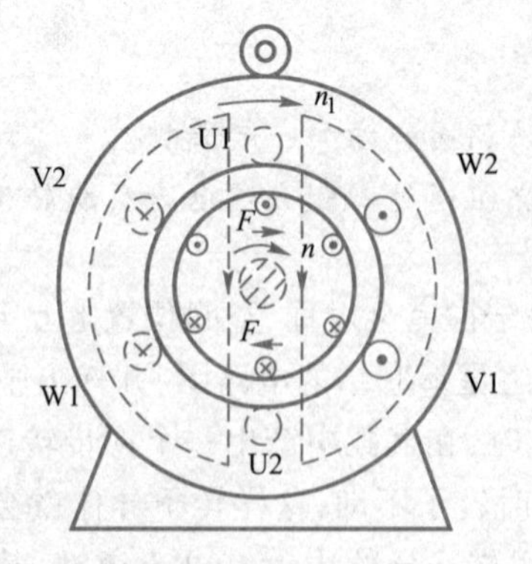

图 2-2-7 三相异步电动机的工作过程

要点提示

（1）电动机转子的转向与磁场的旋转方向一致，而旋转磁场的旋转方向是由定子绕组的相序U、V、W三相的连接方式确定的，即转向取决于三相交流电源的相序。所以，只要任意对调电动机三相绕组中的两相与交流电源的接线，即可改变转向。

（2）旋转磁场的磁极对数 p 与定子绕组的空间排列有关，通过适当的安排，可以制成多对磁极的旋转磁场。

（3）三相电动机因转子导体中的电动势、电流是从定子电路中感应而来，所以又称感应电动机；如果 $n=n_1$，转子导体与旋转磁场间就不存在相对运动了，所以转子的实际转速总是小于旋转磁场的同步转速，故又称为异步电动机。

可以分析出，电流变化一个周期，两极旋转磁场（$p=1$）在空间旋转一周。若使定子旋转磁场为四极（$p=2$），电流变化一个周期，旋转磁场旋转半周（180°），由此可以看出，三相对称交流电流流过三相对称绕组产生旋转磁场，转速为

$$n_1=\frac{60f_1}{p}$$

式中：p 为定子绕组的磁极对数；

f_1 为三相交流电的频率，单位为Hz；

n_1 为旋转磁场的同步转速，单位为r/min。

2. 转差率

通常将旋转磁场的同步转速 n_1 与转子的转速 n 之差称为转差，它反映了转子导体切割磁感线的快慢程度。转差 n_1-n 与旋转磁场的同步转速 n_1 的比值称为转差率，通常用 s 表示，即

$$s=\frac{n_1-n}{n_1}$$

在电动机起动的瞬间，由于 $n=0$，所以 $s=1$，此时转差率最大；随着转速上升，转差率减少，理论上，当 $n=n_1$ 时，$s=0$，实际上在电动机正常工作时，由于 $n<n_1$，因此 $0<s\leqslant 1$。在额定负载时，中小型异步电动机转差率的范围一般在0.02~0.06之间。

任务实施

做中学

测量三相异步电动机的绝缘电阻

一、器材和工具

三相异步电动机绝缘电阻的测量工具为兆欧表，如图2-2-8所示。

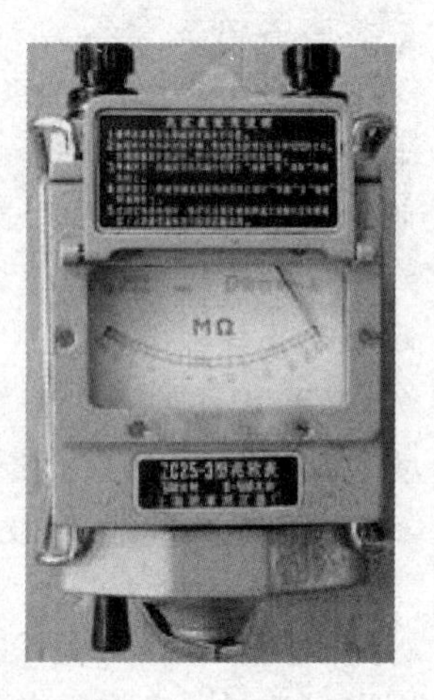

图 2-2-8 兆欧表

二、操作步骤

以小组为单位,在教师指导下进行三相异步电动机绝缘电阻测量训练,整个过程要求团队协作、安全规范操作、严谨细致、精益求精。

1. 测量各相绕组对地绝缘电阻

参考图 2-2-9(a)所示,将兆欧表的接线柱 L 接被测相绕组一端,接线柱 E 接电动机机座上没有油漆的部位或连到接线盒内的接地螺钉,摇动手柄,逐渐增加速度至 120 r/min,待指针稳定后识读绝缘电阻值。更换被测相绕组,按照此方法继续测量,将 3 次测量结果记录在表2-2-2中。

2. 测量相间绝缘电阻

如图 2-2-9(b)所示,将兆欧表的接线柱 L 和接线柱 E 分别接在两相绕组出线端,将 3 次测量结果记录在表 2-2-2 中。

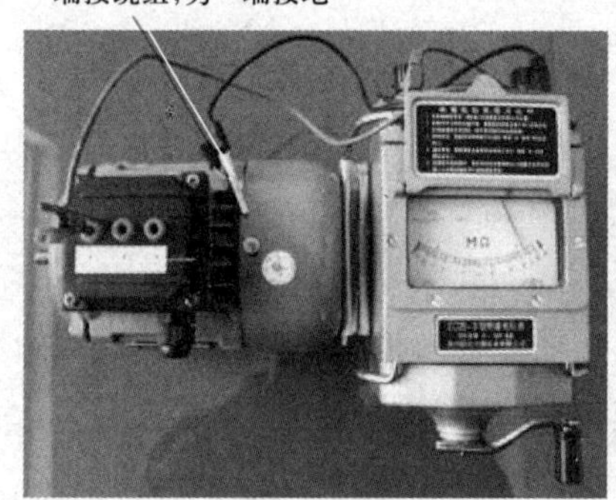

(a) 测量对地绝缘电阻

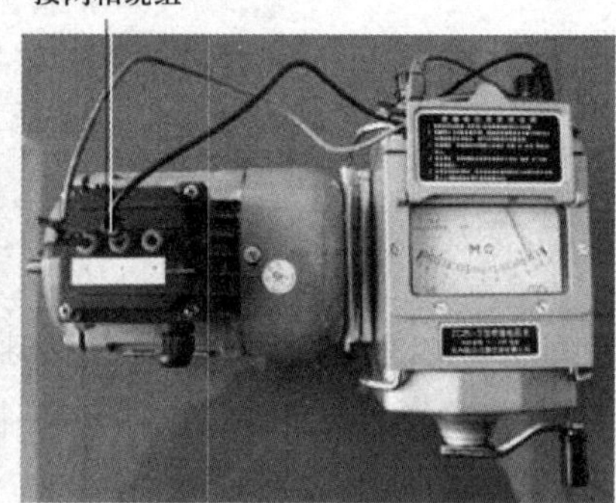

(b) 测量相间绝缘电阻

图 2-2-9 测量三相异步电动机的绝缘电阻

表 2-2-2 测量结果

各相绕组对地绝缘电阻			相间绝缘电阻		
U 相对地	V 相对地	W 相对地	U 相与 V 相	V 相与 W 相	W 相与 U 相

要点提示

(1) 兆欧表与电动机之间的连线应用绝缘良好的单股线,不能用双股线或绞线,以免影响测量结果。

(2) 测量过程中,如发现兆欧表指零,说明被测绝缘电阻已被击穿,应立即停止测量,以免损坏仪表。

(3) 兆欧表手摇发电机产生的电压较高,测试过程中不得触及引线的裸露部分。

(4) 要求绝缘电阻值不得小于 0.5 MΩ,大修后要求绝缘电阻值在 1 MΩ 以上。

任务评价

根据自评、小组互评和教师评价将各项得分以及总评内容和得分填入表2-2-3。

表2-2-3 评价反馈表

<table>
<tr><td rowspan="2">任务名称</td><td rowspan="2" colspan="2">认识三相异步电动机</td><td>学生姓名</td><td>学号</td><td>班级</td><td>日期</td></tr>
<tr><td></td><td></td><td></td><td></td></tr>
<tr><td>项目内容</td><td>配分</td><td colspan="4">评分标准</td><td>得分</td></tr>
<tr><td>熟悉各种三相异步电动机</td><td>30分</td><td colspan="4">熟悉三相异步电动机的结构、铭牌及工作过程</td><td></td></tr>
<tr><td rowspan="4">测量三相异步电动机的绝缘电阻</td><td rowspan="4">60分</td><td colspan="4">1. 测量前进行开路与短路试验，检查兆欧表好坏(10分)</td><td></td></tr>
<tr><td colspan="4">2.会正确测量各相绕组对地绝缘电阻，电路连接正确、操作规范、读数正确（20分）</td><td></td></tr>
<tr><td colspan="4">3. 会正确测量相间绝缘电阻，连接正确、操作规范、读数正确(20分)</td><td></td></tr>
<tr><td colspan="4">4. 测量后，规范整理实训器材，做好对大电容进行放电等实训后工作(10分)</td><td></td></tr>
<tr><td>职业素养养成</td><td>10分</td><td colspan="4">严格遵守安全规程、文明生产、规范操作，养成严谨、专注、精益求精的职业精神，注重小组协作、德技并修</td><td></td></tr>
<tr><td>总评</td><td colspan="5"></td><td></td></tr>
</table>

思考与拓展

1. 定子铁心必须用硅钢片叠压而成的原因是________________。

2. 三相异步电动机的型号为YR2-125-6，其含义是________________。

3. 三相笼型异步电动机与三相绕线转子异步电动机在结构上有哪些不同？二者在应用上有什么差别？

4. 三相异步电动机旋转磁场的旋转方向是由________________的连接方式确定的，即转向取决于电流的__________，所以，只需将接在定子绕组上的三根电源线中的任意两根________一下，即可改变转向。

5. 使用兆欧表测量三相绕组过程中如果发现兆欧表指零,说明被测绝缘电阻________,应立即__________,以免损坏仪表。

任务2 认识直流电动机

任务描述

对于初次接触的直流电动机,我们需要从外形入手,认识其结构,熟悉其铭牌含义,并会熟练地拆卸与安装,这些是对直流电动机进行故障排查与检修的前提。

知识储备

一、直流电动机的外形

根据功能及结构的不同,直流电动机的外形有很大的差别,如图 2-2-10 所示。

(a) Z4型直流电动机　(b) 微型直流电动机

(c) 永磁式直流电动机　(d) 直流串励电动机

图 2-2-10 直流电动机外形

二、直流电动机的结构

直流电动机主要由定子、电枢(转子)两大部分组成。

做中教

查找小型直流电动机的拆卸步骤资料,在教师的指导下,以小组为单位拆卸小型直流电动机,观察其内部结构,并做好记录,拆卸结束后,再按装配步骤将小型直流电动机装好后归位。整个过程要求团队协作、主动探究、严谨细致、精益求精。

直流电动机的结构如图 2-2-11 所示。

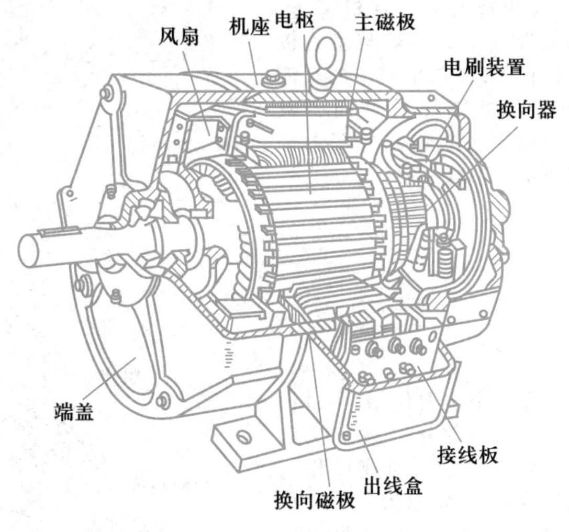

图 2-2-11　直流电动机的结构

直流电动机的定子部分和电枢部分的功能与作用见表 2-2-4。

表 2-2-4　直流电动机的定子部分和电枢部分的功能与作用

部件名称		作用	图例
定子	主磁极	主磁极的作用是由励磁绕组通以直流电流来建立磁场。主磁极由主磁极铁心和套装在铁心上的励磁绕组构成。主磁极铁心靠近转子一端的扩大的部分称为极靴,它的作用是使气隙磁阻减小,改善主磁极磁场分布,并固定励磁绕组。为了减少转子转动时的铁耗,主磁极铁心采用厚度为 1~1.5 mm 的低碳钢板冲压一定形状叠装固定而成。主磁极上装有励磁绕组,整个主磁极用螺钉固定在机座上	螺钉 机座 主磁极铁心 励磁绕组 极靴

续表

部件名称		作用	图例
定子	换向磁极	换向磁极是安装在两个相邻主磁极之间的一个小磁极，它的作用是改善直流电动机的换向情况，使电动机运行时不产生有害的火花。换向磁极结构和主磁极类似，是由换向磁极铁心和套装在铁心上的换向磁极绕组构成，并用螺钉固定在机座上。换向磁极的个数一般与主磁极的个数相等，在功率很小的直流电动机中，也有不装换向磁极的。换向磁极绕组在使用中和电枢绕组相串联	绕组 铁心 N N′ S′ S S S′ N′ N 机座
	机座	机座有两个主要作用，一是作为主磁极的一部分，二是作为电动机的结构框架。机座中作为磁通通路的部分称为磁轭。机座一般用厚钢板弯成筒形以后焊成，或用铸钢件制成。机座的两端装有端盖	机座 换向磁极 主磁阀
	电刷装置	电刷装置是电枢电路的引出(或引入)装置，它由电刷、刷握、刷杆座和连接线等部分组成。电刷是由石墨或金属石墨组成的导电块，放在刷握内用弹簧以一定的压力安放在换向器的表面，旋转时与换向器表面形成滑动接触。刷握用螺钉夹紧在刷杆上。刷杆装在可移动的刷杆座上，以便调整电刷的位置	刷杆座 刷握 电刷 连接线 弹簧

续表

<table>
<tr><th colspan="2">部件名称</th><th>作用</th><th>图例</th></tr>
<tr><td rowspan="4">电枢</td><td>电枢铁心</td><td>电枢铁心既是主磁路的组成部分，又是电枢绕组的支撑部分；电枢绕组就嵌放在电枢铁心的槽内。为减少电枢铁心内的涡流损耗，铁心一般用厚度为0.5 mm且冲有齿、槽的硅钢片叠压夹紧而成</td><td rowspan="4"></td></tr>
<tr><td>电枢绕组</td><td>电枢绕组由一定数目的电枢线圈按一定的规律连接组成，它是直流电动机的电路部分，也是感应电动势产生电磁转矩进行机电能量转换的部分</td></tr>
<tr><td>转轴</td><td>转轴的作用是传递转矩，为了使电动机可靠地运行，转轴一般用合金钢锻压加工而成</td></tr>
<tr><td>换向器</td><td>换向器将外界供给的直流电流转变为绕组中的交变电流以使电动机旋转。由换向片组成，是直流电动机的关键部件。由许多楔形铜片组装成，形成一个圆柱体，片与片之间用云母片隔开，所有换向片与轴也是绝缘的</td></tr>
</table>

直流电动机的铭牌如图 2-2-12 所示。

<table>
<tr><td colspan="6">直流电动机</td></tr>
<tr><td colspan="6">标准编号</td></tr>
<tr><td>型号 Z4-200-21</td><td colspan="2">1.1 kW</td><td colspan="3">110 V</td></tr>
<tr><td>13.45 A</td><td colspan="2">1 500 r/min</td><td colspan="3">励磁方式 他励</td></tr>
<tr><td colspan="2">励磁电压 100 V</td><td colspan="4">励磁电流 0.713 A</td></tr>
<tr><td>绝缘等级 B</td><td colspan="2">定额 S1</td><td colspan="3">质量 59 kg</td></tr>
<tr><td>出品编号</td><td colspan="5">出品日期 年 月</td></tr>
<tr><td colspan="6">□□电机厂</td></tr>
</table>

图 2-2-12 直流电动机的铭牌

1. 型号

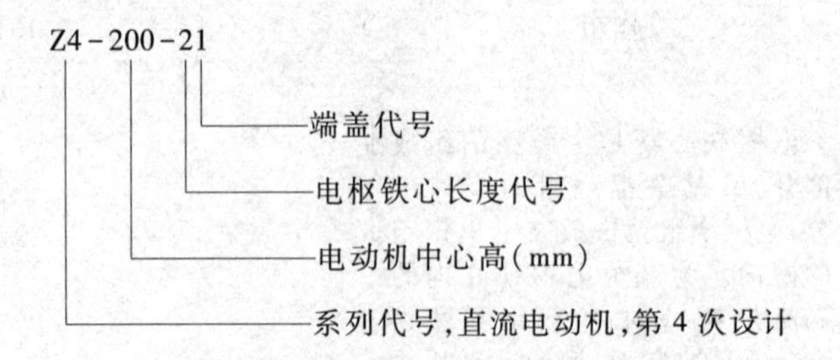

2. 额定值

(1) 额定功率 P_N

表示直流电动机在额定工作状态下长期运行,从轴上输出的机械功率。

(2) 额定电压 U_N

表示正常工作时加在直流电动机上的电源出线端电压值。

(3) 额定电流 I_N

表示直流电动机在额定工作状态下从电源输入的电流值,单位为 A。

(4) 额定转速 n_N

表示直流电动机在额定工作状态下转子的转速,单位是 r/min。

(5) 额定励磁电压 U_{LN}

表示加在励磁绕组两端的额定电压。

(6) 额定励磁电流 I_{LN}

表示直流电动机在额定工作状态下所需要的励磁电流。

(7) 励磁方式

直流电动机的励磁方式决定了励磁绕组和电枢绕组的接线关系,有他励、并励、串励、复励等。

(8) 定额 S

表示直流电动机在额定工作状态下能持续工作的时间和顺序。直流电动机定额分为连续、短时和断续三种,分别用 Sl、S2、S3 表示。其中连续定额(S1) 表示直流电动机在额定工作状态下可以长期连续运行;短时定额(S2) 表示直流电动机在额定工作状态下只能在规定时间内短期运行,我国规定的短时运行时间有 10 min、30 min、60 min 及 90 min 四种;断续定额(S3)表示直流电动机运行一段时间后,就要停止一段时间,只能周期性地重复运行,周期为 10 min。我国规定的负载持续率有 15%、25%、40%及 60%四种。例如,负载持续率为 25%时,2.5 min 为工作时间,7.5 min 为停止时间。

三、直流电动机的分类

按照直流电动机主磁场的不同,一般可分两大类,一类是由永久磁铁作为主磁极;而另一类是利用给主磁极通入直流电产生磁场。后一类按照主磁极绕组与电枢绕组接线方式的不同,常可以分为他励和自励两种,自励式又可分为并励、串励、复励等。各种直流电动机的特点及适用场合见表 2-2-5。

表 2-2-5　各种直流电动机的特点及适用场合

类别	特点	图例	适用场合
永磁电动机	在永久磁场中通过电磁原理实现机电能量和机电信号的转换	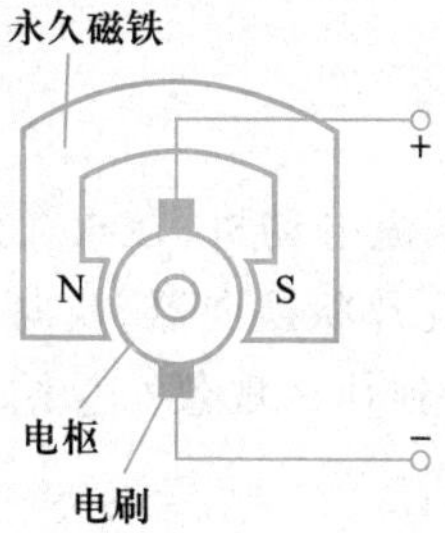	常用于录音机等所需功率很小、机械精度要求较高的场合，目前其输出功率可做到小至毫瓦级，大到 1 000 kW 以上
他励电动机	他励电动机的励磁电流由其他的直流电源供电，它与电枢绕组互不相连	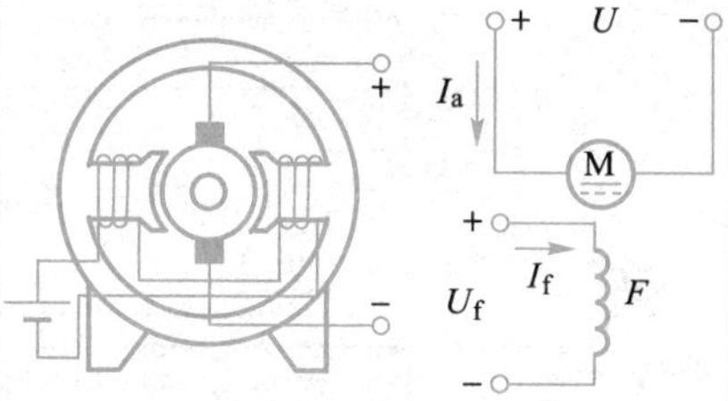	金属切削机床、造纸机械等
并励电动机	并励电动机励磁绕组与电枢绕组并联，它的特点是励磁绕组匝数多，导线截面积较小，励磁电流只占电枢电流的一小部分	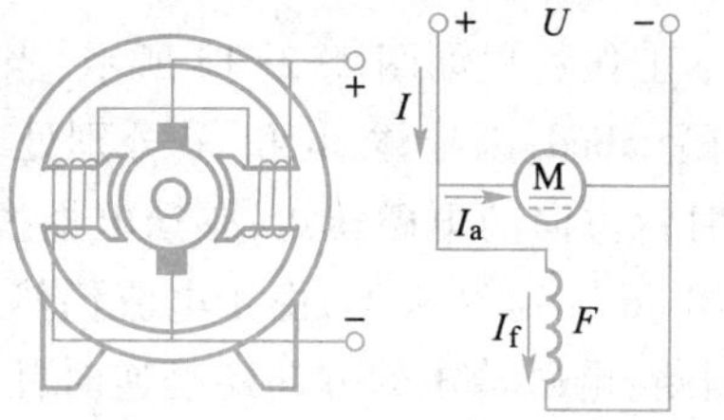	金属切削机床、造纸机械等
串励电动机	励磁绕组与电枢绕组串联，因此励磁绕组的电流与电枢绕组的电流相等，它的特点是励磁绕组匝数少，导线截面积较大，励磁绕组上的电压降很小	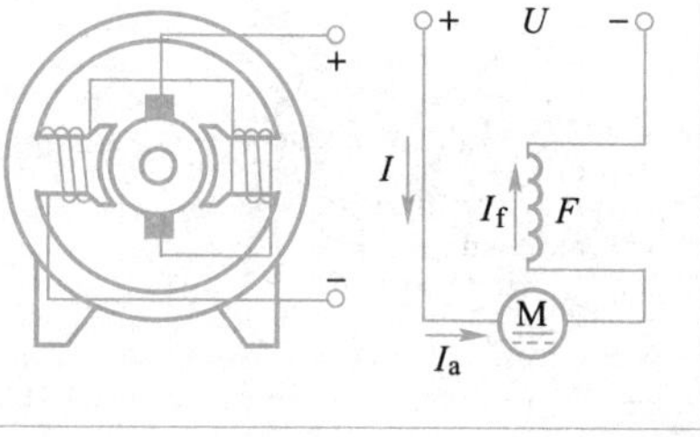	电动机车、挖掘机、电钻、起动机等
复励电动机	主磁极上有两个励磁绕组，一个与电枢绕组并联；另一个与电枢绕组串联，当两个绕组产生的磁通方向一致时，称为积复励电动机；反之，称为差复励电动机	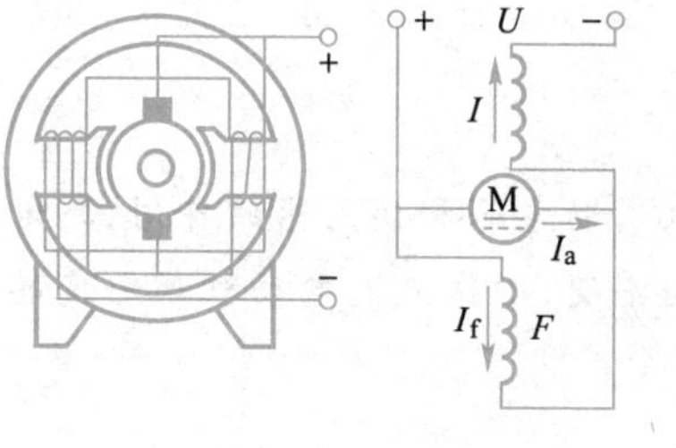	不同的励磁方式会产生不同的电动机输出特性，从而可适用于不同的场合

四、直流电动机的工作过程

1. 工作过程

做中教

图 2-2-13 所示是简易直流电动机,在永久磁铁构成的两极间有一个可以转动的线圈,线圈的端子分别连接两块绝缘的瓦片状换向器,换向器的两侧各有一个电刷,分别连接直流电源的正负极。当电源接通时,你会看到什么现象?总结规律,分析转子转动的工作过程。

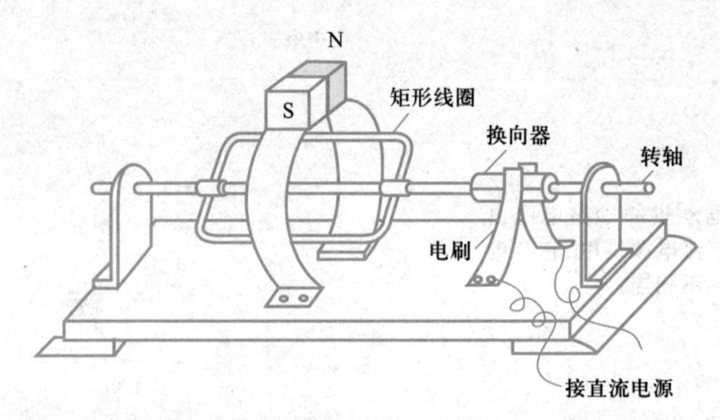

图 2-2-13　简易直流电动机

直流电动机的基本工作过程如图 2-2-14 所示,当直流电源加到电刷 A 和 B 上之后,就会有电流流过线圈,其方向为 abcd,因导体 ab 和 cd 分别处在主磁极 N 和 S 下面,由左手定则可知,电枢导体将产生一个逆时针方向的电磁转矩,驱动电枢按逆时针方向旋转。当电枢转过 180°后,导体 ab 转到 S 极下,导体 cd 转到 N 极下,由于电流仍然从电刷 A 流进,这时线圈中的电流方向变成 dcba,由左手定则判断,电磁转矩的方向还是逆时针方向。

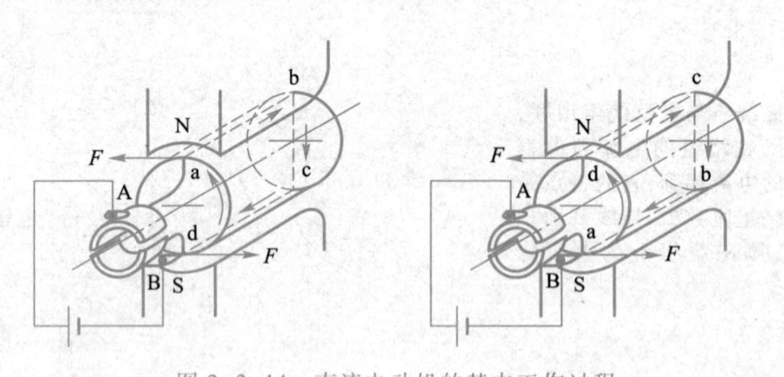

图 2-2-14　直流电动机的基本工作过程

要点提示

(1) 直流电动机借助电刷和换向器的作用,把电源的直流电转变为电枢绕组中的交流电,保持电磁转矩的方向不变,确保直流电动机朝一定的方向连续旋转。

(2) 电枢电流与磁场相互作用产生的电磁力所形成的电磁转矩是电枢旋转的动力,电磁转矩与电枢旋转方向相同。

(3) 由于换向器随线圈一起旋转,使得电刷 A 总是接触 N 极上的导线,而电刷 B 总是接触 S 极上的导线,故电枢线圈中电流流动方向发生改变,但电磁转矩方向不变。

2. 两个重要物理量的分析

(1) 电枢电动势 E_a

电枢转动时,其线圈边切割磁感线而产生感应电动势,这个电动势的方向与电枢电流 I_a 和外加电压 U 的方向总是相反的,称为电枢电动势 E_a

$$E_a = C_e \varphi n$$

式中,C_e 为直流电动机的结构常数;

φ 为每极主磁通,单位为 Wb;

n 为电动机转速,单位为 r/min。

当直流电动机工作时,外加电源 U 只有克服电枢电动势才能向直流电动机输入电流 I_a,因此有

$$U = E_a + R_a I_a$$

式中,R_a 为电枢电阻;I_a 为电枢电流。

(2) 电磁转矩 T

根据分析可得

$$T = C_T \varphi n$$

式中,C_T 为直流电动机的转矩常数。

直流电动机的电磁转矩是驱动转矩,它使电枢转动,且必须与机械负载转矩 T_2 及空载损耗转矩 T_0 相平衡,即 $T = T_2 + T_0$。

任务实施

做中学

制作简易直流电动机

一、器材和工具

方形磁铁、铁皮、底板(固定用)、螺钉、漆包线、铜片、导线、3~6 V 直流电源等。

二、操作步骤

以小组为单位,在教师指导下制作简易的直流电动机,注意用电安全,整个过程要求团队协

作、规范操作、严谨细致、精益求精。

1. 根据图 2-2-15(a)所示,在方形磁铁两极的外侧套上两个弯成半圆形的铁皮,铁皮的下端用螺钉固定在底板上。

2. 用 ϕ0.3 mm 的漆包线绕制两个尺寸为 5 cm×3 cm 的矩形线圈,匝数均为 10~15 匝,并让两个线圈交叉成 90°,安装在转轴上。矩形线圈中间安装用自行车条的一段制成的转轴。

3. 截取一段旧圆珠笔芯套在轴上制成换向器骨架,要做 4 个换向器的滑环,形状均为小于 1/4 圆弧的铜环,用胶粘在换向器骨架上,换向器的横截面如图 2-2-15(b)所示,粘铜环时要使缝隙 AA' 与矩形线圈 A 所在的平面垂直,缝隙 BB' 与矩形线圈 B 所在的平面垂直。矩形线圈 A 的引线 1、3 分别焊接到铜环 1、3 上,矩形线圈 B 的引线 2、4 分别焊接到铜环2、4上。

4. 用两片弹性铜片制作电刷,下端用螺钉固定在底板上,上端压在换向器上。

5. 接通电源,试车。

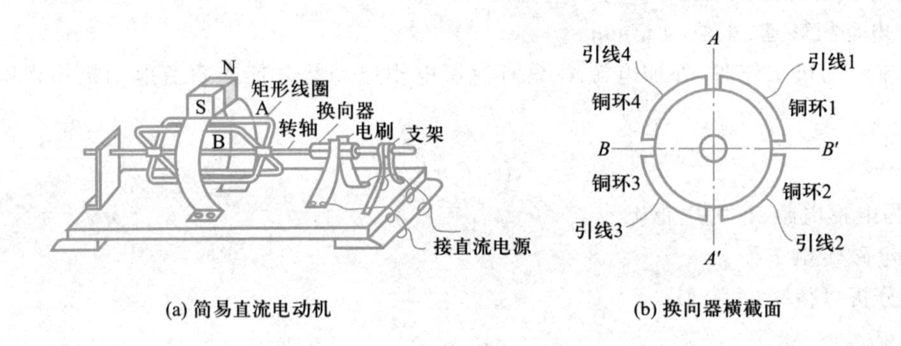

图 2-2-15 制作简易直流电动机

要点提示

(1) 换向器的 4 片铜环之间应有绝缘间隔。

(2) 接通电源时,可发现双线圈的转子比单线圈的容易起动,转得也快一些。

任务评价

根据自评、小组互评和教师评价将各项得分以及总评内容和得分填入表 2-2-6。

表 2-2-6 评价反馈表

<table>
<tr><td rowspan="2">任务名称</td><td rowspan="2" colspan="2">认识直流电动机</td><td>学生姓名</td><td>学号</td><td>班级</td><td>日期</td></tr>
<tr><td></td><td></td><td></td><td></td></tr>
<tr><td>项目内容</td><td>配分</td><td colspan="4">评分标准</td><td>得分</td></tr>
<tr><td>熟悉直流电动机</td><td>40分</td><td colspan="4">认识各种类型直流电动机的外形、特点及应用,熟悉直流电动机的结构及工作过程</td><td></td></tr>
<tr><td rowspan="3">制作简易直流电动机</td><td rowspan="3">50分</td><td colspan="4">1. 制作过程规范,连接电路正确（20分）</td><td></td></tr>
<tr><td colspan="4">2. 装配质量高,经教师同意后,通电测试,直流电动机运转良好（20分）</td><td></td></tr>
<tr><td colspan="4">3. 实训结束后,规范整理实训器材（10分）</td><td></td></tr>
<tr><td>职业素养养成</td><td>10分</td><td colspan="4">严格遵守安全规程、文明生产、规范操作,养成严谨、专注、精益求精的职业精神,注重小组协作、德技并修</td><td></td></tr>
<tr><td>总评</td><td colspan="5"></td><td></td></tr>
</table>

模块小结

1. 低压电器通常是指工作在交流 1 200 V 及以下、直流 1 500 V 及以下电路中的各种电气元器件。低压电器可分为低压保护电器和低压控制电器两大类。

2. 常用的低压保护电器有熔断器、低压断路器、热继电器等。

熔断器俗称保险,在低压配电网络和电力拖动系统中用作短路保护。使用时,熔断器应串联在所保护的电路中。

低压断路器又称自动空气开关,它不但能带负载接通和分断电路,而且对所控制的电路有短路、过载、欠压和漏电保护等作用。

热继电器是利用电流的热效应原理制成的一种自动电器,在电路中用作电动机的过载保护。

3. 常用的低压控制电器有低压开关、主令电器、交流接触器、时间继电器、速度继电器等。

低压开关一般为非自动切换电器,主要用于隔离、转换以及接通和分断电路。常用的低压开关主要有刀开关、组合开关以及倒顺开关等。刀开关一般与熔断器配合使用,在合闸的状态下,刀开关的手柄应该向上,以防止闸刀松动落下时误合闸,不允许平装,更不允许倒装。组合开关又称转换开关,实质上也是一种刀开关,不过它的刀片是转动的。倒顺开关属于组合开关,是一种手动开关,它不但能接通和分断电源,而且还能改变电源输入相序,用来直接实现对小容量电动机的正反转控制。

主令电器是在自动控制系统中发出指令或信号的电器,主要用来接通或分断控制电路以达到控制目的。最常见的主令电器有按钮、行程开关、接近开关等。

交流接触器是一种用来频繁地接通或断开交流主电路及大容量控制电路的自动切换电器。

时间继电器是一种根据电磁原理和机械动作原理来实现触点系统延时接通或断开的自动切换电器。

速度继电器是一种当转速达到规定值时动作的继电器。它常用于电动机反接制动的控制电路中,当反接制动的转速下降到接近零时,它能及时地自动切断电路。

4. 变压器的类型很多,在电气控制线路中经常用到的变压器有控制变压器、仪用互感器和自耦变压器。

无论哪种变压器,都是利用互感原理工作的电磁装置,可将某一电压数值的交流电转换成同频率的所需电压数值的交流电,以满足高压输电、低压配电及其他用途的需要。在不计各种损耗的状态下,变压器的电压变换、电流变换关系分别是:

电压变换关系:

$$\frac{U_1}{U_2}=\frac{N_1}{N_2}=K$$

电流变换关系:

$$\frac{I_1}{I_2}=\frac{U_2}{U_1}=\frac{1}{K}$$

电流互感器和电压互感器分别用于将大电流变成小电流和将高电压变成低电压。自耦变压器用于实现电压在一定范围内的调节。

5. 三相异步电动机的结构简单,其静止部分称为定子,转动部分称为转子,定子和转子均由铁心和绕组组成。转子有两种结构形式,一种是笼型转子,另一种是绕线转子。笼型转子是电动机转子结构中最简单的形式。

定子绕组是三相异步电动机的主要电路。异步电动机从电源输入电功率以后,就在定子绕组中以电磁感应的方式传递到转子,再由转子输出机械功率。定子绕组也可以认为是异步电动机的"心脏"。

三相异步电动机的工作过程是:定子对称三相绕组中通以三相交流电流时,就会产生旋转磁场,这种旋转磁场以同步转速 n_1 切割转子绕组,则在转子绕组中感应出电动势及电流,转子电流与旋转磁场相互作用产生电磁转矩,使转子旋转。

因为只有在转子与旋转磁场有相对运动时,才能在转子绕组中产生感应电动势以及电流,所以转子的转速 n 与旋转磁场的同步转速 n_1 之间总存在着转差(n_1-n)。这是异步电动机运行的必要条件,通常用转差率 s 来表示这一转差与同步转速之比。

6. 直流电动机主要由定子、电枢(转子)两大部分组成。其中定子部分由主磁极、换向磁极、电刷装置、机座等组成,电枢部分由电枢铁心、电枢绕组、换向器、转轴等组成。

按照直流电动机主磁场的不同,一般可分两大类,一类是由永久磁铁作为主磁极;另一类是利用给主磁极通入直流电产生磁场。后一类按照主磁极绕组与电枢绕组接线方式的不同,可以分为他励和自励两种,自励式又可分为并励、串励、复励等。

直流电动机借助电刷和换向器的作用,把电源的直流电转变为电枢绕组中的交流电,保持电磁转矩的方向不变,确保直流电动机朝一定的方向连续旋转。

复习思考题

一、填空题

1. 低压电器通常是指在交流________及以下、直流________及以下电路中的各种电气元件。

2. 常用的低压保护电器有________、________、________等;常用的低压控制电器有________、________、________、________、________等。

3. 三相笼型异步电动机控制电路中,熔断器在电路中的作用是________,属于保护类电器。

4. 低压断路器又称________________,它属于低压保护类电器,同时又属于开关类电器。

5. 安装刀开关时,电源进线应接在________触点一边的进线端(进线座应在________方),用电设备应接在________触点一边的出线端,这样当刀开关断开时,闸刀和熔丝均不带电,以保证更换熔丝时的安全。

6. 使用倒顺开关时应注意:欲使电动机改变转向时,应先将手柄置于“停”位置,待电动机________后,再将手柄转向另一方,切不可不停顿地将手柄直接转向另一方。

7. ________继电器是可以实现触点系统延时接通或断开的自动切换电器。________继电器是一种当转速达到规定值时动作的继电器。

8. 控制变压器使用前要检查电压是否相符,输入端、输出端________(可以、不可以)接反。

9. 测量时,电流互感器的一次绕组应________联在被测电路中,二次绕组不允许________;电压互感器的一次绕组应________联在被测电路中,二次绕组不允许________。

10. ________变压器用于实现电压在一定的范围内调节。

11. 三相异步电动机的结构由________和________两个基本部分组成。三相异步电动机的磁场是________。

12. 若三相异步电动机铭牌有“Δ 形,额定电压 380 V”标识,其表明的含义是________________________。

13. 直流电动机主要由________、________两大部分组成。

14. 按直流电动机主磁场的不同,一般可分两大类,一类是由________作为主磁极;而另一类是利用给主磁极通入________产生磁场。后一类按照主磁极绕组与电枢绕组接线方式的不同,可以分为________和________两种,自励式又可分为________、________、________等。

15. 直流电动机电枢线圈中电流流动方向发生________,但________方向不变。

二、选择题

1. 熔断器的额定电流应(　　)所装熔体的电流。

A. 大于　　B. 大于或等于　　C. 等于　　D. 小于

2. 自耦变压器不能作为安全电源变压器使用的原因是(　　)。

A. 绕组公共部分电流太小　　B. 变压比为 1.2~2,不能增大

C. 一次侧与二次侧有电的联系　　D. 一次侧与二次侧有磁的联系

3. 自耦变压器接电源时,应把自耦变压器的手柄位置调到(　　)。

A. 最大值　　B. 中间　　C. 零位　　D. 任意位置

4. 交流接触器在电力拖动控制线路中的保护作用为(　　)。

A. 短路保护　　B. 欠压、失压保护

C. 过载保护　　D. 过流保护

5. 按下复合按钮时(　　)。

A. 动合触点先闭合　　B. 动合触点先断开

C. 动断触点、动合触点同时动作　　D. 动断触点先断开

6. 热继电器主要用于电动机的(　　)。

A. 短路保护　　B. 失压保护　　C. 过载保护　　D. 欠压保护

7. 热继电器的热元件应(　　)。

A. 串联在主电路中　　B. 并联在主电路中

C. 串联在控制电路中　　D. 并联在控制电路中

8. 限位开关是一种将(　　),以控制运动部件或行程的自动控制电器。

A. 电信号转换为机械信号　　B. 机械信号转换为电信号

C. 磁信号转换为电信号　　D. 电信号转换为磁信号

9. 某电流互感器变流比为 100 A/5 A,当二次侧所接电流表读数为 2 A 时,被测电流为(　　)。

A. 200 A　　B. 10 A　　C. 40 A　　D. 2 A

10. 一台三相异步电动机铭牌上标明 $f=50$ Hz,转速 $n_N=960$ r/min,则该电动机的磁极对数是(　　)。

A. 2　　B. 4　　C. 6　　D. 8

11. 三相异步电动机定子绕组通入三相对称交流电后,在气隙中产生(　　)。

A. 旋转磁场　　B. 脉动磁场

C. 恒定磁场　　D. 永久磁场

12. 三相异步电动机旋转磁场的旋转方向是由三相电源的(　　)决定的。

A. 相位　　B. 相序　　C. 频率　　D. 相位差

13. 直流电动机的主磁极产生的磁场是(　　)。

A. 恒定磁场　　B. 旋转磁场

C. 脉动磁场　　D. 椭圆磁场

14. 关于直流电动机的机座,说法错误的是(　　)。

A. 也就是电动机外壳

B. 固定主磁极、换向磁极和端盖

C. 一般用生铁铸成

D. 不是磁路的一部分

15. 直流电动机主磁极主要由(　　)组成。

A. 铁心和励磁绕组　　B. 电刷和换向器

C. 电枢和铁心 D. 电枢和绕组

16. 直流电动机在旋转一周的过程中,电枢中通过的电流是( )。

A. 直流电流 B. 交流电流

C. 互相抵消正好为零 D. 交流、直流都有可能

三、简答题

1. 在电动机的控制中,熔断器和热继电器的作用是什么?能否相互取代?

2. 三相笼型异步电动机与三相绕线转子异步电动机在结构上有哪些不同?二者在应用上有什么差别?

模块3

三相异步电动机控制线路的安装与检修

模块导入

在生产实践中，三相异步电动机拖动生产机械运行的应用非常广泛（本模块中如无特殊说明，电动机均指三相异步电动机）。有些运行不仅需要运动部件能起动和停止，有时还需要运动部件向正、反两个方向运动，如万能铣床主轴的正转和反转、工作台的前进与后退、起重机吊钩的上升和下降、电梯的上行和下行等。在有些场合，经常要求电动机有顺序地起动，如某些机床主轴必须在油泵工作后才能工作；龙门刨床工作台移动时，导轨内必须有充足的润滑油；铣床的主轴旋转后，工作台方可移动等。对于有些生产机械和生产设备，经常需要在两个或两个以上的地点操作控制电动机。在有些生产过程中，往往要求对电动机的转速进行调整，如随着工况的不同，要求各种切削机床的主轴有不同的转速。有些生产机械要求电动机在断开电源后能迅速停下来，如起重机的吊钩或卷扬机的吊篮要求准确定位，万能铣床的主轴要求能迅速停转等。这些不同类型的控制要求都涉及三相异步电动机的控制问题。

传统的电动机控制方式是继电器-接触器控制，本模块我们将从最简单的点动控制入手，学习三相异步电动机的起动、调速和制动等控制过程，学会相应控制电路的安装和简单的故障检修方法。

职业综合素养提升目标

1. 认识典型的三相异步电动机单向运转控制电路、正反转控制电路、顺序与两地控制电路、降压起动控制电路、调速与制动控制电路的组成、特点及应用场合，会熟练分析其工作过程，会根据控制要求实现控制电路的设计、布线、安装与接线，会进行基本的故障排查与检修。

2. 树立三相异步电动机控制线路安装与检修过程中的安全生产、环境保护及规范电气操作意识，在新知探究及技能实操的过程中注意培养团队协作、严谨细致、规范操作、精益求精的工匠精神，促进自身的电气操作职业岗位综合素养养成。

项目1
三相异步电动机单向运转控制电路的安装与检修

项目概述

三相异步电动机的起动就是转速从零开始到稳定运行的过程。衡量电动机起动性能好坏要从起动电流、起动转矩、起动过程的平滑性、起动时间及经济性等方面来考虑,主要体现在电动机应有足够大的起动转矩,在保证一定大小的起动转矩的前提下,起动电流越小越好。

三相异步电动机起动时转子电流很大,反映到电动机的定子侧,使电动机的起动电流可达额定电流的5~7倍。如此大的起动电流一方面会使电网电压产生波动,影响其他电气设备的正常工作,另一方面电流很大将引起电动机发热,特别是频繁起动的电动机,发热量更大。

因此,三相异步电动机的起动问题就是如何减小起动电流,而又产生合适的起动转矩。三相异步电动机的起动方法有两类:直接起动和降压起动。

根据使用需求,三相异步电动机有时可以用刀开关手动控制,有时需要采用接触器等实现自动控制,有时需要实现点动控制,有时又需要自锁控制等。

任务1　点动控制电路的安装与检修

任务描述

在机床刀架、横梁、立柱等快速移动和机床对刀等场合,常需按下按钮,电动机就起动运转,松开按钮,电动机就停止运转,这种运转方式即为点动。那么如何实现这种"一点就动,松开不动"的点动控制方式呢?

知识储备

点动控制电路是最简单且最基本的三相异步电动机控制电路,生产中的电动葫芦应用的就是点动控制电路,如图3-1-1所示。

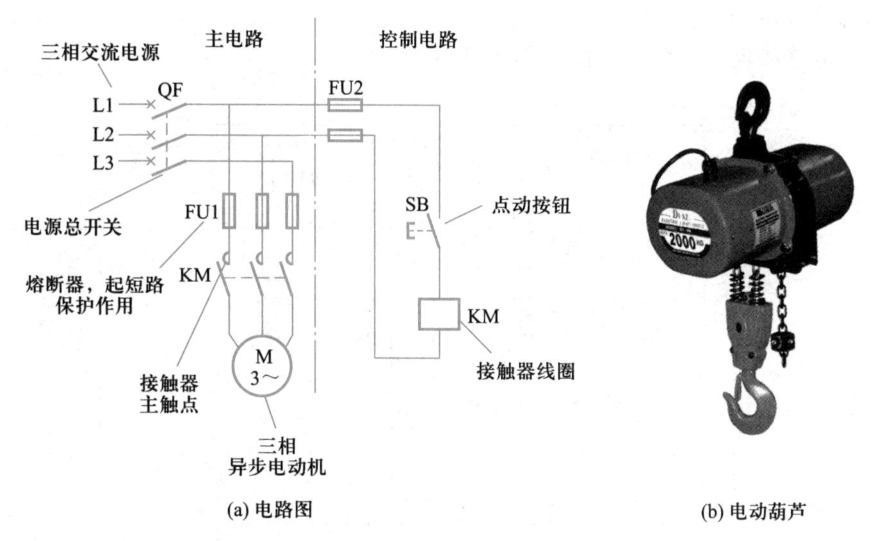

图 3-1-1　点动控制电路及应用举例

1. 电路组成

点动控制电路由主电路和控制电路组成。

2. 工作过程

(1) 先合上电源开关 QF。

(2) 起动:按下按钮 SB→KM 线圈得电→KM 动合主触点闭合→电动机 M 起动运转。

(3) 停止:松开按钮 SB→KM 线圈失电→KM 动合主触点分断→电动机 M 失电停转。

3. 电路图

带编号的点动控制电路图如图 3-1-2 所示。

4. 元器件布置图

点动控制电路的元器件布置图如图 3-1-3 所示。

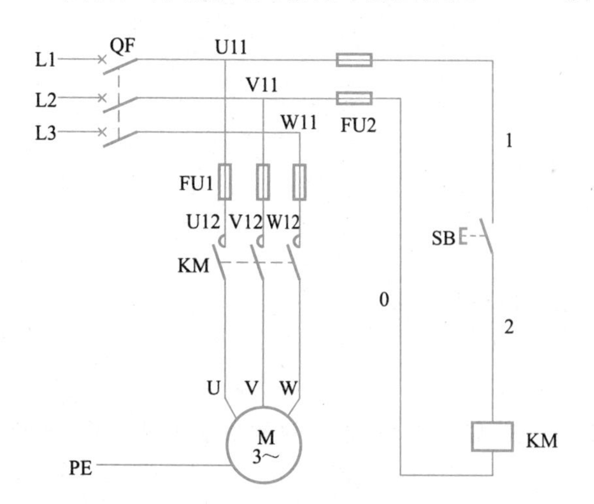

图 3-1-2　带编号的点动控制电路图

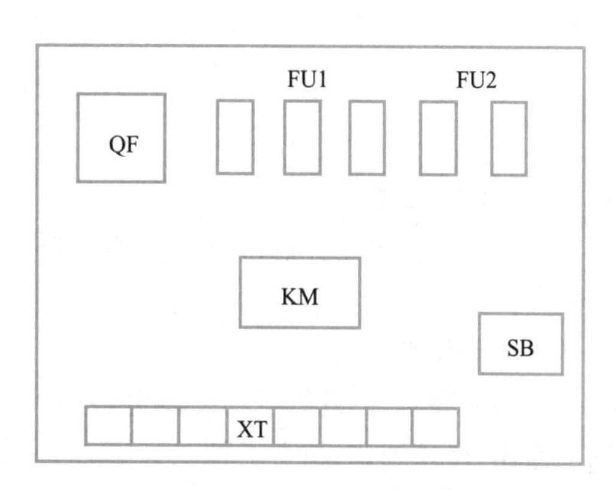

图 3-1-3　点动控制电路的元器件布置图

5. 电气安装接线图

点动控制电路的电气安装接线图如图 3-1-4 所示。

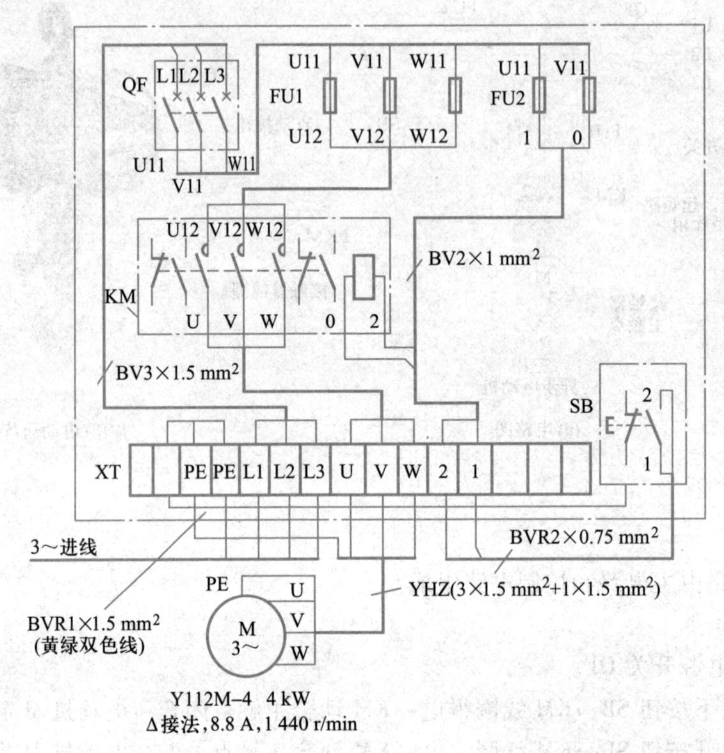

图 3-1-4 点动控制电路的电气安装接线图

任务实施

做中学

安装与检修点动控制电路

一、器材和工具

安装与检修点动控制电路所需器材和工具如图 3-1-5 所示。

二、操作步骤

以小组为单位,进行点动控制电路的识图、装配、检修等训练,整个过程要求团队协作、安全规范操作、严谨细致、精益求精。

1. 识读图 3-1-2 所示的电路图,明确电路所用的元器件及作用,熟悉电路的工作过程。

2. 识读图 3-1-4 所示的电气安装接线图,检查安装点动控制电路所需的元器件及导线型

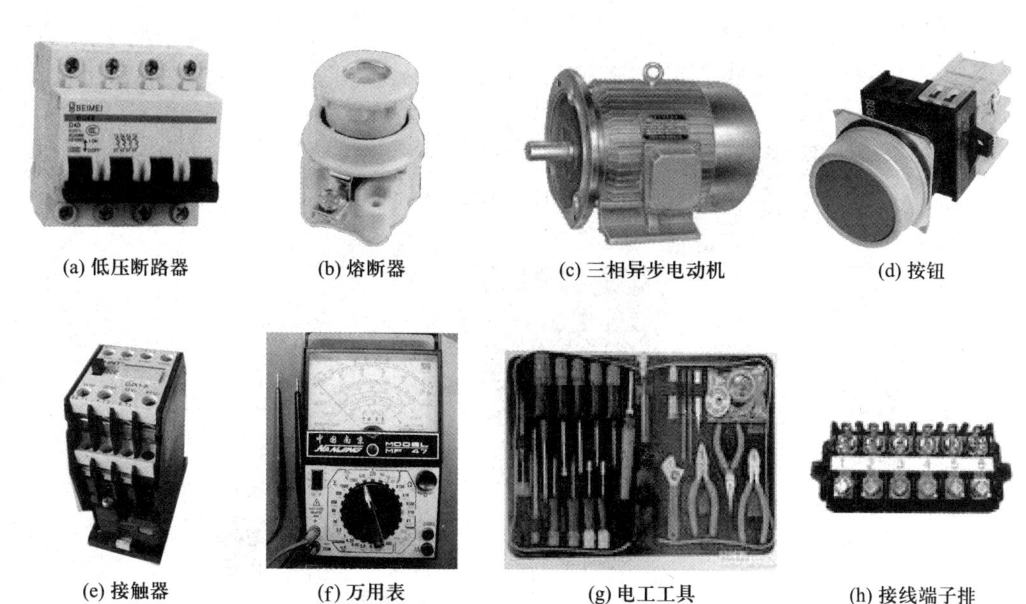

(a) 低压断路器 (b) 熔断器 (c) 三相异步电动机 (d) 按钮

(e) 接触器 (f) 万用表 (g) 电工工具 (h) 接线端子排

图 3-1-5 器材和工具

号、规格、数量、质量，并将检查情况列表记录，见表 3-1-1。

表 3-1-1 点动控制电路元器件检查情况记录

序号	元器件名称	数量	性能情况
1			
2			
3			
4			
5			
6			

3. 在配电板上，按工艺要求布置元器件，可参考图 3-1-3 所示，鼓励小组创新更合理的布置方案。

4. 布置好元器件后，按图 3-1-2 所示进行接线，可以参考图 3-1-4 和图 3-1-6。

5. 接线完毕后，先进行直观检查。经直观检查确认无误后，在不通电的情况下，用万用表检测电路有无断路、短路故障。

6. 电路自检无误，经教师同意后方可合上开关接通电源试车。坚决杜绝未经教师同意擅自试车的现象，关注安全生产、规范操作的职业素养养成。

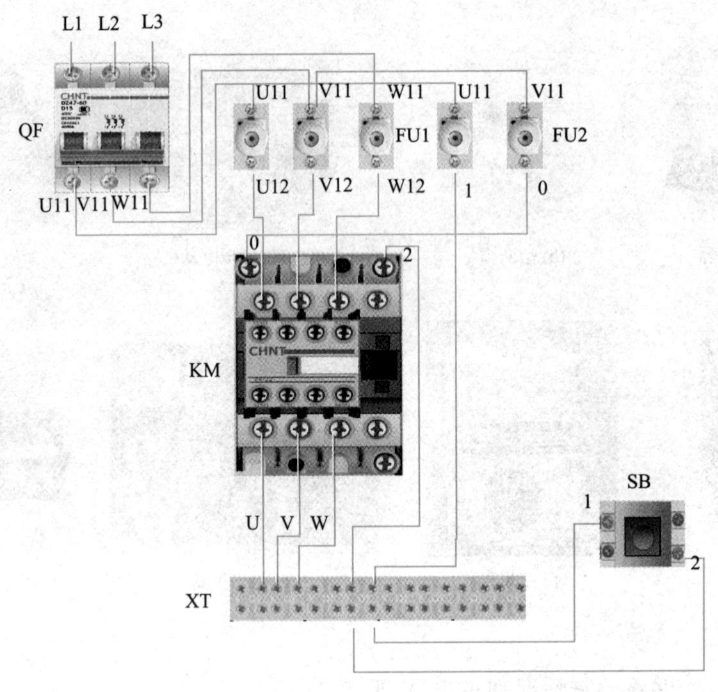

图 3-1-6 点动控制电路的仿真布线图

要点提示

(1) 先接主电路再接控制电路;先接串联电路,再接分支电路。

(2) 所有元器件布局、接线要安全、方便,相同元器件尽量摆放在一起,同一类型接线尽量用同一颜色导线。达到布局合理、间距合适、接线方便的效果。

(3) 走线要横平竖直、整齐合理,接点不得松动。

(4) 进入按钮盒的导线必须从接线端子引出。

三、电路检修

按照表 3-1-2,小组合作进行电路故障排查及检修训练,注意用电安全及元器件保护。

表 3-1-2 点动控制电路的常见故障排查方法

故障现象	原因分析	图	检查方法
按下按钮后,接触器不吸合,电动机不能起动	1. 主电路可能故障点:低压断路器、接触器等接线端子压接不牢或绝缘皮故障、熔断器 FU1 熔体熔断故障	L1 L2 L3 QF U11 V11 W11 FU1 U12 V12 W12 KM	可用万用表测量电压或用验电笔测试,检查断路故障点

续表

故障现象	原因分析	图	检查方法
	2. 控制电路可能故障点：熔断器 FU2 熔体熔断故障、接触器线圈故障、压线端线路断路	FU2 1 SB 0 2 KM	
按下按钮后，接触器吸合，电动机有“嗡嗡”声不能起动	主电路缺相起动，可能原因是主电路 FU1 熔体熔断故障、接触器主触点或连接导线有一相断路	U11 V11 W11 FU1 U12 V12 W12 KM U V W M 3～	用验电笔检查

任务评价

根据自评、小组互评和教师评价将项目得分以及总评内容和得分填入表 3-1-3。

表 3-1-3　评价反馈表

任务名称	点动控制电路的安装与检修	学生姓名	学号	班级	日期

项目内容	配分	评分标准	得分
熟悉电路	20 分	熟悉电路图、元器件布置图和电气安装接线图及工作过程	
安装	40 分	1. 安装前确保电源切断（10 分）	
		2. 安装顺序正确，接线良好（10 分）	
		3. 用万用表正确检查电路有无断路、短路故障（10 分）	
		4. 检查无误并通知教师后通电试车（10 分）	
检修	20 分	根据故障现象，用万用表或验电笔判断故障并检修	
实训后	10 分	规范整理实训器材	

续表

项目内容	配分	评分标准	得分
职业素养养成	10分	严格遵守安全规程、文明生产、规范操作,养成严谨、专注、精益求精的职业精神,注重小组协作、德技并修	
总评			

思考与拓展

1. 何为点动控制?点动控制应用在哪些场合?
2. 在点动控制电路中,接触器线圈应接在哪部分电路中?

任务2 单向连续控制电路的安装与检修

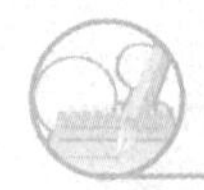

任务描述

在机车运转、车床切削、水泵抽水等场合,常要求电动机起动后能连续运转,前面学过的点动控制电路就无能为力了。为了实现电动机的连续运转,这时要用到单向连续控制电路来实现电动机的连续运转。本任务就要一起认识单向连续控制电路的结构及工作过程。

知识储备

一、单向连续控制电路

单向连续控制电路是一种具有自锁环节的控制电路,如图3-1-7所示。

1. 电路组成

单向连续控制电路由主电路和控制电路组成,起动按钮为SB1,停止按钮为SB2。

2. 工作过程

(1) 合上电源开关QF。

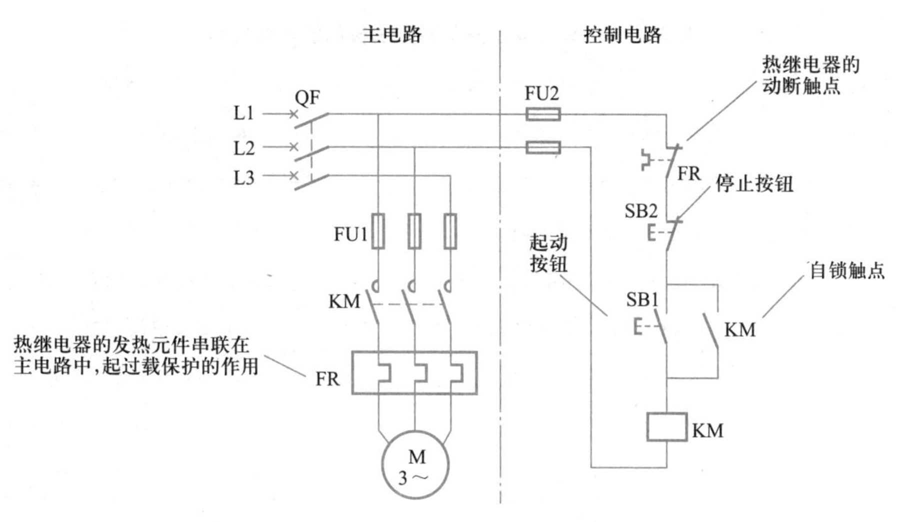

图 3-1-7　单向连续控制电路

（2）起动过程如下：

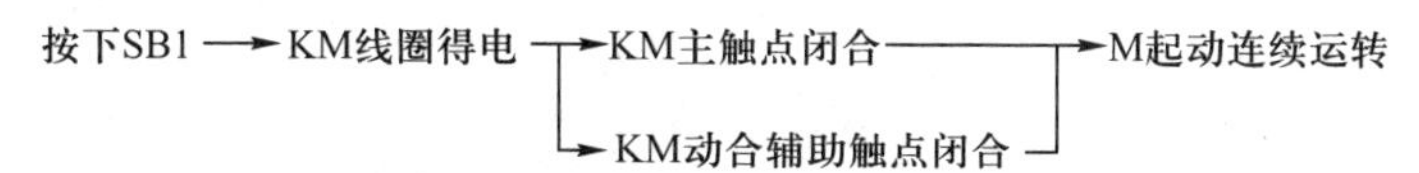

松开按钮 SB1 后，由于 KM 动合辅助触点闭合，KM 线圈仍得电，电动机 M 继续运转。

要点提示

在上述控制过程中，接触器 KM 通过自身动合辅助触点而使线圈保持得电状态的功能称为自锁。与起动按钮 SB1 并联起自锁作用的动合辅助触点称为自锁触点。

（3）停止过程如下：

按下按钮SB2 → KM线圈失电 → KM主触点分断 → 电动机M失电停转
　　　　　　　　　　　　　→ KM自锁触点分断

松开按钮 SB2，由于 KM 自锁触点已断开，接触器线圈不可能得电，电动机停转。

二、电阻分阶测量法

安装好的电路需先检测有无断路、短路现象后，方可试车。检测可使用电阻分阶测量法，方法是在电路不带电的情况下，把万用表的量程转换开关置于适当的电阻挡，按图 3-1-8 所示接线，用万用表分别测量 1-2、2-3、3-4（配合 SB1 和 KM 自锁触点）、4-0 间的阻值（也可测量 1-2、1-3、1-4、1-0 间的阻值，方法类似），根据测量结果判断是否有故障点。采用电阻分阶测量法检测的具体过程见表 3-1-4。

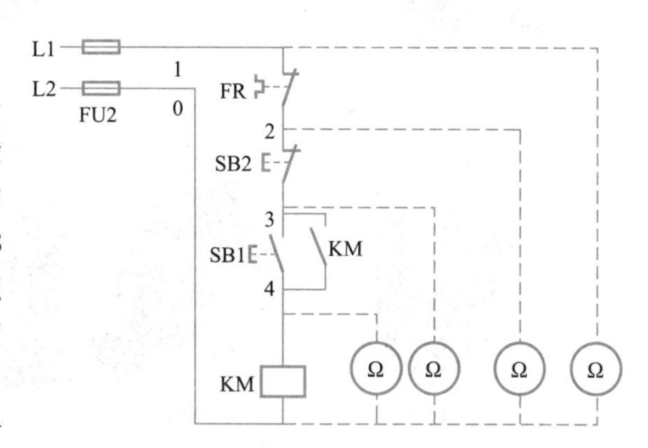

图 3-1-8　电阻分阶测量法接线

表 3-1-4 采用电阻分阶测量法检测的具体过程

序号	检测区间	检测结果或现象	判断结果
1	1-2 间	阻值为零(1-2 间导通)	FR 热继电器动断触点接触良好
2		阻值为无穷大(1-2 间断开)	FR 热继电器动断触点断开良好
3	2-3 间	阻值为零(2-3 间导通)	SB2 动断按钮完好
4		有一定阻值或阻值为无穷大	SB2 动断按钮闭合不良
5	3-4 间	阻值为无穷大(3-4 间断开)	SB1 动合按钮完好
6		阻值为零或有一定阻值	SB1 动合按钮有故障
7	4-0 间	阻值很小	KM 线圈良好
8		阻值较大或阻值为无穷大	KM 线圈性能不良或已断开

任务实施

做中学

安装与检修单向连续控制电路

一、器材和工具

安装与检修单向连续控制电路所需器材和工具如图 3-1-9 所示。

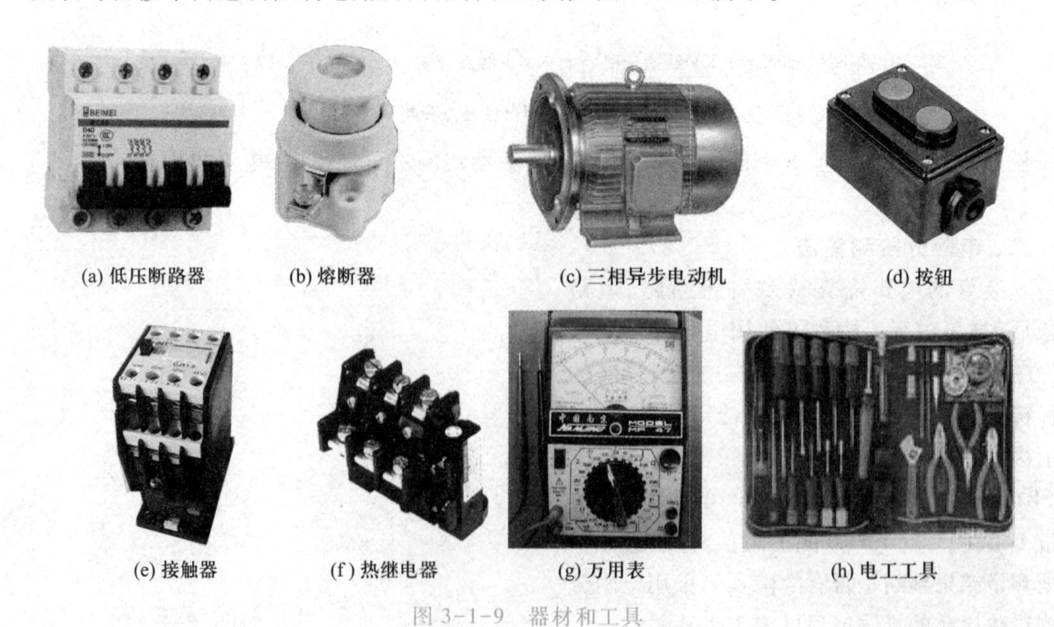

(a) 低压断路器 (b) 熔断器 (c) 三相异步电动机 (d) 按钮

(e) 接触器 (f) 热继电器 (g) 万用表 (h) 电工工具

图 3-1-9 器材和工具

二、操作步骤

以小组为单位，进行单向连续控制电路的识图、装配与检修等训练，整个过程要求团队协作、安全规范操作、严谨细致、精益求精。

1. 识读图3-1-10所示的电路图，明确电路所用元器件及作用，熟悉电路的工作过程。

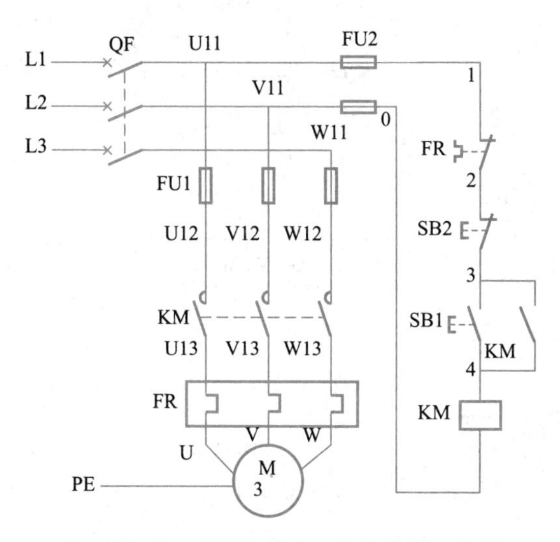

图3-1-10　带编号的单向连续控制电路图

2. 检查安装单向连续控制电路所需的元器件及导线型号、规格、数量、质量，并将检查情况列表记录。（记录表略）。

3. 在配电板上，按工艺要求布置元器件，可参考图3-1-11，鼓励小组创新更合理的布置方案。

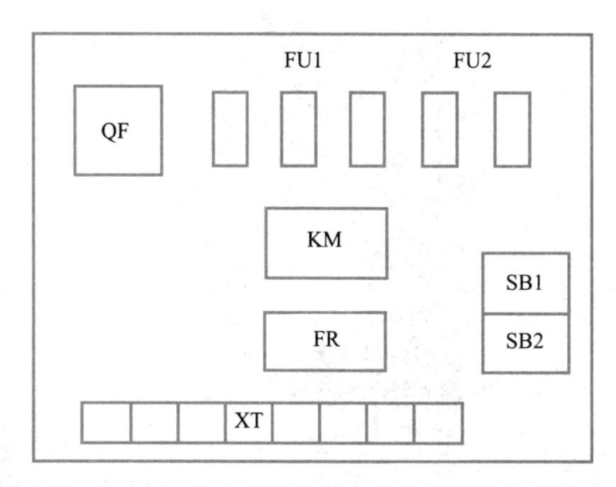

图3-1-11　单向连续控制电路的元器件布置图

4. 布置好元器件后，按图3-1-10所示进行接线，可以参考图3-1-12和图3-1-13。

5. 接线完毕后，先进行直观检查。经直观检查确认无误后，在不通电的情况下，用万用表检测电路有无断路、短路故障。

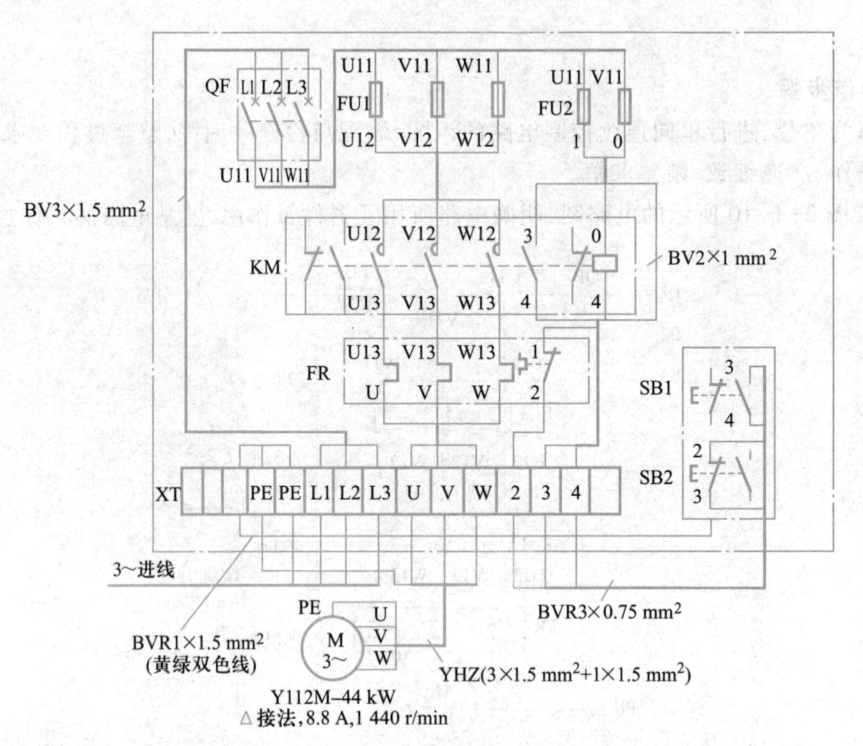

图 3-1-12 单向连续控制电路的电气安装接线图

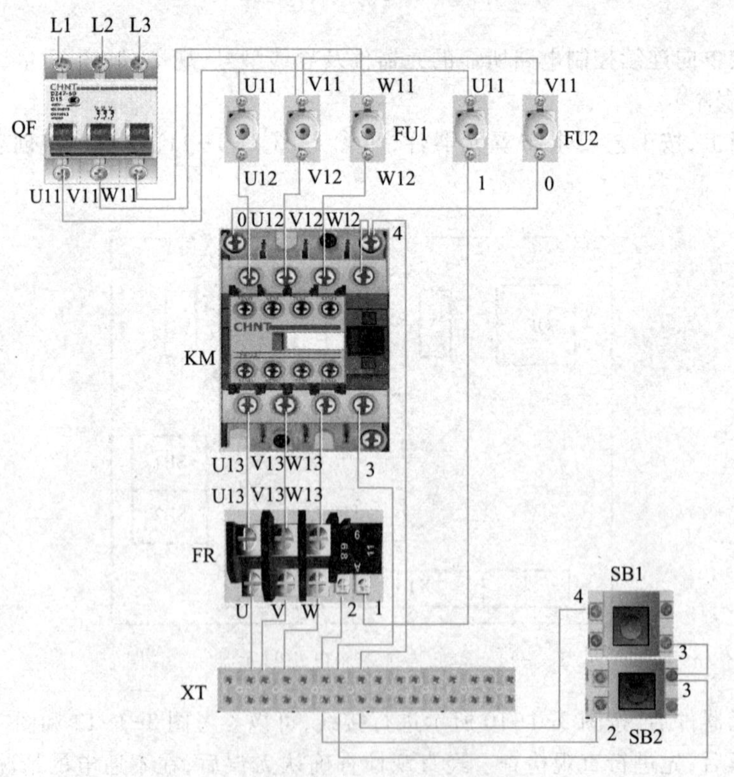

图 3-1-13 单向连续控制电路的仿真布线图

6. 电路自检无误,经教师同意后方可合上开关接通电源试车。坚决杜绝未经教师同意擅自试车的现象,关注安全生产、规范操作的职业素养养成。

要点提示

（1）先接主电路再接控制电路;先接串联电路,再接分支电路。

（2）所有元器件布局、接线要安全、方便,相同元器件尽量摆放在一起,同一类型接线尽量用同一颜色导线。达到布局合理、间距合适、接线方便的效果。

（3）走线要横平竖直、整齐合理,接点不得松动。

（4）进入按钮盒的导线必须从接线端子引出。

三、电路检修

按照表 3-1-5,小组合作进行电路故障排查及检修训练。

表 3-1-5　单向连续控制电路的常见故障排查方法

故障现象	原因分析	图	检查方法
按下按钮 SB1 后,接触器不吸合	1. 主电路可能故障点:低压断路器、接触器、热继电器接线端接触不良故障、电源连接导线故障; 2. 控制电路可能故障点:熔断器 FU2 熔断、热继电器 FR 触点 1-2 接触不良或动作后没复位;接触器线圈 4-0 断线、线路断路	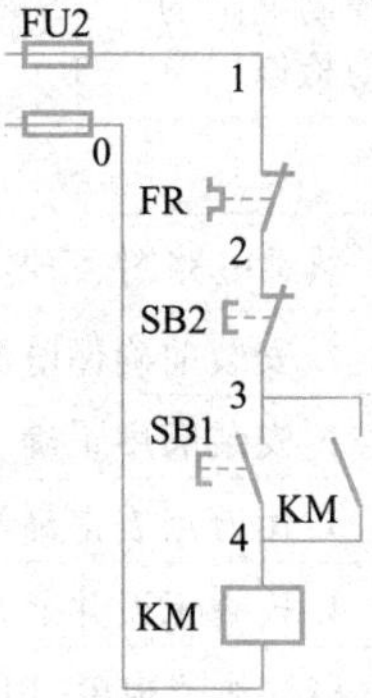 FU2 1 0 FR 2 SB2 3 SB1 KM 4 KM	可用万用表测量电压或用验电笔测试,检查断路故障点
接触器 KM 不自锁	可能故障点: 1. 接触器辅助动合触点 3-4 接触不良; 2. 自锁回路断线	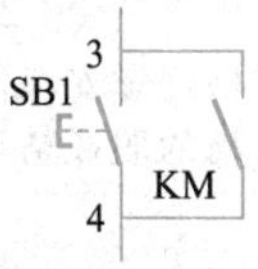 3 SB1 KM 4	用电阻分阶测量法检查
按下停止按钮 SB2,接触器不释放	可能故障点: 1. 停止按钮 SB2 触点焊住或卡住; 2. 接触器 KM 已断电,但可动部分被卡住; 3. 接触器铁心接触面上有油污,上下粘住; 4. 接触器主触点熔焊	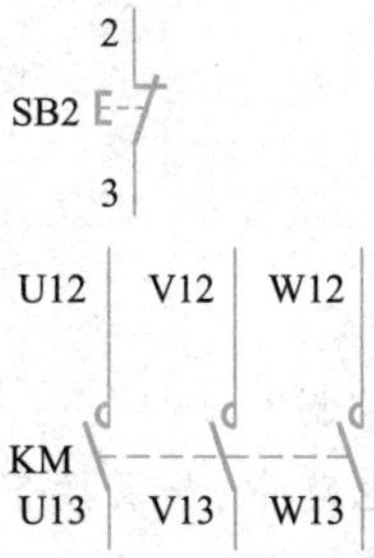 2 SB2 3 U12 V12 W12 KM U13 V13 W13	用电阻分阶测量法检测各元器件的触点电阻情况

续表

故障现象	原因分析	图	检查方法
控制电路正常，电动机不能起动并有“嗡嗡”声	可能故障点： 1. 主电路熔断器 FU1 一相熔体熔断； 2. 接触器主触点接触不良，使电动机单相运行； 3. 轴承损坏，转子扫膛	U12 V12 W12 KM U13 V13 W13	用钳形电流表测量三相电流

任务评价

根据自评、小组互评和教师评价将项目得分以及总评内容和得分填入表 3-1-6。

表 3-1-6 评价反馈表

<table>
<tr><td rowspan="2">任务名称</td><td colspan="2" rowspan="2">单向连续控制电路的安装与检修</td><td>学生姓名</td><td>学号</td><td>班级</td><td>日期</td></tr>
<tr><td></td><td></td><td></td><td></td></tr>
<tr><td>项目内容</td><td>配分</td><td colspan="4">评分标准</td><td>得分</td></tr>
<tr><td>熟悉电路</td><td>20 分</td><td colspan="4">熟悉电路图、元器件布置图和电气安装接线图</td><td></td></tr>
<tr><td rowspan="4">安装</td><td rowspan="4">40 分</td><td colspan="4">1. 安装前确保电源切断(10 分)</td><td></td></tr>
<tr><td colspan="4">2. 安装顺序正确，接线良好(10 分)</td><td></td></tr>
<tr><td colspan="4">3. 用万用表正确检查电路有无断路、短路故障(10 分)</td><td></td></tr>
<tr><td colspan="4">4. 检查无误并通知教师后通电试车(10 分)</td><td></td></tr>
<tr><td>检修</td><td>20 分</td><td colspan="4">根据故障现象，用万用表或验电笔判断故障并检修</td><td></td></tr>
<tr><td>实训后</td><td>10 分</td><td colspan="4">规范整理实训器材</td><td></td></tr>
<tr><td>职业素养养成</td><td>10 分</td><td colspan="4">严格遵守安全规程、文明生产、规范操作，养成严谨、专注、精益求精的职业精神，注重小组协作、德技并修</td><td></td></tr>
<tr><td>总评</td><td colspan="5"></td><td></td></tr>
</table>

思考与拓展

1. 什么是单向连续控制？

2. 在单向连续控制电路中，如果按下按钮 SB1，电动机不转，故障可能在哪儿？如何用万用表检测？如何排除故障？

项目2
三相异步电动机正反转控制电路的安装与检修

项目概述

生产实践中,许多生产机械往往要求运动部件能向正反两个方向运动,即可以进行可逆运行。例如,工作台的前进与后退、起重机吊钩的上升和下降、电梯的上行和下行等。

改变通入电动机定子绕组的三相电源相序,即把接入电动机的三相电源进线中的任意两相对调,电动机即可反转。正反转控制电路实质上是两个方向相反的单向运行控制电路的组合。

在实际应用中,一般通过两个接触器改变电源相序来实现电动机正反转控制。

任务1 接触器联锁正反转控制电路的安装与检修

任务描述

工地上,操作人员操控起重机的上升、下降按钮,将厚重的钢板吊起,到合适的地点再放下,这个上升与下降过程是由起重机电动机的正反转实现的,那么如何实现电动机的正反转控制呢?

知识储备

一、接触器联锁正反转控制电路

1. 电路组成

接触器联锁正反转控制电路是通过在主电路中用两组接触器的主触点,分别构成正转相序接线和反转相序接线实现的。在控制电路中,如果正转接触器线圈得电则正转主触点闭合,电动机正转;反转接触器线圈得电则反转主触点闭合,电动机反转。

接触器联锁正反转控制电路如图3-2-1所示。

2. 工作过程

(1) 先合上电源开关QF。

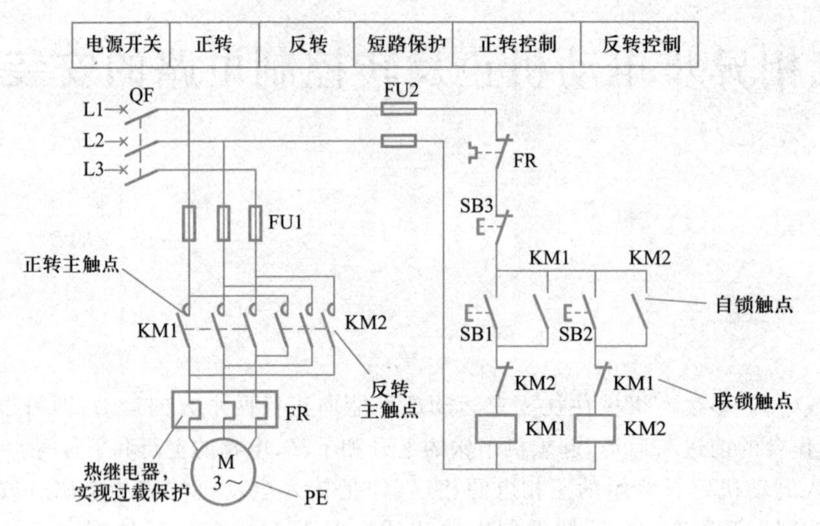

图 3-2-1　接触器联锁正反转控制电路

（2）正转起动过程如下：

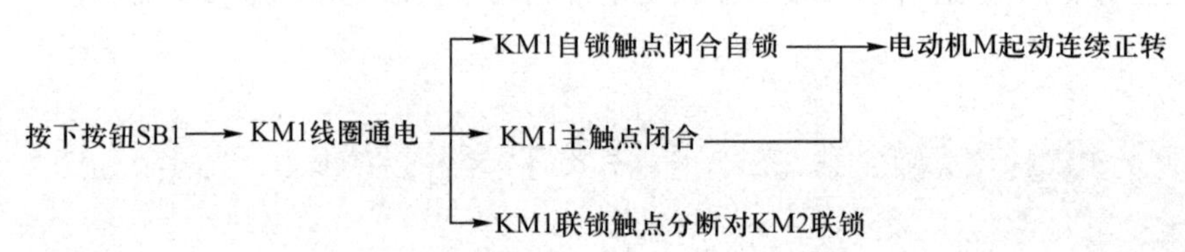

（3）停止过程如下：

按下停止按钮 SB3→KM1 或 KM2 线圈断电→KM1 或 KM2 主触点分断→电动机 M 停转

（4）反转起动过程如下：

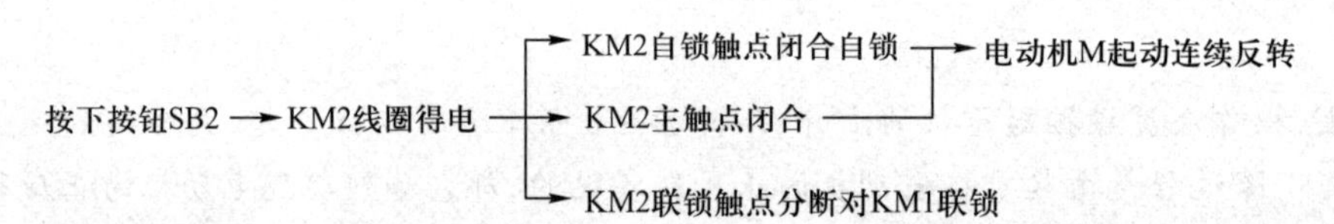

要点提示

（1）将接触器的一对动断辅助触点串联在另一只接触器线圈电路中，使得两只接触器不能同时得电动作，接触器间这种相互制约的功能称为接触器联锁（或互锁），以这种电气方式实现联锁称为电气联锁（或电气互锁）。实现联锁作用的动断辅助触点称为联锁触点（或互锁触点）。在图 3-2-1 所示电路中，联锁可以避免接触器 KM1 和 KM2 的主触点同时闭合，造成两相电源（L1 和 L3 相）短路事故。

（2）该控制电路由正转变为反转时，必须先按下停止按钮 SB3，使已动作的接触器释放，其联锁触点复位后，才能按反转起动按钮，否则由于接触器的联锁作用，不能实现反转。

3. 电路特点

接触器联锁正反转控制电路的优点是工作安全可靠。缺点是操作不便，当电动机从正转变为反转时，必须先按下停止按钮，使已动作的接触器释放，复位其互锁触点后，才能按反转起动按钮，否则由于接触器的联锁作用，不能实现反转。该电路适用于重载拖动的机床等不能或不需要由一个转向立即换为另一个转向的机械设备。

二、电路的保护设置

在控制电路中常用到各种保护设置，常见的电路保护设置有以下几种：

① 短路保护：图 3-2-1 所示电路中，由熔断器 FU1、FU2 分别实现对主电路与控制电路的短路保护。

② 过载保护：图 3-2-1 所示电路中，由热继电器 FR 实现对电动机的长期过载保护。当电动机出现长期过载时，热继电器动作，串联在控制电路中的动断触点断开，切断 KM 线圈，使电动机脱离电源，实现过载保护。

③ 过流保护：过流是指电动机的工作电流超过其额定值，如果时间久了，就会使电动机过热而损坏，因此需要采取保护措施。为了避免影响电动机正常工作，过流保护动作值应该比正常起动电流略大一些。过流保护一般利用过流继电器。

④ 欠压保护：欠压保护是指当电路电压下降到某一数值时，电动机能自动脱离电源而停转，避免电动机在欠压下运行的一种保护。

除了利用接触器本身的欠压保护作用之外，还可以采用低压断路器或专门的电磁式电压继电器来进行欠压保护，其方法是将电压继电器线圈跨接在电源上，其动合触点串联在接触器控制回路中，当电网电压低于指定值时，电压继电器动作使接触器释放。

⑤ 失压保护：失压保护是指电动机在正常运行中，由于某种原因引起突然断电时，能自动切断电动机电源，当重新供电时，保证电动机不能自行起动的一种保护。

⑥ 过压保护：当由于某种原因使得电动机电源电压超过其额定值时，电动机的定子电流增大，使电动机发热增多，时间久了就会造成电动机损坏，因此需要进行过压保护。最常见的过压保护装置是过压继电器。电源电压过高时，过压继电器的动断触点立即动作，从而控制接触器及时断开电源。

任务实施

做中学

安装与检修接触器联锁正反转控制电路

一、器材和工具

安装与检修接触器联锁正反转控制电路所需器材和工具如图 3-2-2 所示。

二、操作步骤

以小组为单位，进行接触器联锁正反转控制电路的识图、装配与检修等训练，整个过程要求团队协作、安全规范操作、严谨细致、精益求精。

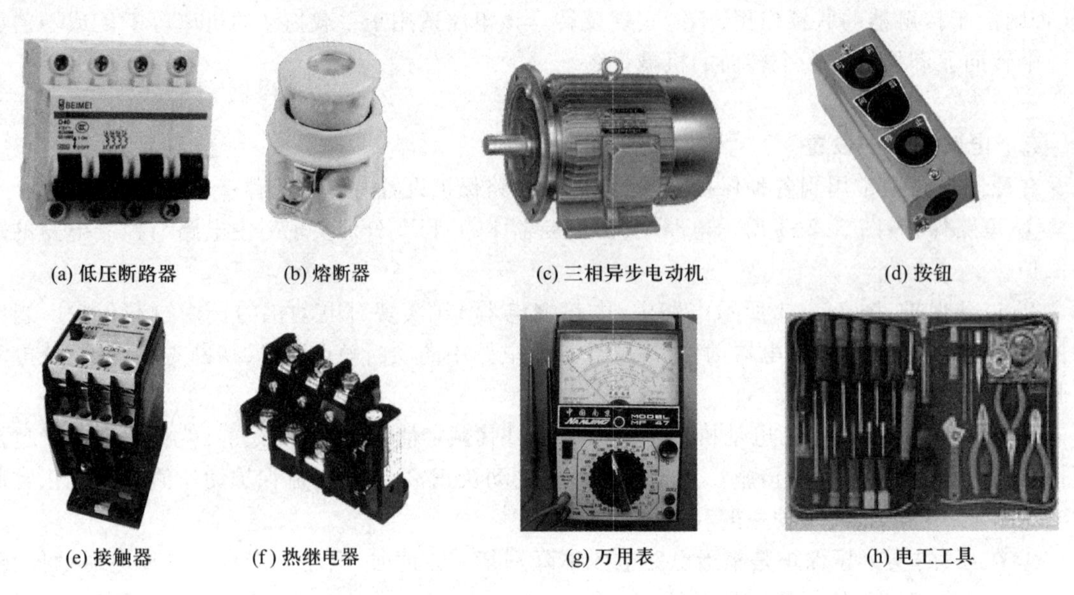

图 3-2-2 器材和工具

1. 识读图 3-2-3 所示的电路图，明确电路所用元器件及作用，熟悉电路的工作过程。

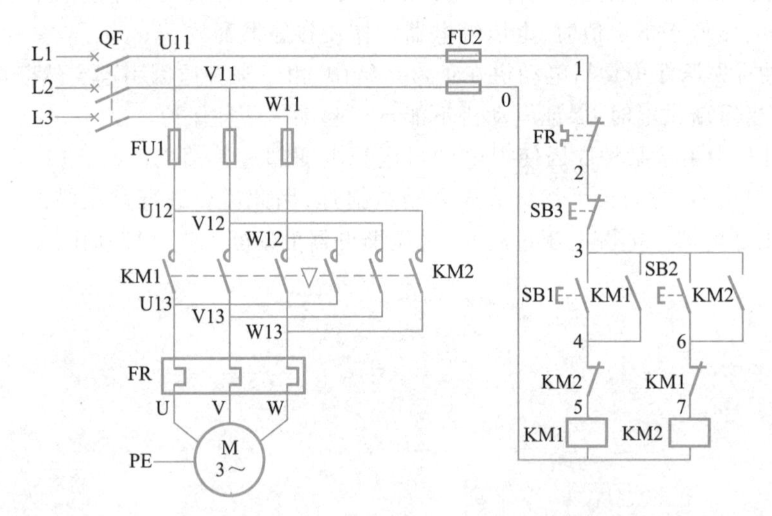

图 3-2-3 带编号的接触器联锁正反转控制电路图

2. 检查安装接触器联锁正反转控制电路所需的元器件及导线型号、规格、数量、质量，并将检查情况列表记录(记录表略)。

3. 在配电板上，按工艺要求布置元器件，可参考图 3-2-4，鼓励小组创新更合理的布置方式。

4. 布置好元器件后，按图 3-2-3 所示进行接线，可以参考图 3-2-5 和图 3-2-6。

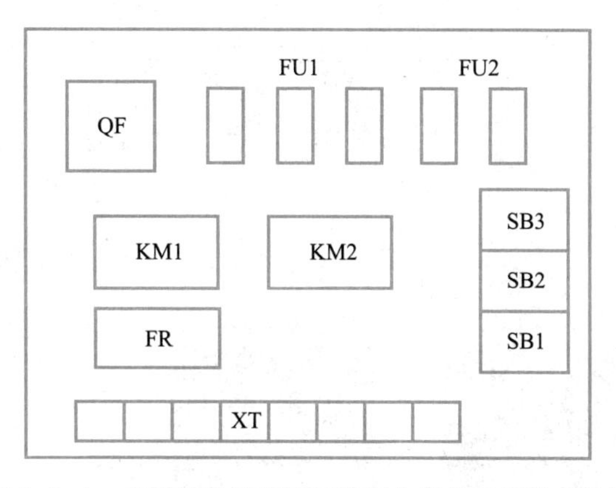

图 3-2-4 接触器联锁正反转控制电路的元器件布置图

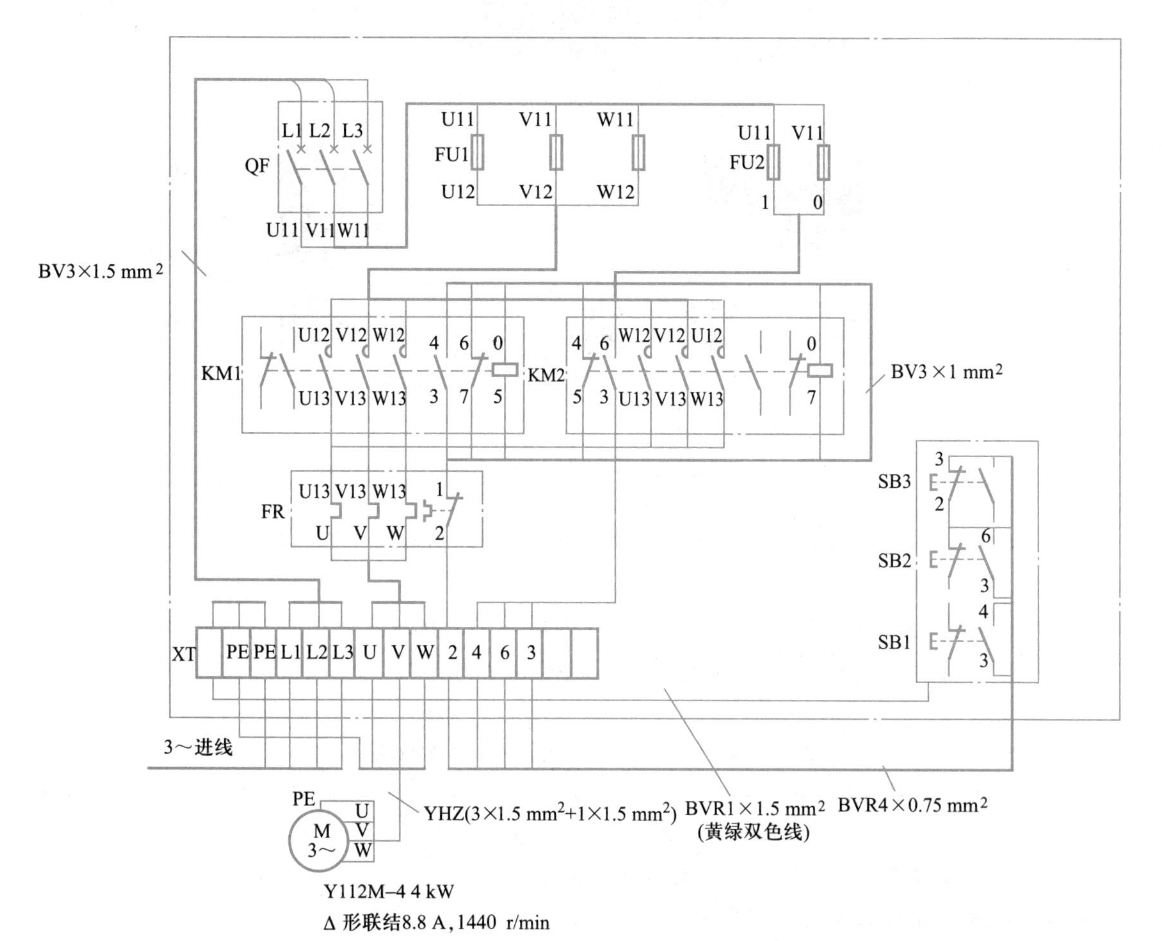

图 3-2-5 接触器联锁正反转控制电路的电气安装接线图

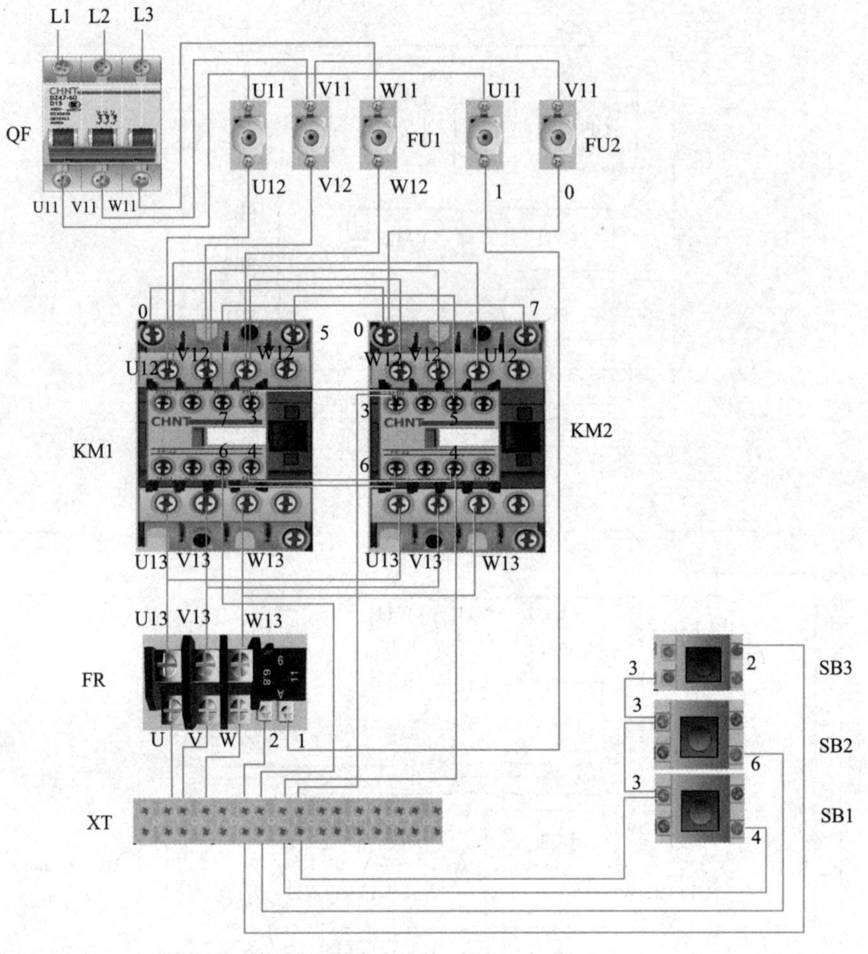

图 3-2-6 接触器联锁正反转控制电路的仿真布线图

5. 接线完毕后,先进行直观检查。经直观检查确认无误后,在不通电的情况下,用万用表检测电路有无断路、短路故障。

6. 电路自检无误,经教师同意后方可合上开关接通电源试车。坚决杜绝未经教师同意擅自试车的现象,关注安全生产、规范操作的职业素养养成。

要点提示

(1) 先接主电路再接控制电路;先接串联电路,再接分支电路。

(2) 所有元器件布局、接线要安全、方便,相同元器件尽量摆放在一起,同一类型接线尽量用同一颜色导线。达到布局合理、间距合适、接线方便的效果。

(3) 走线要横平竖直、整齐合理,接点不得松动。

(4) 进入按钮盒的导线必须从接线端子引出。

三、电路检修

按照表 3-2-1,小组合作进行电路故障排查及检修训练。

表 3-2-1 接触器联锁正反转控制电路的常见故障排查方法

故障现象	原因分析	图	检查方法
正转控制正常，反转时接触器不吸合，电动机不起动	正转控制正常，说明电源电路、熔断器 FU1 和 FU2、热继电器 FR、停止按钮 SB3 及电动机 M 均正常，其故障可能在反转控制电路	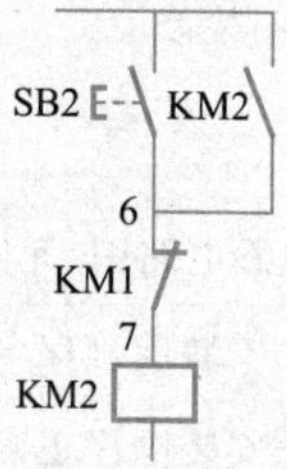	可用万用表测量反转控制电路的电阻，检查断路故障点
正转控制正常，反转断相	正转正常，反转断相，说明电源电路、控制电路、熔断器、热继电器及电动机均正常，故障可能原因是反转接触器 KM2 主触点的某一相接触不良或其连接导线松脱或断路	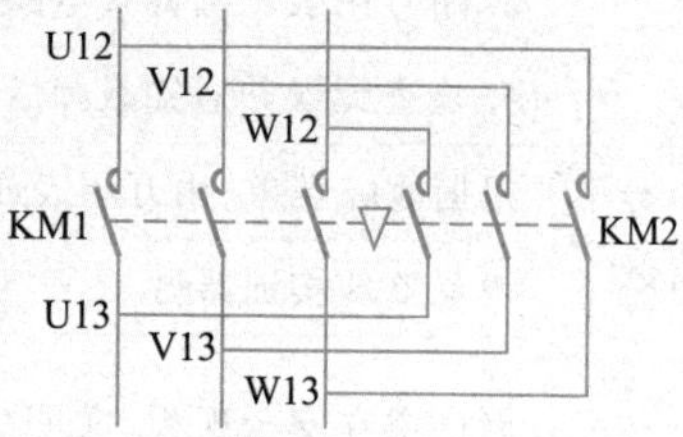	用验电笔检查断路故障点
按下正转起动按钮时，电动机正转，松开该按钮后，电动机停转	可能故障点： 1. 自锁触点接触不良； 2. 自锁回路断路	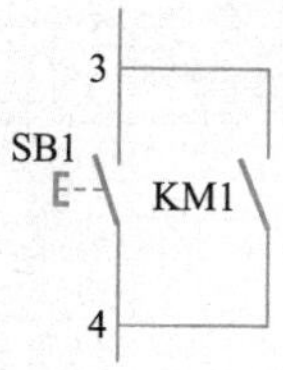	用电阻检查法检查各元器件的触点电阻情况
按下起动按钮，接触器动作，但电动机不能起动并有“嗡嗡”声	可能故障点在主电路： 1. 电源缺相； 2. 接触器主触点接触不良，使电动机缺相运行； 3. 热继电器触点发生断路故障； 4. 电动机故障	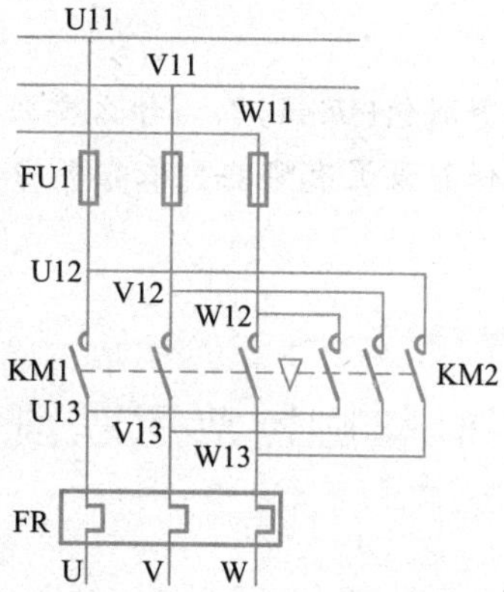	用钳形电流表测量三相电流，并运用验电笔测试

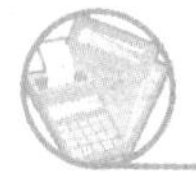

任务评价

根据自评、小组互评和教师评价将各项得分以及总评内容和得分填入表 3-2-2。

表 3-2-2 评价反馈表

<table>
<tr><td rowspan="2">任务名称</td><td rowspan="2" colspan="2">接触器联锁正反转控制电路的安装与检修</td><td>学生姓名</td><td>学号</td><td>班级</td><td>日期</td></tr>
<tr><td></td><td></td><td></td><td></td></tr>
<tr><td>项目内容</td><td>配分</td><td colspan="4">评分标准</td><td>得分</td></tr>
<tr><td>熟悉电路</td><td>20分</td><td colspan="4">熟悉电路图、元器件布置图和电气安装接线图及工作过程</td><td></td></tr>
<tr><td rowspan="4">安装</td><td rowspan="4">40分</td><td colspan="4">1. 安装前确保电源切断(10分)</td><td></td></tr>
<tr><td colspan="4">2. 安装顺序正确,接线良好(10分)</td><td></td></tr>
<tr><td colspan="4">3. 用万用表正确检查电路有无断路、短路故障(10分)</td><td></td></tr>
<tr><td colspan="4">4. 检查无误并通知教师后通电试车(10分)</td><td></td></tr>
<tr><td>检修</td><td>20分</td><td colspan="4">根据故障现象,用万用表或验电笔判断故障并检修</td><td></td></tr>
<tr><td>实训后</td><td>10分</td><td colspan="4">规范整理实训器材</td><td></td></tr>
<tr><td>职业素养养成</td><td>10分</td><td colspan="4">严格遵守安全规程、文明生产、规范操作,养成严谨、专注、精益求精的职业精神,注重小组协作、德技并修</td><td></td></tr>
<tr><td>总评</td><td colspan="5"></td><td></td></tr>
</table>

思考与拓展

1. 什么是接触器联锁(互锁)?为什么要联锁(互锁)?
2. 常用的电路保护设置有哪些?依靠哪些元器件来实现?

任务2 按钮、接触器双重联锁正反转控制电路的安装与检修

任务描述

对于Z3050型摇臂钻床的立柱松紧电动机,可通过按下正转(或反转)按钮直接进行正反转切换,而不必先按停止按钮,这种正反转控制是如何实现的?

知识储备

按钮、接触器双重联锁正反转控制电路如图 3-2-7 所示。

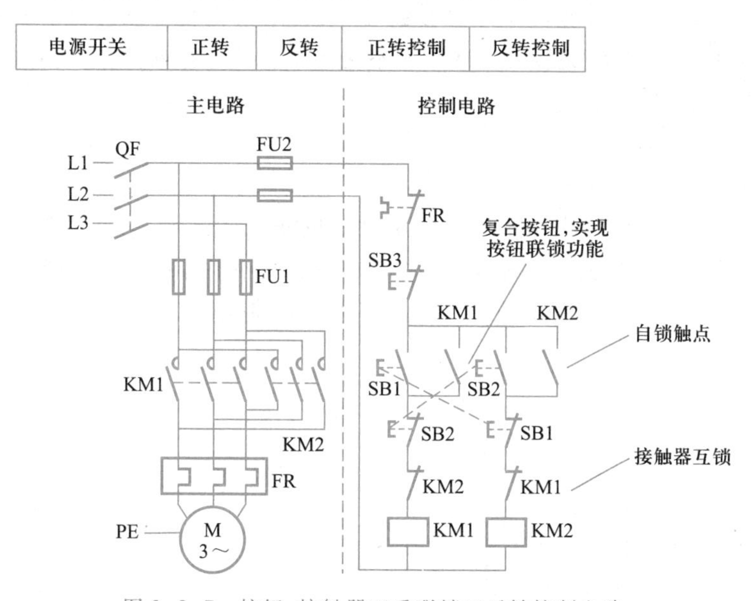

图 3-2-7　按钮、接触器双重联锁正反转控制电路

1. 电路组成

通过在主电路中用两组接触器的主触点，分别构成正转相序接线和反转相序接线，在控制电路中，通过复合按钮 SB1 和 SB2 实现机械互锁，通过 KM1、KM2 辅助触点实现电气互锁，从而实现按钮、接触器双重联锁正反转控制。

2. 工作过程

(1) 合上电源开关 QF。

(2) 正转起动过程如下：

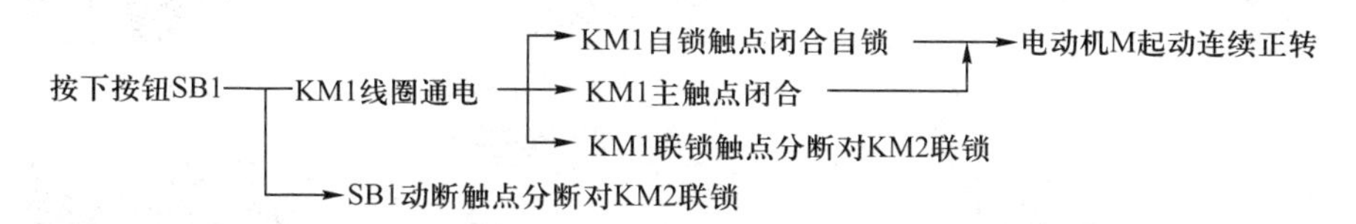

(3) 反转起动过程如下：

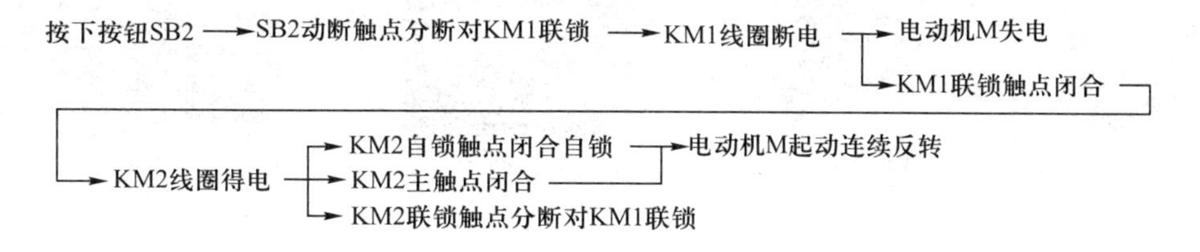

(4) 停止过程如下：

按下停止按钮 SB3→KM1 或 KM2 线圈断电→KM1 或 KM2 主触点分断→电动机 M 停止

要点提示

图 3-2-7 所示电路采用复合按钮将按钮 SB1 的动断触点串联在 KM2 的线圈电路中，将按钮 SB2 的动断触点串联在 KM1 的线圈电路中，复合按钮的动作特点是先断（开）后（闭）合。这样电动机改变转向时，可直接按下相应按钮即可，而不必先按停止按钮。在 KM2 线圈通电之前，首先使 KM1 线圈断电，这样就保证了两个线圈不会同时得电闭合，这种由机械按钮实现的互锁称为机械互锁或按钮互锁。

3. 电路应用

该电路在电力拖动中广泛应用于中小型电动机的正反转控制，可以保障安全，提高生产效率。例如，Z3050 型摇臂钻床的立柱松紧电动机的正反转控制、X62W 型万能铣床的主轴反接制动控制、部分车床主轴正反向切削加工电动机的正反转控制等。

任务实施

做中学

安装与检修按钮、接触器双重联锁正反转控制电路

一、器材和工具

安装与检修按钮、接触器双重联锁正反转控制电路所需器材和工具如图 3-2-8 所示。

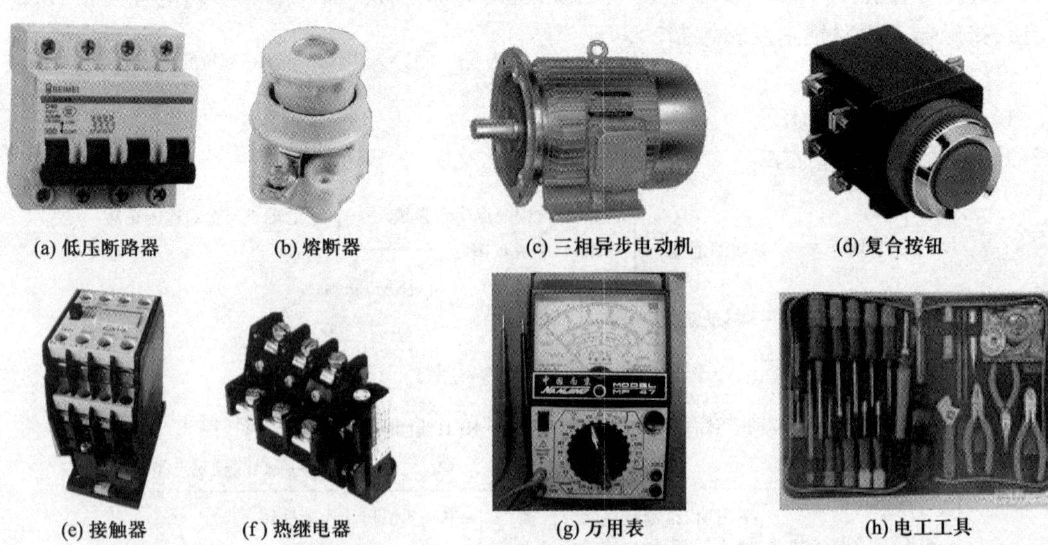

(a) 低压断路器　(b) 熔断器　(c) 三相异步电动机　(d) 复合按钮

(e) 接触器　(f) 热继电器　(g) 万用表　(h) 电工工具

图 3-2-8 器材和工具

二、操作步骤

以小组为单位，进行按钮、接触器双重联锁正反转控制电路的识图、装配与检修等训练，整个过程要求团队协作、安全规范操作、严谨细致、精益求精。

1. 识读图 3-2-9 所示的电路图，明确电路所用元器件及作用，熟悉电路的工作过程。

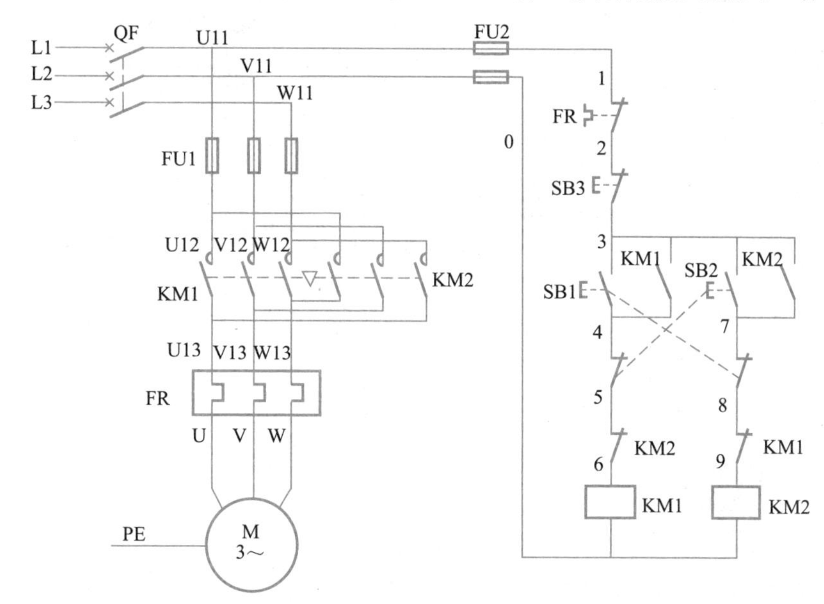

图 3-2-9　带编号的按钮、接触器双重联锁正反转控制电路图

2. 检查安装按钮、接触器双重联锁正反转控制电路所需的元器件及导线型号、规格、数量、质量，并将检查情况列表记录（记录表略）。

3. 在配电板上，按工艺要求布置元器件，可参考图 3-2-10（a），鼓励小组创新更合理的布置方案。

4. 布置好元器件后，按图 3-2-9 所示进行接线，可以参考图 3-2-10（b）和图 3-2-11。

5. 接线完毕后，先进行直观检查。经直观检查确认无误后，在不通电的情况下，用万用表检测电路有无断路、短路故障。

6. 电路自检无误，经教师同意后方可合上开关接通电源试车。坚决杜绝未经教师同意擅自试车的现象，关注安全生产、规范操作的职业素养养成。

要点提示

（1）先接主电路再接控制电路；先接串联电路，再接分支电路。

（2）所有元器件布局、接线要安全、方便，相同元器件尽量摆放在一起，同一类型接线尽量用同一颜色导线。达到布局合理、间距合适、接线方便的效果。

（3）走线要横平竖直、整齐合理，接点不得松动。

（4）复合按钮的动断触点、动合触点一定要分清。

（5）进入按钮盒的导线必须从接线端子引出。

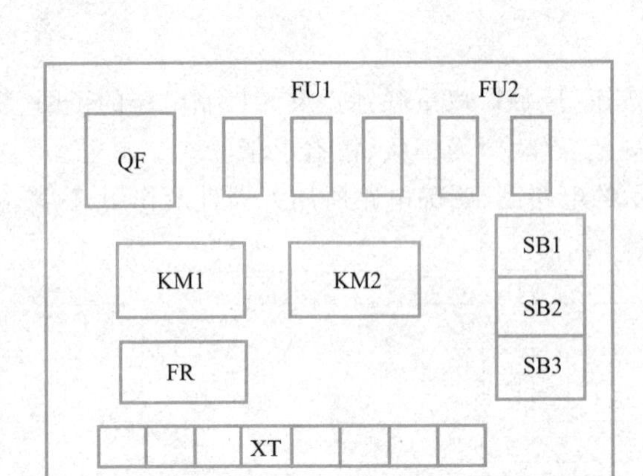

(a) 元器件布置图

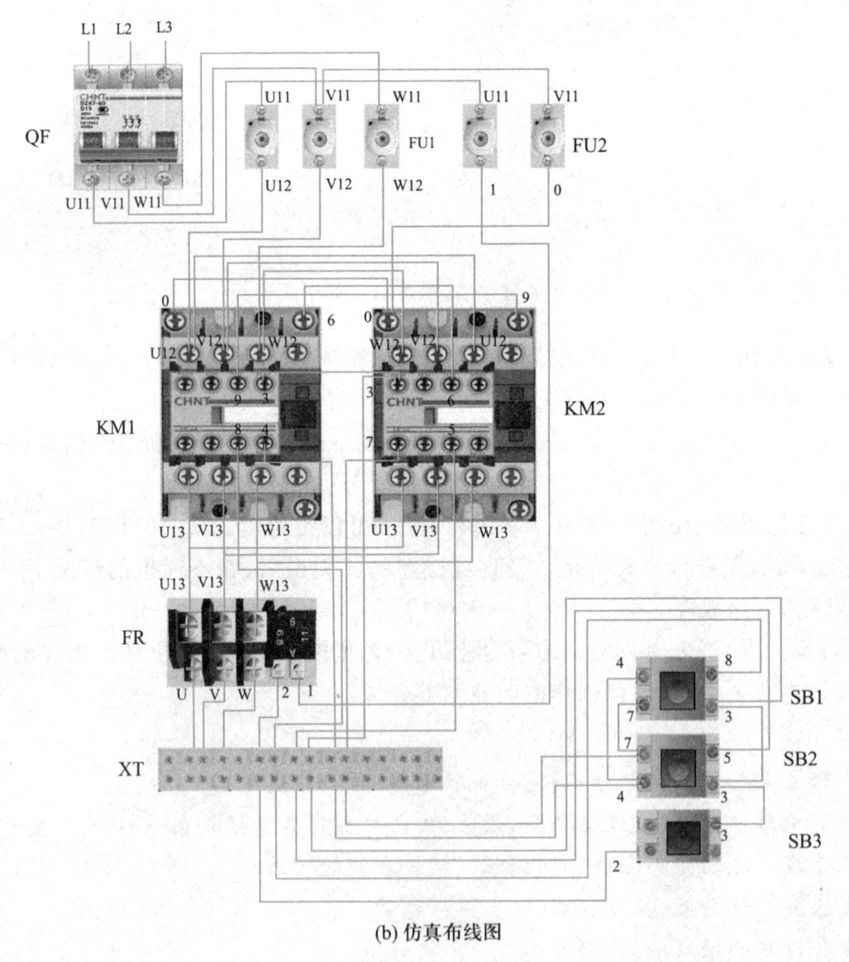

(b) 仿真布线图

图 3-2-10 按钮、接触器双重联锁正反转控制电路的元器件布置图和仿真布线图

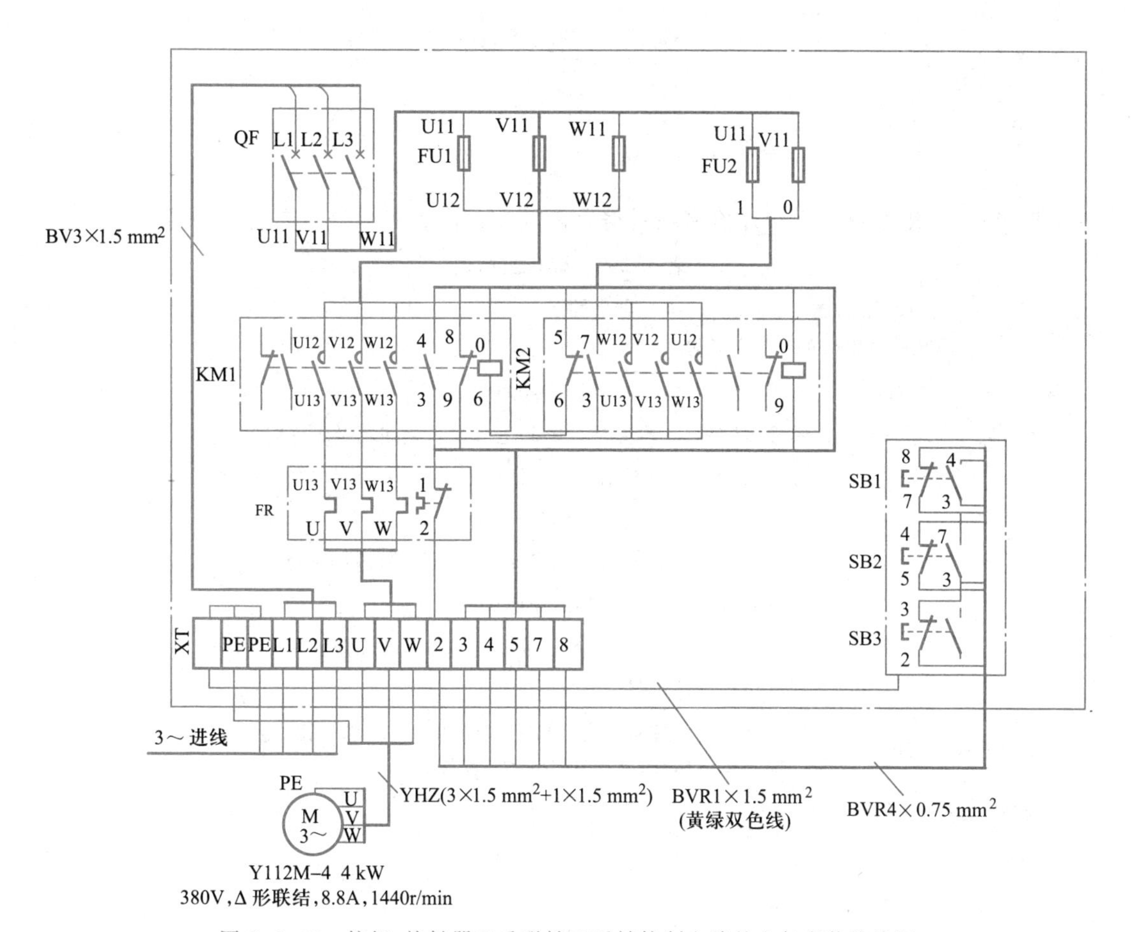

图 3-2-11　按钮、接触器双重联锁正反转控制电路的电气安装接线图

三、电路检修

按照表 3-2-3 小组合作进行电路故障排查及检修训练。

表 3-2-3　按钮、接触器双重联锁正反转控制电路的常见故障排查方法

故障现象	原因分析	图	检查方法
正转控制正常,按反向按钮 SB2,KM1 能释放,但 KM2 不吸合,电动机不能反转	可能故障点: 1. 接触器 KM1 辅助动断触点接触不良或断线; 2. 反向按钮 SB2 动合触点接触不良; 3. 正向按钮 SB1 动断触点接触不良; 4. 接触器 KM2 线圈断路; 5. 接触器 KM2 触点卡阻	SB2 7 SB1 8 KM1 9 KM2	可用万用表测量反转控制电路的电阻,检查断路故障点

任务评价

根据自评、小组互评和教师评价将项目得分以及总评内容和得分填入表 3-2-4。

表 3-2-4 评价反馈表

<table>
<tr><td rowspan="2">任务名称</td><td colspan="2" rowspan="2">按钮、接触器双重联锁正反转控制电路的安装与检修</td><td>学生姓名</td><td>学号</td><td>班级</td><td>日期</td></tr>
<tr><td></td><td></td><td></td><td></td></tr>
<tr><td>项目内容</td><td>配分</td><td colspan="4">评分标准</td><td>得分</td></tr>
<tr><td>熟悉电路</td><td>20 分</td><td colspan="4">熟悉电路图、元器件布置图和电气安装接线图及工作过程</td><td></td></tr>
<tr><td rowspan="4">安装</td><td rowspan="4">40 分</td><td colspan="4">1. 安装前确保电源切断(10 分)</td><td></td></tr>
<tr><td colspan="4">2. 安装顺序正确,接线良好(10 分)</td><td></td></tr>
<tr><td colspan="4">3. 用万用表正确检查电路有无断路、短路故障(10 分)</td><td></td></tr>
<tr><td colspan="4">4. 检查无误并通知教师后通电试车(10 分)</td><td></td></tr>
<tr><td>检修</td><td>20 分</td><td colspan="4">根据故障现象,用万用表或验电笔判断故障并检修</td><td></td></tr>
<tr><td>实训后</td><td>10 分</td><td colspan="4">规范整理实训器材</td><td></td></tr>
<tr><td>职业素养养成</td><td>10 分</td><td colspan="4">严格遵守安全规程、文明生产、规范操作,养成严谨、专注、精益求精的职业精神,注重小组协作、德技并修</td><td></td></tr>
<tr><td>总评</td><td colspan="5"></td><td></td></tr>
</table>

思考与拓展

1. 复合按钮在电路中的动作过程是怎样的?

2. 按钮、接触器双重联锁正反转控制电路的功能是如何实现的?与接触器联锁正反转控制电路相比有何不同?

任务 3 自动往返正反转控制电路的安装与检修

任务描述

在生产过程中,一些生产机械运动部件的行程或位置要受到限制,例如,在天车电路中,为了防止天车走到两端时发生意外坠落，会设有行程开关，有些生产机械的工作台要求在一定的范围内自动往返，以便实现对工件的连续加工，提高生产效率，如摇臂钻床、万能铣床、镗床及各种自动或半自动控制的机床设备。那么，电动机是如何实现自动往返正反转控制的呢？

知识储备

自动往返正反转控制电路靠行程开关或终端开关实现限位自动转换控制，电路如图 3-2-12 所示。

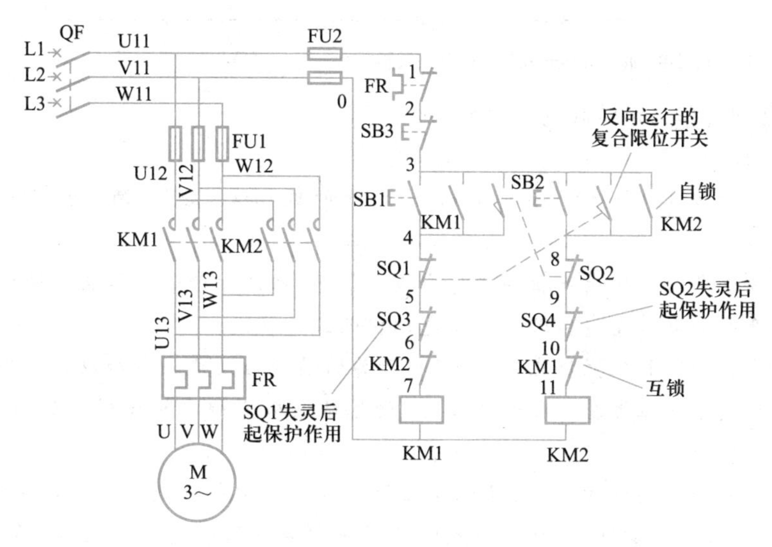

图 3-2-12　自动往返正反转控制电路

电路的工作过程如下：

（1）先合上电源开关 QF。

（2）正转起动过程如下：

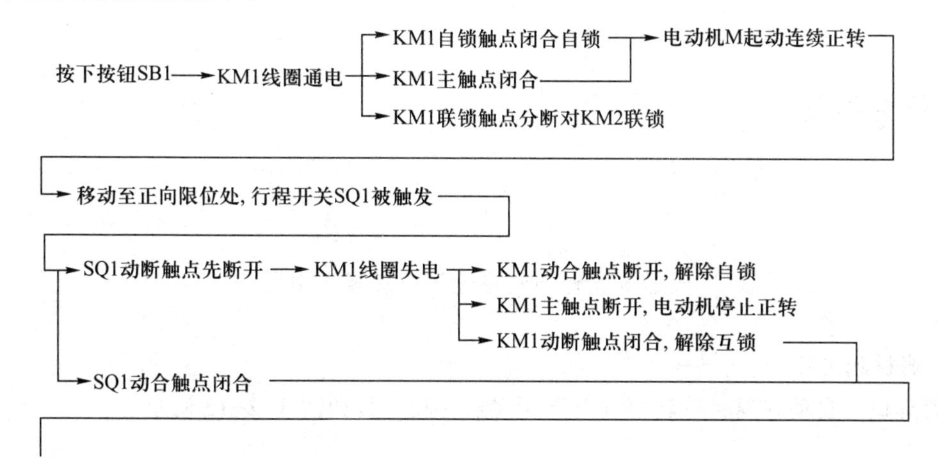

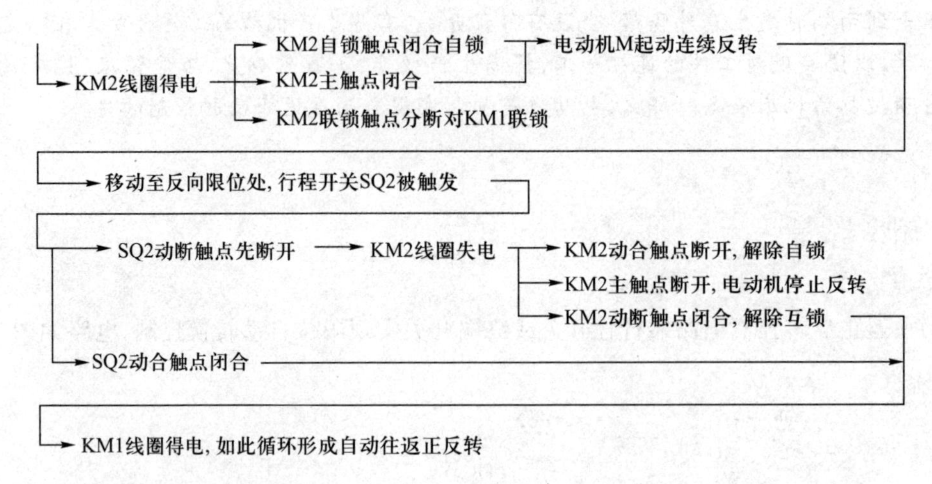

（3）反转起动过程与正转起动过程类似。

（4）停止过程如下：

按下停止按钮 SB3→KM1 或 KM2 线圈失电→KM1 或 KM2 主触点分断，电动机停转

要点提示

（1）位置控制是电气化生产机械设备中应用最多、作用原理最简单的一种控制形式，由行程开关或终端开关的动作发出信号来控制电动机的工作状态。

若电动机需在预定的位置停止，则将行程开关的动断触点串联在相应的控制电路中，这样在机械装置运动到预定位置时行程开关动作，动断触点断开相应的控制电路，电动机停转，机械运动停止。

若需停止后立即反向运动，则应将此行程开关的动合触点并联在另一控制回路中的起动按钮处，这样在行程开关动作时，动断触点断开了正向运动控制的电路，同时动合触点又接通了反向运动的控制电路。

（2）实际应用中，还有两个行程开关 SQ3、SQ4 安装在工作台正常的往返行程之外，起终端保护作用，以防 SQ1、SQ2 失灵造成事故。

任务实施

做中学

安装和检修自动往返正反转控制电路

一、器材和工具

安装与检修自动往返正反转控制电路所需器材和工具如图 3-2-13 所示。

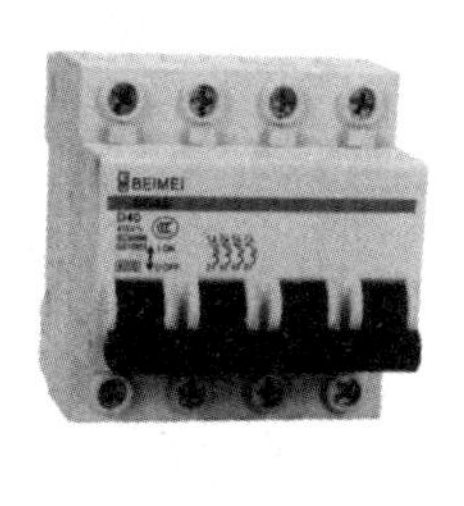

(a) 低压断路器

(b) 熔断器

(c) 三相异步电动机

(d) 按钮

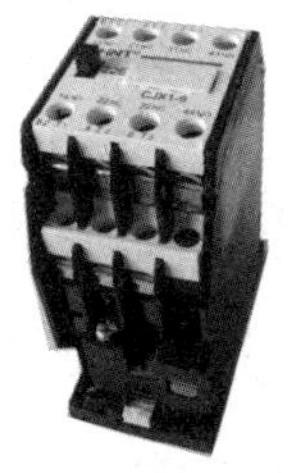

(e) 接触器

(f) 热继电器

(g) 行程开关

(h) 万用表

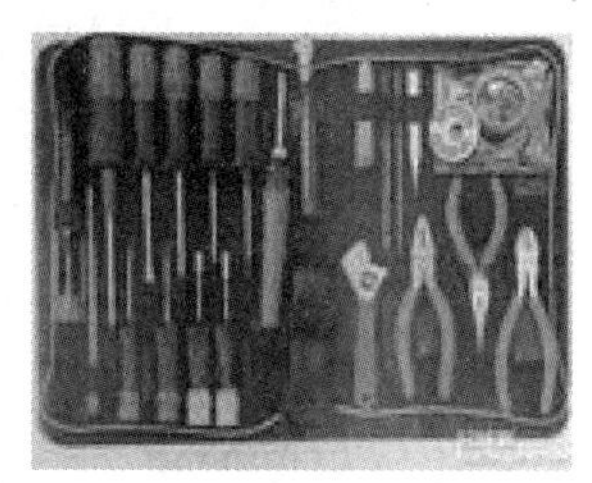

(i) 电工工具

图 3-2-13　器材和工具

二、操作步骤

以小组为单位，进行自动往返正反转控制电路的识图、装配与检修等训练，整个过程要求团队协作、安全规范操作、严谨细致、精益求精。

1. 识读图 3-2-12 所示的电路图，明确电路所用元器件及作用，熟悉电路的工作过程。

2. 检查安装自动往返正反转控制电路所需的元器件及导线型号、规格、数量、质量，并将检查情况列表记录（记录表略）。

3. 在配电板上，按工艺要求布置元器件，可参考图 3-2-14(a)，鼓励小组创新更合理的布置方案。

4. 布置好元器件后，按图 3-2-12 所示进行接线，可以参考图 3-2-14(b)。

5. 接线完毕后，先进行直观检查。经直观检查确认无误后，在不通电的情况下，用万用表检测电路有无断路、短路故障。

6. 电路自检无误，经教师同意后方可合上开关接通电源试车。严禁未经教师同意擅自试车的现象，养成安全生产、规范操作的职业素养。

要点提示

（1）先接主电路再接控制电路；先接串联电路，再接分支电路。

（2）所有元器件布局、接线要安全、方便。相同元器件尽量摆放在一起，同一类型接线尽量用同一颜色。导线达到布局合理、间距合适、接线方便的效果。

（3）走线要横平竖直、整齐合理，接点不得松动。

（4）进入按钮盒的导线必须从接线端子引出。

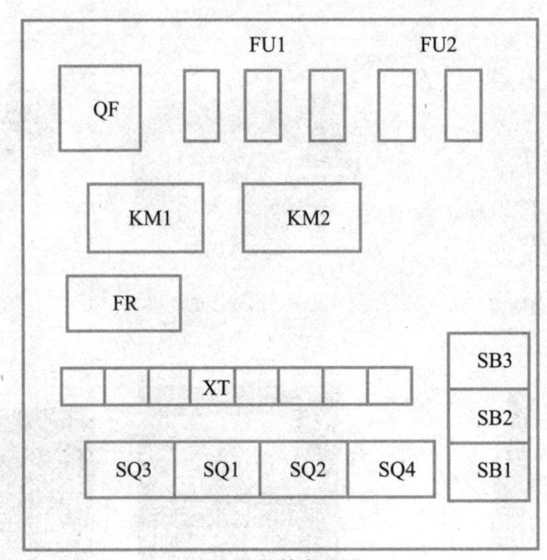

(a) 元器件布置图

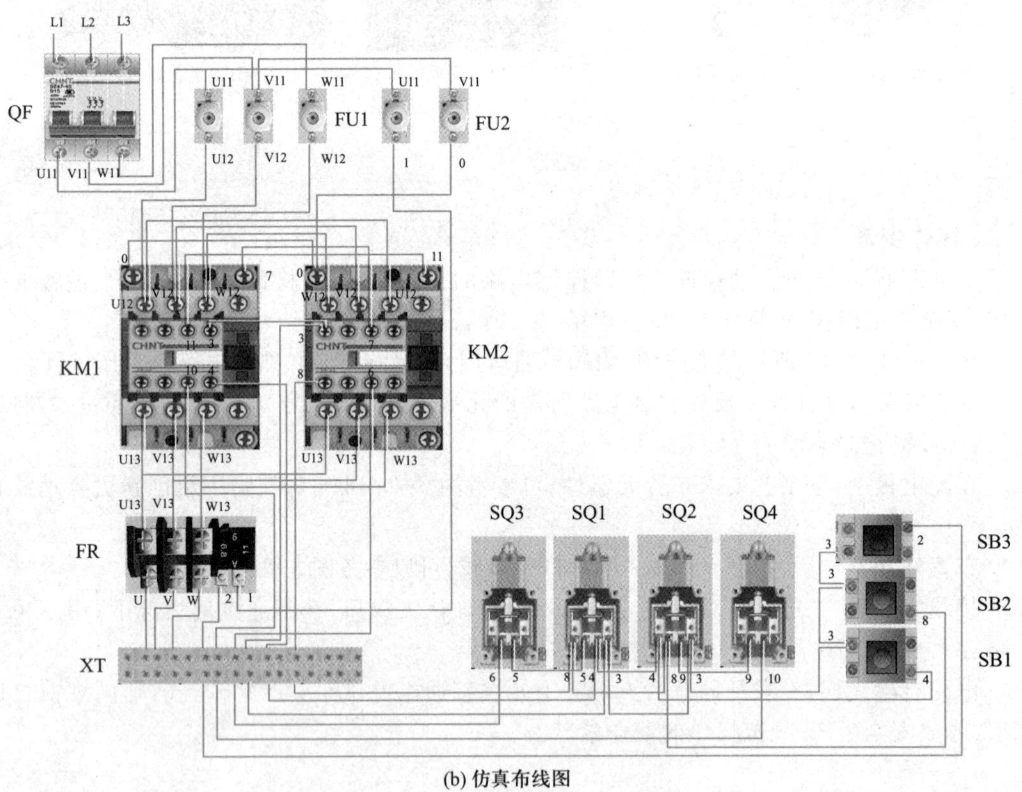

(b) 仿真布线图

图3-2-14 自动往返正反转控制电路的元器件布置图与仿真布线图

三、电路检修

按照表3-2-5,小组合作进行电路故障排查及检修训练。

表 3-2-5　自动往返正反转控制电路的常见故障排查方法

故障现象	原因分析	图	检查方法
挡铁碰到SQ1就停车，工作台左右运行不往返	可能故障点： 1. SQ1的开关损坏，其动合触点不能闭合； 2. 接触器KM1的动断触点接触不良； 3. 接触器KM2线圈或机械部分有故障	3 SB1 KM1 SB2 KM2 4 SQ1 8 SQ2 5 9 SQ3 SQ4 6 10 KM2 KM1 7 11 KM1 KM2	断开电源，可用万用表测量反转控制电路的电阻，检查断路故障点
挡铁一直碰到SQ3才停车，工作台左右运动不往返	可能故障点： 1. SQ1安装位置不对，或使用时其挡铁碰不到位置开关的滚轮； 2. SQ1的动断触点不能分断； 3. SQ1的动合触点不能闭合		1. 检查SQ1的安装位置，检查挡铁是否碰到SQ1； 2. 断开电源，按下SQ1，用万用表的电阻挡检查SQ1上下端头的电阻情况

任务评价

根据自评、小组互评和教师评价将项目得分以及总评内容和得分填入表3-2-6。

表 3-2-6　评价反馈表

<table>
<tr><td rowspan="2">任务名称</td><td colspan="2" rowspan="2">自动往返正反转控制电路的安装与检修</td><td>学生姓名</td><td>学号</td><td>班级</td><td>日期</td></tr>
<tr><td></td><td></td><td></td><td></td></tr>
<tr><td>项目内容</td><td>配分</td><td colspan="4">评分标准</td><td>得分</td></tr>
<tr><td>熟悉电路</td><td>20分</td><td colspan="4">熟悉电路图、元器件布置图和仿真布线图</td><td></td></tr>
<tr><td rowspan="4">安装</td><td rowspan="4">40分</td><td colspan="4">1. 安装前确保电源切断（10分）</td><td></td></tr>
<tr><td colspan="4">2. 安装顺序正确，接线良好（10分）</td><td></td></tr>
<tr><td colspan="4">3. 用万用表正确检查电路有无断路、短路故障（10分）</td><td></td></tr>
<tr><td colspan="4">4. 检查无误并通知教师后通电试车（10分）</td><td></td></tr>
<tr><td>检修</td><td>20分</td><td colspan="4">根据故障现象，用万用表或验电笔判断故障并检修</td><td></td></tr>
<tr><td>实训后</td><td>10分</td><td colspan="4">规范整理实训器材</td><td></td></tr>
</table>

续表

项目内容	配分	评分标准	得分
职业素养养成	10分	严格遵守安全规程、文明生产、规范操作,养成严谨、专注、精益求精的职业精神,注重小组协作、德技并修	
总评			

思考与拓展

1. 自动往返正反转控制电路的功能是如何实现的?

2. 实际应用中,还经常使用传感器代替行程开关,试查找应用案例,了解其工作过程,同学间相互交流。

项目3 三相异步电动机降压起动控制电路的安装与检修

三相异步电动机全压起动时电源电压全部施加在三相绕组上，起动电流为额定电流的4~7倍。电动机功率较大时将导致电源变压器输出电压下降，从而导致电动机起动困难，影响同一线路中其他电器的正常工作。

所以，对于大容量的三相异步电动机，为了减小直接起动电流，通常采用降压起动的方法，即起动时降低加在电动机定子绕组上的电压，待电动机起动结束后，再恢复到额定电压运行。

降压起动虽然能够降低起动电流，但由于电动机的转矩与电压平方成正比，因此降压起动时电动机的转矩减小较多，故此法一般适用于电动机空载或轻载起动。

三相笼型异步电动机的降压起动方法有串电阻降压起动、Y-Δ降压起动、自耦变压器降压起动和软起动器起动。三相绕线转子异步电动机起动控制采用转子串电阻起动和转子串频敏变阻器起动的方法。

任务1　Y-Δ降压起动控制电路的安装与检修

任务描述

对于正常工作时定子绕组为Δ形(三角形)联结的电动机，如果将定子绕组改为Y形(星形)联结起动时，绕组电压降低，起动转矩和起动电流都降低到原来的1/3，从而会减小电网供电的负荷，降低对电网电压的影响。所以在生产实践中，Y-Δ降压起动是常用的降压起动方式之一。本任务带领我们了解Y-Δ降压起动控制电路的工作过程，提升Y-Δ降压起动控制电路的安装与检修技能。

知识储备

一、Y-Δ降压起动的方式及特点

Y-Δ降压起动是指电动机起动时，把定子绕组接成Y形，以降低起动电压，限制起动电流。待电动机起动后，再将定子绕组改成Δ形联结，使电动机全压运行，如图3-3-1所示。

三相异步电动机的定子绕组由Δ形联结改为Y形联结后，起动转矩和电流都降低到原来的1/3。因此，Y-Δ降压起动方法只能用于空载或轻载起动的场合。

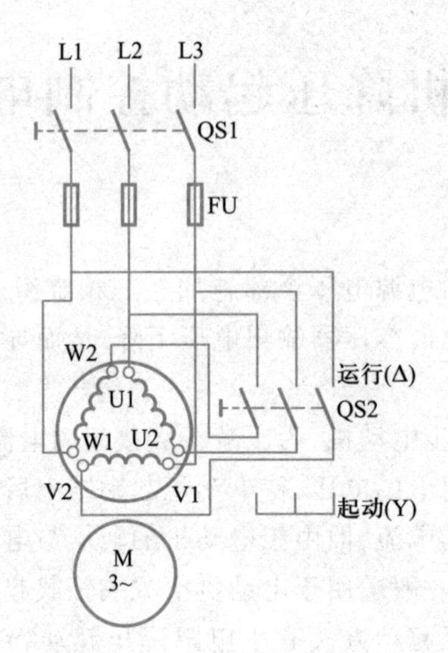

图 3-3-1　Y-Δ 降压起动电路

Y-Δ 降压起动的优点是设备简单、成本低,缺点是只能用于正常工作时定子绕组的 Δ 形联结的电动机。

二、按钮、接触器 Y-Δ 降压起动控制电路

按钮、接触器 Y-Δ 降压起动控制电路如图 3-3-2 所示。

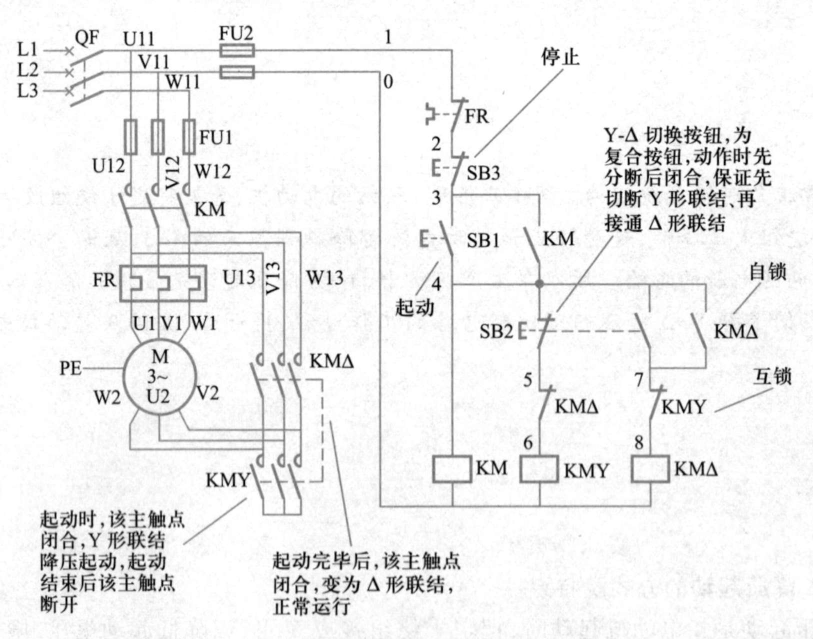

图 3-3-2　按钮、接触器 Y-Δ 降压起动控制电路

1. 电路组成

该电路由主电路和控制电路组成,起动按钮为 SB1,停止按钮为 SB3,Y-Δ 切换按钮为 SB2。

2. 工作过程

(1) 合上电源开关 QF。

(2) 起动过程如下：

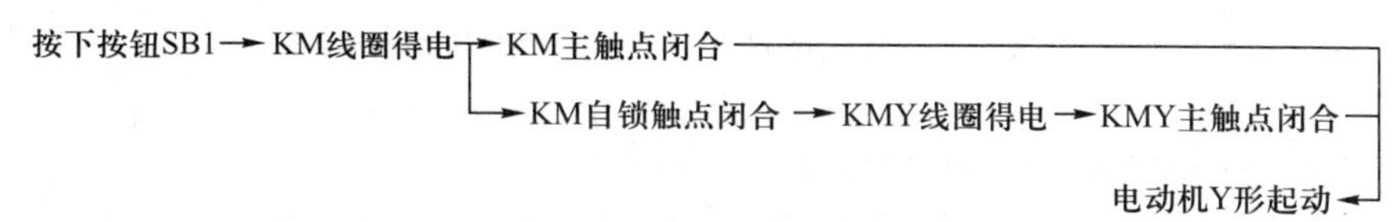

(3) 转换为运行过程如下：

(4) 停止过程如下：

按下停止按钮 SB3→KM、KMΔ 线圈失电→KM、KMΔ 主触点分断→电动机停转

要点提示

Y-Δ 切换需手动控制，注意切换时机。

按钮、接触器 Y-Δ 降压起动控制电路结构简单，但是 Y-Δ 切换需要手动控制，需特别注意切换时机，引入时间继电器，可实现起动电路和运行电路的自动切换。

三、时间继电器自动控制 Y-Δ 降压起动控制电路

时间继电器自动控制 Y-Δ 降压起动控制电路如图 3-3-3 所示。

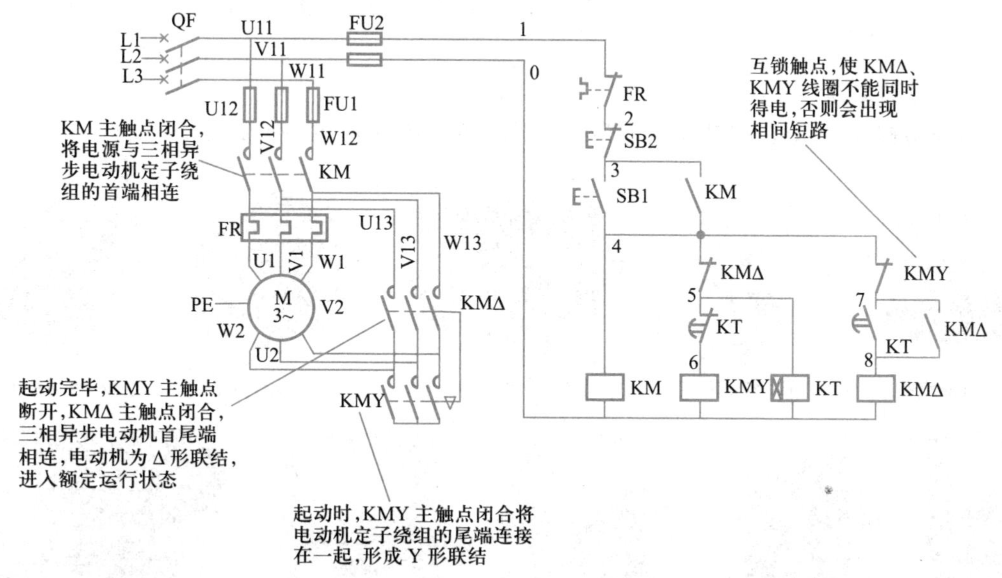

图 3-3-3　时间继电器自动控制 Y-Δ 降压起动控制电路

1. 电路组成

该电路由主电路和控制电路组成，起动按钮为 SB1，停止按钮为 SB2。

2. 工作过程

（1）合上电源开关 QF。

（2）起动过程如下：

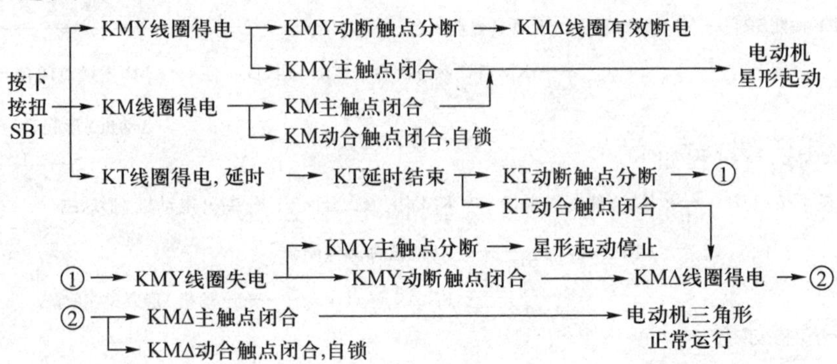

（3）停止过程如下：

按下停止按钮 SB2→KM、KMΔ 线圈失电→KM、KMΔ 主触点分断→电动机停转

任务实施

做中学

安装与检修 Y-Δ 降压起动控制电路

一、器材和工具

安装与检修 Y-Δ 降压起动控制电路所需器材和工具如图 3-3-4 所示。

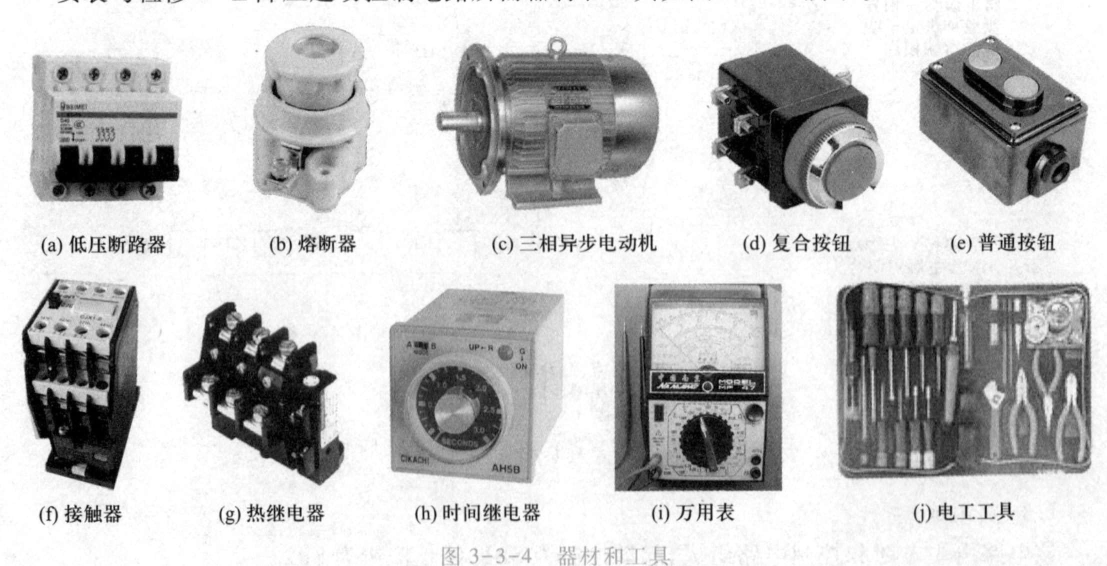

(a) 低压断路器 (b) 熔断器 (c) 三相异步电动机 (d) 复合按钮 (e) 普通按钮

(f) 接触器 (g) 热继电器 (h) 时间继电器 (i) 万用表 (j) 电工工具

图 3-3-4 器材和工具

二、操作步骤

以小组为单位，进行按钮、接触器 Y-Δ 降压起动控制电路及时间继电器自动控制 Y-Δ 降压起动控制电路的识图、装配与检修等技能训练，整个过程要求团队协作、安全规范操作、严谨细致、精益求精。

1. 安装按钮、接触器 Y-Δ 降压起动控制电路

① 识读图 3-3-2 所示电路，明确电路所用元器件及作用，熟悉电路的工作过程。

② 检查安装按钮、接触器 Y-Δ 降压起动控制电路所需的元器件及导线型号、规格、数量、质量，并将检查情况列表记录（记录表略）。

③ 在配电板上，按工艺要求布置元器件，可以参考图 3-3-5(a)，鼓励小组创新更合理的布置方案。

④ 布置好元器件后，按图 3-3-2 进行接线，可以参考图 3-3-5(b)。

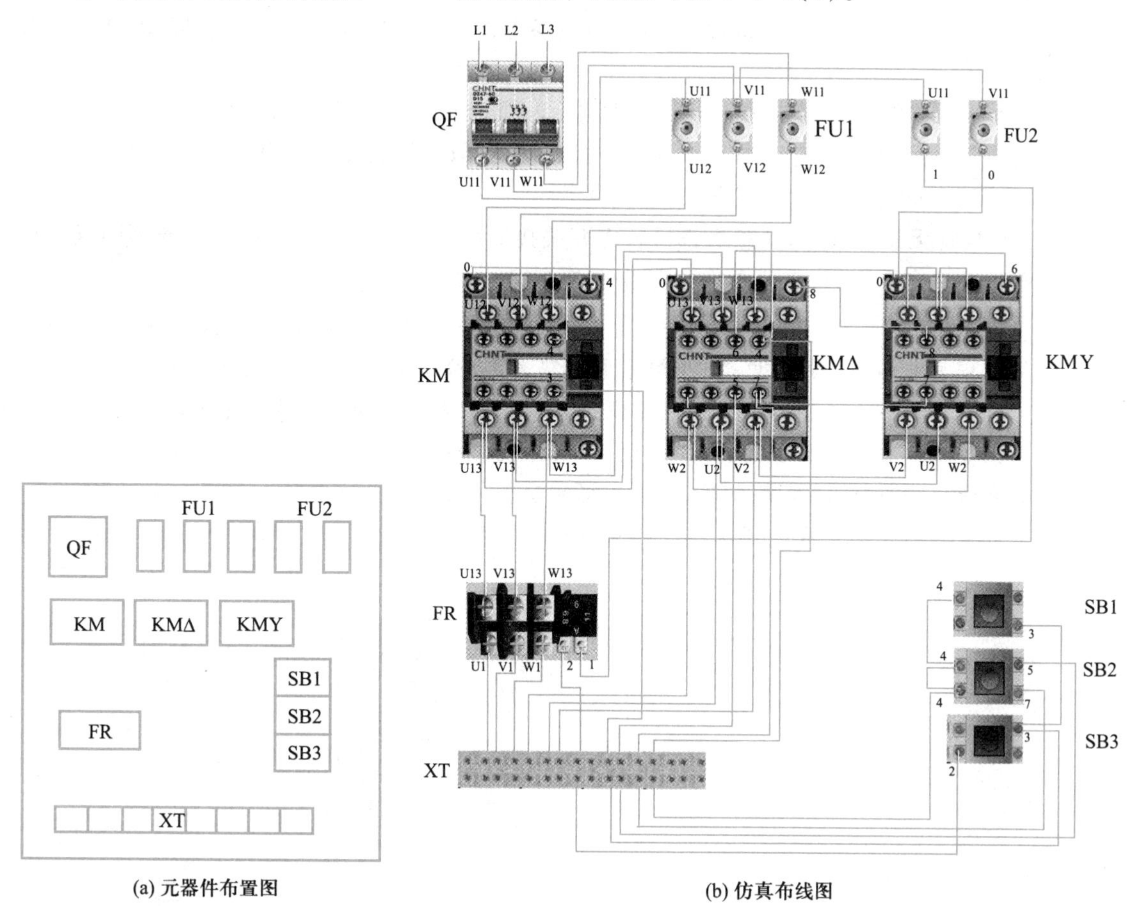

(a) 元器件布置图　　(b) 仿真布线图

图 3-3-5　按钮、接触器 Y-Δ 降压起动控制电路的元器件布置图与仿真布线图

⑤ 接线完毕后，先进行直观检查。经直观检查确认无误后，在不通电的情况下，用万用表检测电路有无断路、短路故障。

⑥ 电路自检无误，经教师同意后方可合上开关接通电源试车。严禁未经教师同意擅自试车

的现象，关注安全生产、规范操作的职业素养养成。

要点提示

(1) 先接主电路再接控制电路；先接串联电路，再接分支电路。

(2) 所有元器件布局、接线要安全、方便，相同元器件尽量摆放在一起，同一类型接线尽量用同一颜色导线。达到布局合理、间距合适、接线方便的效果。

(3) 走线要横平竖直、整齐合理，接点不得松动。

(4) 进入按钮盒的导线必须从接线端子引出。

2. 安装时间继电器自动控制 Y-Δ 降压起动控制电路

① 识读图 3-3-3 所示电路，明确电路所用元器件及作用，熟悉电路的工作过程。

② 检查安装时间继电器自动控制 Y-Δ 降压起动电路所需的元器件及导线型号、规格、数量、质量，并将检查情况列表记录(记录表略)。

③ 在配电板上，按工艺要求布置元器件，可以参考图 3-3-6(a)，鼓励小组创新更合理的布置方案。

④ 布置好元器件后，按图 3-3-3 所示进行接线，可以参考图 3-3-6(b)。

⑤ 接线完毕后，先进行直观检查。经直观检查确认无误后，在不通电的情况下，用万用表检测电路有无断路、短路故障。

⑥ 电路自检无误，经教师同意后方可合上开关接通电源试车。坚决杜绝未经教师同意擅自试车的现象，关注安全生产、规范操作的职业素养养成。

要点提示

(1) 先接主电路再接控制电路；先接串联电路，再接分支电路。

(2) 所有元器件布局、接线要安全、方便，相同元器件尽量摆放在一起，同一类型接线尽量用同一颜色导线。达到布局合理、间距合适、接线方便的效果。

(3) 走线要横平竖直、整齐合理，接点不得松动。

(4) 进入按钮盒的导线必须从接线端子引出。

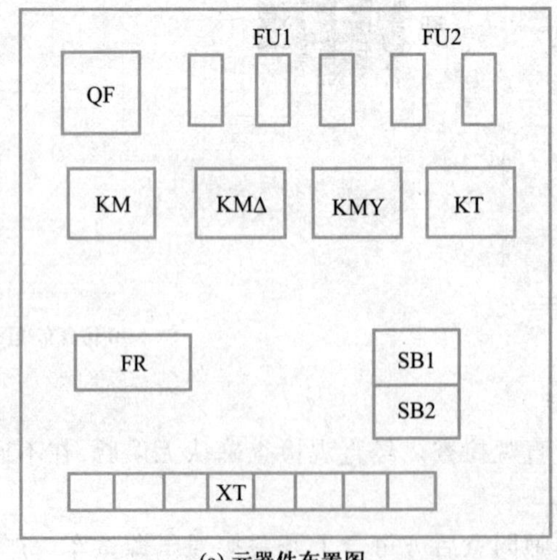

(a) 元器件布置图

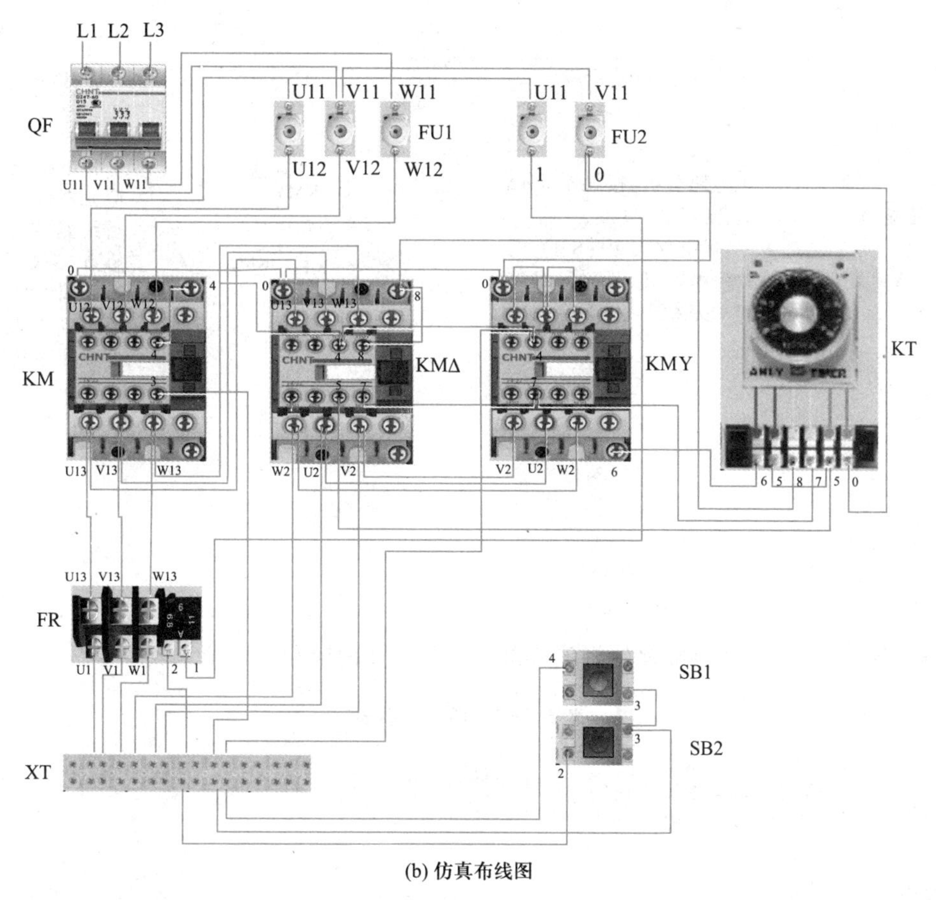

(b) 仿真布线图

图 3-3-6　时间继电器自动控制 Y-Δ 降压起动电路的元器件布置图与仿真布线图

三、电路检修

按照表 3-3-1，小组合作进行电路故障排查及检修训练。

表 3-3-1　Y-Δ 降压起动控制电路的常见故障排查方法

故障现象	原因分析	图	检查方法
电动机不能起动	1. 从主电路分析：熔断器 FU1 断路、接触器 KM 及 KMY 主触点接触不良、热继电器 FR 主通路有断点等。 2. 从控制电路分析：热继电器 FR 的动断触点、停止按钮 SB2 动断触点、接触器 KMΔ 的动断触点、时间继电器 KT 的延时断开触点等接触不良或断路；也可能是接触器 KM 或 KMY 的线圈损坏等	FR 2 SB2 3 SB1 KM 4 KMΔ 5 KT 6 KMY KM KT	断开电源，可用万用表测量相关点间的电阻，检查断路故障点

续表

故障现象	原因分析	图	检查方法
电动机能Y形起动，但不能转换为Δ形运行	1. 从主电路分析：接触器KMΔ主触点闭合接触不良。 2. 从控制电路分析：KMY的动断触点接触不良，或时间继电器不工作，或接触器KMΔ线圈损坏等	KMY 7 KT KMΔ 8 KMΔ	带电检查，通过相应元器件的动作，分析线路或元器件及触点接触不良的具体原因。另外，也可通过断电测量电阻检查断路问题

任务评价

根据自评、小组互评和教师评价将项目得分以及总评内容和得分填入表3-3-2。

表3-3-2 评价反馈表

<table>
<tr><td rowspan="2">任务名称</td><td rowspan="2" colspan="2">Y-Δ降压起动控制电路的安装与检修</td><td>学生姓名</td><td>学号</td><td>班级</td><td>日期</td></tr>
<tr><td></td><td></td><td></td><td></td></tr>
<tr><td>项目内容</td><td>配分</td><td colspan="4">评分标准</td><td>得分</td></tr>
<tr><td>熟悉电路</td><td>20分</td><td colspan="4">熟悉按钮、接触器和时间继电器自动控制两种类型的电路图、元器件布置图和仿真布线图</td><td></td></tr>
<tr><td rowspan="4">安装</td><td rowspan="4">40分</td><td colspan="4">1. 安装前确保电源切断(10分)</td><td></td></tr>
<tr><td colspan="4">2. 安装顺序正确，接线良好(10分)</td><td></td></tr>
<tr><td colspan="4">3. 用万用表正确检查电路有无断路、短路故障(10分)</td><td></td></tr>
<tr><td colspan="4">4. 检查无误并通知教师后通电试车(10分)</td><td></td></tr>
<tr><td>检修</td><td>20分</td><td colspan="4">根据故障现象，用万用表或验电笔判断故障并检修</td><td></td></tr>
<tr><td>实训后</td><td>10分</td><td colspan="4">规范整理实训器材</td><td></td></tr>
<tr><td>职业素养养成</td><td>10分</td><td colspan="4">严格遵守安全规程、文明生产、规范操作，养成严谨、专注、精益求精的职业精神，注重小组协作、德技并修</td><td></td></tr>
<tr><td>总评</td><td colspan="5"></td><td></td></tr>
</table>

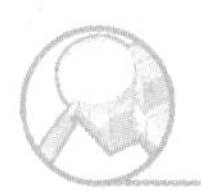

思考与拓展

1. 按钮、接触器 Y-Δ 降压起动控制电路的起动过程是怎样的？

2. 在按钮、接触器 Y-Δ 降压起动控制电路中，如果按下按钮 SB1，电动机不起动，故障可能出现在哪里？如何用万用表检测？如何排除故障？

3. 在时间继电器自动控制 Y-Δ 降压起动控制电路中，采用什么元器件实现延时控制？

4. 在时间继电器自动控制 Y-Δ 降压起动控制电路中，如果按下按钮 SB1，电动机不转，故障可能出现在哪里？如何用万用表检测？如何排除故障？

任务 2　自耦变压器降压起动控制电路的安装与检修

任务描述

对于像水泵电动机、除尘风机、锅炉电动机等较大容量的电动机，有时需要自耦变压器降压起动控制电路，这种控制电路怎样实现降压起动呢？

知识储备

一、自耦变压器降压起动的方式及特点

自耦变压器降压起动是在起动时利用自耦变压器降低定子绕组上的起动电压，达到限制起动电流的目的。完成起动后，再将自耦变压器切换掉，电动机直接与电源连接，全压运行，如图 3-3-7 所示。

起动时，先将开关 QS2 合向起动位置，使电动机降压起动，起动结束后，将开关 S2 合向运行位置。

该起动方式的特点是：起动转矩下降 K^2 倍（K 为自耦变压器变压比）。实际的自耦变压器常备有 2~3 组抽头可以选择不同的起动电压，以满足生产机械对起动转矩的要求，但是采用该方式的起动设备体积大，价格高。

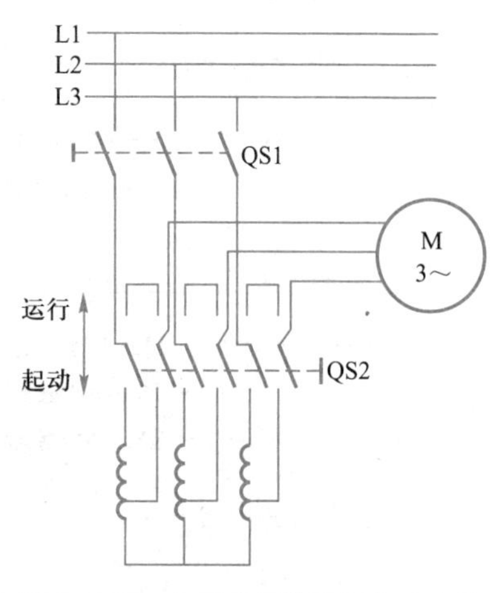

图 3-3-7　自耦变压器降压起动电路

二、自耦变压器降压起动控制电路

自耦变压器降压起动控制电路如图 3-3-8 所示。

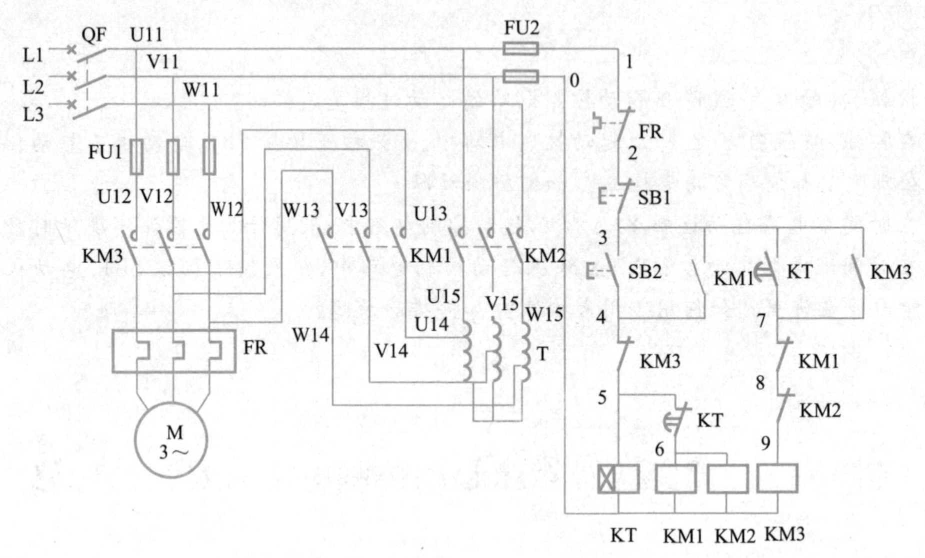

图 3-3-8 自耦变压器降压起动控制电路

1. 电路组成

该电路由主电路和控制电路组成，起动按钮为 SB2，停止按钮为 SB1。

2. 工作过程

（1）合上电源开关 QF。

（2）起动过程如下：

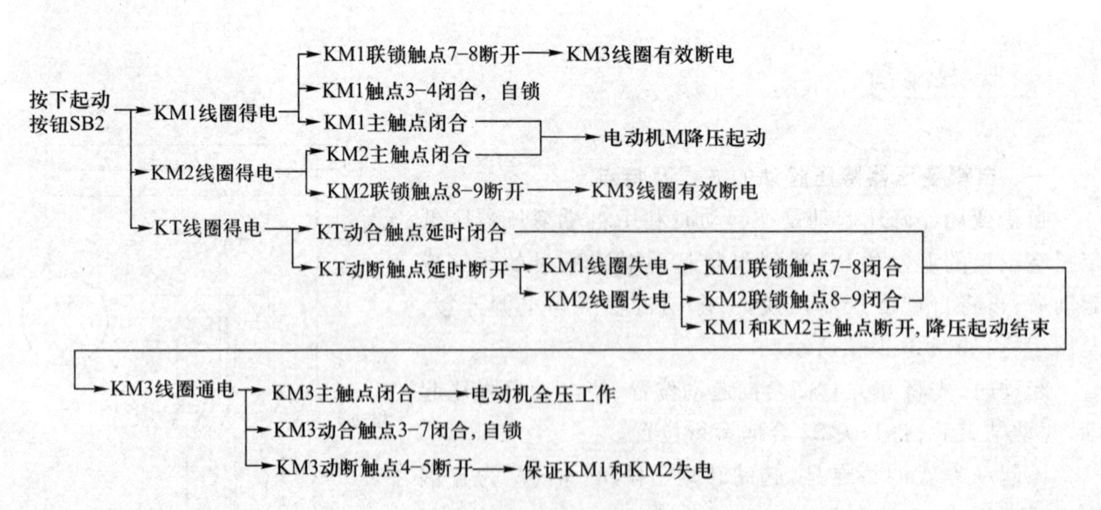

（3）停止过程如下：

按下停止按钮SB1 → KM3线圈失电 → KM3主触点分断 → 电动机停转

要点提示

（1）布线时要注意电路中 KM2 和 KM3 的相序不能接错，否则，会使电动机的转向在工作时与起动时相反。

（2）自耦变压器降压起动的优点是：起动电流和起动转矩可以调节，缺点是设备庞大，成本较高，适用于功率较大的三相异步电动机的降压起动。

任务实施

做中学

安装与检修自耦变压器降压起动控制电路

一、器材和工具

安装与检修自耦变压器降压起动控制电路所需器材和工具如图 3-3-9 所示。

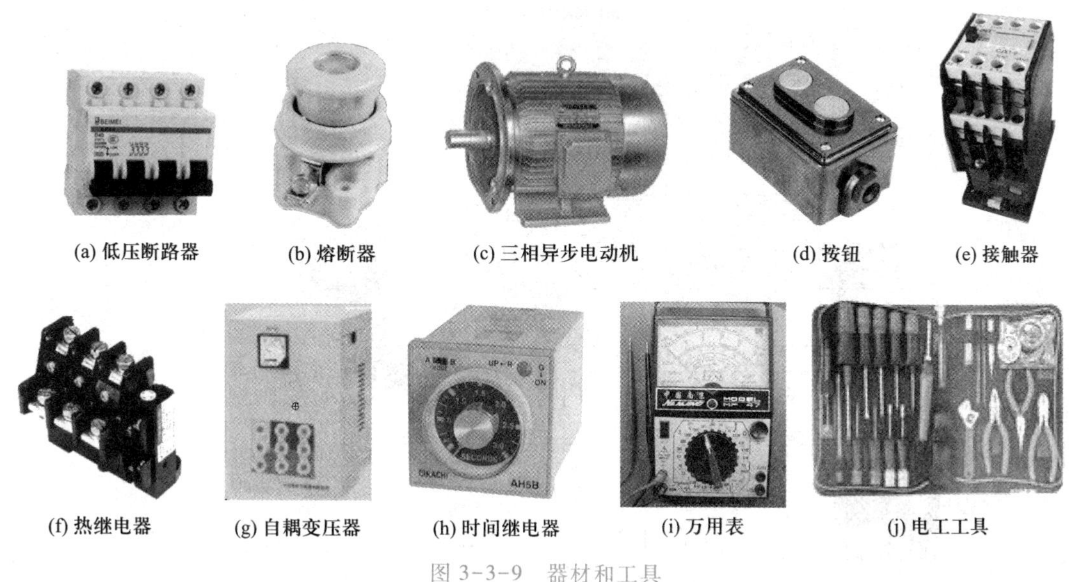
(a) 低压断路器　(b) 熔断器　(c) 三相异步电动机　(d) 按钮　(e) 接触器　(f) 热继电器　(g) 自耦变压器　(h) 时间继电器　(i) 万用表　(j) 电工工具

图 3-3-9　器材和工具

二、操作步骤

以小组为单位，进行自耦变压器降压起动控制电路的识图、装配与检修等训练，整个过程要求团队协作、安全规范操作、严谨细致、精益求精。

1. 识读图 3-3-8 所示电路，明确电路所用元器件及作用，熟悉电路的工作过程。

2. 检查安装自耦变压器降压起动控制电路所需的元器件及导线型号、规格、数量、质量，并将检查情况列表记录(记录表略)。

3. 在配电板上,按工艺要求布置元器件,可以参考图3-3-10(a),鼓励小组创新更合理的布置方案。

4. 布置好元器件后,按图3-3-8所示进行接线,可以参考图3-3-10(b)。

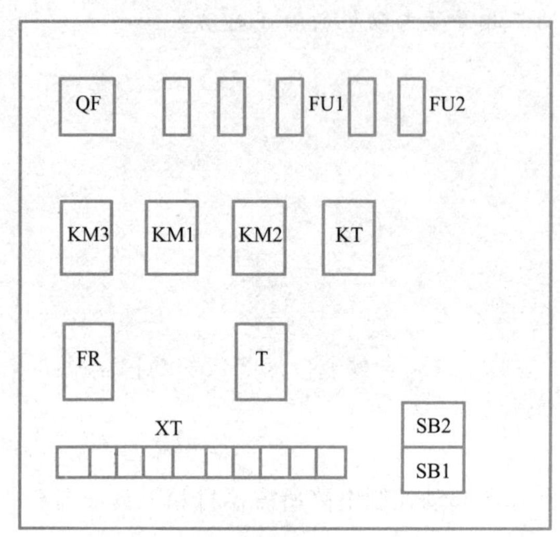

(a) 元器件布置图

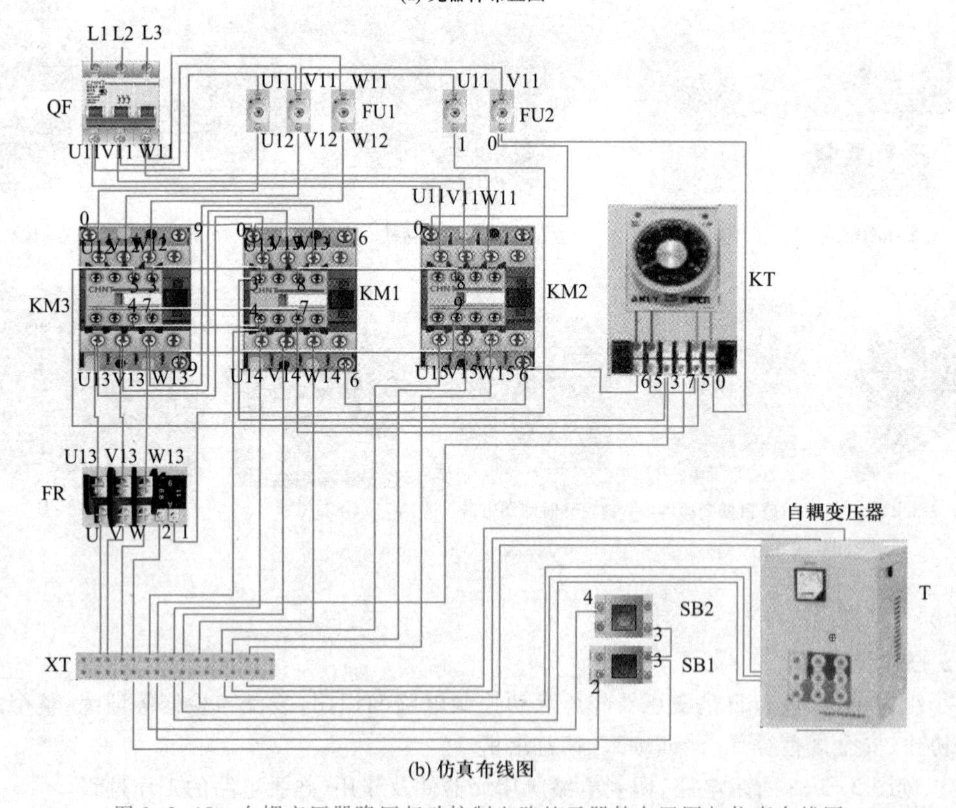

(b) 仿真布线图

图3-3-10 自耦变压器降压起动控制电路的元器件布置图与仿真布线图

5. 接线完毕后，先进行直观检查。经直观检查确认无误后，在不通电的情况下，用万用表检测电路有无断路、短路故障。

6. 电路自检无误，经教师同意后方可合上开关接通电源试车。坚决杜绝未经教师同意擅自试车的现象，关注安全生产、规范操作的职业素养养成。

要点提示

(1) 先接主电路再接控制电路；先接串联电路，再接分支电路。

(2) 所有元器件布局、接线要安全、方便。相同元器件尽量摆放在一起，同一类型接线尽量用同一颜色导线。达到布局合理、间距合适、接线方便的效果。

(3) 走线要横平竖直、整齐合理，接点不得松动。

(4) 进入按钮盒的导线必须从接线端子引出。

(5) 自耦变压器要安装在箱体内，否则应采取遮护或隔离措施，并在进、出线的端子上进行绝缘处理，以防止发生触电事故。

三、电路检修

按照表 3-3-3，小组合作进行电路故障排查及检修训练。

表 3-3-3　自耦变压器降压起动控制电路的常见故障排查方法

故障现象	原因分析	图	检查方法
接触器 KM1 和 KM2 动作，但电动机不能起动	从接触器 KM1 和 KM2 动作分析，故障可能出在主电路： 接触器 KM1 和 KM2 主触点、自耦变压器的压接端、热继电器 FR 主通路接触不良或有断点，导致缺相起动，自耦变压器电压抽头选得过低等	W13 V13 U13 KM1 KM2 U15 V15 W15 FR W14 V14 U14 T	断开电源，可用万用表测量相关点间的电阻，检查断路故障点
自耦变压器发出“嗡嗡”声	可能故障点： 1. 变压器铁心松动、过载等； 2. 变压器线圈接地； 3. 电动机短路或其他原因使起动电流过大		断电后检查变压器铁心的压紧螺钉是否松动；用兆欧表检查变压器绕组接地电阻；检查电动机

任务评价

根据自评、小组互评和教师评价将项目得分以及总评内容和得分填入表 3-3-4。

表 3-3-4 评价反馈表

任务名称	自耦变压器降压起动控制电路的安装与检修	学生姓名	学号	班级	日期

项目内容	配分	评分标准	得分
熟悉电路	20分	熟悉电路图、元器件布置图和仿真布线图	
安装	40分	1. 安装前确保电源切断(10分)	
		2. 安装顺序正确,接线良好(10分)	
		3. 用万用表正确检查电路有无断路、短路故障(10分)	
		4. 检查无误并通知教师后通电试车(10分)	
检修	20分	根据故障现象,用万用表或验电笔判断故障并检修	
实训后	10分	规范整理实训器材	
职业素养养成	10分	严格遵守安全规程、文明生产、规范操作,养成严谨、专注、精益求精的职业精神,注重小组协作、德技并修	
总评			

思考与拓展

1. 若无自耦变压器,试制作两组灯箱分别代替电动机和自耦变压器进行模拟试验,绘出电路图。

2. 自耦变压器降压起动方式有何特点?

*任务3 三相绕线转子异步电动机降压起动控制电路的安装与检修

任务描述

在机械设备要求起动转矩大且能平滑调速的场合,常常采用三相绕线转子异步电动机。

Y-Δ降压起动和自耦变压器降压起动一般应用于三相笼型异步电动机，三相绕线转子异步电动机可以通过滑环在转子绕组中串接电阻来改善电动机的机械特性，从而达到减小起动电流、增大起动转矩以及平滑调速的目的。那么，其控制电路是如何实现降压起动控制的呢？

知识储备

一、三相绕线转子异步电动机转子串电阻降压起动的方式及特点

图 3-3-11 所示为三相绕线转子异步电动机转子串电阻降压起动电路，起动时，手柄置于图中所示位置，起动变阻器的阻值最大，随着电动机转速的升高，手柄顺时针方向转动，串入转子电路的电阻的阻值逐渐减小，当电阻被全部切除（即阻值为零）时，转子回路直接短路，电动机起动结束。此方法一般适用于小容量的绕线转子电动机。

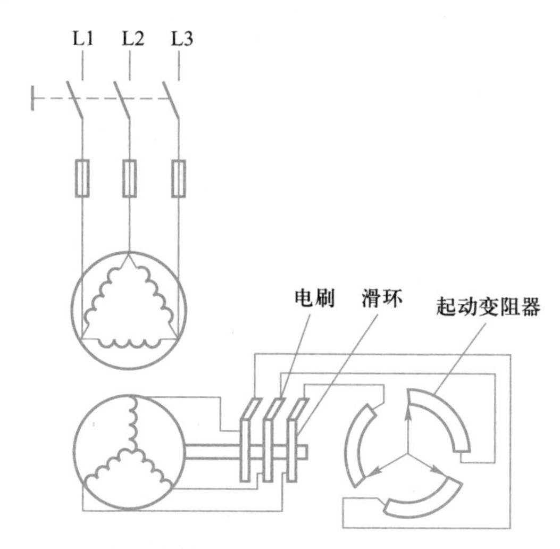

图 3-3-11 三相绕线转子异步电动机转子串电阻降压起动电路

图 3-3-12 所示为三相绕线转子异步电动机转子串电阻降压有级起动电路，此时电阻不是均匀地减小，而是通过接触器触点或凸轮控制器触点的开闭有级地切除电阻，电动机转速逐步增加，一直到起动过程结束。当电动机容量稍大时可以采用这种方法，电动机在整个起动过程中起动转矩较大，适合于重载起动，如桥式起重机、卷扬机、龙门吊车等。

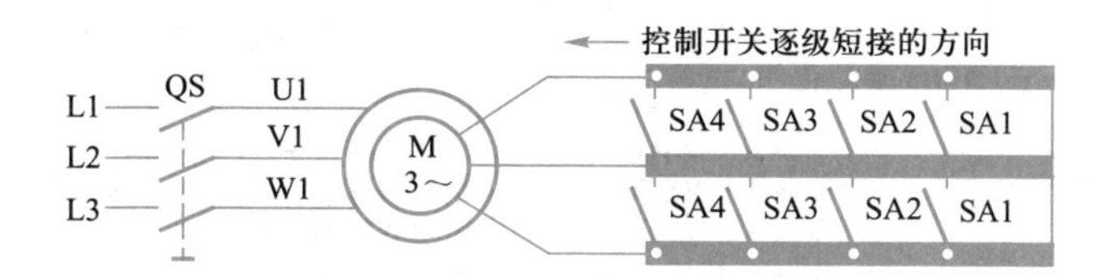

图 3-3-12 三相绕线转子异步电动机转子串电阻降压有级起动电路

二、三相绕线转子异步电动机转子串电阻降压起动控制电路

三相绕线转子异步电动机刚起动时，转子电流较大，随着电动机转速的增大，转子电流逐渐减小，根据这一特性，可以利用过电流继电器自动控制接触器来逐级切除转子回路的电阻。

三相绕线转子异步电动机转子串电阻降压起动控制电路如图 3-3-13 所示。3 个过电流继电器 KA1、KA2 和 KA3 的线圈串接在转子回路中，它们的吸合电流都一样，但释放电流不同，KA1 最大，KA2 次之，KA3 最小，从而能根据转子电流的变化，控制接触器 KM1、KM2、KM3 依次动作，逐级切除起动电阻。

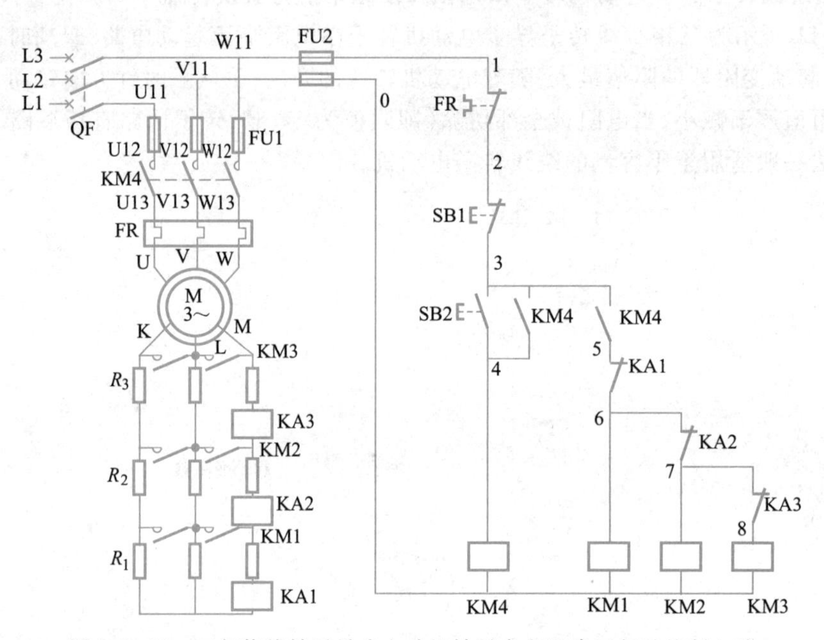

图 3-3-13　三相绕线转子异步电动机转子串电阻降压起动控制电路

1. 电路组成

该电路由主电路和控制电路组成，起动按钮为 SB2，停止按钮为 SB1。

2. 工作过程

（1）合上电源开关 QF。

（2）起动过程如下：

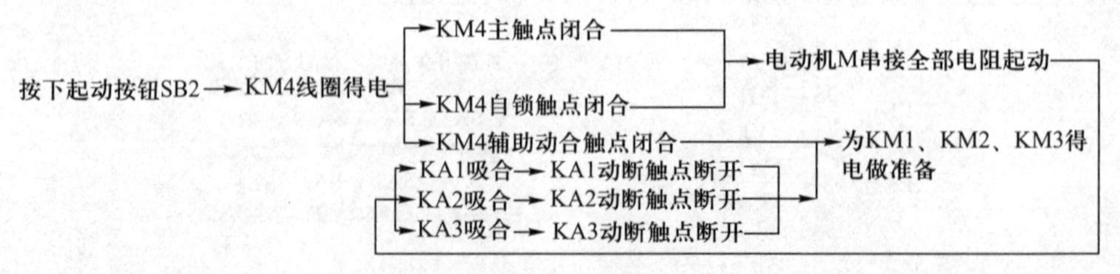

随着电动机转速的升高，转子电流逐渐减小，当减小至 KA1 的释放电流时，KA1 首先释放，KA1 的动断触点恢复闭合，接触器 KM1 得电，主触点闭合，切除第一组电阻 R_1。当 R_1 被切除后，

转子电流重新增大，但随着电动机转速的继续升高，转子电流又会减小，待减小至 KA2 的释放电流时，KA2 释放，接触器 KM2 动作，切除第二组电阻 R_2，如此继续下去，直至全部电阻被切除，电动机起动完毕，进入正常运转状态。

（3）停止过程如下：

按下停止按钮SB1 → KM4线圈失电 → KM4主触点分断 → 电动机停转

要点提示

（1）当通过的电流超过预定值时就动作的电流继电器称为过电流继电器。过电流继电器的吸合电流为 1.1~4 倍的额定电流。也就是说，在电路正常工作时，过电流继电器线圈通过额定电流是不吸合的；当电路中发生短路或过载故障，通过线圈的电流达到或超过预定值时，铁心和衔铁才吸合，带动触点动作。

（2）过电流继电器的整定电流一般取电动机额定电流的 1.7~2 倍，频繁起动的场合可取电动机额定电流的 2.25~2.5 倍。

任务实施

做中学

安装与检修三相绕线转子异步电动机转子串电阻降压起动控制电路

一、器材和工具

安装与检修三相绕线转子异步电动机转子串电阻降压起动控制电路所需器材和工具如图 3-3-14所示。

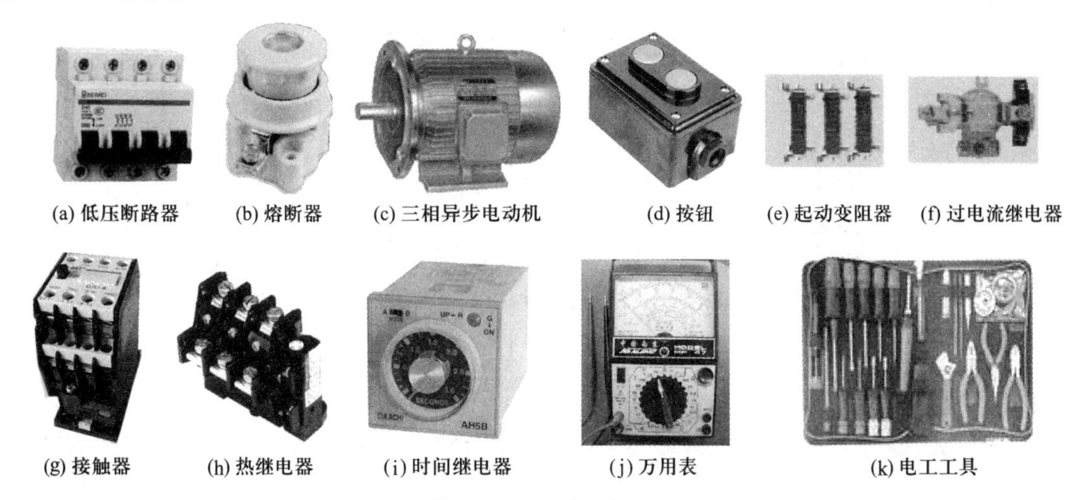

(a) 低压断路器　(b) 熔断器　(c) 三相异步电动机　(d) 按钮　(e) 起动变阻器　(f) 过电流继电器

(g) 接触器　(h) 热继电器　(i) 时间继电器　(j) 万用表　(k) 电工工具

图 3-3-14　器材和工具

二、操作步骤

以小组为单位，进行三相绕线转子异步电动机转子串电阻降压起动控制电路的识图、装配与检修等训练，整个过程要求团队协作、安全规范操作、严谨细致、精益求精。

1. 识读图 3-3-13 所示电路，明确电路所用元器件及作用，熟悉电路的工作过程。

2. 检查安装三相绕线转子异步电动机转子串电阻降压起动电路所需的元器件及导线型号、规格、数量、质量，并将检查情况列表记录（记录表略）。

3. 在配电板上，按工艺要求布置元器件，可以参考图 3-3-15（a），鼓励小组创新更合理的布置方案。

4. 布置好元器件后，按图 3-3-13 所示进行接线，可以参考图 3-3-15（b）。

5. 接线完毕后，先进行直观检查。经直观检查确认无误后，在不通电的情况下，用万用表检测电路有无断路、短路故障。

6. 电路自检无误，经教师同意后方可合上开关接通电源试车。坚决杜绝未经教师同意擅自试车的现象，关注安全生产、规范操作的职业素养养成。

要点提示

（1）安装前应检查过电流继电器的额定电流值和整定电流值是否符合实际使用要求；过电流继电器的动作部分是否动作灵活、可靠。

安装后应在触点不通电的情况下，使吸引线圈通电操作几次，看过电流继电器动作是否可靠。

（2）先接主电路再接控制电路；先接串联电路，再接分支电路。

（3）所有元器件布局、接线要安全、方便，相同元器件尽量摆放在一起，同一类型接线尽量用同一颜色导线，达到布局合理、间距合适、接线方便的效果。

（4）走线要横平竖直、整齐合理，接点不得松动。

（5）进入按钮盒的导线必须从接线端子引出。

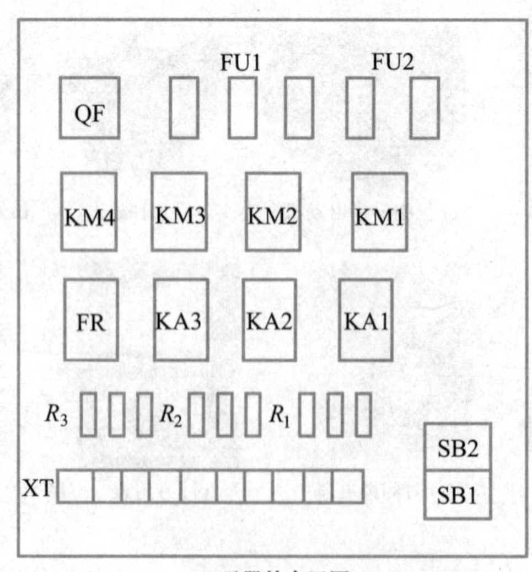

(a) 元器件布置图

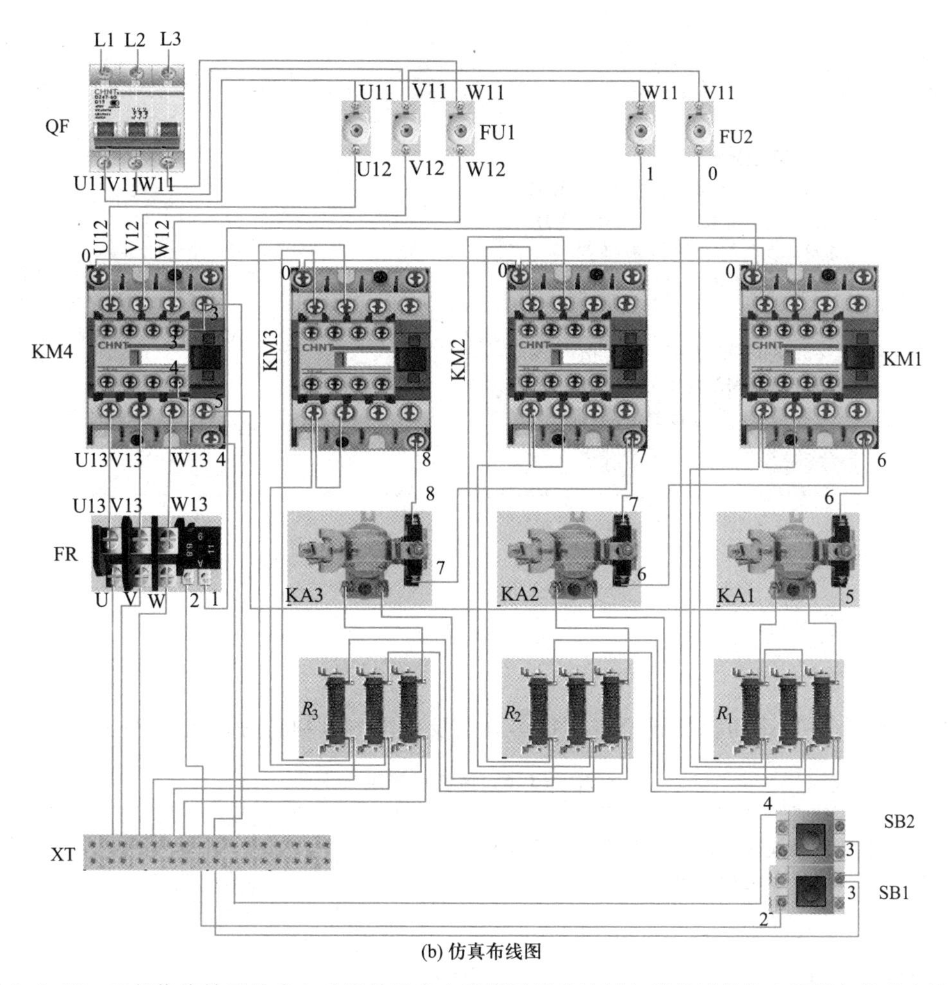

(b) 仿真布线图

图 3-3-15　三相绕线转子异步电动机转子串电阻降压起动控制电路的元器件布置图与仿真布线图

三、电路检修

按照表 3-3-5,小组合作进行电路故障排查及检修训练。

表 3-3-5　三相绕线转子异步电动机转子串电阻降压起动控制电路的常见故障排查方法

故障现象	原因分析	图	检查方法
KM4 不吸合,电动机不能起动	从控制电路分析:热继电器 FR 的动断触点、停止按钮 SB1 动断触点接触不良;也可能是接触器 KM4 线圈损坏、熔断器 FU2 熔体熔断等	FU2 0 FR 1 2 SB1 3 SB2 KM4 4 KM4	断开电源,可用万用表测量电路相关点间的电阻,检查断路故障点

续表

故障现象	原因分析	图	检查方法
起动变阻器过热	可能故障点： 1. 过电流继电器 KA1、KA2、KA3 故障；接触器 KM1、KM2、KM3 动合触点接触不良； 2. 电阻 R_1 或 R_2 可能出现故障； 3. KA1 或 KA2 整定值不对，KM1 或 KM2 的主触点故障； 4. 变阻器与接线或电阻片间松动，接触电阻过大而发热	KM3 R_3 KA3 KM2 R_2 KA2 KM1 R_1 KA1	用万用表检测相应的触点，分析判断电路故障

任务评价

根据自评、小组互评和教师评价将项目得分以及总评内容和得分填入表 3-3-6。

表 3-3-6　评价反馈表

任务名称	三相绕线转子异步电动机降压起动控制电路的安装与检修	学生姓名	学号	班级	日期

项目内容	配分	评分标准	得分
熟悉电路	20 分	熟悉电路图、元器件布置图和仿真布线图	
安装	40 分	1. 安装前确保电源切断（10 分）	
		2. 安装顺序正确，接线良好（10 分）	
		3. 用万用表正确检查电路有无断路、短路故障（10 分）	
		4. 检查无误并通知教师后通电试车（10 分）	
检修	20 分	根据故障现象，用万用表或验电笔判断故障并检修	
实训后	10 分	规范整理实训器材	
职业素养养成	10 分	严格遵守安全规程、文明生产、规范操作，养成严谨、专注、精益求精的职业精神，注重小组协作、德技并修	
总评			

思考与拓展

1. 采用转子串电阻降压起动时,转子电流和定子电流有什么变化?

2. 查阅资料分析,如何通过串接频敏变阻器来实现三相绕线转子异步电动机的起动?和转子串电阻相比,有何特点?

项目4
三相异步电动机顺序与两地控制电路的安装与检修

项目概述

在生产实际中，有些生产机械上有多台电动机，而每一台电动机的工作任务又是不同的，有时需要按一定的顺序起动或停止，才能保证操作过程的合理和工作的安全可靠。有的需要在两地或三地对同一台电动机进行控制。

本项目我们就来了解三相异步电动机的顺序控制、两地控制等多种控制方式。

任务1　顺序控制电路的安装与检修

任务描述

生产实践中，许多机械设备的电动机控制需要按一定顺序进行，例如：X62W型万能铣床要求主轴电动机起动后，进给电动机才能起动；M7120型平面磨床要求，冷却泵电动机要在砂轮电动机起动后才能起动。像这种要求几台电动机必须按一定的先后顺序起动或停止的控制方式称为电动机的顺序控制。

如何实现多台电动机的顺序控制呢？

知识储备

一、通过主电路控制实现顺序控制

如图3-4-1所示，后起动电动机M2的主电路接在先起动电动机M1的主电路接触器KM1的下面，KM1不闭合，M2是不可能得电运行的。

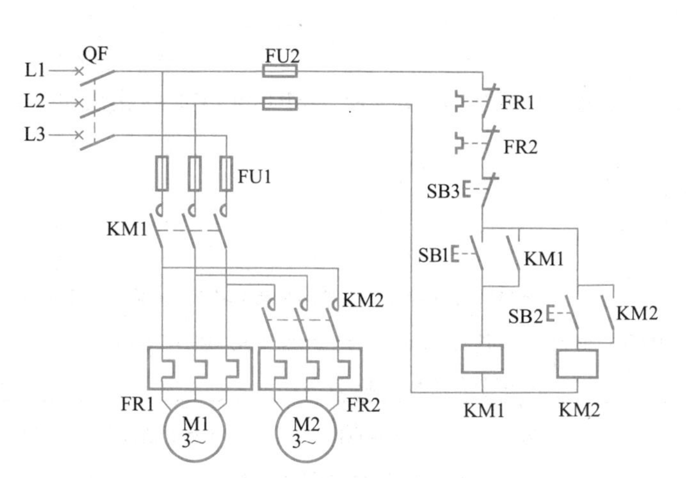

图 3-4-1　主电路实现顺序控制

工作过程如下：

（1）起动

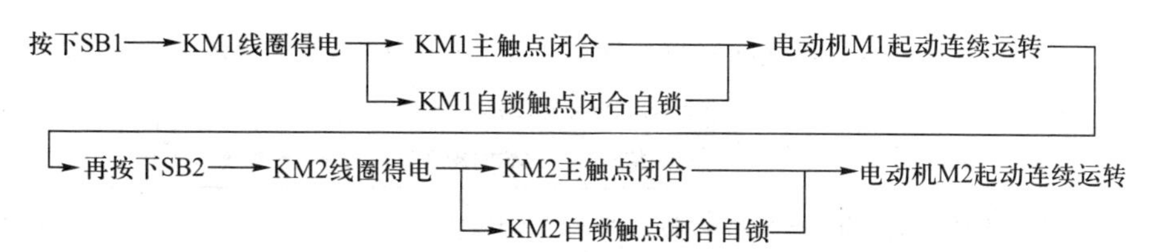

（2）停止

按下SB3 → 控制电路失电 → KM1、KM2主触点分断 → M1、M2同时停转

二、通过控制电路实现顺序控制

如图 3-4-2 所示，M1 起动后 M2 才能起动（顺序起动），M2 停止后 M1 才能停止（逆序停止），该电路称为顺序起动逆序停止控制电路。

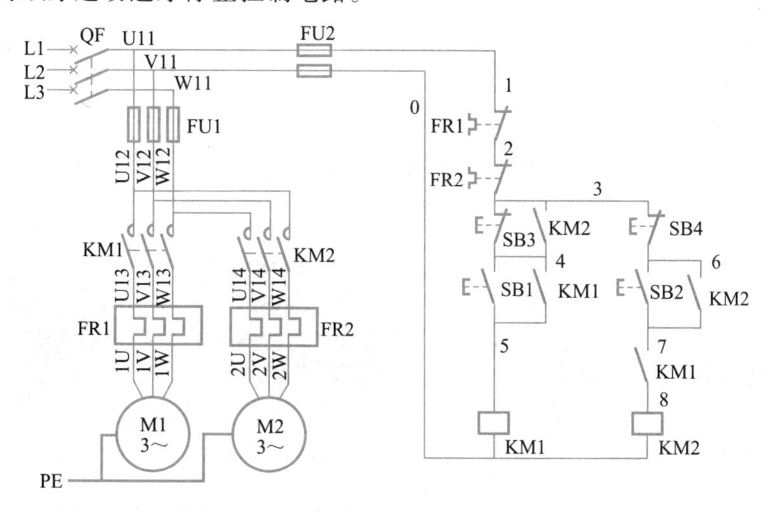

图 3-4-2　控制电路实现顺序控制（顺序起动逆序停止控制电路）

1. 电路组成

该电路由主电路和控制电路组成，起动按钮为 SB1 和 SB2，停止按钮为 SB3 和 SB4。

2. 工作过程

（1）合上电源开关 QF。

（2）起动过程如下：

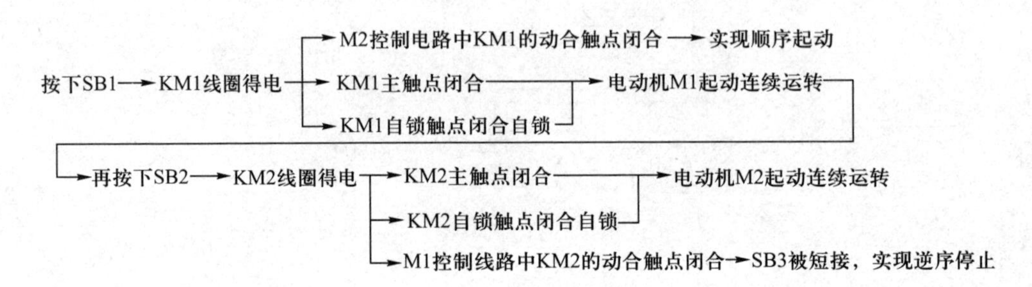

（3）停止过程如下：

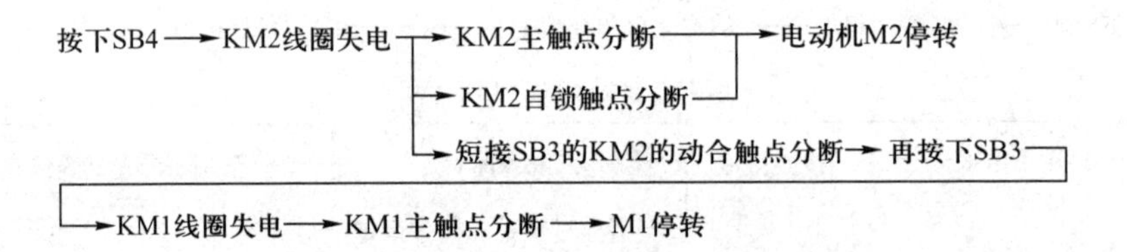

任务实施

做中学

安装与检修顺序起动逆序停止控制电路

一、器材和工具

安装与检修顺序起动逆序停止控制电路所需器材和工具如图 3-4-3 所示。

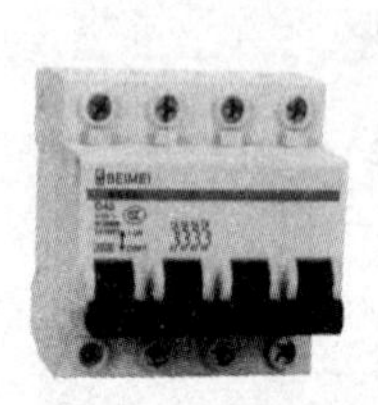

(a) 低压断路器

(b) 熔断器

(c) 三相异步电动机

(d) 复合按钮

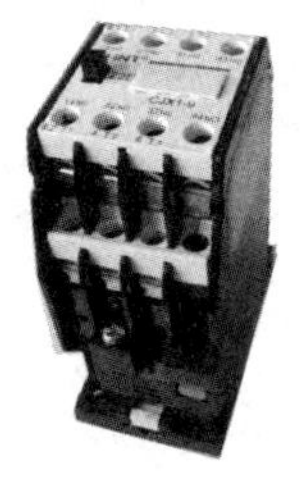

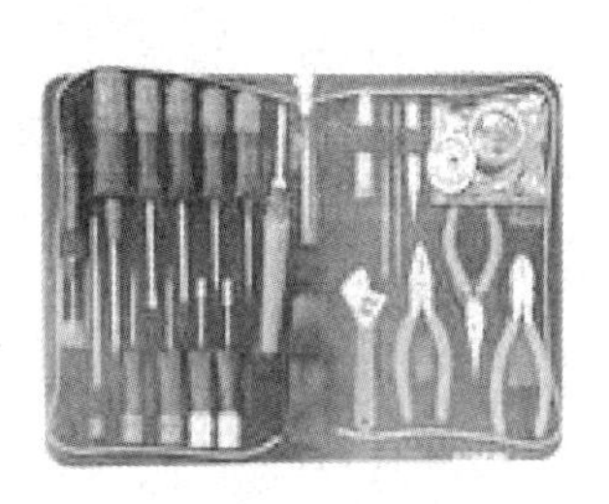

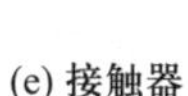
(e) 接触器　(f) 热继电器　(g) 万用表　(h) 电工工具

图 3-4-3　器材和工具

二、操作步骤

以小组为单位，进行顺序起动逆序停止控制电路的识图、装配与检修等训练，整个过程要求团队协作、安全规范操作、严谨细致、精益求精。

1. 识读图 3-4-2 所示电路，明确电路所用元器件及作用，熟悉电路的工作过程。

2. 检查安装顺序起动逆序停止控制电路所需的元器件及导线型号、规格、数量、质量，并将检查情况列表记录（记录表略）。

3. 在配电板上，按工艺要求布置元器件，可以参考图 3-4-4(a)，鼓励小组创新更合理的布置方案。

4. 布置好元器件后，按图 3-4-2 所示进行接线，可以参考图 3-4-4(b)。

5. 接线完毕后，先进行直观检查。经直观检查确认无误后，在不通电的情况下，用万用表检测电路有无断路、短路故障。

6. 电路自检无误，经教师同意后方可合上开关接通电源试车。坚决杜绝未经教师同意擅自试车的现象，关注安全生产、规范操作的职业素养养成。

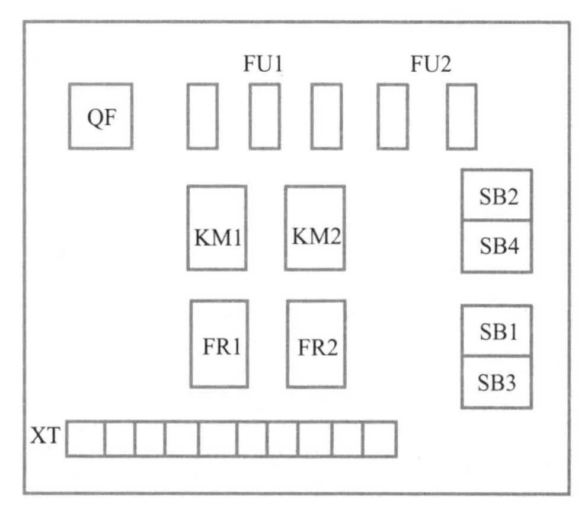

(a) 元器件布置图

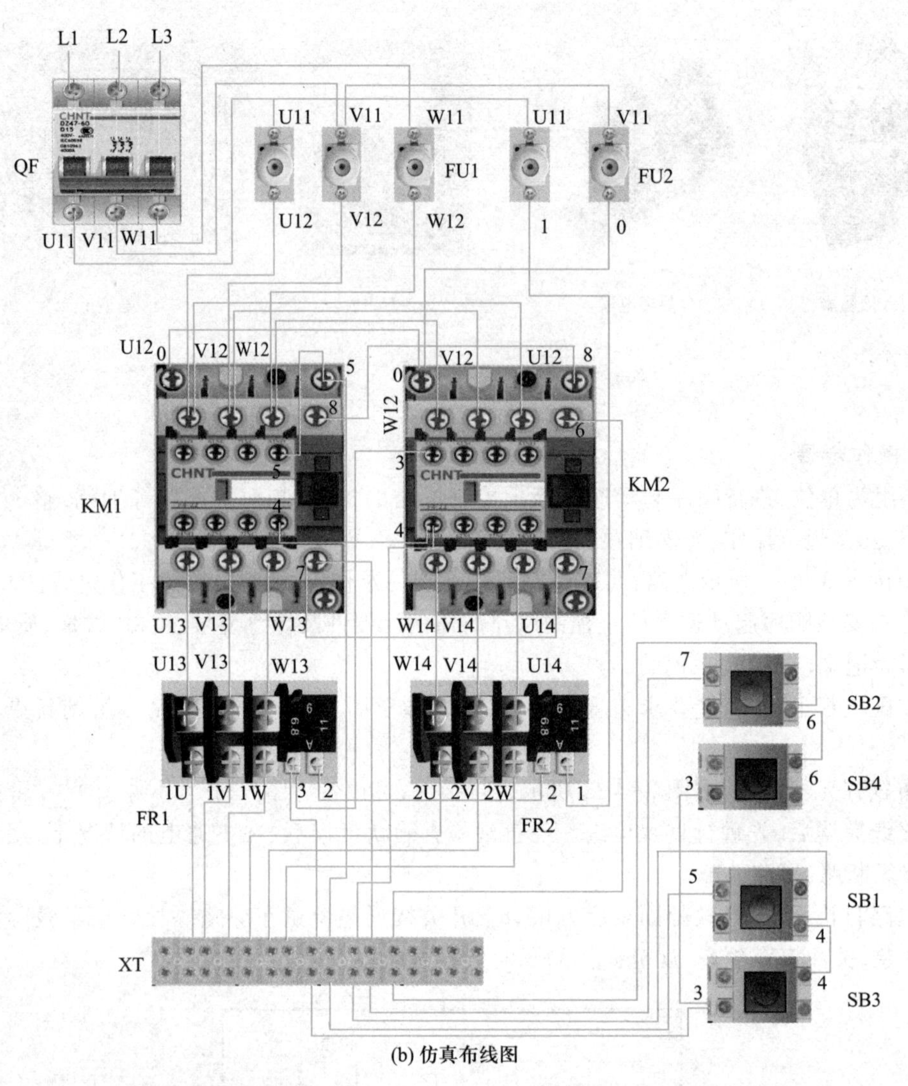

(b) 仿真布线图

图 3-4-4 顺序起动逆序停止控制电路的元器件布置图与仿真布线图

要点提示

（1）先接主电路再接控制电路；先接串联电路，再接分支电路。

（2）所有元器件布局、接线要安全、方便，相同元器件尽量摆放在一起，同一类型接线尽量用同一颜色导线，达到布局合理、间距合适、接线方便的效果。

（3）走线要横平竖直、整齐合理，接点不得松动。

（4）进入按钮盒的导线必须从接线端子引出。由于电路的连接线较多，易出现漏线等问题，注意各端点之间应就近连接。

三、电路检修

按照表 3-4-1，小组合作进行电路故障排查及检修训练。

表 3-4-1 顺序起动逆序停止控制电路的常见故障排查方法

<table>
<tr><th>故障现象</th><th>原因分析</th><th>图</th><th>检查方法</th></tr>
<tr><td rowspan="2">M1 顺利起动后，M2 不能起动</td><td>按下 SB2 后，KM2 不动作，可能故障点：
1. SB2、SB4 接触不良；
2. KM1 动合触点接触不良；
3. KM2 线圈断路；
4. 连接线断路</td><td>3
SB4
6
SB2 KM2
7
KM1
8
KM2</td><td rowspan="2">断开电源，可用万用表测量相关点间的电阻，检查断路故障点</td></tr>
<tr><td>按下 SB2 后，KM2 动作，但电动机不能起动，可能故障点：
1. KM2 主触点故障；
2. FR2 热元件故障；
3. 连接线断路；
4. 电动机 M2 故障</td><td>KM2
U14 V14 W14
FR2
2U 2V 2W
M2
3~</td></tr>
<tr><td>在 M1、M2 两台电动机起动后，按 SB3，两台电动机同时停止，即没有逆向停止控制</td><td>可能故障点：
KM2(3-4)动合辅助触点接触不良</td><td>3
SB3 KM2
4</td><td>用万用表检测相应触点的电阻，分析判断电路故障</td></tr>
</table>

任务评价

根据自评、小组互评和教师评价将项目得分以及总评内容和得分填入表 3-4-2。

表 3-4-2 评价反馈表

<table>
<tr><td colspan="2" rowspan="2">任务名称</td><td rowspan="2">顺序控制电路的安装与检修</td><td>学生姓名</td><td>学号</td><td>班级</td><td>日期</td></tr>
<tr><td></td><td></td><td></td><td></td></tr>
<tr><td>项目内容</td><td>配分</td><td colspan="4">评分标准</td><td>得分</td></tr>
<tr><td>熟悉电路</td><td>20 分</td><td colspan="4">熟悉通过主电路和控制电路实现顺序控制的两种类型电路图、元器件布置图和仿真布线图</td><td></td></tr>
<tr><td rowspan="2">安装</td><td rowspan="2">40 分</td><td colspan="4">1. 安装前确保电源切断(10 分)</td><td></td></tr>
<tr><td colspan="4">2. 安装顺序正确，接线良好(10 分)</td><td></td></tr>
</table>

续表

项目内容	配分	评分标准	得分
安装	40分	3. 用万用表正确检查电路有无断路、短路故障(10分)	
		4. 检查无误并通知教师后通电试车(10分)	
检修	20分	根据故障现象,用万用表或验电笔判断故障并检修	
实训后	10分	规范整理实训器材	
职业素养养成	10分	严格遵守安全规程、文明生产、规范操作,养成严谨、专注、精益求精的职业精神,注重小组协作、德技并修	
总评			

思考与拓展

1. 什么是顺序控制? 你能举出几个顺序控制的实例吗?

2. 查阅分析资料,你还能画出其他顺序控制电路图吗?

3. 试设计两条皮带运输机的控制线路,要求:1号先起动,2号后起动;2号先停止,1号后停止;当1号或2号出现故障停车时,两台电动机能全部停止。

任务2 两地控制电路的安装与检修

任务描述

在两地(或多地)控制同一台电动机的控制方式,称为电动机的两地(或多地)控制,这种控制方式常用在大型机床或生产设备上,以方便操作人员在不同位置对电动机进行控制操作,电气维修作业人员也经常会用到这种控制电路。那么,电动机的两地(或多地)控制是如何实现的呢?

知识储备

两地控制电路如图3-4-5所示。该电路由主电路和控制电路组成,其中甲地控制中起动按钮为SB1,停止按钮为SB3;乙地控制中起动按钮为SB2,停止按钮为SB4。

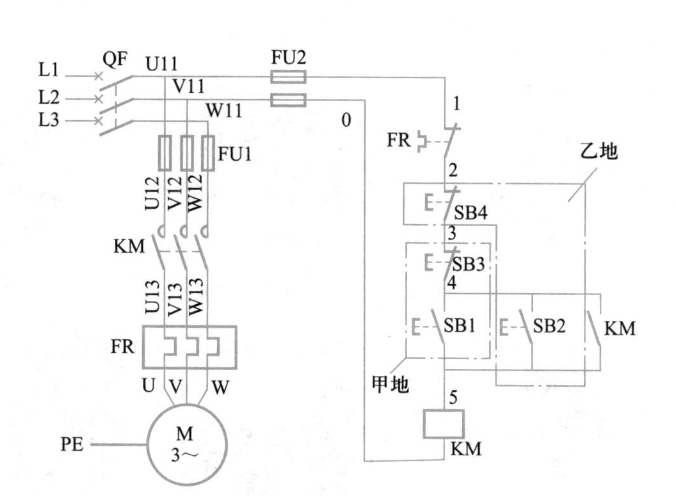

图 3-4-5 两地控制电路

电路的工作过程：

（1）合上电源开关 QF。

（2）甲地起动和停止过程如下：

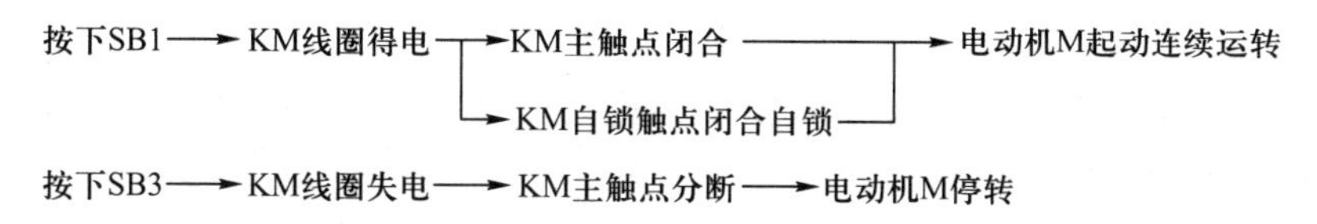

（3）乙地起动和停止过程如下：

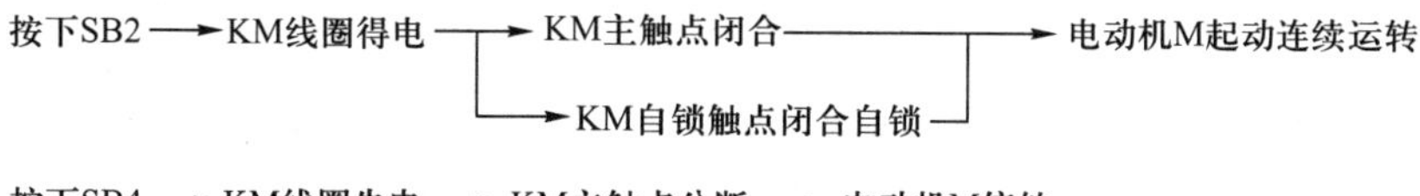

要点提示

线路的特点是：两地的起动按钮 SB1 和 SB2 要并联接在一起；停止按钮 SB3 和 SB4 要串联接在一起。

任务实施

做中学

安装与检修两地控制电路

一、器材和工具

安装与检修两地控制电路所需器材和工具如图 3-4-6 所示。

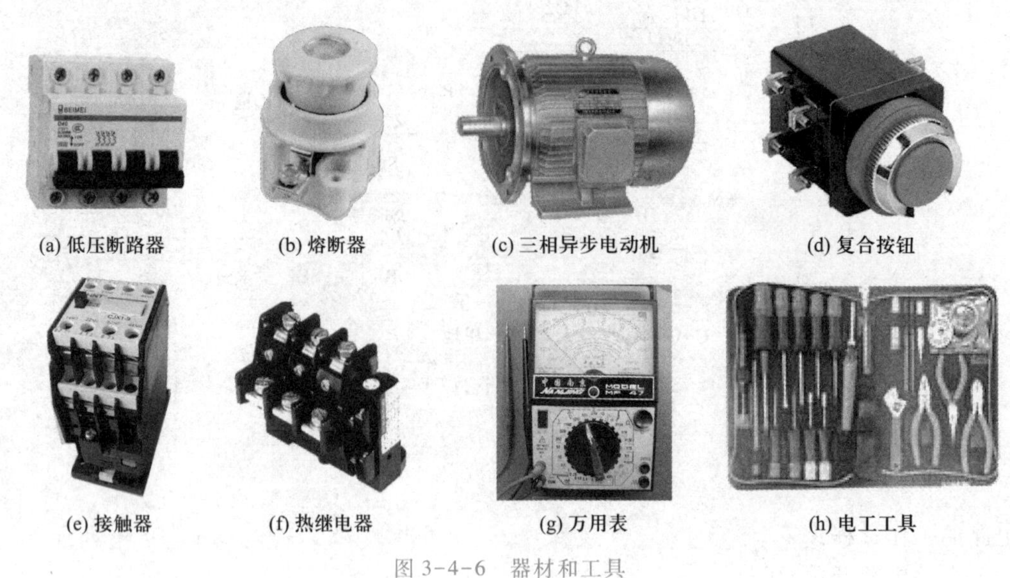

(a) 低压断路器 (b) 熔断器 (c) 三相异步电动机 (d) 复合按钮

(e) 接触器 (f) 热继电器 (g) 万用表 (h) 电工工具

图 3-4-6 器材和工具

二、操作步骤

以小组为单位，进行两地控制电路的识图、装配与检修等训练，整个过程要求团队协作、安全规范操作、严谨细致、精益求精。

1. 识读图 3-4-5 所示电路，明确电路所用元器件及作用，熟悉电路的工作过程。

2. 检查安装两地控制电路所需的元器件及导线型号、规格、数量、质量，并将检查情况列表记录（记录表略）。

3. 在配电板上，按工艺要求布置元器件，可以参考图 3-4-7（a），鼓励小组创新更合理的布置方案。

4. 布置好元器件后，按图 3-4-5 所示进行接线，可以参考图 3-4-7（b）。

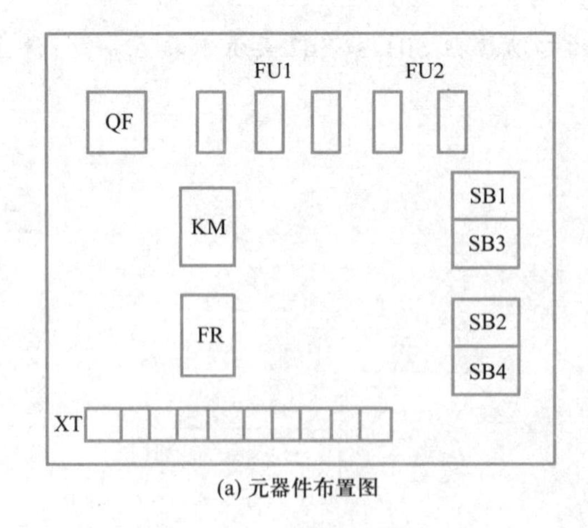

(a) 元器件布置图

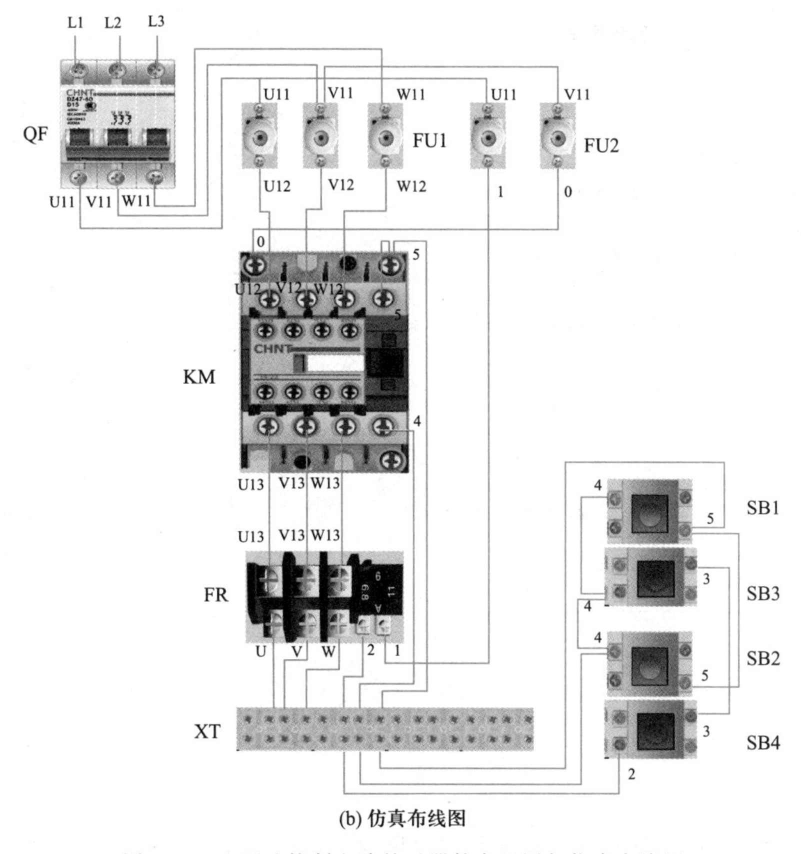

(b) 仿真布线图

图 3-4-7　两地控制电路的元器件布置图与仿真布线图

5. 接线完毕后，先进行直观检查。经直观检查确认无误后，在不通电的情况下，用万用表检测电路有无断路、短路故障。

6. 电路自检无误，经教师同意后方可合上开关接通电源试车。坚决杜绝未经教师同意擅自试车的现象，关注安全生产、规范操作的职业素养养成。

要点提示

（1）先接主电路再接控制电路；先接串联电路，再接分支电路。

（2）所有元器件布局、接线要安全、方便，相同元器件尽量摆放在一起，同一类型接线尽量用同一颜色导线，达到布局合理、间距合适、接线方便的效果。

（3）走线要横平竖直、整齐合理，接点不得松动。

（4）进入按钮盒的导线必须从接线端子引出。

三、电路检修

按照表 3-4-3，小组合作进行电路故障排查及检修训练。

表 3-4-3 两地控制电路的常见故障排查方法

故障现象	原因分析	图	检查方法
按下甲地起动按钮，接触器吸合，但电动机不起动	可能故障点： 1. KM 主触点故障； 2. FR 热元件故障； 3. 连接导线断路故障； 4. 电动机 M 故障； 5. 熔断器 FU1 断路	FU1 U12 V12 W12 KM U13 V13 W13 FR U V W	断开电源，可用万用表测量相关点间的电阻，检查断路故障点
甲地工作正常，按下乙地起动按钮，接触器不吸合	可能故障点： SB2(4-5)动合触点与导线接触不良	4 SB1 SB2 KM 5	用万用表检测相应触点的电阻，分析判断电路故障

任务评价

根据自评、小组互评和教师评价将项目得分以及总评内容和得分填入表 3-4-4。

表 3-4-4 评价反馈表

任务名称	两地控制电路的安装与检修	学生姓名	学号	班级	日期

项目内容	配分	评分标准	得分
熟悉电路	20 分	熟悉电路图、元器件布置图和仿真布线图	
安装	40 分	1. 安装前确保电源切断(10 分)	
		2. 安装顺序正确，接线良好(10 分)	
		3. 用万用表正确检查电路有无断路、短路故障(10 分)	
		4. 检查无误并通知教师后通电试车(10 分)	
检修	20 分	根据故障现象，用万用表或验电笔判断故障并检修	
实训后	10 分	规范整理实训器材	
职业素养养成	10 分	严格遵守安全规程、文明生产、规范操作，养成严谨、专注、精益求精的职业精神，注重小组协作、德技并修	
总评			

思考与拓展

1. 什么是两地(或多地)控制？你能举出几个两地(或多地)控制的实例吗？
2. 若实现三地控制,请画出电路图。

项目5
三相异步电动机调速与制动控制电路的安装与检修

项目概述

在实际生产中,机床、升降机、起重设备、风机、水泵等常常需要在工作过程中变换不同的运行速度,这需要对电动机进行调速控制。三相异步电动机切断电源后,由于惯性总要转动一段时间才能停下来,而生产中起重机的吊钩或卷扬机的吊篮要求准确定位,万用铣床的主轴要求运动中的电动机能迅速停下来,这些生产环节需要对电动机实行制动控制。

本项目我们将一起了解三相异步电动的调速与制动控制,提升该类控制电路的安装与检修技能。

任务1　调速控制电路的安装与检修

任务描述

中央空调可以根据设定的温度有效地调节室温,数控机床可以根据设定程序变换刀头速度切削元件,这些机械是如何实现调速的呢?

知识储备

所谓调速就是利用某种方法改变电动机的转速,以满足不同生产机械的要求。三相异步电动机的转速表示为

$$n=n_1(1-s)=\frac{60f_1}{p}(1-s)$$

式中,n 为转子转速;n_1 为磁场转速(同步转速);s 为转差率;f_1 为电源频率;p 为磁极对数。从上式可以看出,三相异步电动机有以下三种调速方法。

1. 变极调速

变极调速是通过改变定子旋转磁场的磁极对数来达到改变电动机转速的目的,将每相定子绕组的两部分由串联改接成并联(如图 3-5-1 所示),可以使磁极对数减少一半,则转子转速也

将随之提高一倍,从而达到调速的目的,这就是变极调速的原理。

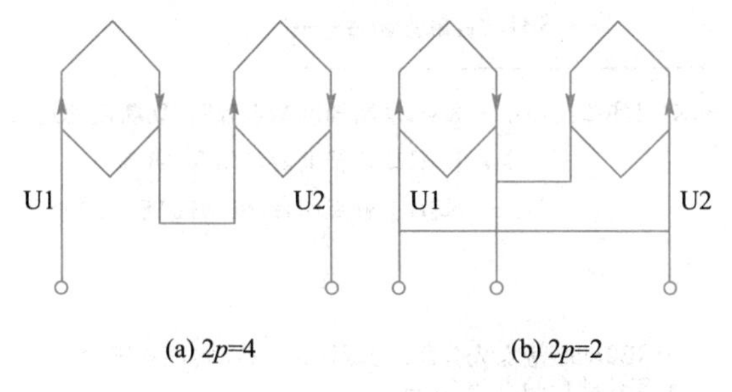

(a) $2p=4$　　(b) $2p=2$

图 3-5-1　改变定子绕组的接法

要点提示

(1) 某些磨床、铣床和镗床上常用的多速电动机调速就是采用变极调速方式。

(2) 变极调速只适用于笼型异步电动机,其优点是设备简单、操作方便、效率高;缺点是调速级数少。国产 YD 系列双速电动机采用的变极方法是 Δ/YY 联结,属恒功率调速方式,用于金属切削机床上;另外,也有部分电动机采用 Y/YY 联结,属于恒转矩调速,适用于起重、运输等机械。

双速电动机控制电路如图 3-5-2 所示。

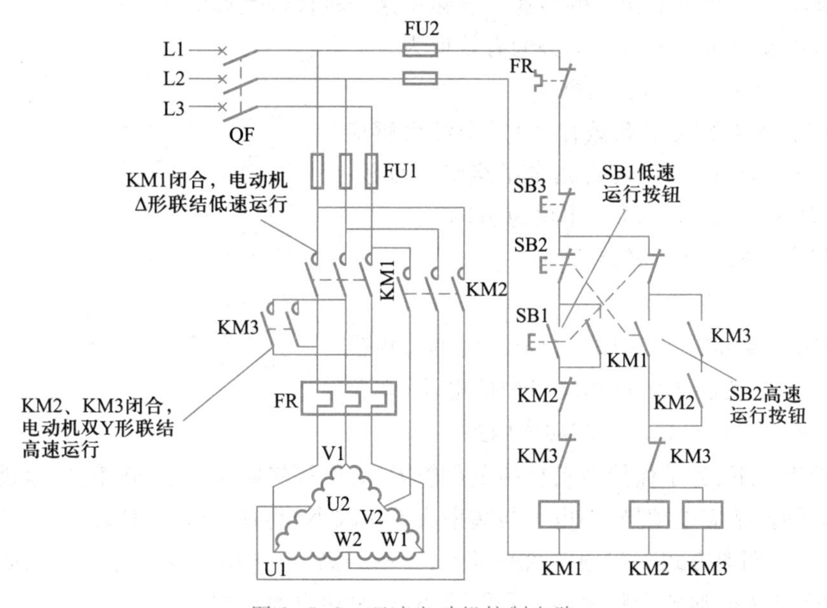

图 3-5-2　双速电动机控制电路

(1) 电路组成

双速电动机控制电路由主电路和控制电路组成,低速起动按钮为 SB1,高速起动按钮为 SB2,停止按钮为 SB3。

(2) 工作过程

① 合上电源开关 QF。

② 低速运行过程如下:

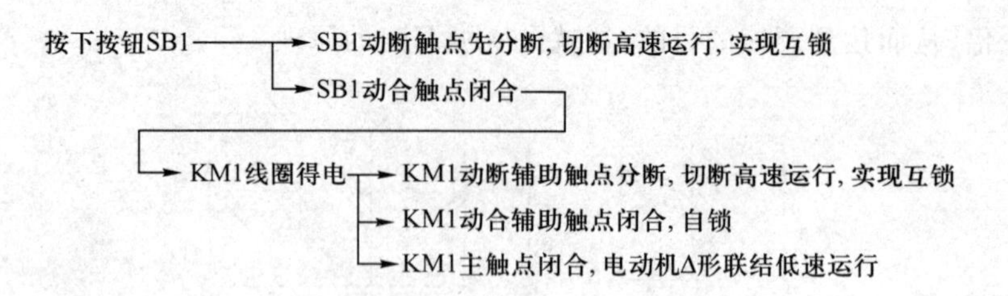

③ 高速运行过程：

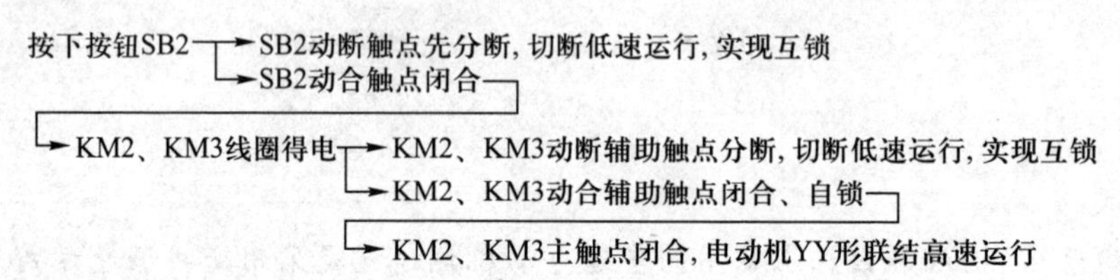

④ 停止过程如下：

按下按钮 SB3→KM1（或 KM2、KM3）线圈失电→KM1（或 KM2、KM3）主触点分断→电动机停转

2. 变频调速

由于三相异步电动机的同步转速 n_1 与电源频率 f_1 成正比，所以连续地改变电源的频率，就可以平滑地调节三相异步电动机的转速。变频调速的机械特性如图 3-5-3 所示。

三相异步电动机定子每相电动势的有效值为

$$E_1 = 4.44K_1 f_1 N_1 \Phi_m$$

式中，K_1 为定子绕组的绕组系数；f_1 为定子绕组感应电动势频率（单位为 Hz）；N_1 为每相定子绕组的匝数；Φ_m 为旋转磁场每极磁通最大值（单位为 Wb）。

三相异步电动机转子上的转矩为

$$T = K_1 \Phi_m I_2 \cos\varphi_2$$

式中，K_1 为转矩常数；Φ_m 为气隙中合成磁场的每极磁通（单位为 Wb）；I_2 为转子中每相绕组中的电流（单位为 A）；$\cos\varphi_2$ 为转子中每相绕组的功率因数。

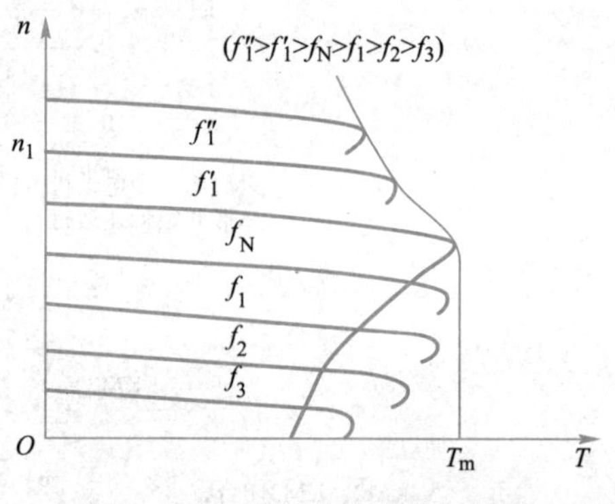

图 3-5-3 变频调速的机械特性

在额定频率以下，为了保持电动机的负载能力，应保持气隙主磁通 Φ 不变，这就要求降低供电频率的同时降低感应电动势，即电压与频率成正比减小，此时，机械特性较硬，调速范围宽且稳定性好，属恒转矩调速方式。在额定频率以上，频率升高，电压由于受额定电压的限制不能再升高，这样必然会使主磁通随着频率的上升而减小，属恒功率调速方式。

要点提示

变频调速为无级调速，调速范围大，平滑性好，效率高，能适应不同负载的要求。不足之处是调速系统较复杂，成本较高。近些年来，随着电力电子技术的发展，变频装置性能的提高及价格的降低，变频调速已在各个领域得到广泛应用。

3. 变转差率调速

常用的改变转差率调速方法有变阻调速和变压调速。

（1）变阻调速

变阻调速是通过改变电动机转子电路的外接电阻实现的，因此只适用于绕线转子电动机。对应一定的负载转矩，在转子电阻不同时，就有不同的转速，且电动机的转速随转子电阻的增加而下降。其原理与转子串电阻起动是一样的，但起动时用的转子外接电阻功率较小，不能用于调速；而调速用的外接电阻功率较大，可用于起动。

要点提示

变阻调速的优点是所需设备简单，并可在一定范围内进行调速。其缺点是调速电阻上有一定的能量损耗，使电动机效率降低；转速随负载的变化较大；空载和轻载时调速范围很窄。变阻调速主要用于运输、起重机械。

（2）变压调速

变压调速是通过改变电动机定子绕组上的电压实现的，适用于笼型异步电动机。当加在定子绕组上的电压发生改变时，它的机械特性如图 3-5-4 所示，这是一组临界转速不变，但最大转矩随电压的平方而下降的曲线。对于一般性负载，转速变化很小，此调速方式实用价值不大，但对于风机型负载，其负载转矩与转速的平方成正比，其调速范围较宽，调速作用明显，但机械特性很软，为此常采用带转速负反馈的控制系统来解决速度稳定性问题。目前，大多数电扇都采用串电抗器或晶闸管的变压调速方式。

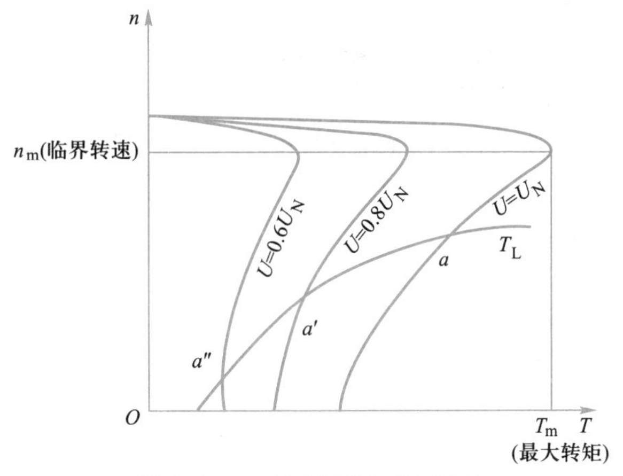

图 3-5-4　变压调速的机械特性

任务实施

做中学

安装与检修双速电动机控制电路

一、器材和工具

安装与检修双速电动机控制电路所需器材和工具如图 3-5-5 所示。

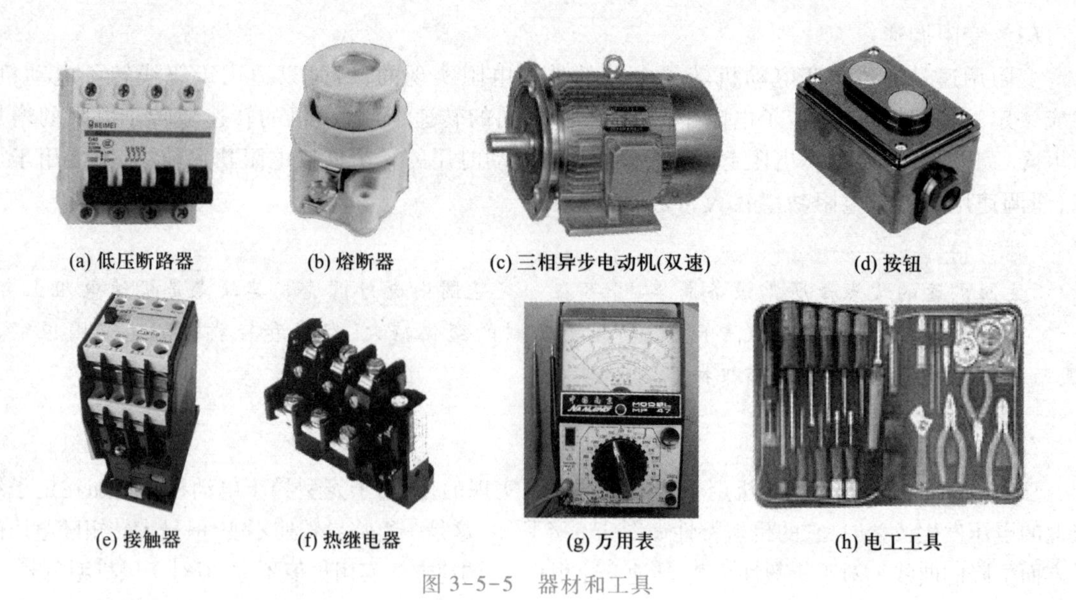
(a) 低压断路器 (b) 熔断器 (c) 三相异步电动机(双速) (d) 按钮
(e) 接触器 (f) 热继电器 (g) 万用表 (h) 电工工具

图 3-5-5 器材和工具

二、操作步骤

以小组为单位,进行双速电动机控制电路的识图、装配与检修等训练,整个过程要求团队协作、安全规范操作、严谨细致、精益求精。

1. 识读图 3-5-6 所示电路,明确电路所用元器件及作用,熟悉电路的工作过程。

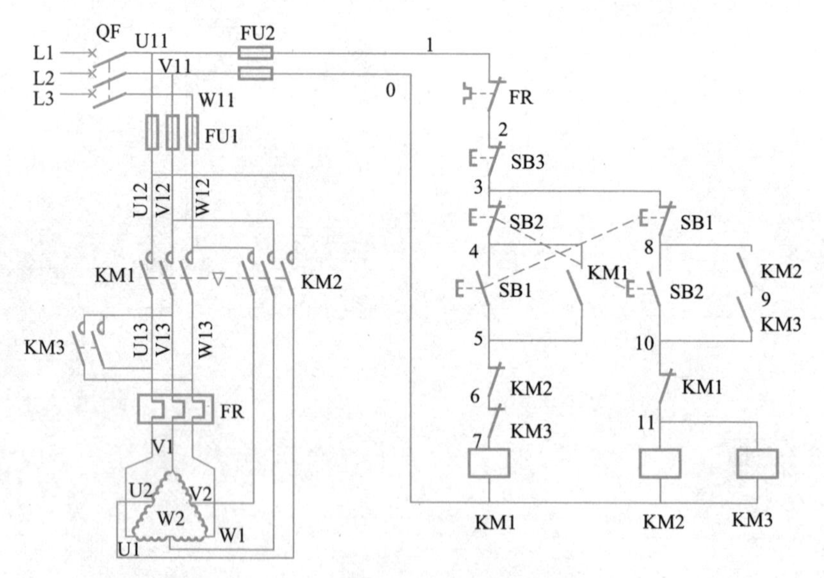

图 3-5-6 带编号的双速电动机控制电路

2. 检查安装双速电动机控制电路所需的元器件及导线型号、规格、数量、质量,并将检查情况列表记录(记录表略)。

3. 在配电板上,按工艺要求布置元器件,可以参考图 3-5-7(a),鼓励小组创新更合理的布置方案。

4. 布置好元器件后，按图 3-5-6 所示进行接线，可以参考图 3-5-7(b)。

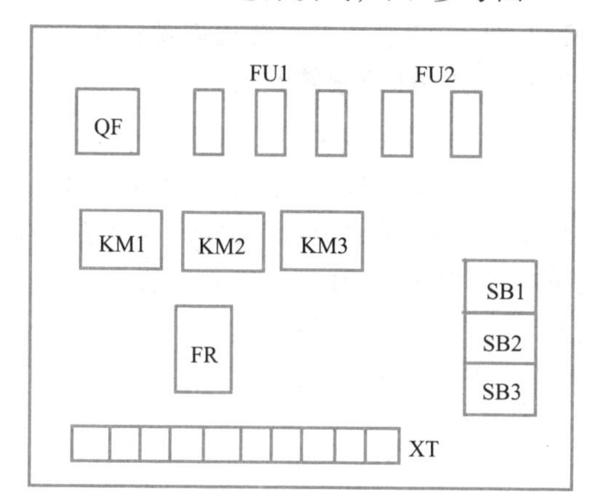

(a) 元器件布置图

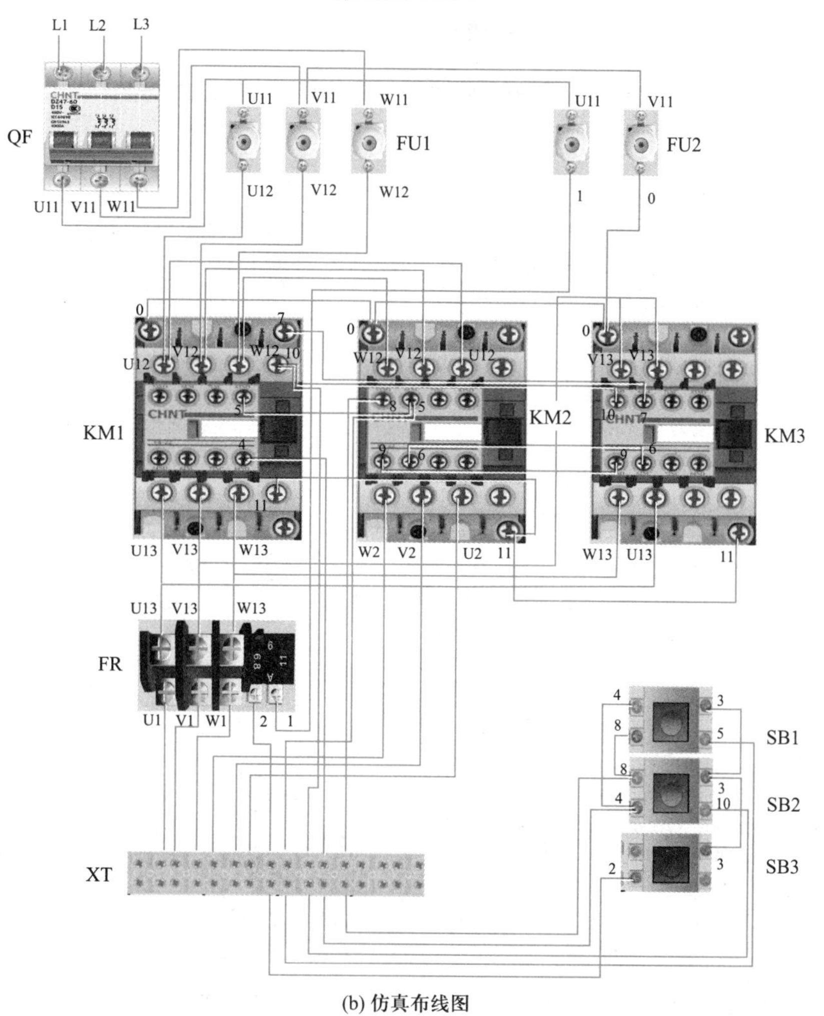

(b) 仿真布线图

图 3-5-7　双速电动机控制电路的元器件布置图与仿真布线图

5. 接线完毕后，先进行直观检查。经直观检查确认无误后，在不通电的情况下，用万用表检测电路有无断路、短路故障。

6. 电路自检无误，经教师同意后方可合上开关接通电源试车。坚决杜绝未经教师同意擅自试车的现象，关注安全生产、规范操作的职业素养养成。

要点提示

(1) 先接主电路再接控制电路；先接串联电路，再接分支电路。

(2) 所有元器件布局、接线要安全、方便，相同元器件尽量摆放在一起，同一类型接线尽量用同一颜色导线，达到布局合理、间距合适、接线方便的效果。

(3) 走线要横平竖直、整齐合理，接点不得松动。

(4) 进入按钮盒的导线必须从接线端子引出。

三、电路检修

按照表 3-5-1，小组合作进行电路故障排查及检修训练。

表 3-5-1 双速电动机控制电路的常见故障排查方法

故障现象	原因分析	图形	检查方法
电动机低速和高速都不能起动	若按下起动按钮后，接触器吸合，可能故障点： 1. KM1 主触点故障； 2. FR 热元件故障； 3. 连接导线断路； 4. 电动机 M 故障； 5. 熔断器 FU1 断路。 若按下起动按钮后，接触器不吸合，可能故障在控制电路	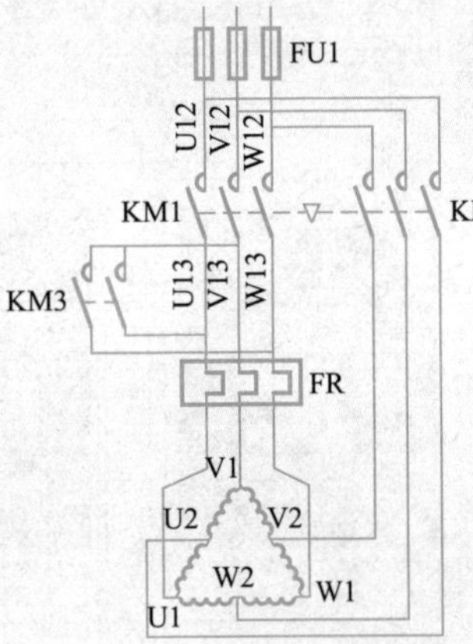 FU1 U12 V12 W12 KM1 KM2 KM3 U13 V13 W13 FR V1 U2 V2 W2 W1 U1	断开电源，可用万用表测量相关点间的电阻，检查断路故障点
电动机低速起动正常，高速不起动	若 KM2 和 KM3 接触器吸合，故障在主电路；否则故障在控制电路，一般为接触不良	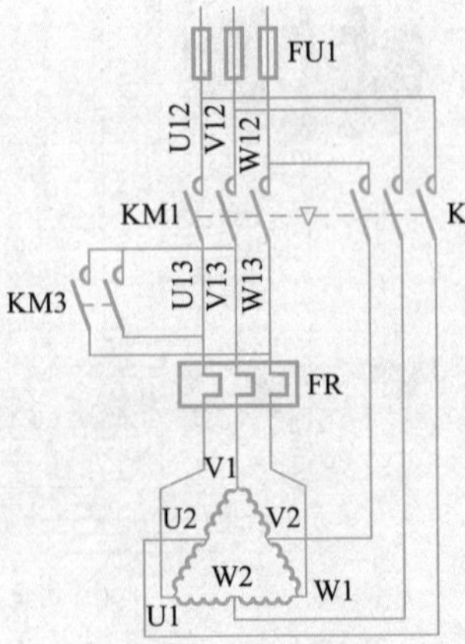 FU1 U12 V12 W12 KM1 KM2 KM3 U13 V13 W13 FR V1 U2 V2 W2 W1 U1	用万用表检测相应触点的电阻，分析判断电路故障

任务评价

根据自评、小组互评和教师评价将项目得分以及总评内容和得分填入表3-5-2。

表3-5-2 评价反馈表

任务名称	调速控制电路的安装与检修	学生姓名	学号	班级	日期

项目内容	配分	评分标准	得分
熟悉电路	20分	熟悉电路图、元器件布置图和仿真布线图	
安装	40分	1. 安装前确保电源切断(10分)	
		2. 安装顺序正确,接线良好(10分)	
		3. 用万用表正确检查电路有无断路、短路故障(10分)	
		4. 检查无误并通知教师后通电试车(10分)	
检修	20分	根据故障现象,用万用表或验电笔判断故障并检修	
实训后	10分	规范整理实训器材	
职业素养养成	10分	严格遵守安全规程、文明生产、规范操作,养成严谨、专注、精益求精的职业精神,注重小组协作、德技并修	
总评			

思考与拓展

1. 三相异步电动机调速公式为________。调速的方法有变极调速、________和________。

2. 什么是变极调速？双速电动机是如何实现调速的？

3. 什么是变频调速？试查阅资料调查变频调速的发展和应用现状。

任务 2 制动控制电路的安装与检修

任务描述

起重机挂钩吊起的货物到达指定位置后，需立即停止运行，释放货物，那么起重机是如何克服惯性，快速制动的呢？

知识储备

制动方法大致可分为机械制动和电气制动两类。常用的机械制动装置有电磁抱闸和电磁离合器两种。电气制动方法有反接制动、能耗制动、回馈制动和电容制动等。

一、机械制动

机械制动通常是靠摩擦产生制动转矩，最常用的装置是电磁抱闸，其结构与控制电路如图 3-5-8 所示。

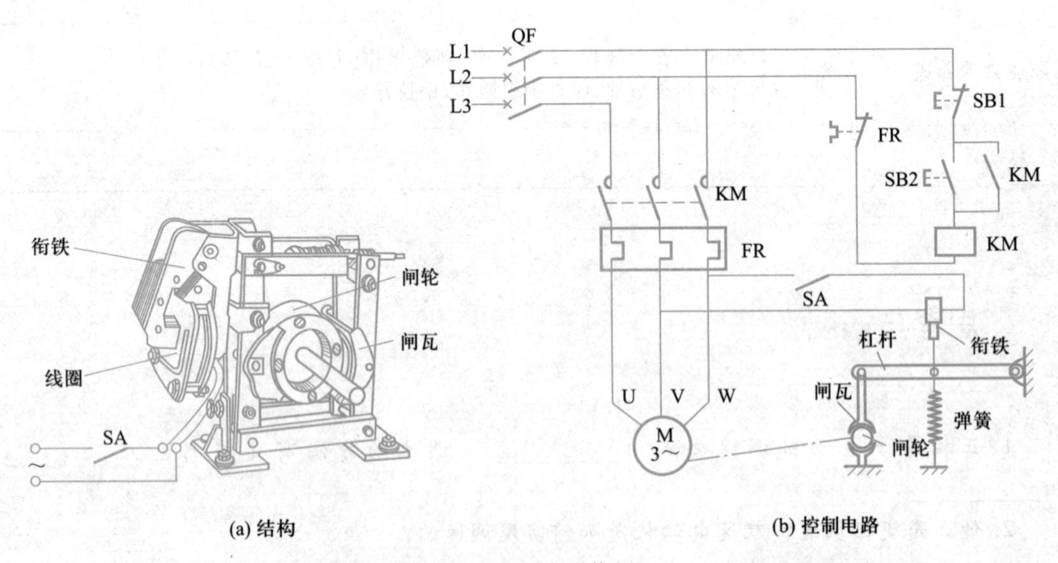

图 3-5-8 电磁抱闸

断电制动型电磁抱闸的工作过程是：电动机通电运行时，制动器的线圈通电产生电磁力，通过杠杆将闸瓦拉开使电动机的转轴可自由转动，当电动机断电停转时，电磁线圈与电动机

同步断电，电磁力消失，在弹簧的作用下闸瓦将电动机的转轴紧紧抱住，电动机迅速停止转动。

起重机械经常使用电磁抱闸制动，如桥式起重机、提升机、电梯等，当电动机断电停转时保证定位准确，并避免重物自行下坠而造成事故。

二、电气制动

电气制动是使异步电动机产生与转动方向相反的电磁转矩，使电力拖动系统迅速停转或限制转速。常用的电气制动方法有反接制动、能耗制动和再生制动三种。

1. 反接制动

反接制动控制电路如图 3-5-9 所示。

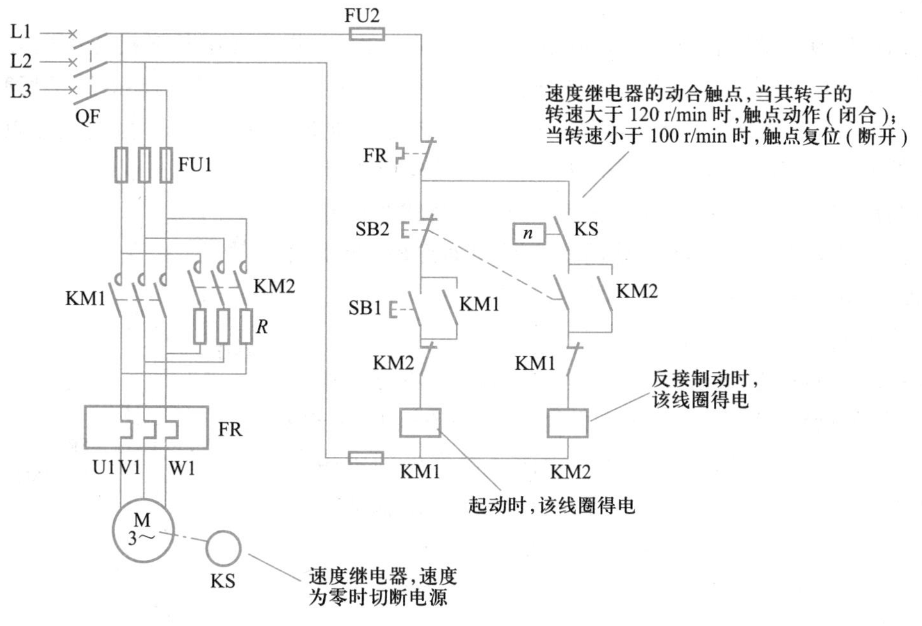

图 3-5-9　反接制动控制电路

(1) 电路组成

该电路由主电路和控制电路组成，起动按钮为 SB1、停止按钮为 SB2。

(2) 工作过程

① 合上电源开关 QF。

② 起动过程如下：

按下按钮 SB1→KM1 线圈得电并自锁→电动机起动并运行→速度继电器 KS 的动合触点闭合

③ 停止过程如下：

按下按钮SB2 → SB2动断触点断开 → KM1线圈失电 → 电动机断电，由于惯性继续转动
└→ SB2动合触点闭合 → KM2线圈得电(此时速度继电器KS的动合触点仍闭合)
→ 电动机反接电源，开始制动 → 转速小于100r/min时，KS的动合触点复位
→ KM2线圈失电，电动机制动结束

要点提示

(1) 反接制动是将运转中的电动机电源反接(即将任意两根相线接法交换)以改变电动机定子绕组中的电源相序,从而使定子绕组的旋转磁场反向,转子受到与原旋转方向相反的制动力矩而迅速停转。

(2) 反接制动中需要注意:当电动机转速接近零时,若不及时切断电源,电动机将会反向旋转。为此必须采取相应措施保证当电动机转速被制动到接近零时,迅速切断电源防止其反转。一般的反接制动控制电路中常利用速度继电器进行自动控制。

(3) 反接制动控制电路制动力强、电路简单、投资少,但制动过程冲击力强,易损坏设备部件,因此适用于10 kW以下的电动机,如镗床、铣床、中型车床等的制动控制。

2. 能耗制动

能耗制动控制电路如图3-5-10所示,工作过程如下:当电动机切断三相交流电源后,立即在电动机定子绕组中通入两相直流电源,使之产生一个恒定的静止磁场,运动的转子切割该磁场磁感线时,在转子绕组中产生感应电流。这个电流又受到静止磁场的作用产生电磁力矩,产生的电磁力矩的方向正好与电动机的转向相反,从而使电动机迅速停转。该制动方式应用较多的实际电路为变压器桥式整流单向运转能耗制动控制电路。能耗制动的优点是制动准确,能量消耗小,冲击小;缺点是需附加直流电源,制动转矩小。

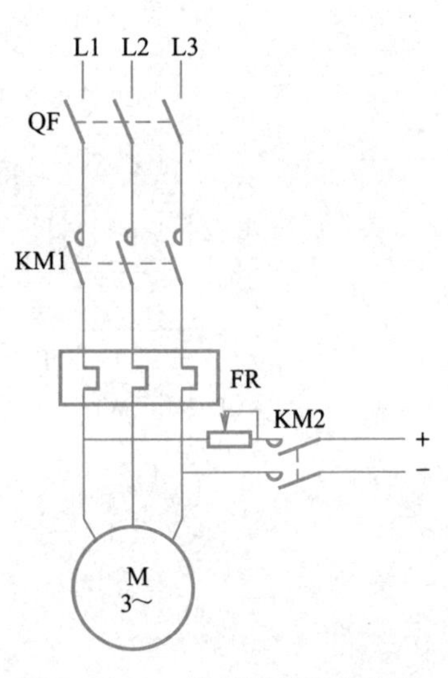

图3-5-10　能耗制动控制电路

3. 再生制动

再生制动又称回馈制动、发电制动,是指由于外力的作用(一般指势能负荷,如起重机在下放重物时),电动机的转速 n 超过了同步转速 n_1($s>0$),转子导体切割磁感线产生的电磁转矩改变了方向,由驱动力矩变为制动力矩,电动机在制动状态(或发电状态)下运行。再生制动可向电网回馈电能,所以经济性好,但应用范围很窄,只有在 $n>n_1$ 时才能实现,常用于起重机、电力机车和多速电动机中。再生制动只能限制电动机转速,不能制停。

任务实施

做中学

安装与检修反接制动控制电路

一、器材和工具

安装与检修反接制动控制电路所需器材和工具如图3-5-11所示。

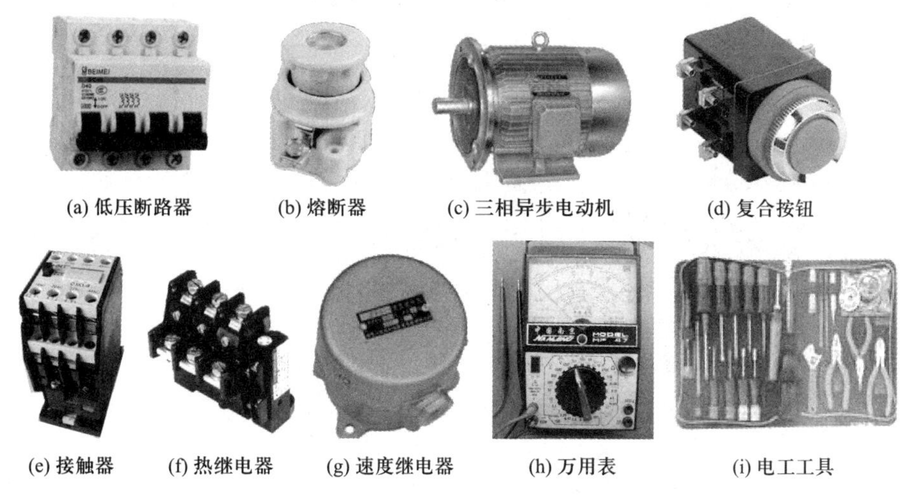
(a) 低压断路器　(b) 熔断器　(c) 三相异步电动机　(d) 复合按钮

(e) 接触器　(f) 热继电器　(g) 速度继电器　(h) 万用表　(i) 电工工具

图 3-5-11　器材和工具

二、操作步骤

以小组为单位，进行反接制动控制电路的识图、装配与检修等训练，整个过程要求团队协作、安全规范操作、严谨细致、精益求精。

1. 识读图 3-5-12 所示电路，明确电路所用元器件及作用，熟悉电路的工作过程。

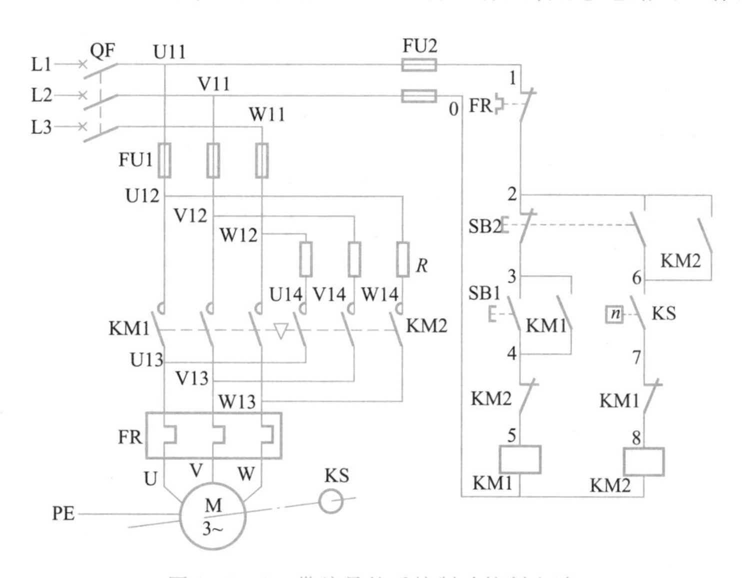

图 3-5-12　带编号的反接制动控制电路

2. 检查安装反接制动控制电路所需的元器件及导线型号、规格、数量、质量，并将检查情况列表记录（记录表略）。

3. 在配电板上，按工艺要求布置元器件，可以参考图 3-5-13(a)，鼓励小组创新更合理的布置方案。

4. 布置好元器件后，按图 3-5-12 所示进行接线，可以参考图 3-5-13(b)。

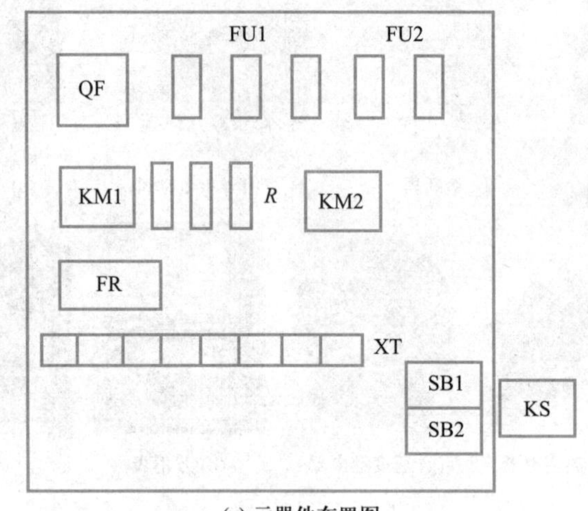

(a) 元器件布置图

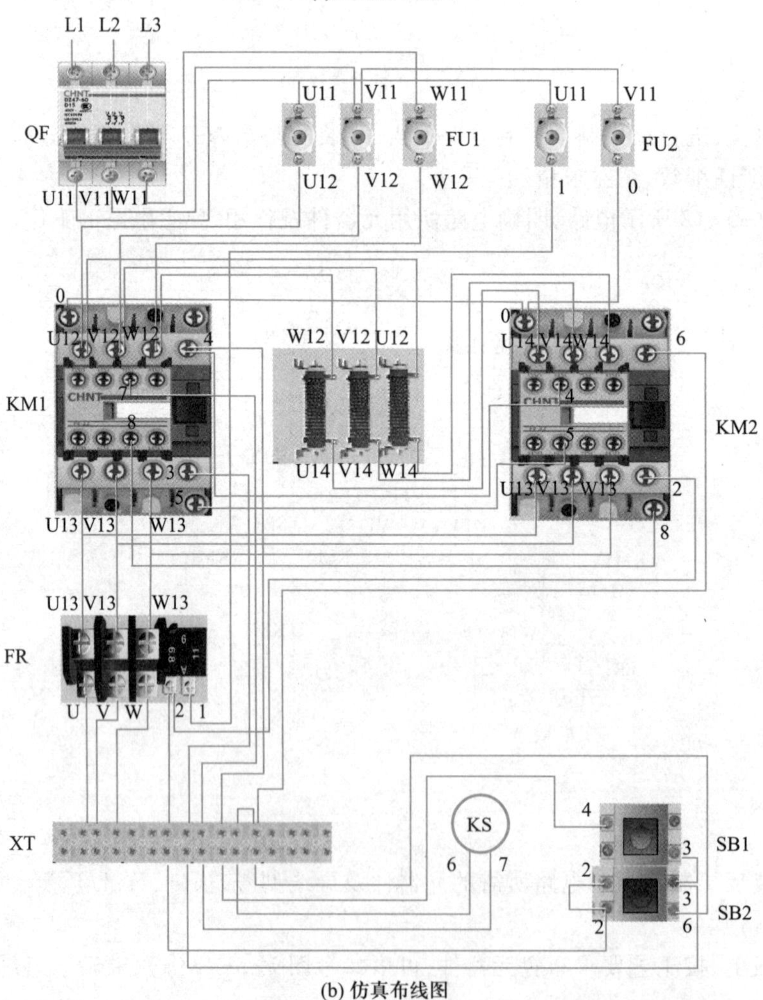

(b) 仿真布线图

图 3-5-13 反接制动控制电路的元器件布置图与仿真布线图

5. 接线完毕后，先进行直观检查。经直观检查确认无误后，在不通电的情况下，用万用表检测电路有无断路、短路故障。

6. 电路自检无误，经教师同意后方可合上开关接通电源试车。坚决杜绝未经教师同意擅自试车的现象，关注安全生产、规范操作的职业素养养成。

要点提示

（1）先接主电路再接控制电路；先接串联电路，再接分支电路。

（2）所有元器件布局、接线要安全、方便，相同元器件尽量摆放在一起，同一类型接线尽量用同一颜色导线。达到布局合理、间距合适、接线方便的效果。

（3）走线要横平竖直、整齐合理，接点不得松动。

（4）进入按钮盒的导线必须从接线端子引出。

三、电路检修

按照表 3-5-3，小组合作进行电路故障排查及检修训练。

表 3-5-3　反接制动控制电路的常见故障排查方法

故障现象	原因分析	图	检查方法
按停止按钮 SB2，KM1 释放，但没有制动	可能故障点： 1. 按钮 SB2 动合触点接触不良或连接线断路； 2. 接触器 KM1 动断辅助触点接触不良； 3. 接触器 KM2 线圈断线； 4. 速度继电器 KS 动合触点接触不良	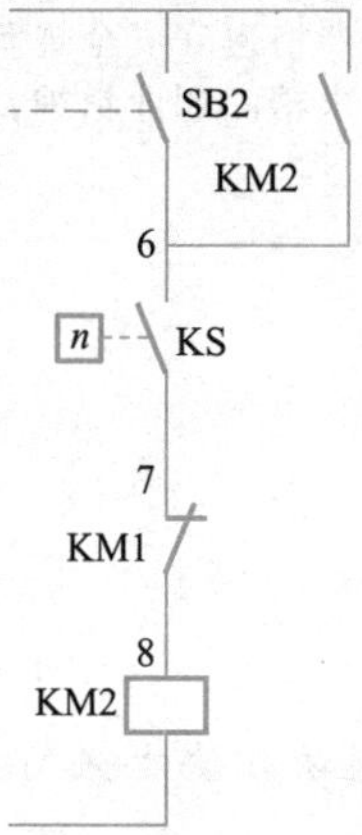 SB2 KM2 6 n KS 7 KM1 8 KM2	断开电源，可用万用表测量相关点间的电阻，检查断路故障点
制动效果不显著	1. 速度继电器 KS 的整定转速过高； 2. 限流电阻 R 阻值太大	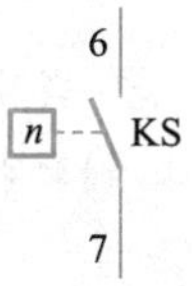 6 n KS 7	1. 调松速度继电器整定弹簧； 2. 减小限流电阻
制动后电动机反转	速度继电器 KS 的整定转速过低	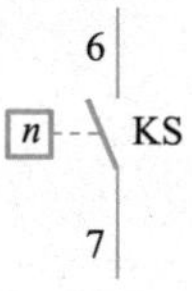 6 n KS 7	调紧调节螺钉

任务评价

根据自评、小组互评和教师评价将项目得分以及总评内容和得分填入表 3-5-4。

表 3-5-4 评价反馈表

<table>
<tr><td rowspan="2">任务名称</td><td rowspan="2" colspan="2">制动控制电路的安装与检修</td><td>学生姓名</td><td>学号</td><td>班级</td><td>日期</td></tr>
<tr><td></td><td></td><td></td><td></td></tr>
<tr><td>项目内容</td><td>配分</td><td colspan="4">评分标准</td><td>得分</td></tr>
<tr><td>熟悉电路</td><td>20 分</td><td colspan="4">熟悉电路图、元器件布置图和仿真布线图</td><td></td></tr>
<tr><td rowspan="4">安装</td><td rowspan="4">40 分</td><td colspan="4">1. 安装前确保电源切断(10 分)</td><td></td></tr>
<tr><td colspan="4">2. 安装顺序正确,接线良好(10 分)</td><td></td></tr>
<tr><td colspan="4">3. 用万用表正确检查电路有无断路、短路故障(10 分)</td><td></td></tr>
<tr><td colspan="4">4. 检查无误并通知教师后通电试车(10 分)</td><td></td></tr>
<tr><td>检修</td><td>20 分</td><td colspan="4">根据故障现象,用万用表或验电笔判断故障并检修</td><td></td></tr>
<tr><td>实训后</td><td>10 分</td><td colspan="4">规范整理实训器材</td><td></td></tr>
<tr><td>职业素养养成</td><td>10 分</td><td colspan="4">严格遵守安全规程、文明生产、规范操作,养成严谨、专注、精益求精的职业精神,注重小组协作、德技并修</td><td></td></tr>
<tr><td>总评</td><td colspan="5"></td><td></td></tr>
</table>

思考与拓展

1. 三相异步电动机制动方法大致可分为__________和__________两类。常用的机械制动装置有__________和__________两种。电气制动方法有__________、__________和__________等。

2. 在反接制动中,需要注意:当电动机转速接近零时,若不及时切断电源,电动机将会__________。所以,一般的反接制动控制电路中常利用__________进行自动控制。

模块小结

1. 三相异步电动机的起动方法有直接起动和降压起动两种。对于小容量三相笼型异步电动机的起动(一般情况下功率在7.5 kW以下的异步电动机),可以采用刀开关、接触器等直接起动。对于大容量的三相异步电动机,为了限制起动电流,可以采用降压起动的方法,降压起动又包括Y-Δ降压起动、自耦变压器(补偿器)降压起动、串电阻(电抗)降压起动。

2. 电路图识读顺序是“先主后控,顺藤摸瓜”。

3. 点动控制的特点是“一点就动,松开不动”。

4. 电动机单向连续控制采用了一种具有自锁环节的控制电路,最基本的是电动机接触器自锁单向连续控制电路。

5. 接触器通过自身动合触点而使线圈保持得电的功能称为自锁。将接触器的一对动断触点串联在另一只接触器线圈电路中,使得两只接触器不能同时得电动作,接触器间这种相互制约的作用称为接触器联锁(或互锁)。

6. 电路的保护设置有短路保护、过载保护、过流保护、欠压保护、失压保护、过压保护。

7. 接触器联锁正反转控制电路中,电动机由正转变为反转时,必须先按下停止按钮,使已动作的接触器释放,其互锁触点复位后,才能按下反转起动按钮,否则由于接触器的联锁作用,不能实现反转。而在按钮、接触器双重联锁正反转控制电路中可以不必先按停止按钮。

8. 由行程开关或终端开关的动作发出信号来控制电动机的工作状态,可以实现电动机自动往返正反转控制。

9. 降压起动控制电路中,采用时间继电器实现延时控制。三相绕线转子异步电动机起动时,可以采用转子串电阻降压起动的方法。

10. 三相异步电动机实现顺序控制有通过主电路实现和控制电路实现两种方式。

11. 三相异步电动机的调速方法有三种:变极调速、变频调速、变转差率调速。

12. 三相异步电动机的制动方法有机械制动和电气制动。电气制动又分为反接制动、能耗制动和再生制动等。

复习思考题

一、填空题

1. 三相异步电动机的起动问题就是如何减小__________，而又产生合适的__________。

2. 接触器自锁是通过__________而使线圈保持得电的。接触器联锁（或互锁）是通过将接触器的一对动断触点串联在__________线圈电路中，使得两只接触器不能同时得电动作而实现的。

3. 三相笼型异步电动机的降压起动方法主要有__________、__________和__________，三相绕线转子异步电动机可以采用转子串__________降压起动和串__________降压起动。

4. 三相异步电动机的调速方式有三种：__________、__________和__________。

5. 三相异步电动机的制动方法有__________和__________。其中电气制动分为__________、__________和__________。

二、选择题

1. 在电动机的继电器、接触器控制电路中，自锁环节的功能是（　　）。

A. 保证可靠停车　　B. 保证起动后连续运行

C. 兼有点动功能　　D. 防止主电路发生短路事故

2. 接触器控制电路的自锁一般采用（　　）。

A. 并联对方控制电器的动合触点　　B. 串联对方控制电器的动合触点

C. 并联自己的动合触点　　D. 串联自己的动合触点

3. 正反转控制电路中联锁的作用是（　　）。

A. 防止正反转不能顺利过渡　　B. 防止主电路电源短路

C. 防止控制电路电源短路　　D. 防止电动机不能停车

4. 在操作接触器联锁正反转控制电路时，要使电动机从正转变为反转，正确的方法是（　　）。

A. 可直接按下反转起动按钮

B. 可直接按下正转起动按钮

C. 必须先按下停止按钮，再按下反转起动按钮

D. 都可以

5. 变极调速适用于（　　）。

A. 三相笼型异步电动机　　B. 三相绕线转子异步电动机

C. 三相笼型、绕线转子异步电动机均可　　D. 直流电动机

6. 反接制动中，使用（　　）防止当电动机转速接近零时不及时切断电源而造成电动机反向旋转。

A. 速度继电器　　B. 电流继电器

C. 电压继电器　　D. 交流接触器

三、分析题

1. 分析题图 3-1 所示电路实现了什么控制功能和保护功能？

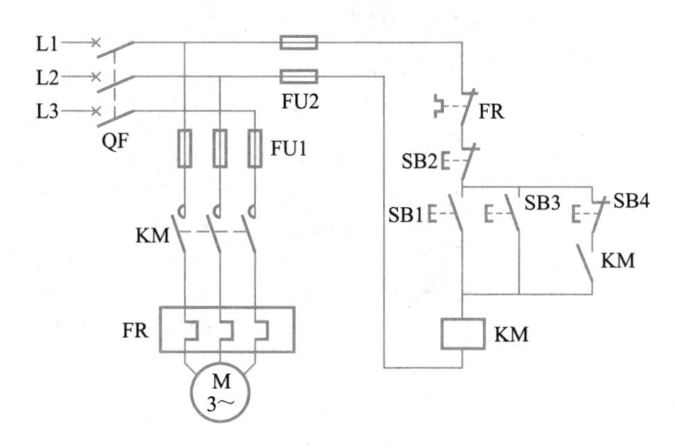

题图 3-1　分析题 1 图

2. 电动机控制电路如题图 3-2 所示，根据故障现象分别说明原因。

(1) 合上电源开关 QF，按下 SB1，电动机 M 起动；松开 SB1，电动机 M 停转。

(2) 合上电源开关 QF，按下 SB1，电动机 M 起动；按下 SB2，电动机 M 不停止转动。

3. 接触器联锁正反转控制电路如题图 3-3 所示，试分析：

(1) 合上电源开关 QF，按下按钮 SB1 电动机正转运行，如果要让电动机反转，此时应如何操作？

(2) 合上电源开关 QF，按下按钮 SB1 电动机正转运行，反转时，电动机只能点动的原因是什么？

(3) 合上电源开关 QF，并按下起动按钮电动机不能转动，但发现接触器主触点能吸合，故障范围在控制电路还是主电路？

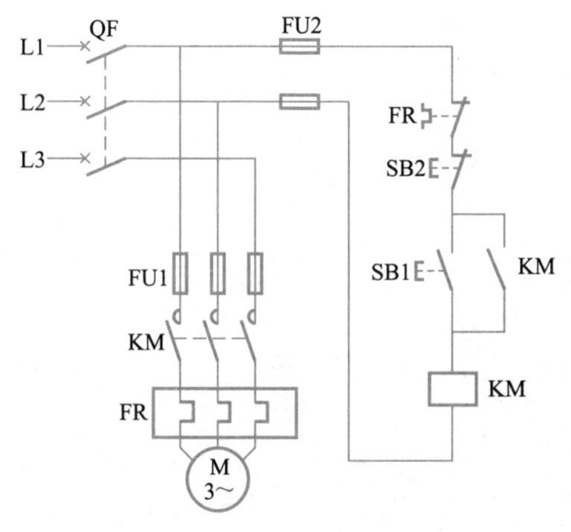

题图 3-2　分析题 2 图

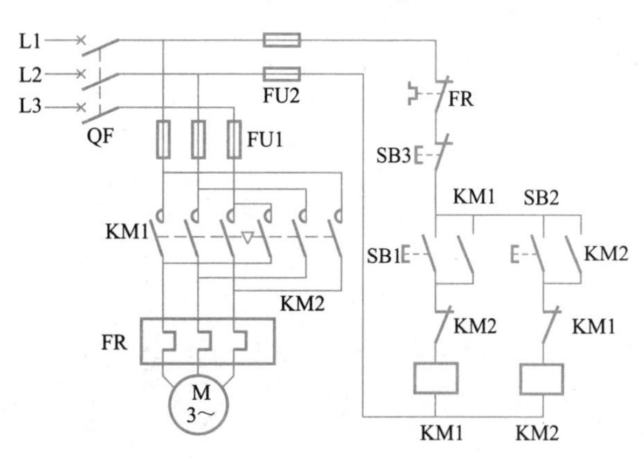

题图 3-3　分析题 3 图

四、作图题

接触器联锁正反转控制电路如题图 3-4 所示，试将电路图补画完整。

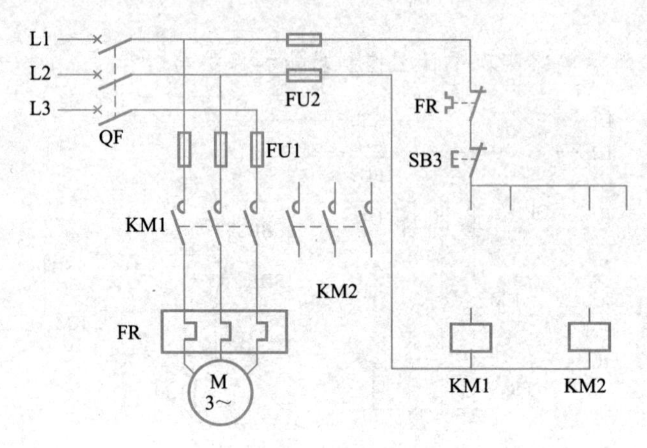

题图 3-4 作图题图

模块4

直流电动机控制线路的安装与检修

模块导入

把直流电能转换为机械能的电动机，称为直流电动机。直流电动机和交流电动机相比，虽然结构复杂，使用维护较麻烦，价格较贵，但由于起动转矩大、可在较宽的范围内达到平滑无级调速，所以曾被广泛地应用于轧钢机、电力机车、大型机床拖动系统以及玩具行业中。随着近些年交流电动机变频调速技术的迅速发展，在许多领域中直流电动机已被交流电动机取代。尽管交流电动机已经渗透到生活的方方面面，直流电动机的应用仍不可或缺，例如汽车的电动机或电动自行车、电动剃须刀、电动玩具等都仍然采用直流电动机。

本模块我们将一起来了解直流电动机的起动、正反转、调速及制动控制技术，提升安装与检修直流电动机控制电路的技能。

职业综合素养提升目标

1. 认识典型的直流电动机起动、正反转、调速、制动控制电路的组成、特点及应用场合，会熟练分析其工作过程，会进行控制电路的识图、布线、安装与接线，会进行基本的故障排查与检修。

2. 树立直流电动机控制线路安装与检修过程中的安全生产、环境保护及规范电气操作意识，在新知探究及技能实操的过程中注意培养团队协作、严谨细致、规范操作、精益求精的工匠精神，促进自身的电气操作职业岗位综合素养养成。

项目1
直流电动机起动和正反转控制电路的安装与检修

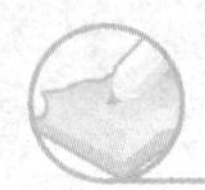

项目概述

在使用直流电动机时，经常碰到的问题是：如何快速平稳地起动？如何快速切换电动机的正反转控制？本项目我们将一起学习直流电动机的起动和正反转控制技术。

任务1　直流电动机起动控制电路的安装与检修

任务描述

直流电动机由静止状态加速到正常运转的过程，称为起动过程。直流电动机接通电源的瞬间，$n=0$，由于 $E_a=C_e\Phi n=0$，$I_a=\dfrac{U}{R_a}$，故起动电流可达额定电流的10~20倍，起动转矩可达额定转矩的10~20倍，会造成电网电压下降过多、电动机的换向恶化甚至烧坏电动机等，所以除生活中用到的小容量直流电动机允许直接起动外，其他如工业用的大容量直流电动机等都不允许直接起动，那么该怎样控制直流电动机的起动呢？

知识储备

为了限制直流电动机的起动电流，可以采用在电枢回路串入电阻或降低电枢电压的起动方式。

1. 电枢串电阻起动

起动时，在电枢回路中串入电阻，使起动电流不超过允许的数值，一般限制在2~2.5倍额定电流的范围内。当电动机起动后，随着转速的升高，反电动势增大，电枢电流减小，再逐步减小起动电阻阻值，直到电动机稳定运行，起动电阻全部切除。图4-1-1所示为直流并励电动机二级起动控制电路，图4-1-2为其机械特性曲线。

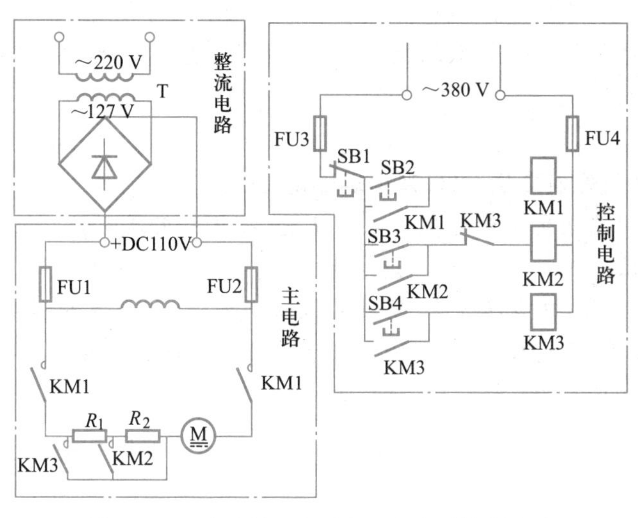

图 4-1-1　直流并励电动机二级起动控制电路

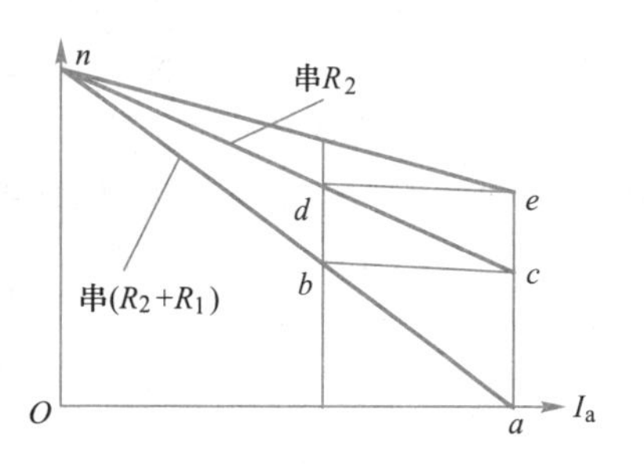

图 4-1-2　直流并励电动机二级起动控制电路机械特性曲线

（1）电路组成

直流并励电动机二级起动控制电路由整流电路、主电路和控制电路三部分组成。

（2）工作过程

整流电路将 220 V 交流电转换成 110 V 直流电，加入主电路输入端，控制电路接 380 V 交流电源。

起动过程：

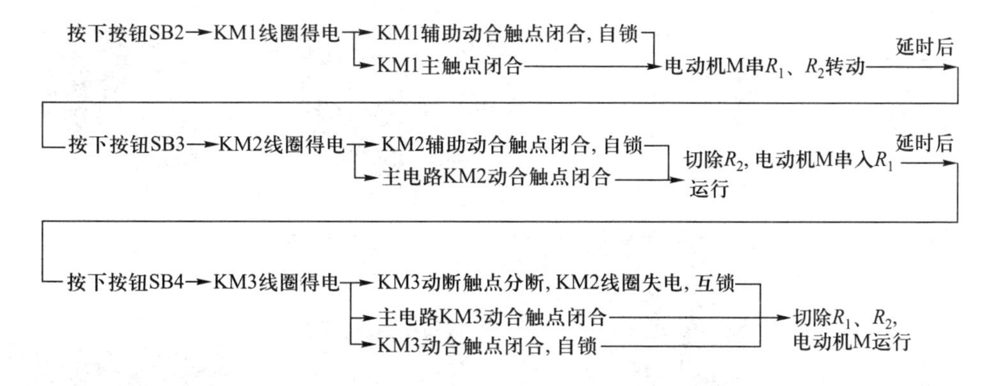

停止过程：

按下 SB1→KM1、KM3 线圈失电→电动机停转

要点提示

电枢串电阻的起动方法设备简单、成本低，但电阻上的能量浪费多。对于小型并励电动机一般用串电阻起动，容量稍大但不需要经常起动的并励电动机也可串电阻起动。

2. 降压起动

在直流电动机开始起动时，电枢绕组只加一个较低的直流电压，随着转速的上升，逐渐升高电枢电压，直到额定电压运行，起动完毕。

要点提示

（1）采用降压起动时，励磁电压必须是额定值，以保证磁通为额定值。

（2）降压起动只能在电动机有专用直流电源时才能采用。目前，经常采用晶闸管可控整流电路作为直流电动机的可调电压电源。

（3）降压起动的优点是起动过程平滑、电能浪费少；缺点是设备成本高、控制系统复杂。容量大且经常起动的直流电动机，如起重、运输机械上的电动机，宜采用降压的方法起动。

任务实施

做中学

安装与检修直流并励电动机二级起动控制电路

一、器材和工具

安装与检修直流并励电动机二级起动控制电路所需器材和工具如图 4-1-3 所示。

(a) 低压断路器

(b) 熔断器

(c) 直流并励电动机

(d) 按钮

(e) 接触器

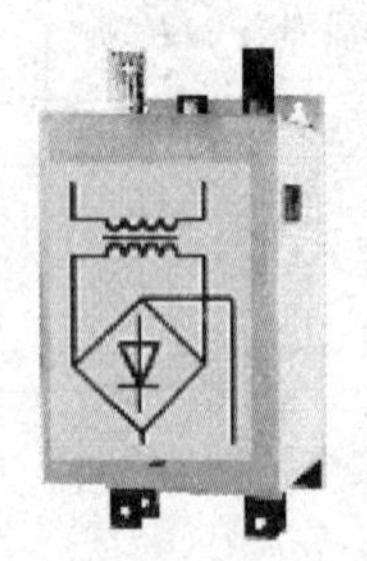

(f) 整流元件

(g) 万用表

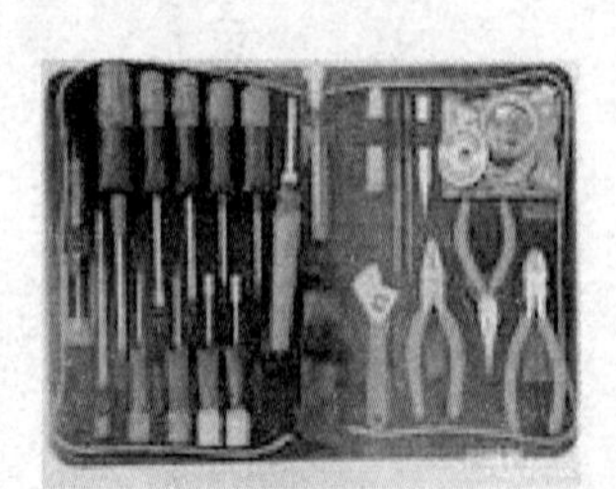

(h) 电工工具

图 4-1-3　器材和工具

二、操作步骤

以小组为单位，进行直流并励电动机二级起动控制电路的识图、装配与检修等训练，整个过程要求团队协作、安全规范操作、严谨细致、精益求精。

1. 识读图4-1-1所示电路，明确电路所用元器件及作用，熟悉电路的工作过程。

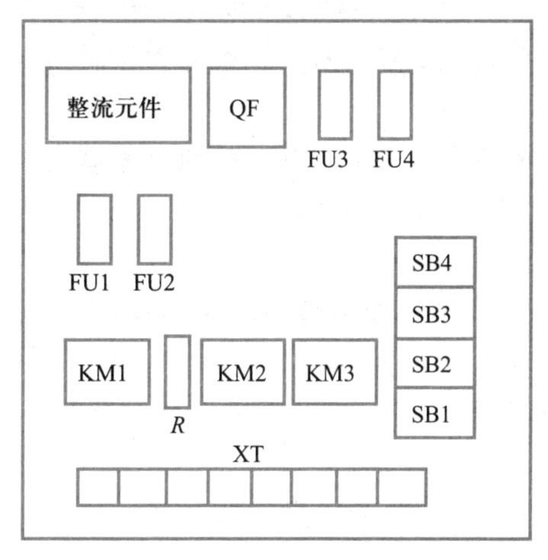

(a) 元器件布置图

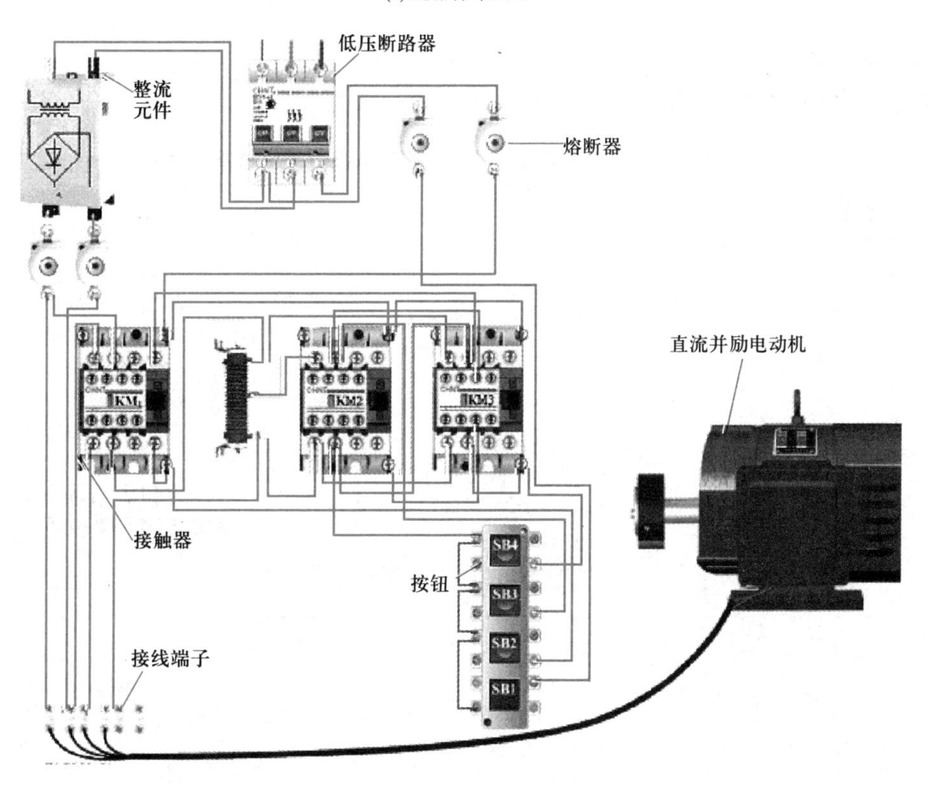

(b) 仿真布线图

图4-1-4　直流并励电动机二级起动控制电路的元器件布置图与仿真布线图

2. 检查安装直流并励电动机二级起动控制电路所需的元器件及导线型号、规格、数量、质量，并将检查情况列表记录（记录表略）。

3. 在配电板上，按工艺要求布置元器件（为方便直观，将起动电阻和整流电源一并绘制在元器件布置图中，实际的起动电阻和整流电源体积较大，一般不装在配电板上），可以参考图4-1-4(a)，鼓励小组创新更合理的布置方案。

4. 布置好元器件后，按图4-1-1进行接线，可以参考图4-1-4(b)。

5. 接线完毕后，先进行直观检查。经直观检查确认无误后，在不通电的情况下，用万用表检测电路有无断路、短路故障。

6. 电路自检无误，经教师同意后方可合上开关接通电源试车。坚决杜绝未经教师同意擅自试车的现象，关注安全生产、规范操作的职业素养养成。

要点提示

(1) 通电试运行前，要认真检查励磁回路的接线，必须保证连接可靠，以防止电动机运行时出现因励磁回路断路失磁引起的飞车事故。

(2) 所有元器件布局、接线要安全、方便。同一电源导线尽量用同一颜色。走线要横平竖直、整齐合理，接点不得松动。

(3) 通电试运行时，如遇异常情况，应立即切断电源。

三、电路检修

按照表4-1-1，小组合作进行电路故障排查及检修训练。

表4-1-1 直流并励电动机二级起动控制电路的常见故障排查方法

故障现象	原因分析	检查方法
按下起动按钮SB2后，接触器KM1不吸合，电动机不能起动	可能故障点： 1. FU3或FU4断路； 2. KM1主触点接触不良	可用万用表测量电压或用验电笔测试，检查断路故障点
按下按钮SB3后，接触器KM2不吸合	可能故障点： 1. FU3或FU4断路； 2. KM3动断触点接触不良； 3. KM2线圈断路； 4. SB3按钮动合触点接触不良	可用万用表测量电压或用验电笔测试，检查断路故障点

任务评价

根据自评、小组互评和教师评价将项目得分以及总评内容和得分填入表4-1-2。

表 4-1-2 评价反馈表

<table>
<tr><td rowspan="2">任务名称</td><td rowspan="2" colspan="2">直流电动机起动控制电路的安装与检修</td><td>学生姓名</td><td>学号</td><td>班级</td><td>日期</td></tr>
<tr><td></td><td></td><td></td><td></td></tr>
<tr><td>项目内容</td><td>配分</td><td colspan="4">评分标准</td><td>得分</td></tr>
<tr><td>熟悉电路</td><td>20 分</td><td colspan="4">熟悉直流电动机起动控制电路,会分析工作过程</td><td></td></tr>
<tr><td rowspan="4">安装</td><td rowspan="4">40 分</td><td colspan="4">1. 安装前确保电源切断(10 分)</td><td rowspan="4"></td></tr>
<tr><td colspan="4">2. 安装顺序正确,接线良好(10 分)</td></tr>
<tr><td colspan="4">3. 用万用表正确检查电路有无断路、短路故障(10 分)</td></tr>
<tr><td colspan="4">4. 检查无误并通知教师后通电试车(10 分)</td></tr>
<tr><td>检修</td><td>20 分</td><td colspan="4">根据故障现象,用万用表或验电笔判断故障并检修</td><td></td></tr>
<tr><td>实训后</td><td>10 分</td><td colspan="4">规范整理实训器材</td><td></td></tr>
<tr><td>职业素养养成</td><td>10 分</td><td colspan="4">严格遵守安全规程、文明生产、规范操作,养成严谨、专注、精益求精的职业精神,注重小组协作、德技并修</td><td></td></tr>
<tr><td>总评</td><td colspan="6"></td></tr>
</table>

思考与拓展

1. 直流电动机的起动方法有几种? 各有何特点?

2. 查阅资料,画出用时间继电器控制的直流并励电动机电枢回路串电阻二级起动控制电路。

任务 2 直流电动机正反转控制电路的安装与检修

任务描述

充电式吸尘器、摇控车等设备中的直流电动机要求既能正转又能反转,直流电动机是如何实现正反转控制的呢?

知识储备

一、直流电动机切换正反转的方法

直流电动机的旋转方向取决于磁场方向和电枢绕组的电流方向。只要改变磁场的方向或电枢绕组的电流方向,电动机的转向也随之改变。因此直流电动机有两种切换正反转的方法:一是改变磁场(即励磁电流)的方向;二是改变电枢电流的方向。在具体电路中,就是把励磁绕组的两根电源线对调,或者把电枢绕组的两根接线互换。如果同时改变磁场的方向和电枢电流的方向,则电动机转向不变。

对于并励电动机,由于励磁绕组匝数多、电感大,当电源反接时,绕组会产生很大的自感电动势,对电动机和其他元器件都不利,而且反向磁场建立过程缓慢,所以一般采用电枢绕组反接的方法来实现切换正反转。在将电枢绕组反接的同时必须连同换向极绕组一起反接,以达到改善换向的目的。

要实现串励电动机切换正反转,通过改变电源端电压的方向是不行的,必须改变励磁电流的方向或电枢电流的方向,才能改变电磁转矩的方向,实现电动机切换正反转。

二、直流电动机的正反转控制电路

典型的直流并励电动机正反转控制电路如图 4-1-5 所示。

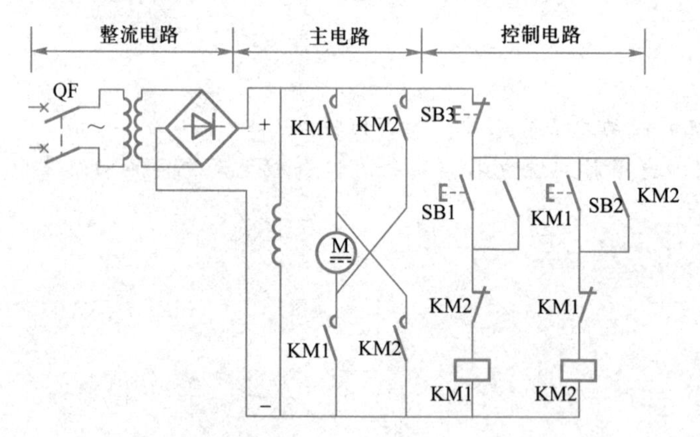

图 4-1-5 典型的直流并励电动机正反转控制电路

1. 电路组成

直流并励电动机正反转控制电路由整流电路、主电路和控制电路三部分组成。

2. 工作过程

整流电路将 220 V 交流电转换成 110 V 直流电,加入主电路输入端,控制电路采用 110 V 直流电源。

(1) 合上电源开关 QF。

(2) 正转起动过程:

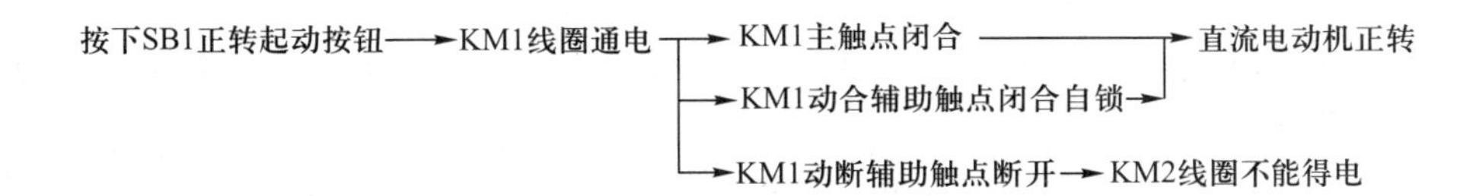

（3）反转起动过程：

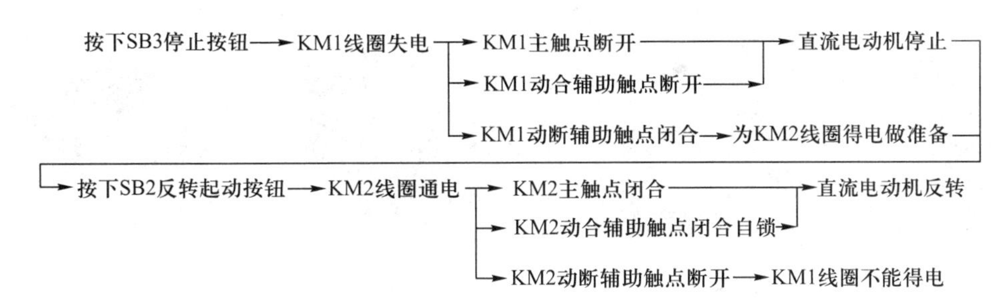

（4）停止过程：

按下 SB3→KM1 或 KM2 线圈失电→电动机停转

要点提示

（1）并励电动机切换正反转实现方式为电枢绕组反接。

（2）控制电路采用电源为 110 V 直流电源。

任务实施

做中学

安装与检修直流并励电动机正反转控制电路

一、器材和工具

安装与检修直流并励电动机正反转控制电路所需器材和工具如图 4-1-6 所示。

二、操作步骤

以小组为单位，进行直流并励电动机正反转控制电路的识图、装配与检修等训练，整个过程要求团队协作、安全规范操作、严谨细致、精益求精。

1. 识读图 4-1-5 所示的电路，明确电路所用元器件及作用，熟悉电路的工作过程。

2. 检查安装直流电动机正反转控制电路所需的元器件及导线型号、规格、数量、质量，并将检查情况列表记录（记录表略）

3. 在配电板上，按工艺要求布置元器件，可参考图 4-1-7(a)，鼓励小组创新更合理的布置方案。

4. 布置好元器件后，按图4-1-5所示进行接线，可以参考图4-1-7(b)。

5. 接线完毕后，先进行直观检查。经直观检查确认无误后，在不通电的情况下，用万用表检测电路有无断路、短路故障。

6. 电路自检无误，经教师同意后方可合上开关接通电源试车。坚决杜绝未经教师同意擅自试车的现象，关注安全生产、规范操作的职业素养养成。

(a) 低压断路器

(b) 熔断器

(c) 直流并励电动机

(d) 按钮

(e) 接触器

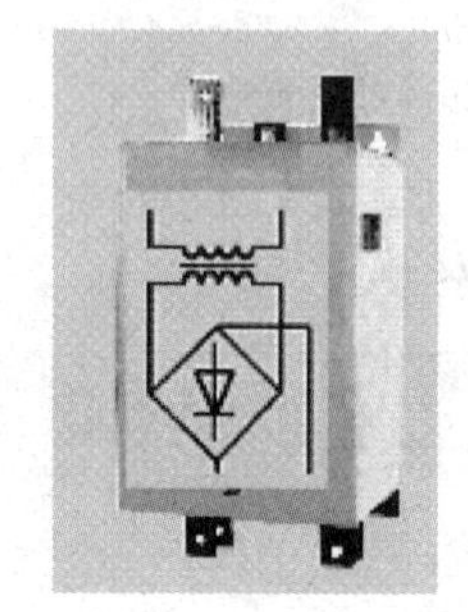
(f) 整流元件

(g) 万用表

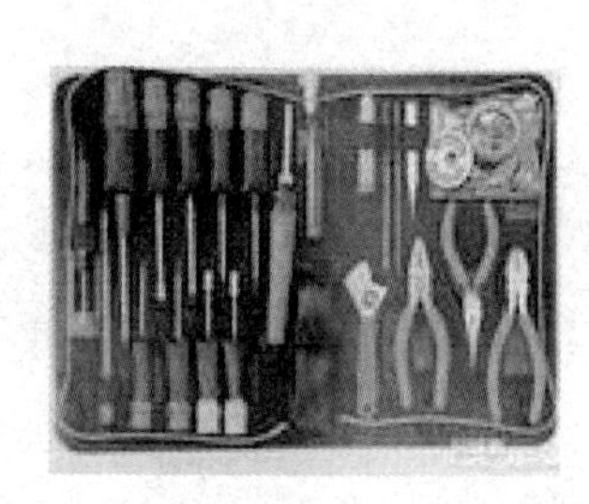
(h) 电工工具

图 4-1-6 器材和工具

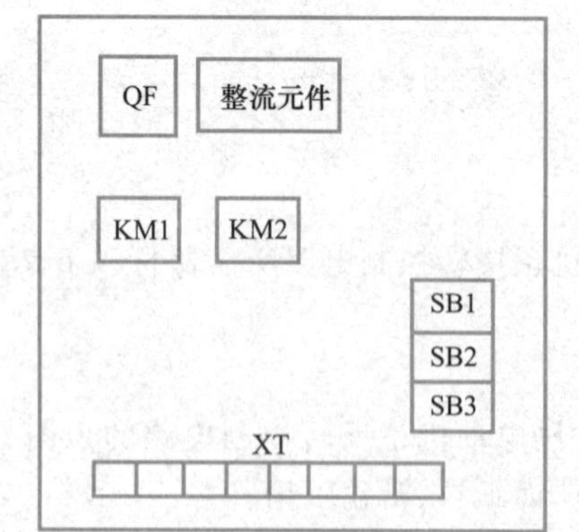

(a) 元器件布置图

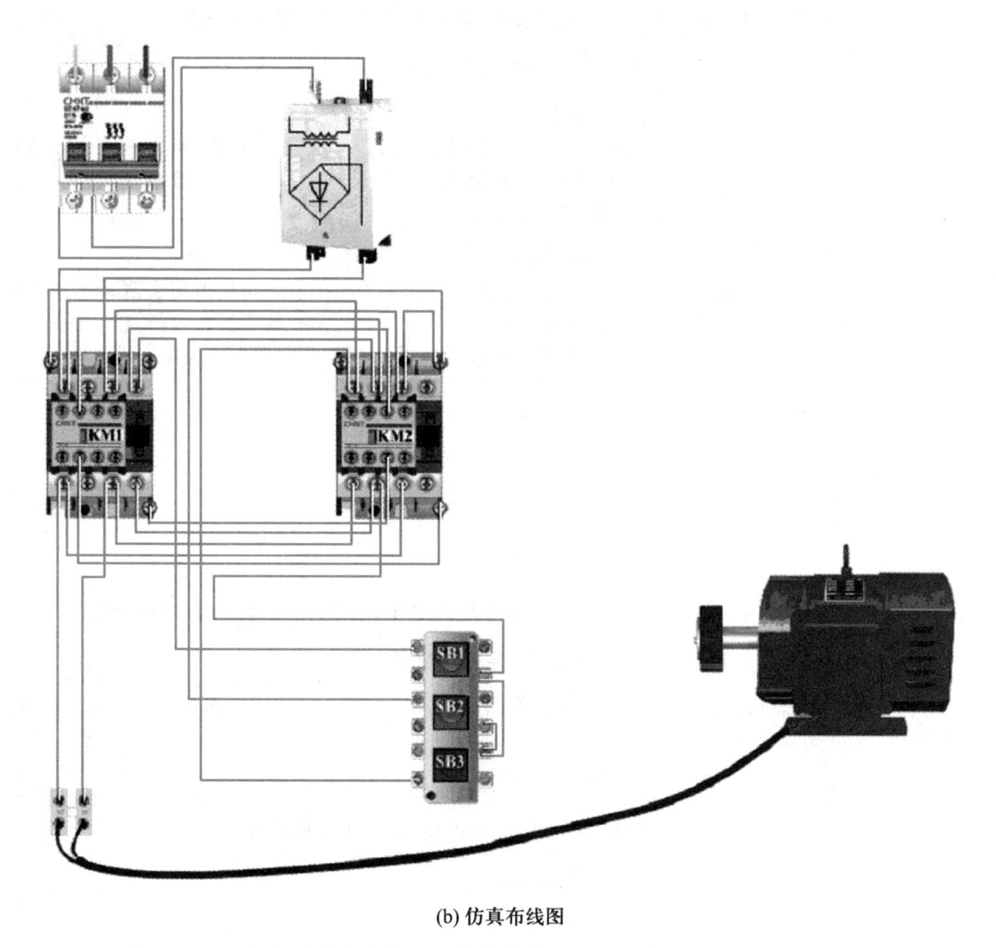

(b) 仿真布线图

图 4-1-7　直流并励电动机正反转控制电路的元器件布置图与仿真布线图

要点提示

（1）通电试运行前，要认真检查励磁回路的接线，必须保证连接可靠，以防止电动机运行时出现因励磁回路断路失磁引起的飞车事故。

（2）所有元器件布局、接线要安全、方便。同一电源导线尽量用同一颜色。走线要横平竖直、整齐合理，接点不得松动。

（3）通电试运行时，如遇异常情况，应立即切断电源。

三、电路检修

按照表 4-1-3，小组合作进行电路故障排查及检修训练。

表 4-1-3 直流并励电动机正反转控制电路的常见故障排查方法

故障现象	原因分析	检查方法
按下起动按钮 SB1 后，接触器 KM1 不吸合，电动机不能正转起动	可能故障点： 1. 整流电路直流电源不正常； 2. SB3、KM2 动断触点接触不良； 3. KM1 线圈故障	可用万用表测量电压或电阻，检查断路故障点
按下反转按钮 SB2 后，接触器 KM2 吸合，但电动机不反转	可能故障点： 1. 整流电路无电源； 2. 励磁线圈断路； 3. KM2 主触点接触不良	可用万用表测量电压或电阻，检查断路故障点

任务评价

根据自评、小组互评和教师评价将项目得分以及总评内容和得分填入表 4-1-4。

表 4-1-4 评价反馈表

<table>
<tr><td rowspan="2">任务名称</td><td rowspan="2" colspan="2">直流电动机正反转控制电路的安装与检修</td><td>学生姓名</td><td>学号</td><td>班级</td><td>日期</td></tr>
<tr><td></td><td></td><td></td><td></td></tr>
<tr><td>项目内容</td><td>配分</td><td colspan="4">评分标准</td><td>得分</td></tr>
<tr><td>熟悉电路</td><td>20分</td><td colspan="4">熟悉直流电动机正反转控制电路，会分析工作过程</td><td></td></tr>
<tr><td rowspan="4">安装</td><td rowspan="4">40分</td><td colspan="4">1. 安装前确保电源切断（10分）</td><td></td></tr>
<tr><td colspan="4">2. 安装顺序正确，接线良好（10分）</td><td></td></tr>
<tr><td colspan="4">3. 用万用表正确检查电路有无断路、短路故障（10分）</td><td></td></tr>
<tr><td colspan="4">4. 检查无误并通知教师后通电试车（10分）</td><td></td></tr>
<tr><td>检修</td><td>20分</td><td colspan="4">根据故障现象，用万用表或验电笔判断故障并检修</td><td></td></tr>
<tr><td>实训后</td><td>10分</td><td colspan="4">规范整理实训器材</td><td></td></tr>
<tr><td>职业素养养成</td><td>10分</td><td colspan="4">严格遵守安全规程、文明生产、规范操作，养成严谨、专注、精益求精的职业精神，注重小组协作、德技并修</td><td></td></tr>
<tr><td>总评</td><td colspan="5"></td><td></td></tr>
</table>

思考与拓展

1. 直流电动机切换正反转的方法有几种？各有何特点？
2. 并励电动机和串励电动机在切换正反转方法上有何区别？

项目2
直流电动机调速和制动控制电路的安装与检修

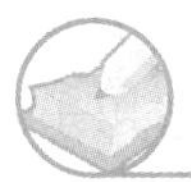

项目概述

日常生活中，当我们骑电动自行车时，有时需要加速，有时需要减速，而有时需要紧急停车，这就需要用到直流电动机的调速及制动控制，其他的直流电动机操控也面临同样的问题，本项目我们将一起探索直流电动机的调速和制动控制技术。

任务1 直流电动机调速控制电路的安装与检修

任务描述

直流电动机调速是指电动机在一定负载的条件下，根据需要，人为地改变电动机的转速。那么如何对直流电动机进行调速控制呢？

知识储备

一、直流电动机的调速方式

当转矩不变时，直流电动机的调速有电枢串电阻调速、降压调速、弱磁调速三种方法。调速对应的机械特性曲线如图4-2-1所示。

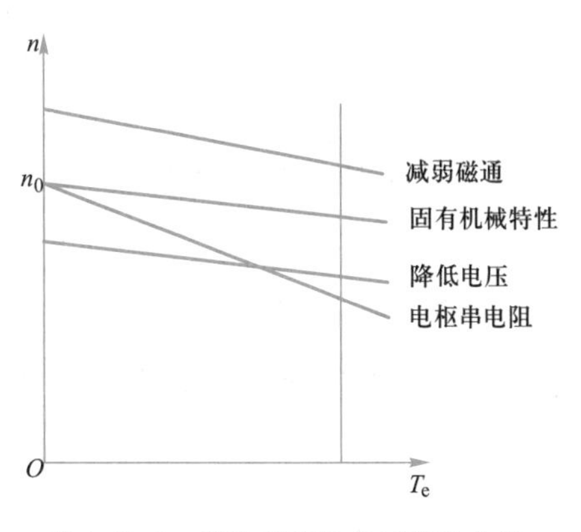

图4-2-1 调速对应的机械特性曲线

1. 电枢串电阻调速

对于已经出厂的电动机，它的电枢电阻 R_a 是一定的，但是可以在电枢回路中串联一个可变电阻来调速。与串联电阻起动的接线相同，调速电阻可以作为起动变阻器使用，但起动变阻器却不能作为调速电阻使用。

这种调速方法的特点是：设备简单、投资少、操作方便，属于恒转矩调速方式，转速只能由额定转速往下调，是分级调速，调速平滑性差；低速时机械特性软、电能浪费多、效率低、调速级数有限。它多用于负载对转速的稳定性要求不高的设备中，如起重机、电车等。目前，此种方式已逐步被晶闸管可调直流电源调速代替。

2. 降压调速

降压调速保持励磁电流不变，只通过改变电枢电压实现调速的目的，因此需要可变电压的直流电源。

这种调速方法的特点是：机械特性硬、转速稳定性好、调速范围大、电能损耗小、可实现无级调速；转速只能调低，不能调高，是恒转矩调速；需要专用的调速直流电源，成本较高。一般用于大中容量的直流电动机中。随着晶闸管变流技术的飞速发展，降压调速已获得广泛应用。

3. 弱磁调速

这是一种通过改变直流电动机主磁场强度进行调速的方法，因此也称为改变励磁回路电阻调速。通常电动机工作在磁路接近饱和的状态，所以只能采用减弱主磁场强度的方法来调速。

这种调速方法的特点是：由于调速是在励磁回路中进行，功率较小，故能量损失小，控制方便；速度变化比较平滑，可以做到无级调速，但转速只能向上调，不能在额定转速以下进行调节，故只能与前两种调速方法结合使用，作为辅助调速；转速提高时要考虑机械强度的影响，最高转速一般控制在 1.2 倍额定转速的范围内，故调速范围较小；调速后的机械特性较硬，转速较稳定，属恒功率调速。这种调速方法适用于需要向上调速的电力拖动系统。

二、调速电路和工作过程

直流电动机电枢串电阻调速控制电路与图 4-1-1 所示电路相同，原理相似。

1. 电路组成

直流电动机电枢串电阻调速控制电路由整流电路、主电路和控制电路三部分组成。

2. 工作过程

整流电路将 220 V 交流电转换成 110 V 直流电，加入主电路输入端，控制电路接 380 V 交流电源。

（1）低速运行过程如下：

按下按钮SB2→KM1线圈得电→KM1辅助动合触点闭合，自锁
→KM1主触点闭合→电动机M串R_1、R_2低速转动

（2）加速运行过程如下：

按下按钮SB3→KM2线圈得电→KM2辅助动合触点闭合，自锁
→主电路KM2动合触点闭合→切除R_2，电动机M串入R_1高速运行

（3）再次加速运行过程如下：

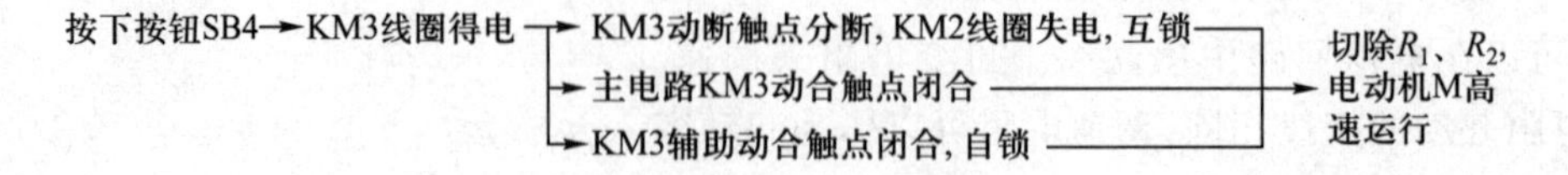

(4) 停止过程如下:

按下 SB1→KM1、KM3 线圈失电→电动机停转

要点提示

调速电阻可以作为起动变阻器使用,但起动变阻器不能作为调速电阻使用。

任务实施

做中学

安装与检修直流电动机电枢串电阻调速控制电路

安装与检修直流电动机电枢串电阻调速控制电路的方法和步骤与安装与检修直流电动机电枢串电阻起动控制电路的方法和步骤相同,只是要特别注意调速电阻与起动变阻器的不同之处(方法略)。

任务评价

根据自评、小组互评和教师评价将项目得分以及总评内容和得分填入表 4-2-1。

表 4-2-1 评价反馈表

任务名称	直流电动机调速控制电路的安装与检修	学生姓名	学号	班级	日期

项目内容	配分	评分标准	得分
熟悉电路	20分	熟悉直流电动机调速控制电路,会分析工作过程	
安装	40分	1. 安装前确保电源切断(10分)	
		2. 安装顺序正确,接线良好(10分)	
		3. 用万用表正确检查电路有无断路、短路故障(10分)	
		4. 检查无误并通知教师后通电试车(10分)	
检修	20分	根据故障现象,用万用表或验电笔判断故障并检修	
实训后	10分	规范整理实训器材	
职业素养养成	10分	严格遵守安全规程、文明生产、规范操作,养成严谨、专注、精益求精的职业精神,注重小组协作、德技并修	
总评			

思考与拓展

1. 直流电动机的调速方法有几种？各有何特点？
2. 说明调速电阻和起动变阻器在使用方面有何区别？

任务2 直流电动机制动控制电路的安装与检修

任务描述

电动玩具汽车与实际的电动汽车控制有所不同，由于没有机械制动装置，制动必须采用相应的制动电路来实现，制动电路的功能是给电动机加上与原转向相反的转矩，使电动机迅速停转或限制电动机的转速。具体的制动控制是如何实现的呢？

知识储备

直流电动机的制动方法可分为机械制动和电气制动，其中电气制动又可以分为三种：能耗制动、反接制动和回馈制动。

一、能耗制动

能耗制动是指维持直流电动机的励磁电源不变，切断正在运转的电动机电枢的电源，再接入一个外加制动电阻，组成回路，将机械动能变为热能消耗在电枢和制动电阻上，迫使电动机迅速停转。

典型的直流并励电动机能耗制动控制电路如图 4-2-2 所示。

1. 电路组成

直流并励电动机能耗制动控制电路由整流电路、主电路和控制电路三部分组成。

2. 工作过程

整流电路将 220 V 交流电转换成 110 V 直流电，加入主电路输入端，控制电路接 380 V 交流电源。

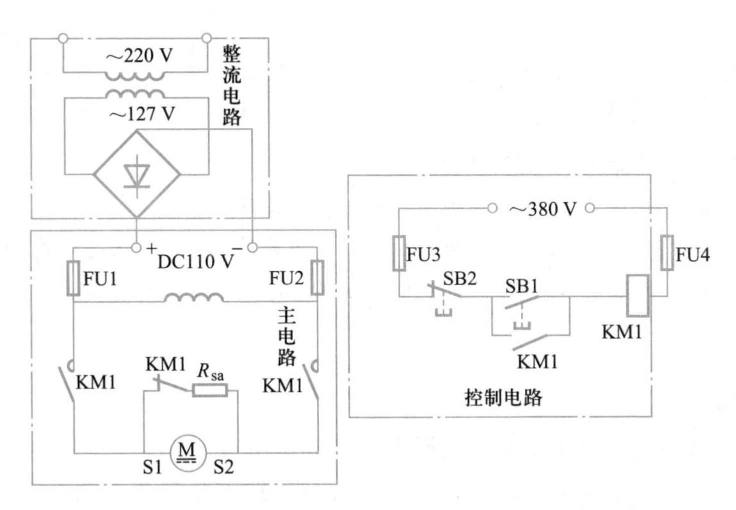

图 4-2-2　典型的直流并励电动机能耗制动控制电路

（1）起动过程如下：

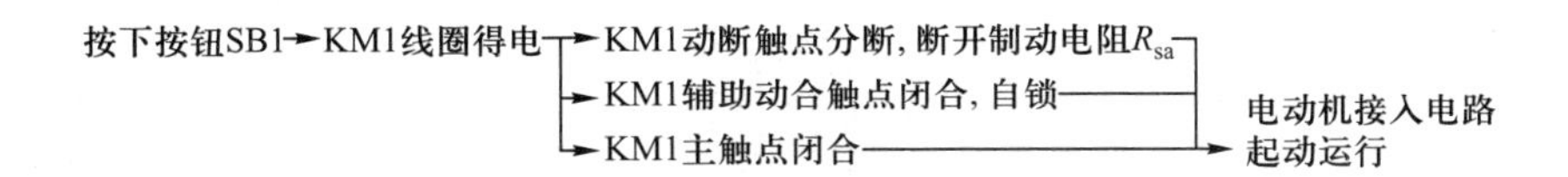

（2）制动过程如下：

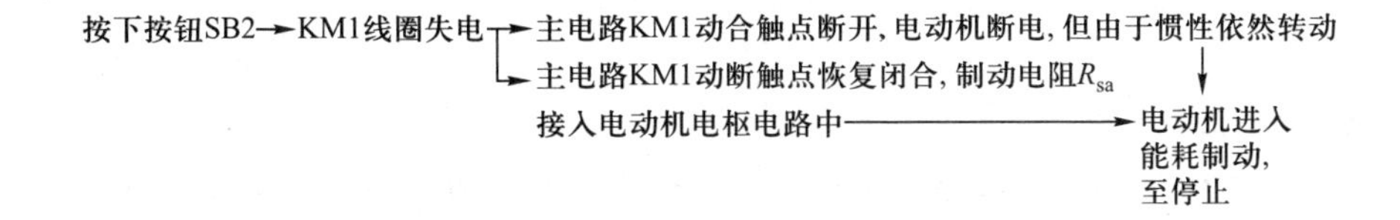

要点提示

（1）能耗制动过程中，电动机工作在发电状态，将系统的动能转化为电能，全部消耗在电枢回路的电阻上。

（2）调节制动电阻 R_{sa} 的大小可改变电枢电流 I_a 和制动转矩 T 的大小。

（3）能耗制动的优点是设备简单、操作方便、运行可靠、制动过程平稳、便于准确停车；缺点是能量无法利用，低速时制动效果差，适用于要求迅速停车的场合。

二、反接制动

反接制动是把运转中的电动机的电枢绕组反接到电源上，通过改变电枢绕组电压极性使电磁转矩改变方向，产生制动转矩。

要点提示

（1）电枢绕组反接时，一定要在电枢回路中串入制动电阻 R_{sa}，以限制电枢电流 I_a，否则，在反接的瞬间，电动机转速未变，电动势 E_a 不变，外接电压极性改变，在电枢绕组上加了接近两倍的额定电压，电枢电流比直接起动时还要大。

（2）当制动结束后，要迅速切断电源，否则电动机将反转。

（3）反接制动的优点是设备简单、操作方便、制动效果强烈；缺点是电能损耗多，对电源的冲击较大。反接制动一般用于要求迅速制动的场合，通常只在小功率直流电动机上采用。

三、回馈制动

回馈制动的原理与三相异步电动机的回馈制动基本相同。

回馈制动的优点是能量损耗少，电路不需任何改接；缺点是转速必须高于理想空载转速，不能用于快速停车。回馈制动适用于起重机快速下放重物或电车快速下坡的场合。

任务实施

做中学

安装与检修直流并励电动机能耗制动控制电路

一、器材和工具

安装与检修直流并励电动机能耗制动控制电路所需器材和工具如图 4-2-3 所示。

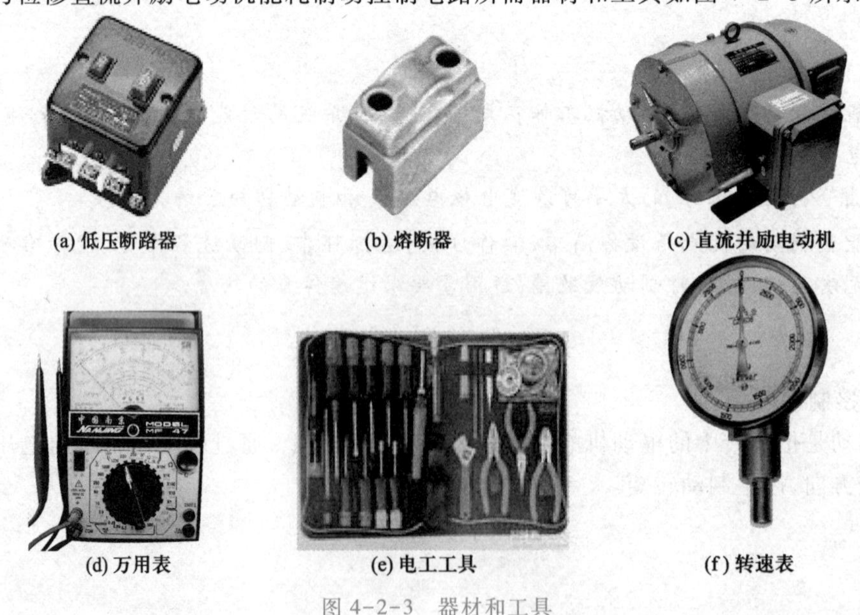

(a) 低压断路器　(b) 熔断器　(c) 直流并励电动机

(d) 万用表　(e) 电工工具　(f) 转速表

图 4-2-3　器材和工具

二、操作步骤

以小组为单位，进行直流并励电动机能耗制动控制电路的识图、装配与检修等训练，整个过程要求团队协作、安全规范操作、严谨细致、精益求精。

1. 识读图 4-2-2 所示电路图，明确电路所用元器件及作用，熟悉电路的工作过程。

2. 检查安装直流并励电动机能耗制动控制电路所需的元器件及导线型号、规格、数量、质量，并将检查情况列表记录（记录表略）。

3. 在配电板上，按工艺要求布置元器件，可以参考图 4-2-4(a)，鼓励小组创新更合理的布置方案。

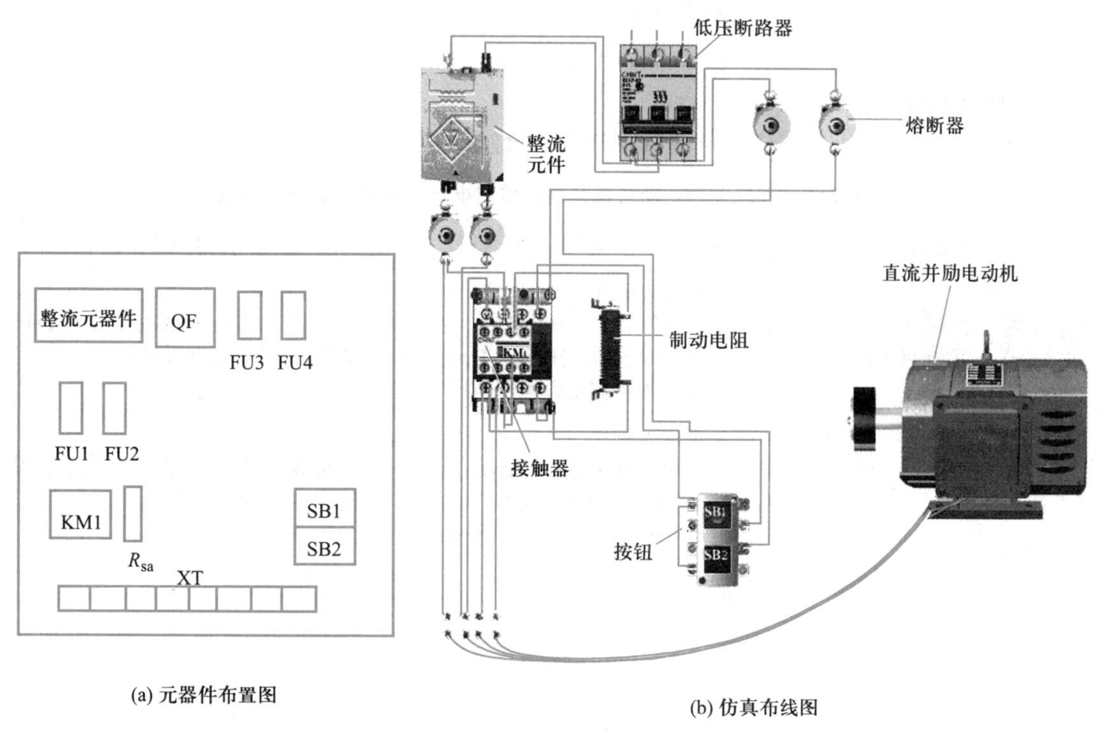

(a) 元器件布置图　　(b) 仿真布线图

图 4-2-4　直流并励电动机能耗制动控制电路的元器件布置图与仿真布线图

4. 布置好元器件图后，按图 4-2-2 所示进行接线，可参考图 4-2-4(b)。

5. 接线完毕后，先进行直观检测。经直观检查确认无误后，在不通电的情况下，用万用表检测电路有无断路、短路故障。

6. 电路自检无误，经教师同意后方可合上开关接通电源进行运行调试。坚决杜绝未经教师同意擅自试车的现象，关注安全生产、规范操作的职业素养养成。

① 合上电源开关，按下起动按钮 SB1，起动电动机，待电动机转速稳定后，用转速表测量其转速。

② 按下按钮 SB2，电动机进行能耗制动，记下能耗制动停车所用的时间，并与无制动停车所用时间进行比较。

要点提示

(1) 通电试运行前要认真检查接线是否正确、牢靠,特别是励磁绕组的接线。

(2) 通电试运行时,对电动机无制动停车时间和能耗制动停车时间进行比较,必须保证电动机的转速在基本相同时开始计时。

(3) 若遇异常情况,应立即断开电源停车检查。

(4) 制动电阻 R_{sa} 的值,可按下式估算

$$R_{sa}=\frac{U_N}{I_N}-R_a$$

式中,R_a 为电动机电枢回路电阻。

三、电路检修

按照表 4-2-2,小组合作进行电路故障排查及检修训练。

表 4-2-2 直流并励电动机能耗制动控制电路的常见故障排查方法

故障现象	原因分析	检查方法
按下起动按钮 SB1 后,接触器 KM1 不吸合,电动机不能起动	可能故障点: 1. FU3 或 FU4 断路; 2. KM1 主触点接触不良; 3. 整流电路电源电压不正常	可用万用表测量电压或用验电笔测试,检查断路故障点
按下按钮 SB2 后,电动机能耗制动不能实现	可能故障点: 1. SB2 动断触点不能断开; 2. KM1 主触点不能断开; 3. KM1 动断触点不能闭合	可用万用表测量电压或用验电笔测试,检查断路故障点

任务评价

根据自评、小组互评和教师评价将项目得分以及总评内容和得分填入表 4-2-3。

表 4-2-3 评价反馈表

任务名称	直流电动机制动控制电路的安装与检修	学生姓名	学号	班级	日期

项目内容	配分	评分标准	得分
熟悉电路	20 分	熟知直流电动机制动控制电路,会分析工作过程	
安装	40 分	1. 安装前确保电源切断(10 分)	
		2. 安装顺序正确,接线良好(10 分)	
		3. 用万用表正确检查电路有无断路、短路故障(10 分)	

续表

项目内容	配分	评分标准	得分
		4. 检查无误并通知教师后通电试车(10 分)	
检修	20 分	根据故障现象,用万用表或验电笔判断故障并检修	
实训后	10 分	规范整理实训器材	
职业素养养成	10 分	严格遵守安全规程、文明生产、规范操作,养成严谨、专注、精益求精的职业精神,注重小组协作、德技并修	
总评			

思考与拓展

1. 直流电动机的制动方法有几种? 各有何特点?
2. 查阅资料,画出直流并励电动机能耗制动控制电路的简图。

模块小结

1. 直流电动机起动时为了限制起动电流,可以在电枢回路串电阻或降低电枢电压。

2. 对于直流并励电动机,一般采用电枢绕组反接的方法来实现反转。

3. 当转矩不变时,直流电动机的调速方法有电枢串电阻调速、降压调速、弱磁调速。

4. 直流电动机的制动方法可分为机械制动和电气制动,其中电气制动又可以分为三种:能耗制动、反接制动和回馈制动。

复习思考题

一、填空题

1. 直流电动机由__________状态加速达到__________的过程，称为起动过程。起动电流可达额定电流的__________倍，起动转矩可达额定转矩的__________倍，为了限制起动电流，可以在__________串电阻或降低__________电压。

2. 电动机在__________不变的情况下，改变电动机的转速称为调速。

3. 当转矩不变时，直流电动机的调速有__________、__________和__________三种调速方法。

4. 直流电动机切换正反转的方法有__________和__________两种，其中直流并励电动机一般采用的方法是________________。

5. 直流电动机的制动方法可分为__________和__________，其中电气制动又可以分为__________、__________、__________。

二、选择题

1. 对于直流电动机，下列说法正确的是(　　)。

A. 转子电流是根据电磁感应原理产生的

B. 加装换向磁极的目的是增强电枢磁场

C. 必须直接起动

D. 弱磁调速可以实现无级调速

2. 直流电动机电枢串电阻调速时(　　)。

A. 起动变阻器可以作为调速电阻用

B. 调速电阻可以作为起动变阻器用

C. 起动变阻器和调速电阻可以混用

D. 电枢串电阻起动与调速的原理和接线不相同

3. 直流电动机反接制动时，电枢电流很大，这是因为(　　)。

A. 电枢反电动势大于电源电压

B. 电枢反电动势小于电源电压

C. 电枢反电动势为零

D. 电枢反电动势与电源电压同方向

4. 不属于直流电动机制动方式的是(　　)。

A. 能耗制动　　B. 反接制动　　C. 回馈制动　　D. 电容制动

5. 弱磁调速适用于(　　)。

A. 三相笼型异步电动机　　B. 直流电动机

C. 三相绕线转子异步电动机　　　D. 单相异步电动机

三、分析题

1. 直流电动机能耗制动有何特点?
2. 直流电动机电枢回路串电阻调速有何特点?
3. 直流电动机起动方法有哪两种? 各有何特点?
4. 直流电动机采用反接制动时,在电枢回路中串入制动电阻的目的是什么? 请说明原因。

*模块5

PLC及变频器控制线路的安装与检修

模块导入

随着微处理器、计算机和数字通信技术的飞速发展,计算机控制已经扩展到了几乎所有的工业领域。现代社会要求制造业对市场需求迅速做出反应,生产出小批量、多品种、多规格、低成本和高质量的产品,为了满足这一要求,生产设备和自动生产线的控制系统必须具有极高的可靠性和灵活性,PLC(可编程控制器)和变频器正是顺应这一需求出现的,它是以微处理器为基础的通用工业控制装置。

本模块我们将一起了解 PLC 和变频器的外形、基本结构及接线,熟悉 PLC 的程序设计和变频器的基本操作,掌握正确使用 PLC 对典型电气控制线路进行改造的方法,提升应用变频器实现基本控制电路的安装与检修的技能。

职业综合素养提升目标

1. 掌握 PLC 的基本结构、基本单元及基本指令,会用 PLC 实现三相异步电动机的单向连续、正反转、Y-Δ 降压起动控制,会根据控制要求进行电路安装接线、程序设计及电路检修。

2. 了解变频器的基本组成、基本接线、面板基本操作及参数调整方法,会用变频器实现多转速控制电路、正反转控制电路的安装接线、参数设定、程序设计及通电试车,会进行常见故障排查与检修。

3. 树立 PLC 及变频器控制线路的安装与检修过程中的安全生产、环境保护及规范电气操作意识,在新知探究及技能实操的过程中注意培养团队协作、严谨细致、规范操作、精益求精的工匠精神,促进自身的电气操作职业岗位综合素养养成。

项目1
PLC控制线路的安装与检修

项目概述

20世纪60年代世界上第一台PLC研制成功。最初的PLC只能进行计数、定时及开关量的逻辑控制，随着计算机技术的发展，PLC的功能不断扩展和完善，其功能远远超出了逻辑控制的范围，已经成为实际意义上的一种工业控制计算机。

PLC取代继电器-接触器系统实现工业自动控制，不仅用软件编程取代硬接线，使改变控制要求时只需要改变程序而无需重新配线，而且由于用PLC内部软继电器取代了许多电器，从而大大减少了电器的数量，简化了电气控制系统的接线，减少了电气控制柜的安装尺寸，充分体现出设计快速、通用性强、可靠性高、成本低廉的优点。

本项目主要介绍PLC的基本指令，如何对三相异步电动机基本控制电路进行PLC改造等知识，通过学习，掌握PLC基本指令的使用方法，会进行简单控制电路的PLC程序设计。

任务1　PLC控制单向连续控制电路的安装与检修

任务描述

小明是一家企业的电气工程师，他平时操作的三相异步电动机控制要求是：按下起动按钮，电动机起动，按下停止按钮，电动机停止。最近企业要对电气设备进行技术升级，要通过PLC进行控制，如何实现呢？

知识储备

一、PLC

可编程控制器（PLC）是一种数字运算操作的电子系统，专为在工业环境应用而设计，它采用了可编程的存储器，用来在其内部存储逻辑运算、顺序控制、定时、计数和算术运算等操作指令，并具有数字式和模拟式的输入输出，控制各种类型的机械以及生产过程。

二、PLC 的基本结构

PLC 实质上是一种工业控制计算机，主要由中央处理单元(CPU)，存储器(RAM、ROM)，输入/输出(I/O)单元，电源等组成，如图 5-1-1 所示。

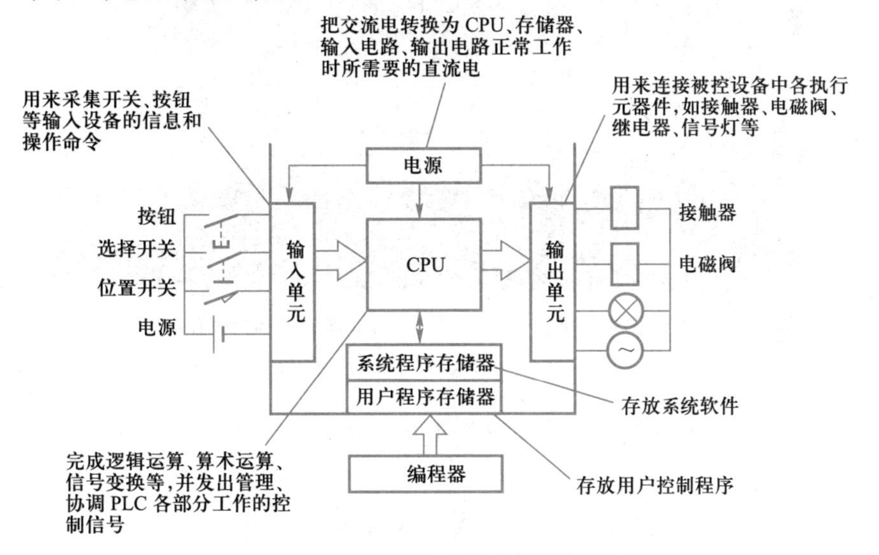

图 5-1-1 PLC 的基本结构

要点提示

(1) CPU 是 PLC 的核心，相当于人的大脑。

(2) PLC 中的存储器按功能可分为系统程序存储器和用户程序存储器。

(3) 输入/输出单元是 PLC 与外部设备连接的接口。

(4) PLC 的供电电源一般为 AC220 V。

三、PLC 的基本单元

以 FX_{2N} 系列为例，PLC 的基本单元一般有外部端子部分、指示部分及接口部分，FX_{2N} 系列 PLC 的外形如图 5-1-2 所示。

做中教

以小组为单位，仔细观察 PLC 的外部端子部分、指示部分和接口部分，探究电源接线和输入、输出端子的接线规律。

1. 外部端子部分

外部端子包括 PLC 电源端子(L、N、⏚)，供外部传感器用的 DC24V 电源端子(24+、COM)，输入端子(X)，输出端子(Y)等。外部端子主要完成信号的连接以及供电。

输入端子与输入电路相连，输入电路通过输入端子可随时检测 PLC 的输入信息，即通过输入元件(如按钮、转换开关、行程开关、继电器的触点、传感器等)连接到对应的输入端子上，通过输入电路将信息送到 PLC 内部进行处理，一旦某个输入元件的状态发生变化，则对应输入点(软

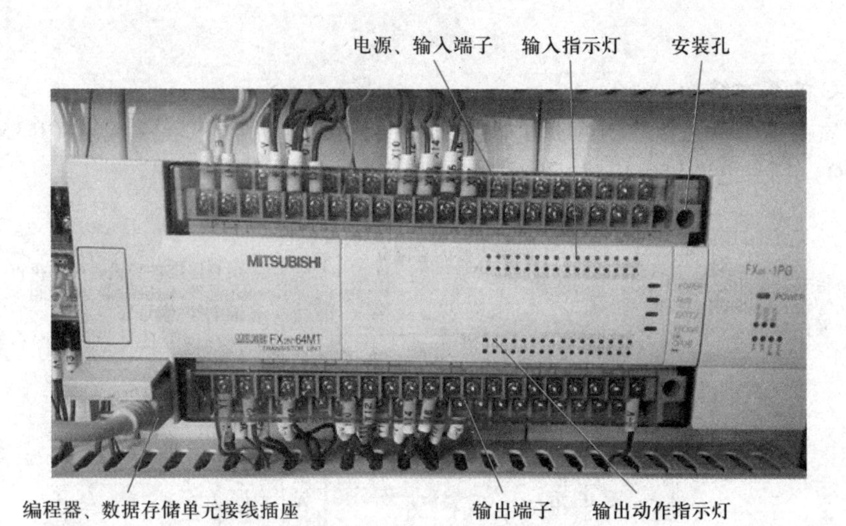

图 5-1-2 FX_{2N}系列 PLC 的外形

元件)的状态也随之变化,其连接示意图如图 5-1-3 所示。

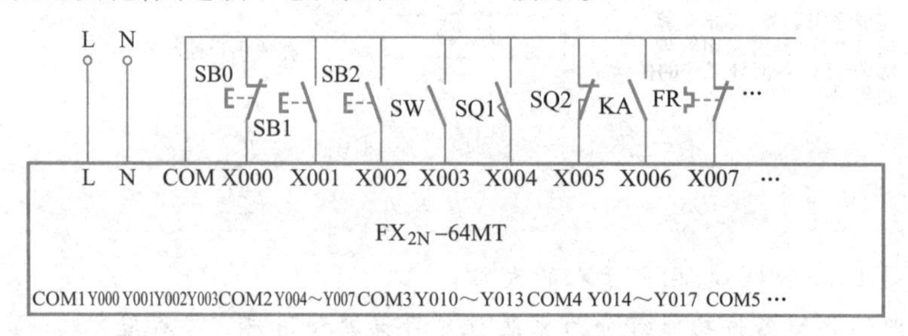

图 5-1-3 输入信号连接示意图

输出回路就是 PLC 的负载驱动回路,通过输出点,将负载和负载电源连接成一个回路,这样,负载就由 PLC 的输出点来进行控制,其连接示意图如图 5-1-4 所示。负载电源的规格,应根据负载的需要和输出点的技术规格来选择。

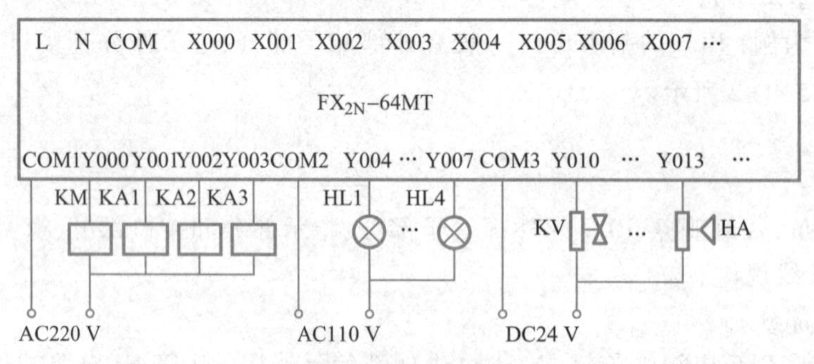

图 5-1-4 输出信号连接示意图

2. 指示部分

指示部分包括各 I/O 点的状态指示、PLC 电源(POWER)指示、PLC(RUN)指示、用户程序存储器后备电池(BATT)状态指示及程序出错(PROG-E)指示、CPU 出错(CPU-E)指示等,用于反

映 I/O 点及 PLC 的状态。

3. 接口部分

接口部分主要包括编程器、扩展单元、扩展模块、特殊模块及存储卡盒等外部设备的接口，其作用是完成基本单元同上述外部设备的连接。在编程器接口旁边，还设置了一个 PLC 运行模式转换开关 SW1，它有 RUN 和 STOP 两个运行模式，RUN 模式能使 PLC 处于运行状态（RUN 指示灯亮），STOP 模式能使 PLC 处于停止状态（RUN 指示灯灭），此时，PLC 可进行用户程序的录入、编辑和修改。

四、PLC 的编程元件

PLC 是采用软件编制程序来实现控制要求的。编程时要使用到各种编程元件，编程元件是指输入继电器、输出继电器、辅助继电器、定时器和计数器等。

要点提示

PLC 中的继电器与实际使用的继电器十分相似，也有“线圈”与“触点”，但它们是 PLC 存储器的存储单元。当写入该单元的逻辑状态为 1 时，表示相应继电器线圈通电，其动合触点闭合，动断触点断开。所以，PLC 中的继电器称为软继电器。

（1）输入继电器（X）

输入继电器是 PLC 接收外部输入信号的窗口，每一个输入继电器的线圈与 PLC 的一个输入端子相连，并带有动合和动断触点，这些触点可以在 PLC 的程序中多次引用，其次数不受限制。输入继电器只能由外部控制现场的信号驱动，不受 PLC 程序的控制，不能被程序指令来驱动。

例如，FX_{2N}-48M 的输入继电器编号为 X000～X007、X010～X017、X020～X027 共 24 点。

（2）输出继电器（Y）

输出继电器是 PLC 向外部负载传递控制信号的器件，每个输出继电器有一个动合触点与输出端子相连，每个输出端子对应于外接的一个物理继电器或其他执行元件。输出继电器的触点状态是被程序的执行结果驱动的，其动合和动断触点在编程时都可以无限次使用。

例如，FX_{2N}-48M 的输出继电器编号为 Y000～Y007、Y010～Y017、Y020～Y027 共 24 点。

图 5-1-5 所示为输入与输出继电器等效电路。图中的输入和输出继电器线圈实际是存储器中的位，当 X000 外接的按钮 SB1 接通时，输入继电器线圈相对应的位为 1 状态，输入继电器的动合触点 X000 闭合，输出继电器的线圈 Y000 相对应的位为 1 状态，输出的物理继电器的实际动合触点 Y000 闭合，使外部负载工作。

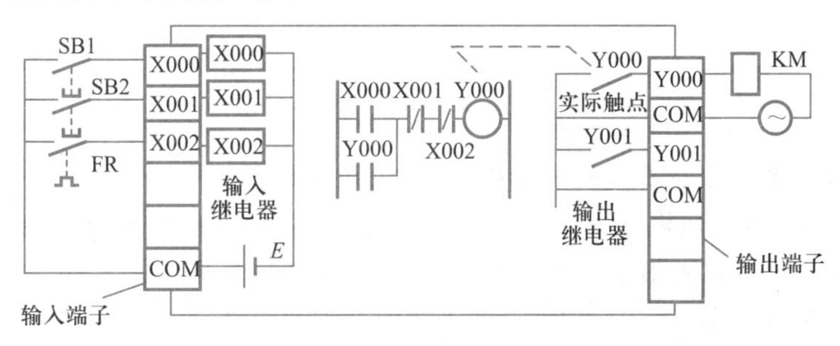

图 5-1-5　输入与输出继电器等效电路

(3) 辅助继电器(M)

PLC 内有很多的辅助继电器,其线圈与输出继电器一样,由 PLC 内各软元件的触点驱动。辅助继电器和外部没有联系,只供内部编程使用,外部负载的驱动必须通过继电器来实现。在 FX_{2N} 中普遍采用 M0~M3071,共 3 072 点辅助继电器,除输入、输出继电器按八进制编号外,其他按十进制编号。

(4) 定时器(T)

在 PLC 内的定时器是根据时钟脉冲累积工作的,即当计时达到设定值时,其输出触点动作,时钟脉冲有 1 ms、10 ms、100 ms。定时器可以用用户程序存储器内的常数 K 作为设定值。在 FX_{2N} 中,T0~T199 共 200 点,为 100 ms 定时器,T200~T245 共 46 点,为 10 ms 定时器,T246~T249 共 4 点,为 1 ms 积算定时器,T250~T255 共 6 点,为 100 ms 积算定时器。

(5) 计数器(C)

FX_{2N} 中的 16 位计数器是二进制减法计数器,它是在计数信号的上升沿进行计数,它有两个输入,一个用于复位,另一个用于计数。每一个计数脉冲上升沿使原来的数值减 1,当前值减到 0 时停止计数,同时触点闭合。直到复位控制信号的上升沿输入时,触点才断开,设定值又写入,再次进入计数状态。FX_{2N} 的 16 位加计数器的范围为 C0~C199,共 200 点,其设定值在 K1~K32767 范围内有效。

五、逻辑取与输出线圈指令

(1) LD:取指令,用于动合触点与左母线的连接。

(2) LDI:取反指令,用于动断触点与左母线的连接。

(3) OUT:线圈驱动指令,用于输出逻辑运算结果。

以上指令使用说明如图 5-1-6 所示。

语句步	指令	器件号
0	LD	X000
1	OUT	Y000
2	LDI	X001
3	OUT	Y001
4	OUT	T0
		K50
5	LD	T0
6	OUT	Y002

图 5-1-6 LD、LDI、OUT 指令使用说明

要点提示

(1) LD、LDI 指令用于与左母线相连接的动合、动断触点。

(2) OUT 是驱动线圈的输出指令,适用于输出继电器、辅助继电器、状态继电器、定时器及计数器,但不能用于输入继电器。并联的 OUT 指令可以使用多次。使用 OUT 指令驱动定时器或计数器,必须设置常数 K。

六、触点串联指令

(1) AND:与指令,用于动合触点的串联。

(2) ANI:与非指令,用于动断触点的串联。

以上指令使用说明如图 5-1-7 所示。

语句步	指令	器件号
0	LD	X002
1	AND	M0
2	OUT	Y003
3	LD	Y003
4	ANI	X003
5	OUT	M0
6	AND	T1
7	OUT	Y004

图 5-1-7　AND、ANI 指令使用说明

要点提示

(1) AND、ANI 指令用于串联一个触点,可以连续使用多次。

(2) 在 OUT 指令后面,通过某一触点去驱动另一个输出线圈,称为连续输出。连续输出可重复使用。

(3) 若串联多个并联触点,必须采用 ANB 指令。

七、触点并联指令

(1) OR:或指令,用于动合触点的并联。

(2) ORI:或非指令,用于动断触点的并联。

以上指令使用说明如图 5-1-8 所示。

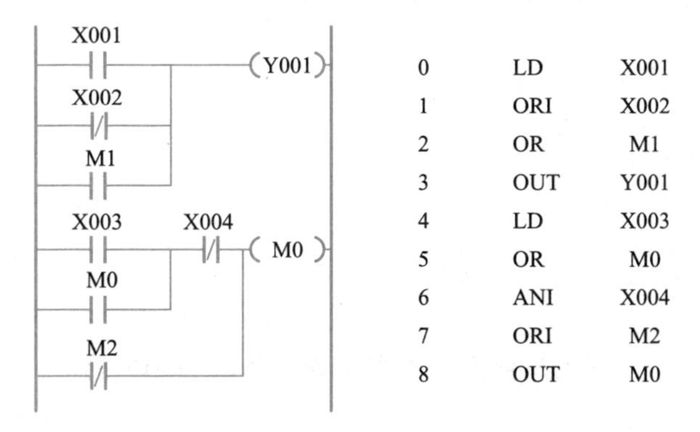

0	LD	X001
1	ORI	X002
2	OR	M1
3	OUT	Y001
4	LD	X003
5	OR	M0
6	ANI	X004
7	ORI	M2
8	OUT	M0

图 5-1-8　OR、ORI 指令使用说明

要点提示

（1）OR、ORI指令用于并联一个触点。OR、ORI指令是对其前面LD、LDI指令所使用的触点再并联一个触点，并联的次数不限。

（2）若将两个以上触点的串联支路和其他电路并联，必须采用ORB指令。

八、置位和复位指令

（1）SET：置位指令，用于操作保持指令。

（2）RST：复位指令，用于操作复位指令。

以上指令使用说明如图5-1-9所示。

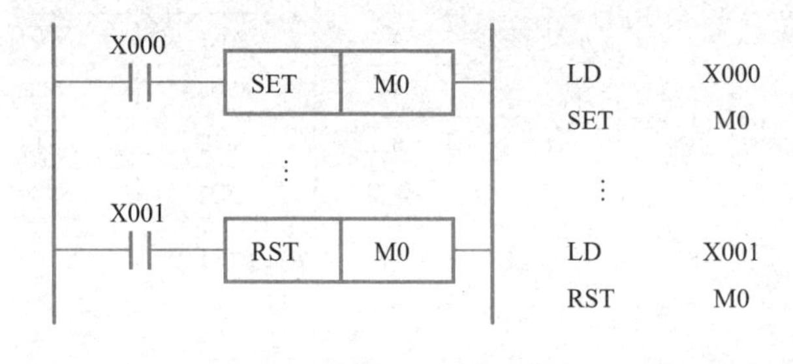

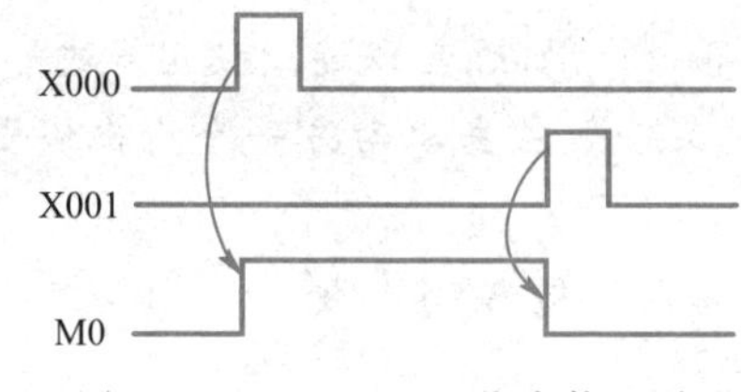

图5-1-9 SET、RST指令使用说明

要点提示

（1）当X000触点闭合，SET指令使M0接通，即使X000触点断开，M0也保持接通状态。当X001触点闭合时，RST指令使M0断开，即使X001触点断开，M0也保持断开状态。

（2）SET、RST指令的使用顺序无限制，可以在SET、RST指令之间插入其他程序。

任务实施

做中学 

安装与检修PLC控制单向连续控制电路

一、器材和工具

安装与检修PLC控制单向连续控制电路所需器材和工具如图5-1-10所示。

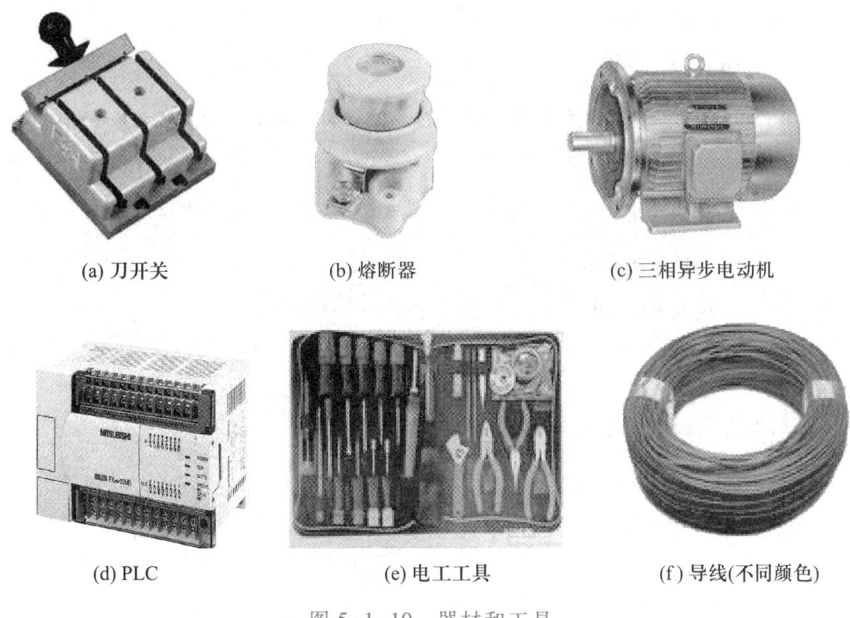

(a) 刀开关　(b) 熔断器　(c) 三相异步电动机

(d) PLC　(e) 电工工具　(f) 导线(不同颜色)

图 5-1-10　器材和工具

二、操作步骤

以小组为单位，进行 PLC 控制单向连续控制电路的安装接线与程序设计训练，整个过程要求团队协作、安全规范操作、严谨细致、精益求精。

1. 分析控制要求

根据图 5-1-11 分析控制要求：

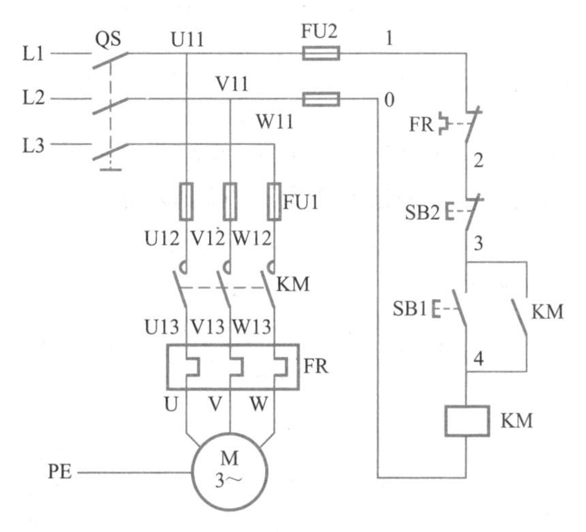

图 5-1-11　单向连续控制电路

合上电源开关，按下起动按钮 SB1，接触器 KM 线圈通电吸合，电动机 M 起动；按下停止按钮 SB2，接触器 KM 线圈断电释放，电动机 M 停转，热继电器 FR 作为电动机 M 的过载保护。

2. 确定 PLC 的 I/O 地址分配

PLC 的 I/O 地址分配见表 5-1-1。

表 5-1-1 PLC 的 I/O 地址分配表

输入信号			输出信号		
1	X000	起动按钮 SB1	1	Y000	接触器 KM
2	X001	停止按钮 SB2			
3	X002	热继电器 FR			

3. 安装接线

参考图 5-1-12 所示，画出外部接线图并进行安装接线。

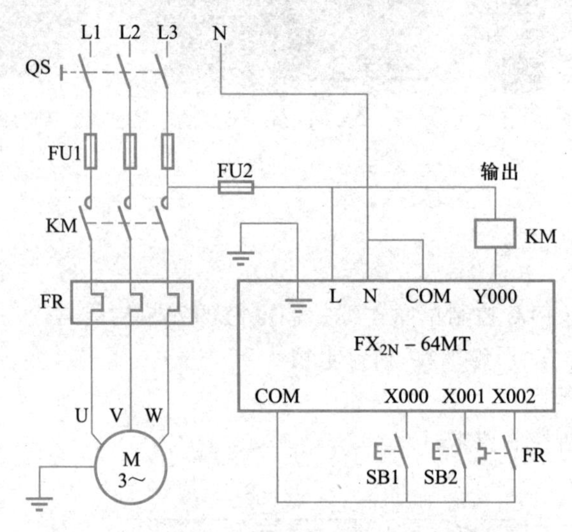

图 5-1-12 PLC 控制单向连续控制电路外部接线图

(1) 安装主电路。主电路的安装方法与继电器-接触器电路相同。

(2) 安装控制电路。PLC 控制电路按照图 5-1-12 所示接线。

4. 设计程序

(1) 程序 1 如图 5-1-13 所示。

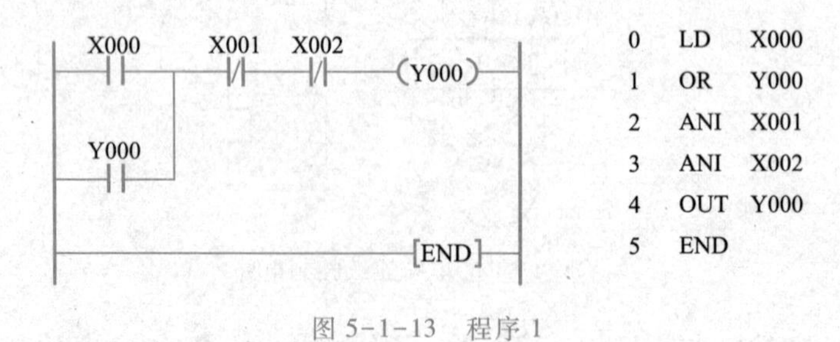

图 5-1-13 程序 1

(2) 程序 2 如图 5-1-14 所示。

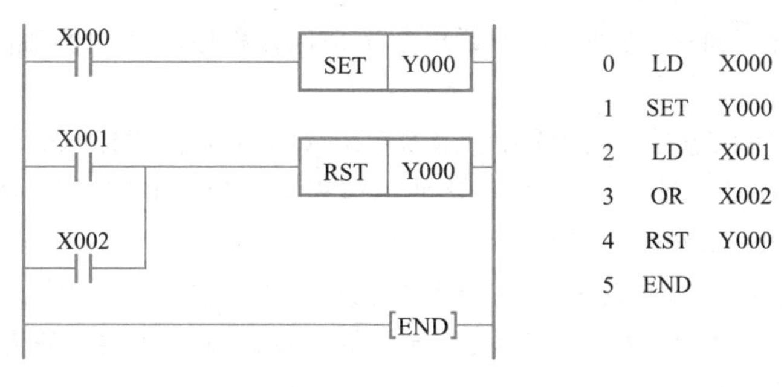

图 5-1-14　程序 2

5. 输入程序

将设计好的程序输入计算机,进行编辑和检查。发现问题,立即修改和调整程序,直到满足控制要求。然后将调试好的程序传送到现场使用的 PLC 中。

(1) 进入编辑环境:在计算机上安装好 GX Developer 编程软件后,执行“开始”→“程序”→“MELSOFT 应用程序”→“GX Developer”命令,即进入编辑环境,如图 5-1-15 所示。

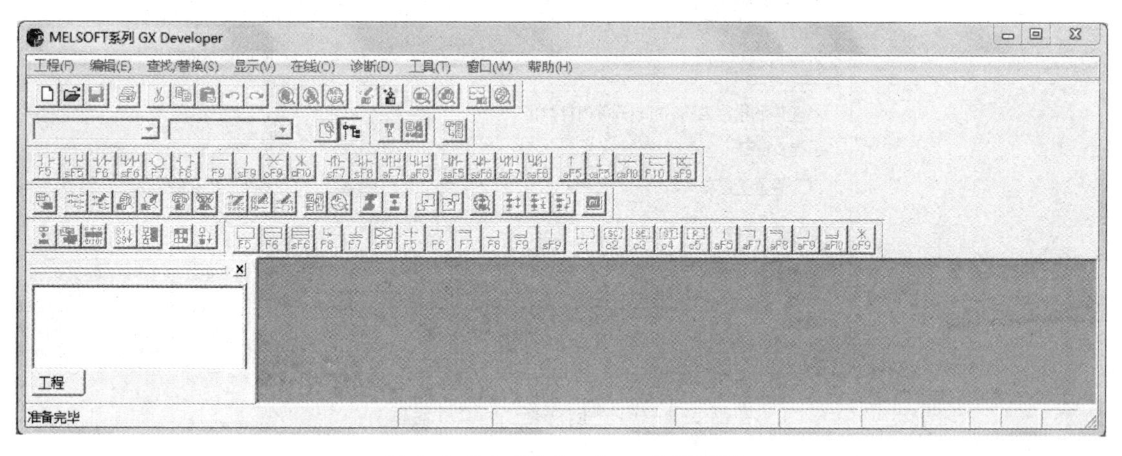

图 5-1-15　GX Developer 编辑环境

(2) 创建新工程:进入编辑环境后,可以看到该窗口编辑区域是不可用的,工具栏中除了“新建”和“打开”按钮可见以外,其余按钮均不可见。单击图 5-1-15 中的“新建”按钮,或执行“工程”→“创建新工程”命令,可创建一个新工程,出现图 5-1-16 所示的对话框。

按图 5-1-16 所示选择 PLC 系列(选 FXCPU)和类型[选 FX2N(C)]。此外,设置项还包括程序类型(选梯形图)和工程名设定。工程名设定即设置工程的保存路径(可单击“浏览”进行选择)、工程名和索引。注意,PLC 系列和 PLC 类型两项必须设置,且必须与所连接的 PLC 一致,否则程序将无法写入 PLC。设置好上述各项后,再按照弹出的对话框进行操作,直至出现图 5-1-17所示的窗口,即可进行程序的编辑。

(3) 编写单向连续控制程序,如图 5-1-18 所示。

(4) 保存工程:完成程序编辑后,必须先进行变换(即执行“变换”→“变换”命令),然后执行“工程”→“保存”或“另存为”命令,系统会提示(如果新建时未设置)保存的路径和工程的名称,设置好路径并输入工程名称后单击“保存”按钮即可。当需要打开保存在计算机中的程序时,执行“工程”→“打开工程”命令，在弹出的对话框中选择保存程序的驱动器/路径和工程名称，然后单击“打开”按钮即可。

(5) PLC与计算机的连接：将计算机中用GX Developer编程软件编好的用户程序写入PLC的CPU，一般需要将PLC与计算机连接，正确使用编程电缆（SC-09专用电缆）连接计算机（已安装好了GX Developer编程软件）和PLC。

(6) 进行传输设置：完成程序编辑后，执行“在线”→“传输设置”命令，出现图5-1-19所示对话框，设置好PC I/F和PLC I/F的各项，其他项保持默认设置，单击“确认”按钮。在设置好以后，可单击“通信测试”按钮进行通信测试，检查通信能否成功。

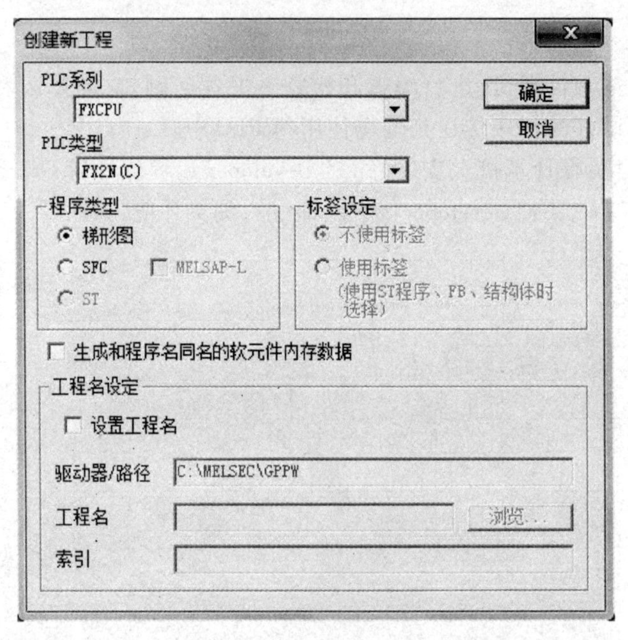

图5-1-16 “创建新工程”对话框

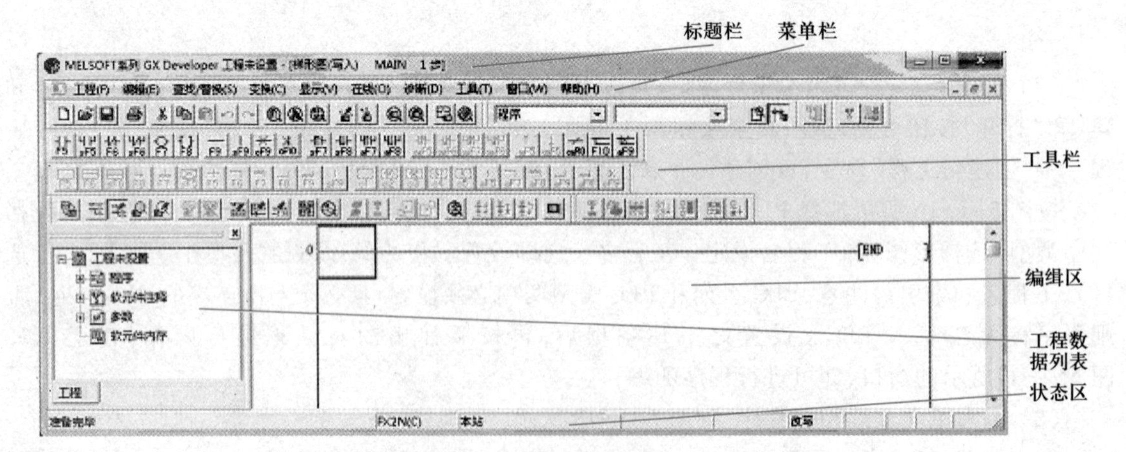

图5-1-17 程序的编辑窗口

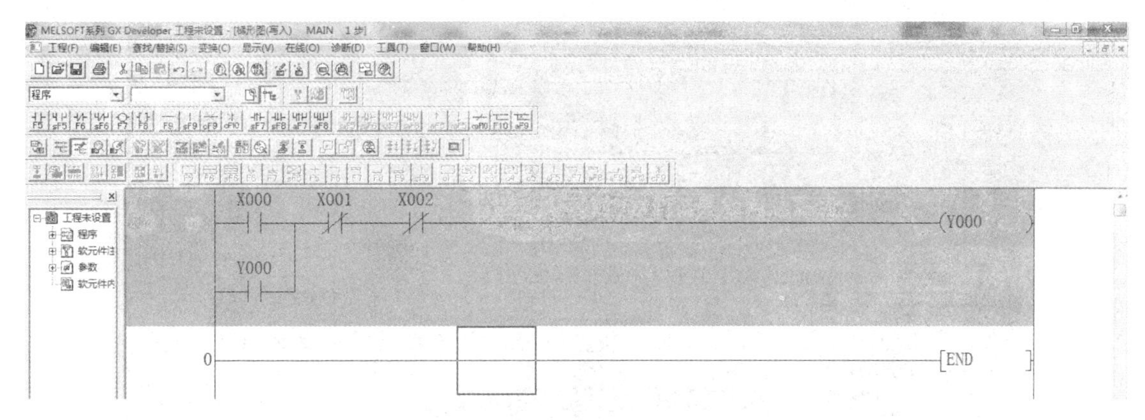

图 5-1-18　编写单向连续控制程序

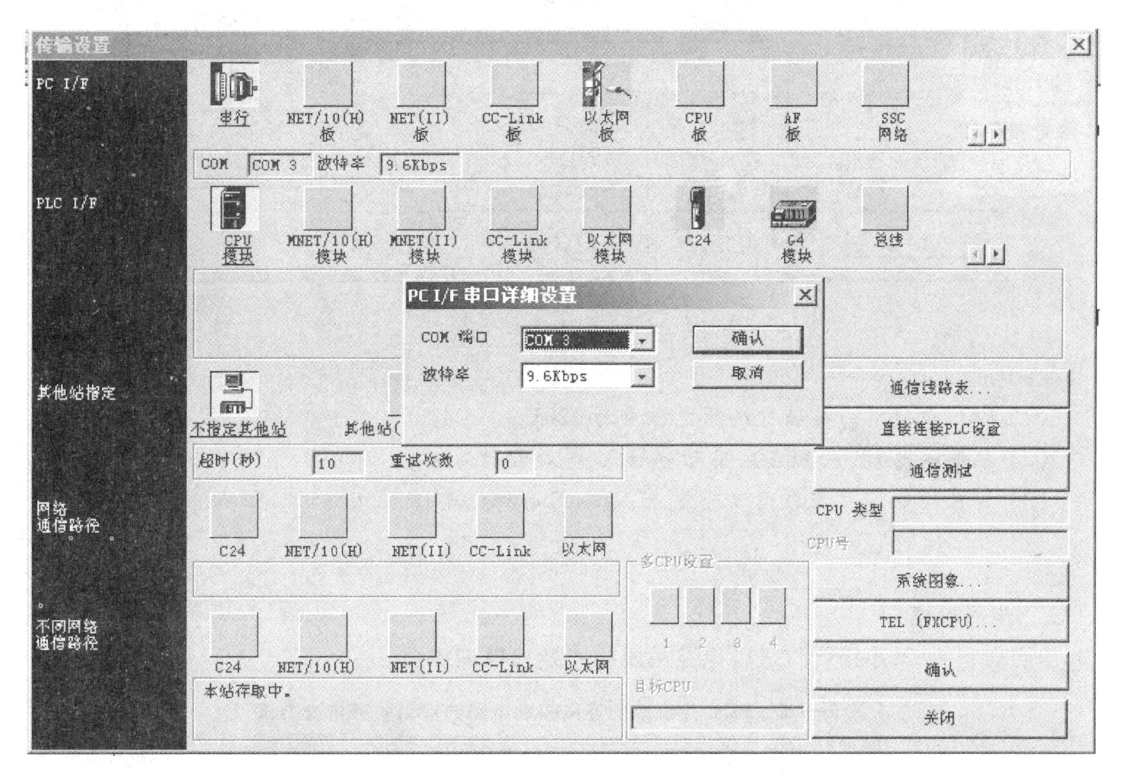

图 5-1-19　“传输设置”对话框

（7）程序写入：将 PLC 设置为“STOP”模式，执行“在线”→“PLC 写入”命令，出现图 5-1-20 所示对话框。在“PLC 写入”对话框中选中“参数+程序”，单击“执行”按钮即可。执行完 PLC 写入后，PLC 中原有的程序将被写入的程序替代。

6. 通电试车

经教师同意后，通电试车。为保证安全，可先不带负载调试，观察接触器动作是否正常，再接好三相异步电动机试车。通电试车时，必须严格遵守安全操作规程，注意安全。

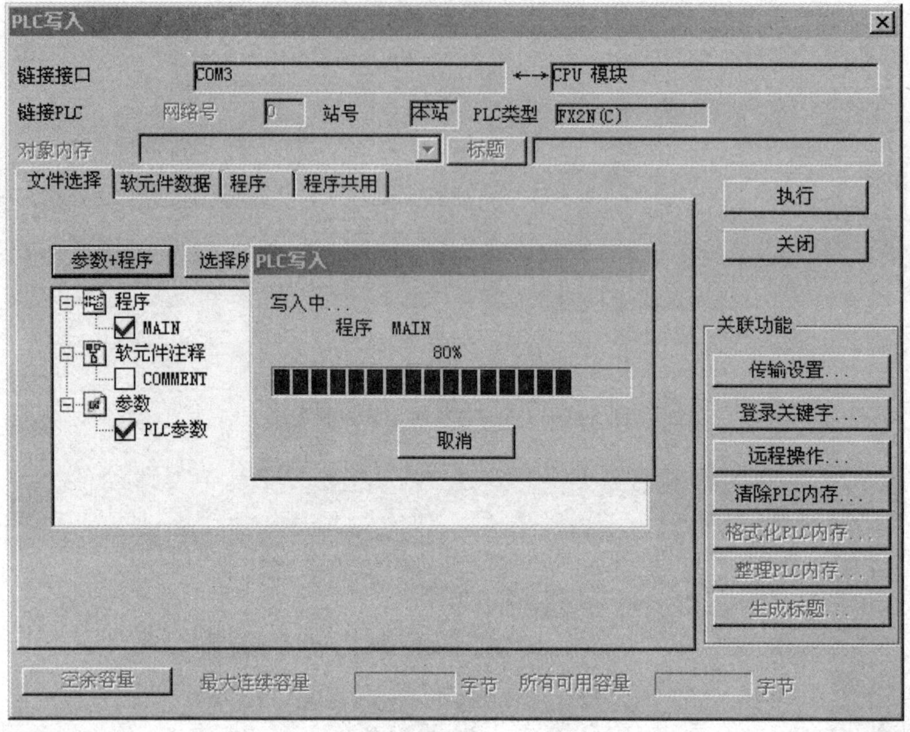

图 5-1-20 "PLC 写入"对话框

要点提示

(1) PLC 中使用的接触器线圈电压应为 220V。

(2) 热继电器 FR 的触点应用动合触点，并接在输入侧。

(3) 停止按钮 SB2 应该用动合触点，而不用动断触点。

三、电路检修

按照表 5-1-2，小组合作进行电路故障排查及检修训练。

表 5-1-2 PLC 控制单向连续控制电路的常见故障排查方法

故障现象	原因分析	图	检查方法
按下按钮 SB1 后，接触器不吸合，电动机不能起动	1. 电源电路可能故障点：断路器故障、电源连接导线故障； 2. 控制电路可能故障点：熔断器 FU2 故障、接触器线圈故障、按钮 SB1 接线断路或 SB2 及 FR 采用了动断触点	FU2、KM、L、N、COM、Y000、$FX_{2N}-64MT$、COM、X000、X001、X002、SB1、SB2、FR	可用万用表测量电压或用验电笔测试，检查断路故障点

续表

故障现象	原因分析	图	检查方法
按下按钮 SB1 后，接触器吸合，电动机有“嗡嗡”声不能起动	主电路缺相起动，可能原因是主电路熔断器 FU1、接触器主触点或连接导线断路所致	L1 L2 L3 QS FU1 KM FR	用验电笔检查

任务评价

根据自评、小组互评和教师评价将项目得分以及总评内容和得分填入表 5-1-3。

表 5-1-3 评价反馈表

任务名称	PLC 控制单向连续控制电路的安装与检修	学生姓名	学号	班级	日期
项目内容	配分	评分标准			得分
熟悉 PLC	20 分	熟悉 PLC 的基本结构及基本指令			
电气线路的设计、安装与接线	30 分	1. 不按接线图安装，扣 5 分			
		2. 元器件安装不牢固、不匀称、不合理，每次扣 5 分			
		3. 损坏元器件，扣 10 分			
		4. 不按接线图接线，扣 5 分			
		5. 布线不符合要求，每根扣 3 分			
		6. 接点不符合要求，每个扣 2 分			
		7. 损坏导线线芯或绝缘，扣 5 分			
程序的输入与调试	20 分	1. 能正确输入 PLC 程序（10 分）			
		2. 按控制要求调试，达到设计要求（10 分）			
检修	10 分	根据故障现象，用万用表或验电笔判断故障并检修			
实训后	10 分	规范整理实训器材			
职业素养养成	10 分	严格遵守安全规程、文明生产、规范操作，养成严谨、专注、精益求精的职业精神，注重小组协作、德技并修			
总评					

思考与拓展

1. OUT是______指令,适用于输出继电器、辅助继电器、状态继电器、定时器及计数器,但不能用于______。使用OUT指令驱动定时器或计数器,必须设置________。

2. AND、ANI、ANB指令各有何含义?

3. 试一试,能否编程实现三相异步电动机单向点动控制?

任务2　PLC控制双重联锁正反转控制电路的安装与检修

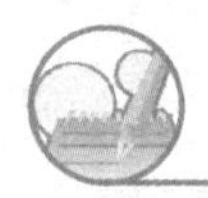

任务描述

工业自动化生产线控制系统中,常常有用传送带向两个方向传送物料的情况,即要求传送带有往复运动的能力。传送带用三相交流异步电动机拖动,要求电动机既能正转也能反转,操作既要安全又要方便,该怎样实现PLC控制呢?

知识储备

一、栈指令

(1) MPS:进栈指令。将指令处的状态进栈存储,并执行下一步指令。

(2) MRD:读栈指令。将栈中由MPS指令存储的状态读出,需要时可反复读出,栈中的状态不变。

(3) MPP:出栈指令。将栈中由MPS指令存储的状态读出,并清除栈中的状态。

以上指令使用说明如图5-1-21所示。

要点提示

(1) 栈指令用于多输出电路。

(2) MPS、MPP指令必须成对使用,并且连续使用的次数应不大于11次。

(3) MPS、MRD、MPP指令无操作数。

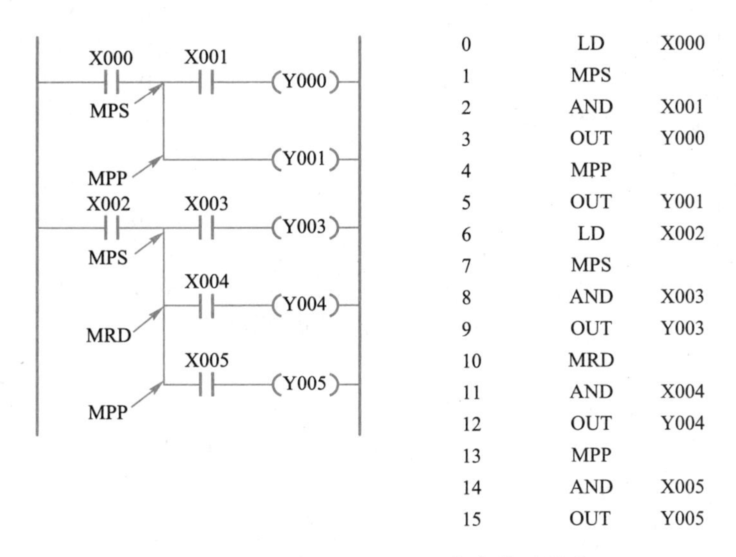

图 5-1-21 MPS、MRD、MPP 指令使用说明

二、电路块的串联指令

ANB:块与指令,用于并联电路块的串联。

ANB 指令使用说明如图 5-1-22 所示。

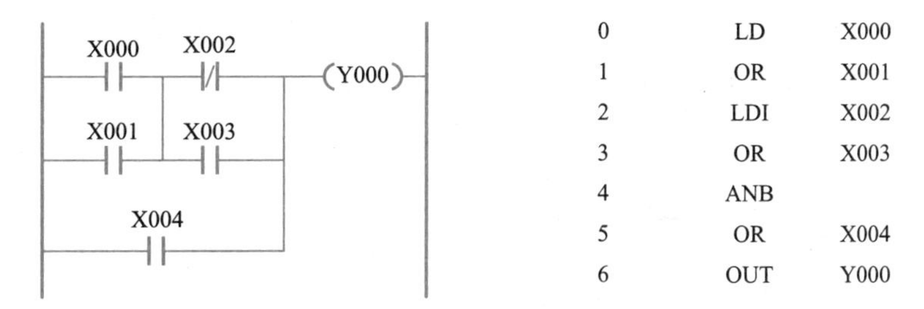

图 5-1-22 ANB 指令使用说明

要点提示

(1) ANB 指令用于多个并联支路的串联,分支的起点使用 LD 或 LD1 指令,并联电路块结束后,使用 ANB 指令与前面电路串联。

(2) ANB 指令无操作数。

三、电路块的并联指令

ORB:块或指令,用于串联电路块的并联。

ORB 指令使用说明如图 5-1-23 所示。

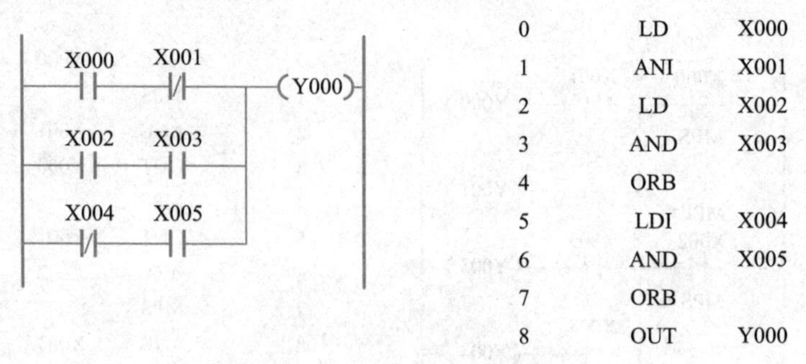

图 5-1-23 ORB 指令使用说明

要点提示

(1) ORB 指令用于多个串联支路的并联,分支的起点使用 LD 或 LDI 指令,串联电路块结束后,使用 ORB 指令与前面电路并联。

(2) ORB 指令分散使用,串联电路块的个数不限制;ORB 指令集中使用,集中使用 ORB 的次数不允许超过 8 次,一般不推荐使用。

(3) ORB 指令无操作数。

四、脉冲输出指令

(1) PLS:脉冲上微分输出指令,在触发信号的上升沿产生脉冲输出。

(2) PLF:脉冲下微分输出指令,在触发信号的下降沿产生脉冲输出。

以上指令使用说明如图 5-1-24 所示。

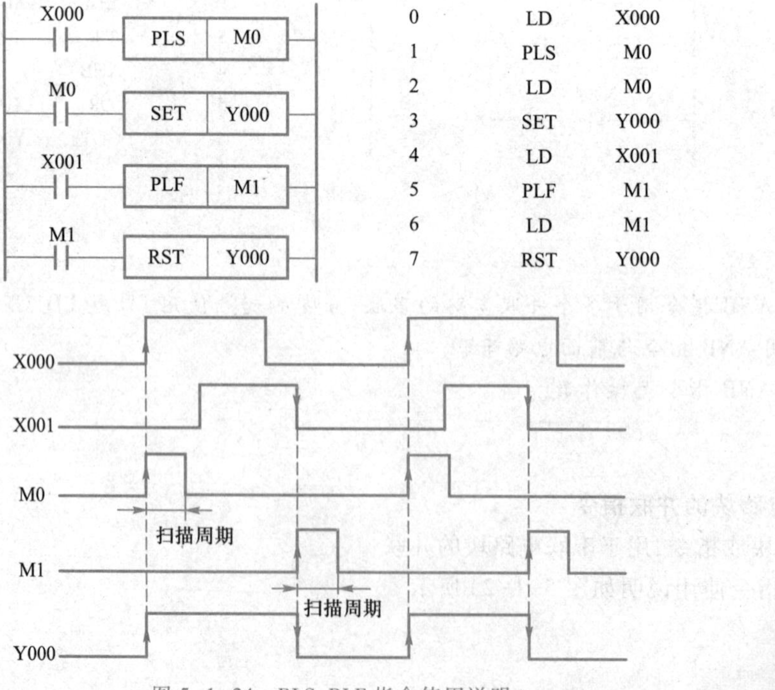

图 5-1-24 PLS、PLF 指令使用说明

五、主控与主控复位指令

（1）MC：主控指令，用于公共串联触点的连接指令。

（2）MCR：主控复位指令，即 MC 指令的复位指令。

以上指令使用说明如图 5-1-25 所示。

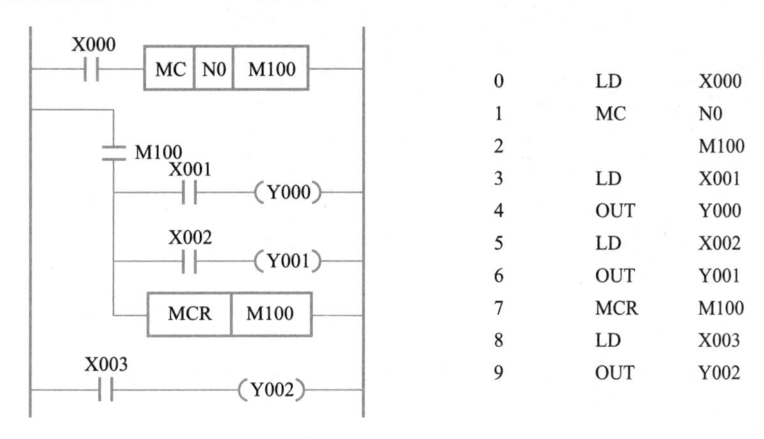

图 5-1-25 MC、MCR 指令使用说明

要点提示

（1）当 X000 触点闭合，公共串联触点 M100 接通，Y000、Y001 满足条件接通。当 X000 触点断开，M100 断开，Y000、Y001 断开。

（2）MC、MCR 指令必须成对使用。MC、MCR 指令的操作数是输出继电器 Y、辅助继电器 M，但不允许使用特殊辅助继电器 M。

六、空操作指令

NOP：空操作指令，是一个无动作、无操作数的指令。在使用 NOP 指令时，PLC 不做任何操作，只是消耗该指令的执行时间，可用于修改程序。

NOP 指令使用说明如图 5-1-26 所示。

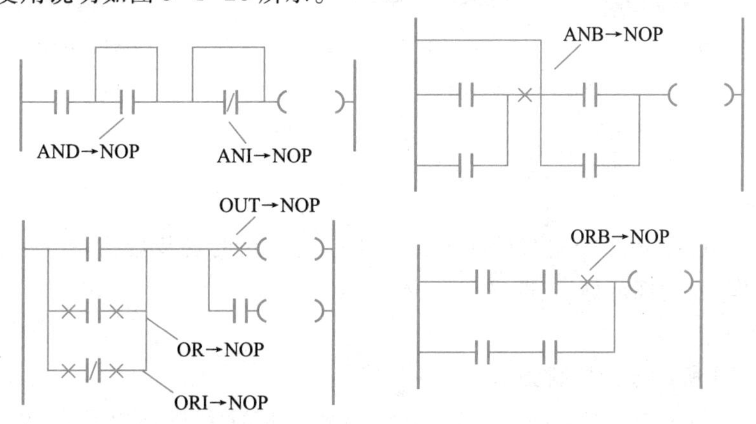

图 5-1-26 NOP 指令使用说明

七、结束指令

END:结束指令,用于程序的结束。PLC 在使用 END 指令后,就不再执行 END 后面的程序,而直接进入输出处理。

任务实施

做中学

安装与检修 PLC 控制双重联锁正反转控制电路

一、器材和工具

安装与检修 PLC 控制双重联锁正反转控制电路所需器材和工具如图 5-1-27 所示。

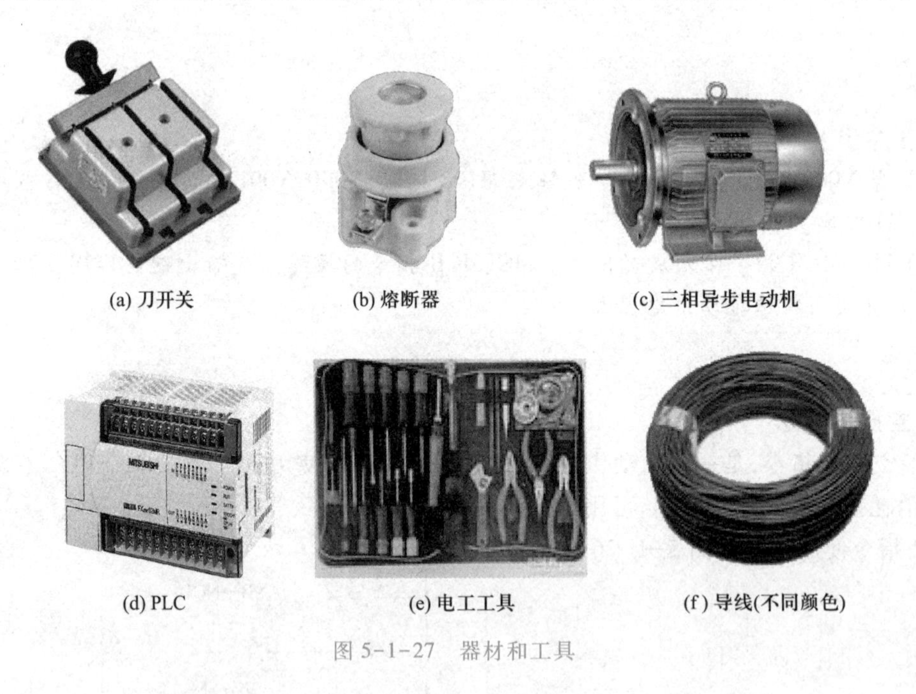

(a) 刀开关　(b) 熔断器　(c) 三相异步电动机

(d) PLC　(e) 电工工具　(f) 导线(不同颜色)

图 5-1-27　器材和工具

二、操作步骤

以小组为单位,进行 PLC 控制双重联锁正反转控制电路的安装接线与程序设计训练,整个过程要求团队协作、安全规范操作、严谨细致、精益求精。

1. 分析控制要求

根据图 5-1-28 所示分析控制要求:

合上电源开关,按下正转起动按钮 SB1,正转接触器 KM1 线圈通电吸合,电动机 M 正向起动;按下反转起动按钮 SB2,反转接触器 KM2 线圈通电吸合,电动机 M 反向起动;按下停止按钮 SB3,接触器 KM1(或 KM2)线圈断电释放,电动机 M 停转,热继电器 FR 作为电动机 M 的过载保护。为防止两只接触器 KM1、KM2 的主触点同时闭合,造成主电路 L1 和 L3 两相电源短路,电路要求 KM1、KM2 不能同时通电。因此,采用了按钮和接触器双重联锁。

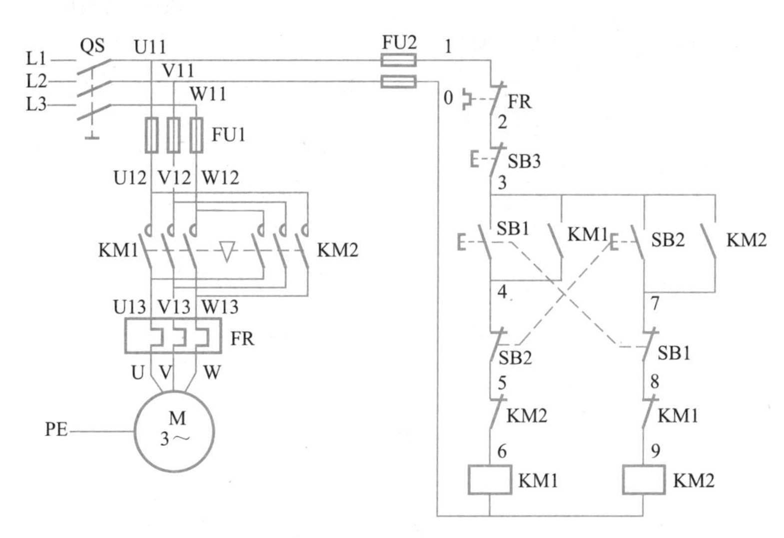

图 5-1-28 双重联锁正反转控制电路

2. 确定 PLC 的 I/O 地址分配

PLC 的 I/O 地址分配见表 5-1-4。

表 5-1-4 PLC 的 I/O 地址分配

输入信号			输出信号		
1	X000	正转起动按钮 SB1	1	Y000	接触器 KM1
2	X001	反转起动按钮 SB2	2	Y001	接触器 KM2
3	X002	停止按钮 SB3			
4	X003	热继电器 FR			

3. 安装接线

参照图 5-1-29 所示,画出外部接线图并进行安装接线。

(1) 安装主电路。主电路的安装方法与继电器-接触器电路相同。

(2) 安装控制电路。PLC 控制电路按照图 5-1-29 所示接线。

4. 设计程序

(1) 程序 1 如图 5-1-30 所示。

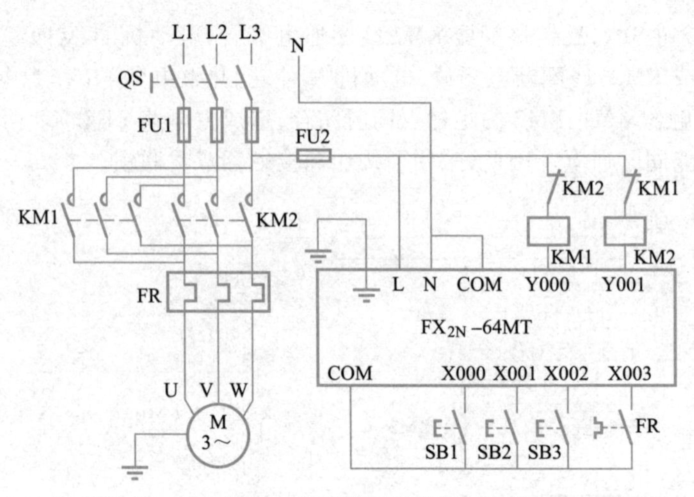

图 5-1-29 PLC 控制双重联锁正反转控制电路外部接线图

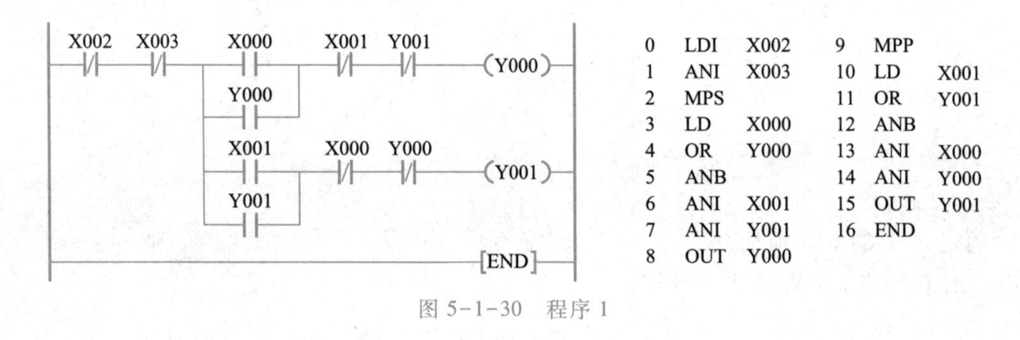

图 5-1-30 程序 1

（2）程序 2 如图 5-1-31 所示。

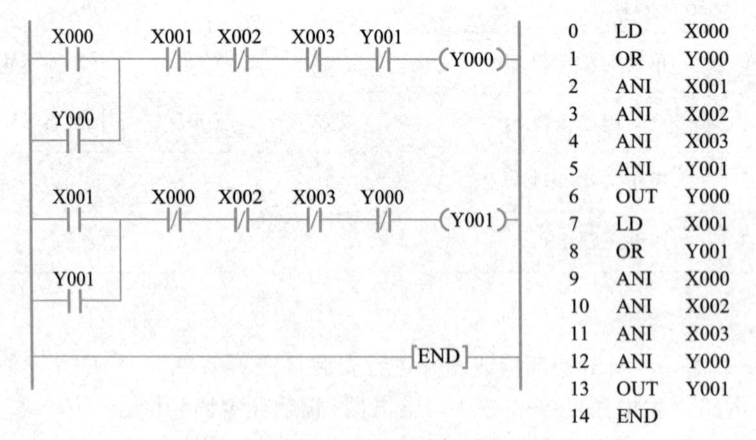

图 5-1-31 程序 2

（3）程序 3 如图 5-1-32 所示。

5. 输入程序

将设计好的程序输入计算机，进行编辑和检查。如发现问题，应立即修改和调整程序，直到满足控制要求。然后将调试好的程序传送到现场使用的 PLC 中。

```
X000                 PLS  M0
X001                 PLS  M1
M0    X001  X002  X003  Y001   (Y000)
Y000
M1    X000  X002  X003  Y000   (Y001)
Y001
                               [END]
```

步	指令	元件
0	LD	X000
1	PLS	M0
2	LD	X001
3	PLS	M1
4	LD	M0
5	OR	Y000
6	ANI	X001
7	ANI	X002
8	ANI	X003
9	ANI	Y001
10	OUT	Y000
11	LD	M1
12	OR	Y001
13	ANI	X000
14	ANI	X002
15	ANI	X003
16	ANI	Y000
17	OUT	Y001
18	END	

图 5-1-32　程序 3

（1）打开 GX Developer 编辑环境，如图 5-1-33 所示。

图 5-1-33　打开 GX Developer 编辑环境

（2）创建新工程，选择 PLC 所属系列（选 FXCPU）和类型［选 FX2N（C）］，如图 5-1-34 所示。

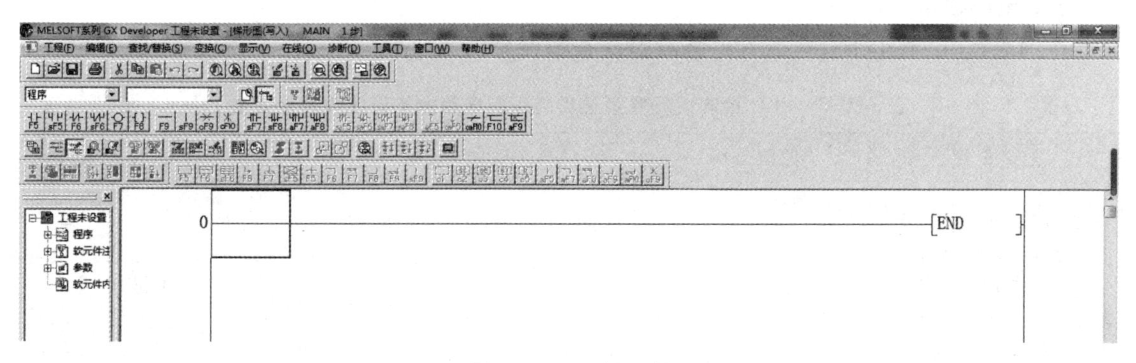

图 5-1-34　新工程

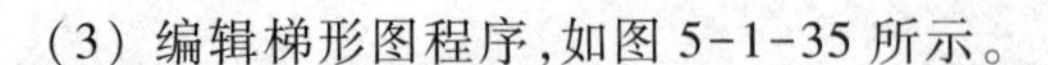

(3) 编辑梯形图程序,如图 5-1-35 所示。

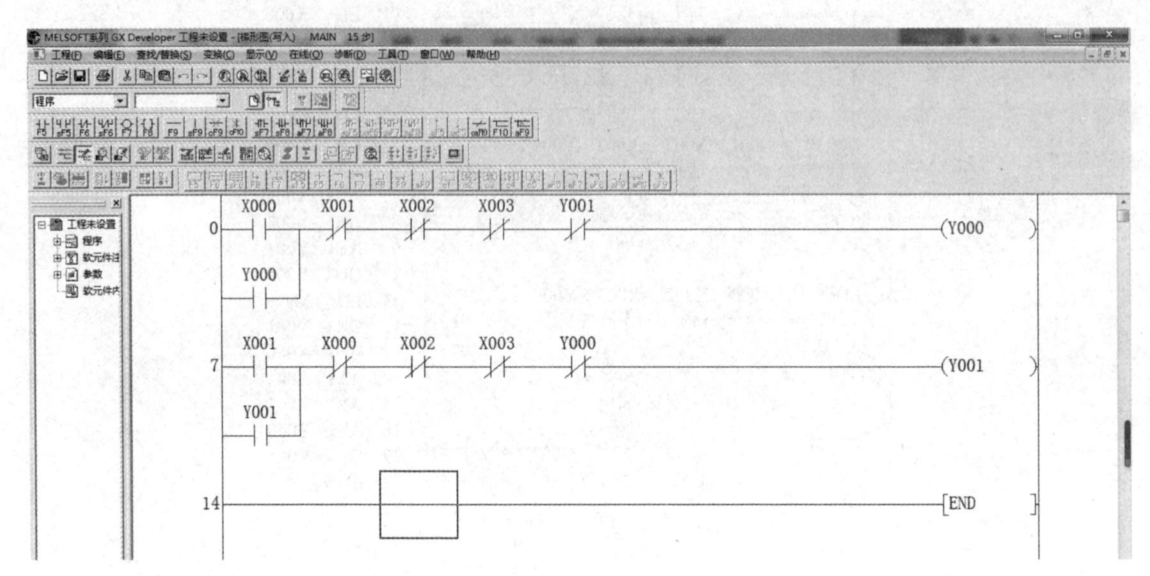

图 5-1-35　编辑梯形图程序

(4) 将计算机中编制好的程序写入 PLC,将 PLC 设置在“STOP”模式下,执行“在线”→“写入 PLC”命令,根据出现的对话框进行操作,即选中“参数+程序”后,单击“执行”按钮即可。

6. 通电试车

经教师同意后,通电试车。为保证安全,可先不带负载调试,观察接触器动作是否正常,再接好三相异步电动机试车。通电试车时,必须严格遵守安全操作规程,注意安全。

要点提示

(1) PLC 中使用的接触器的线圈电压应为 220 V。

(2) 接触器为感性元件,为保护 PLC 主机,应加入 *RC* 吸收装置。

(3) 接触器在 PLC 外部接线时,必须加入联锁。

三、电路检修

按照表 5-1-5,小组合作进行电路故障排查及检修训练。

表 5-1-5　PLC 控制双重联锁正反转控制电路的常见故障排查方法

故障现象	原因分析	图	检查方法
按下正转按钮 SB1 后,正转接触器 KM1 正常动作,电动机正转;按下反转按钮 SB2,反转接触器 KM2 动作,电动机仍正转	接触器主电路没有换相	KM1　KM2	可用万用表测量电压或用验电笔测试,检查断路故障点

续表

故障现象	原因分析	图	检查方法
按下正转按钮 SB1 后,正转接触器 KM1 吸合,松开正转按钮 SB1,正转接触器 KM1 释放	自锁触点 Y000 在编程时没有编入程序	X000 X001 X002 X003 Y001 (Y000) Y000	用验电笔检查

任务评价

根据自评、小组互评和教师评价将项目得分以及总评内容和得分填入表 5-1-6。

表 5-1-6 评价反馈表

任务名称	PLC 控制双重联锁正反转控制电路的安装与检修	学生姓名	学号	班级	日期

项目内容	配分	评分标准	得分
熟悉 PLC 指令	20 分	熟悉 PLC 的基本指令	
电路的设计、安装与接线	30 分	1. 不按接线图安装,扣 5 分	
		2. 元器件安装不牢固、不匀称、不合理,每次扣 5 分	
		3. 损坏元器件,扣 10 分	
		4. 不按接线图接线,扣 5 分	
		5. 布线不符合要求,每根扣 3 分	
		6. 接点不符合要求,每个扣 2 分	
		7. 损坏导线线芯或绝缘,扣 5 分	
程序的输入与调试	20 分	1. 能正确输入 PLC 程序(10 分)	
		2. 按控制要求调试,达到设计要求(10 分)	
检修	10 分	根据故障现象,用万用表或验电笔判断故障并检修	
实训后	10 分	规范整理实训器材	
职业素养养成	10 分	严格遵守安全规程、文明生产、规范操作,养成严谨、专注、精益求精的职业精神,注重小组协作、德技并修	
总评			

思考与拓展

1. 栈指令使用中应注意哪些问题?

2. 画出利用 PLC 控制双重联锁正反转控制电路的梯形图。

3. 双重联锁正反转控制电路的实现还有其他的方法,试找到相应的控制电路,并用 PLC 实现控制。

任务 3 PLC 控制 Y-Δ 降压起动控制电路的安装与检修

任务描述

工业自动化生产线控制系统中,拖动传送带的三相异步电动机为三角形接法,起动时为防止电动机对其他设备产生较大影响,要求电动机采用 Y-Δ 降压起动,如何用 PLC 实现电动机起动与运行时两种不同电路接法的自动控制呢?

知识储备

一、定时器

定时器用于实现对时间的控制。在线圈得电时开始计时,当延时时间到时,其自身所带的动合触点闭合,动断触点断开。

1. 通用定时器

(1) 100 ms 通用定时器 T0~T199,共 200 个,设定值为 1~32 767,所以定时范围为 0.1~3 276.7 s。

(2) 10 ms 通用定时器 T200~T245,共 46 个,设定值为 1~32 767,所以定时范围为 0.01~327.67 s。

图 5-1-36 所示为通用定时器梯形图和波形图。

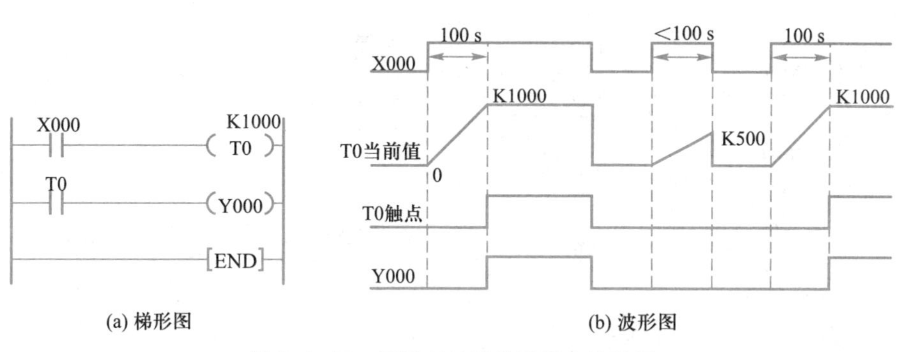

图 5-1-36　通用定时器梯形图和波形图

> **要点提示**
>
> 定时器每次使用后必须复位，才能再次使用，若延时时间到，定时器的驱动信号还始终为ON，则定时器的触点状态将保持不变。定时器复位可以通过切断线圈得电实现，也可以通过本身的动断触点进行复位。

2. 控制输出延时断开电路

由定时器构成的控制输出延时断开电路的梯形图、时序图和指令语句如图 5-1-37 所示。

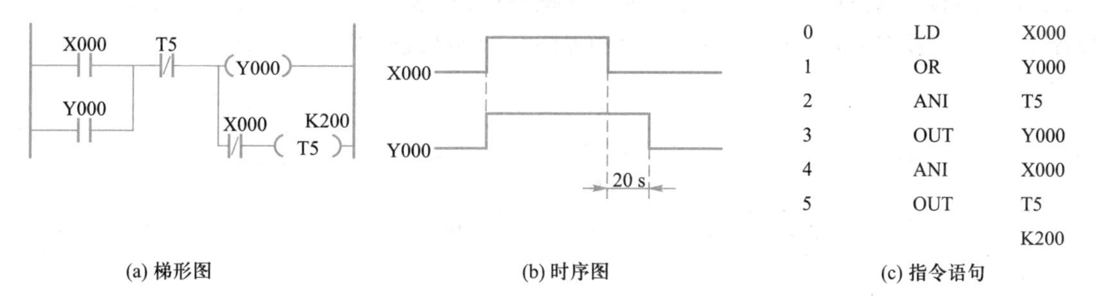

0	LD	X000
1	OR	Y000
2	ANI	T5
3	OUT	Y000
4	ANI	X000
5	OUT	T5
		K200

(c) 指令语句

图 5-1-37　由定时器构成的控制输出延时断开电路的梯形图、时序图和指令语句

程序控制过程：当输入继电器 X000 闭合，输出继电器 Y000 线圈接通，Y000 动合触点闭合，并实现自锁。同时，X000 动断触点断开，使定时器 T5 线圈不能接通。当 X000 动断触点闭合时，T5 线圈接通，延时 20 s 后，T5 动断触点断开，Y000 线圈断开，从而实现延时断开的功能。

二、计数器

计数器的结构与定时器基本相同，每一个 16 位计数器有一个当前值寄存器用于存储计数器累计的脉冲数（1～32 767），另有一个状态位表示计数器的状态。若当前值累计的脉冲数大于等于设计值，计数器的状态位被置 1，该计数器的触点转换。

1. 16 位加计数器

图 5-1-38 所示为计数器的动作时序图。

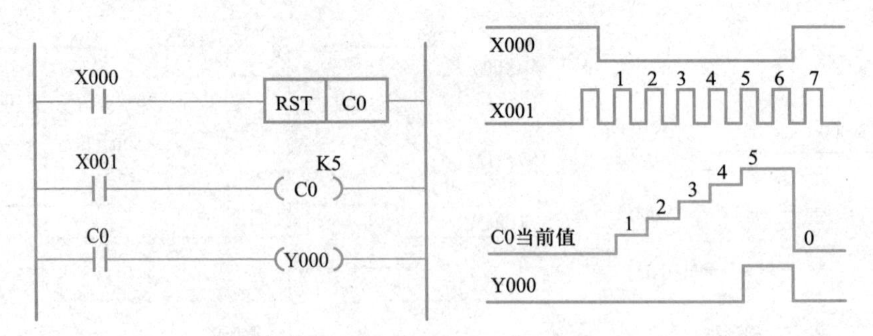

图 5-1-38 计数器的动作时序图

要点提示

(1) 计数器的计数信号和复位信号同时到来时,复位信号优先。

(2) 计数器每次使用后需采用 RST 指令复位一次,才能再次使用。

2. 定时器和计数器的组合使用

图 5-1-39 所示为定时器和计数器的组合使用,可以获得 10 h 的延时。T0 的设定值为36 s,当 X001 闭合时,T0 线圈得电开始计时,当 36 s 延时时间到时,T0 的动断触点断开,使 T0 自动复位,在 T0 线圈再次得电后又可以开始计时。在电路中,T0 的动合触点每隔 36 s 闭合 1 次,计数器计 1 次数,当计到 1 000 次时,C0 的动合触点闭合,Y000 线圈得电。

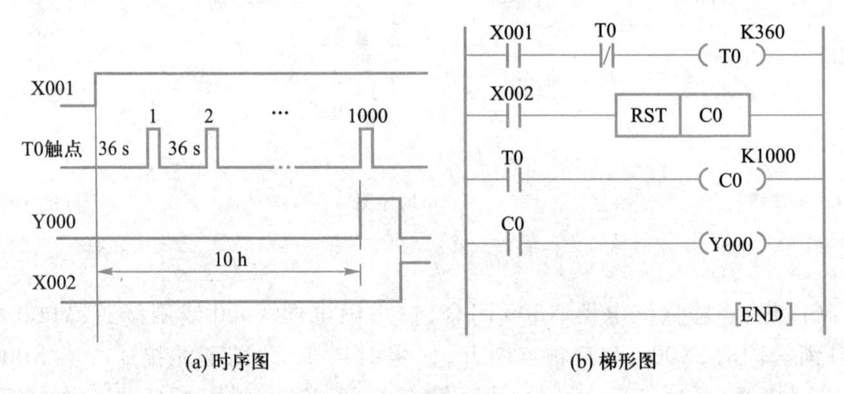

图 5-1-39 定时器和计数器的组合使用

三、传送指令

传送指令 MOV 的功能是将源操作数中的数据自动转换成二进制数传送到目标操作数中去。如图 5-1-40 所示,当 X001 为 ON 时,则将数据 K100 传送到目标操作数 D10 中,用于设定定时器或计数器的时间常数。在指令执行时,常数 K100 会自动转换成二进制数。当 X001 为 OFF 时,则指令不执行,数据保持不变。

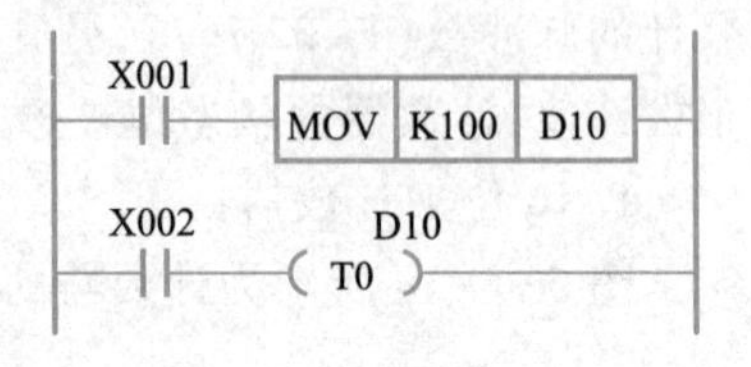

图 5-1-40 传送指令的应用

要点提示

（1）当 X001 为 ON 时传送指令执行，数据从源操作数发送到目标操作数；当 X001 为 OFF 时，目标操作数中数据仍保持该数据。

（2）定时器或计数器若用数据寄存器设置时间常数，为间接设置时间常数，其效果与直接设置相同。

任务实施

做中学

安装与检修 PLC 控制 Y-Δ 降压起动控制电路

一、器材和工具

安装与检修 PLC 控制 Y-Δ 降压起动控制电路所需器材和工具如图 5-1-41 所示。

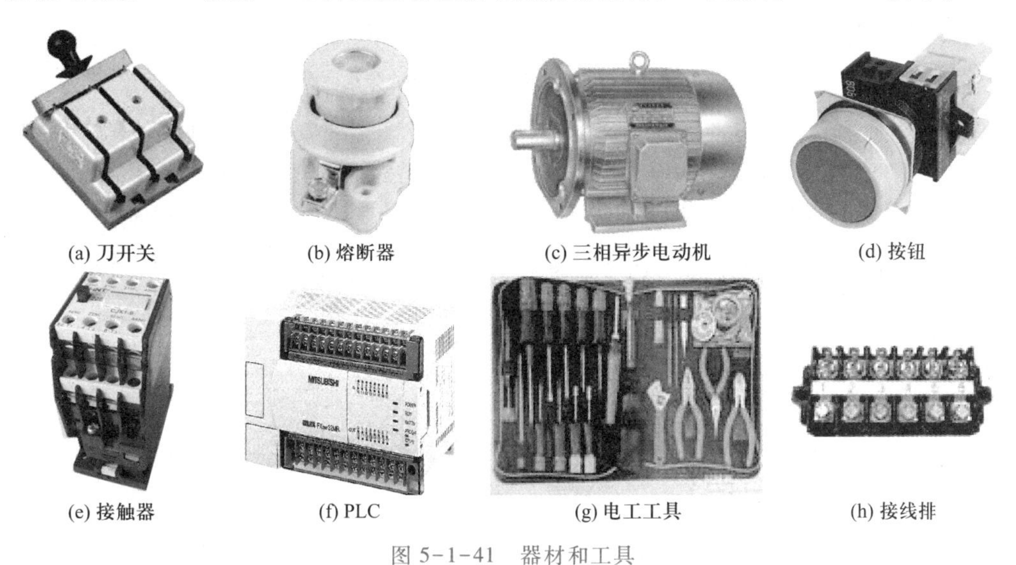

(a) 刀开关　(b) 熔断器　(c) 三相异步电动机　(d) 按钮

(e) 接触器　(f) PLC　(g) 电工工具　(h) 接线排

图 5-1-41　器材和工具

二、操作步骤

以小组为单位，进行 PLC 控制 Y-Δ 降压起动控制电路的安装接线与程序设计训练，整个过程要求团队协作、安全规范操作、严谨细致、精益求精。

1. 分析控制要求

根据图 5-1-42 分析控制要求：

当按下起动按钮 SB1 时，主接触器 KM、星形起动接触器 KMY 线圈得电吸合，定子绕组接成星形，电动机星形起动；经时间继电器一定时间（10 s）延时后，星形起动接触器 KMY 线圈断电释放，主接触器 KM、三角形起动接触器 KMΔ 线圈得电吸合,定子绕组接成三角形,电动机三角形运行。按下停止按钮 SB2,KM、KMΔ 线圈断电释放,电动机 M 停转。热继电器 FR 作电动机 M 的过载保护。

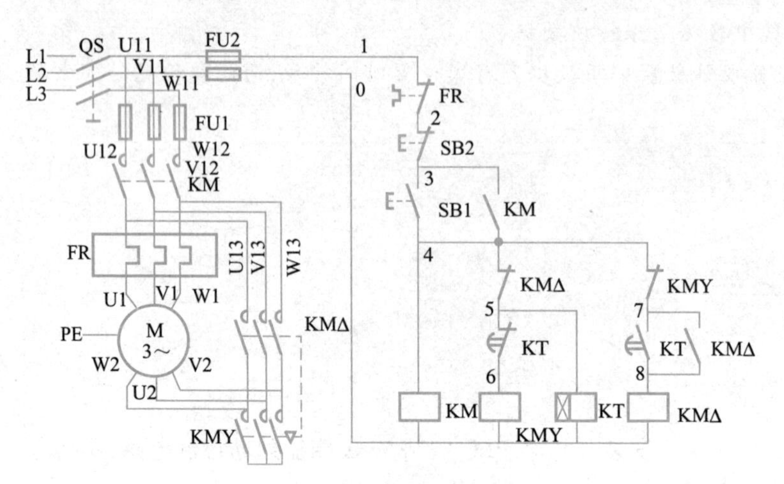

图 5-1-42 Y-Δ 降压起动控制电路

2. 确定 PLC 的 I/O 地址分配

PLC 的 I/O 地址分配见表 5-1-7。

表 5-1-7 PLC 的 I/O 地址分配

输入信号			输出信号		
1	X000	起动按钮 SB1	1	Y000	接触器 KM
2	X001	停止按钮 SB2	2	Y001	接触器 KMY
3	X002	热继电器 FR	3	Y002	接触器 KMΔ

3. 安装接线

参考图 5-1-43 所示,画出外部接线图并进行安装接线。

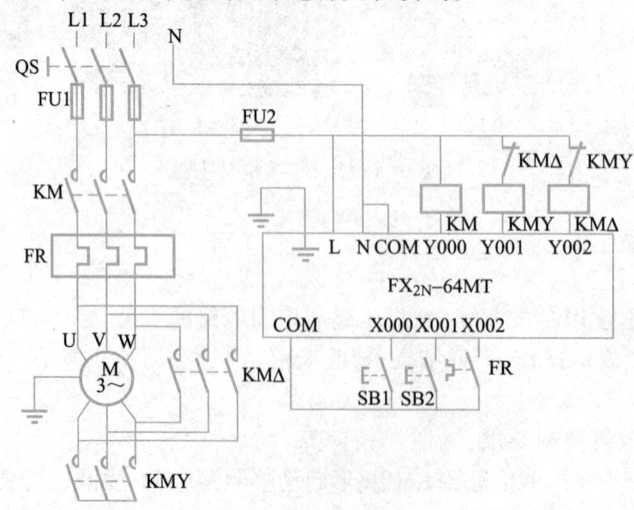

图 5-1-43 PLC 控制 Y-Δ 降压起动控制电路外部接线图

（1）安装主电路。主电路的安装方法与继电器-接触器电路相同。

（2）安装控制电路。PLC 控制电路按照图 5-1-43 所示接线。

4. 设计程序

（1）程序 1 如图 5-1-44 所示。

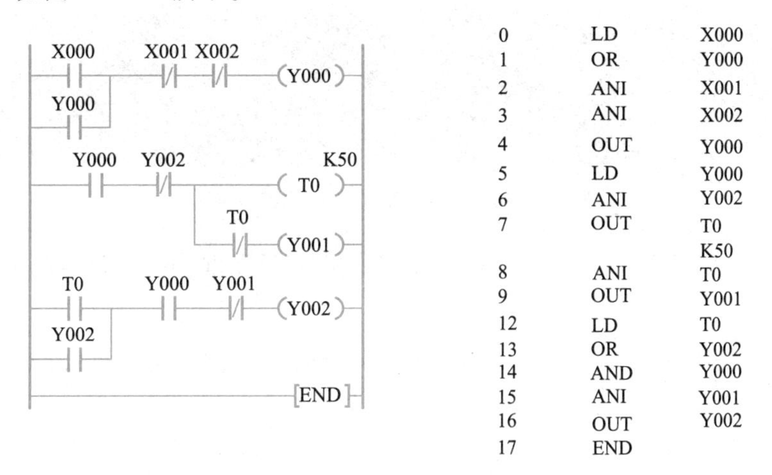

图 5-1-44 程序 1

（2）程序 2 如图 5-1-45 所示。

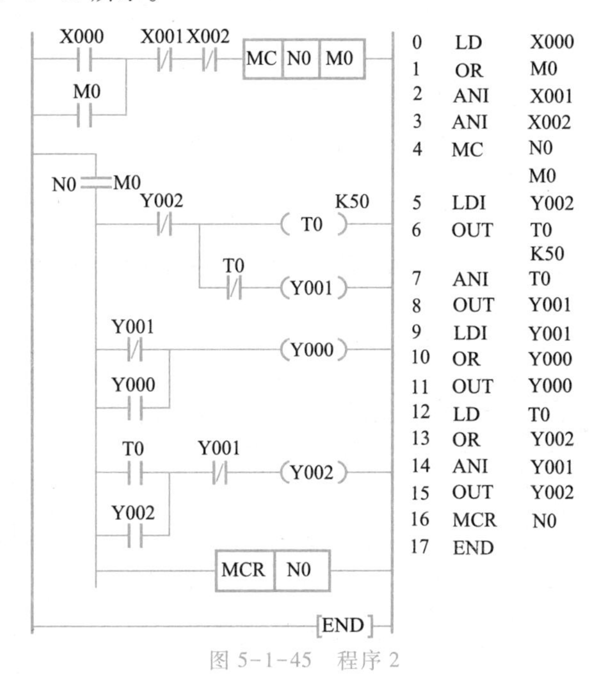

图 5-1-45 程序 2

5. 输入程序

将设计好的程序输入计算机，进行编辑和检查。如发现问题，应立即修改和调整程序，直到满足控制要求。然后将调试好的程序传送到现场使用的 PLC 中。

（1）打开 GX Developer 编辑环境，如图 5-1-46 所示。

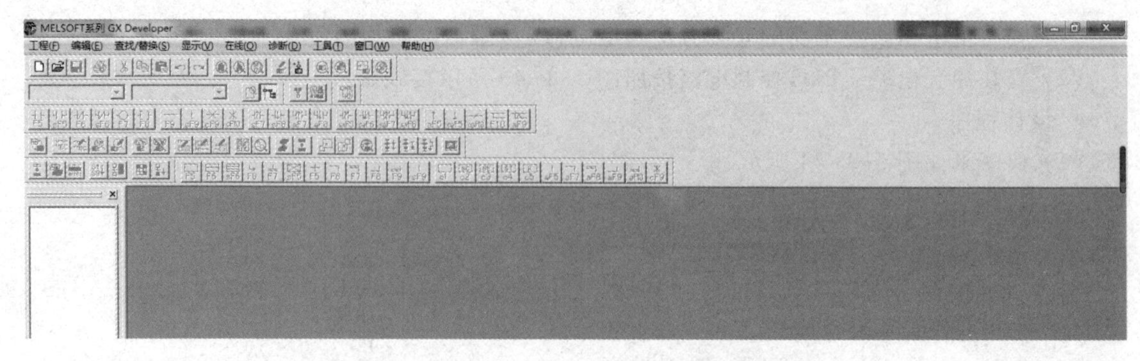

图 5-1-46 打开 GX Developer 编辑环境

（2）创建新工程，选择 PLC 所属系列（选 FXCPU）和类型［选 FX2N（C）］，如图 5-1-47 所示。

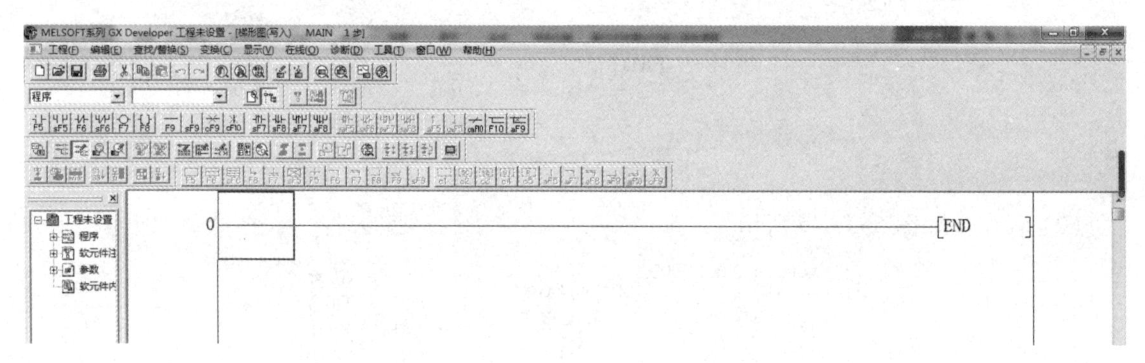

图 5-1-47 新工程程序编辑窗口

（3）编辑梯形图程序，如图 5-1-48 所示。

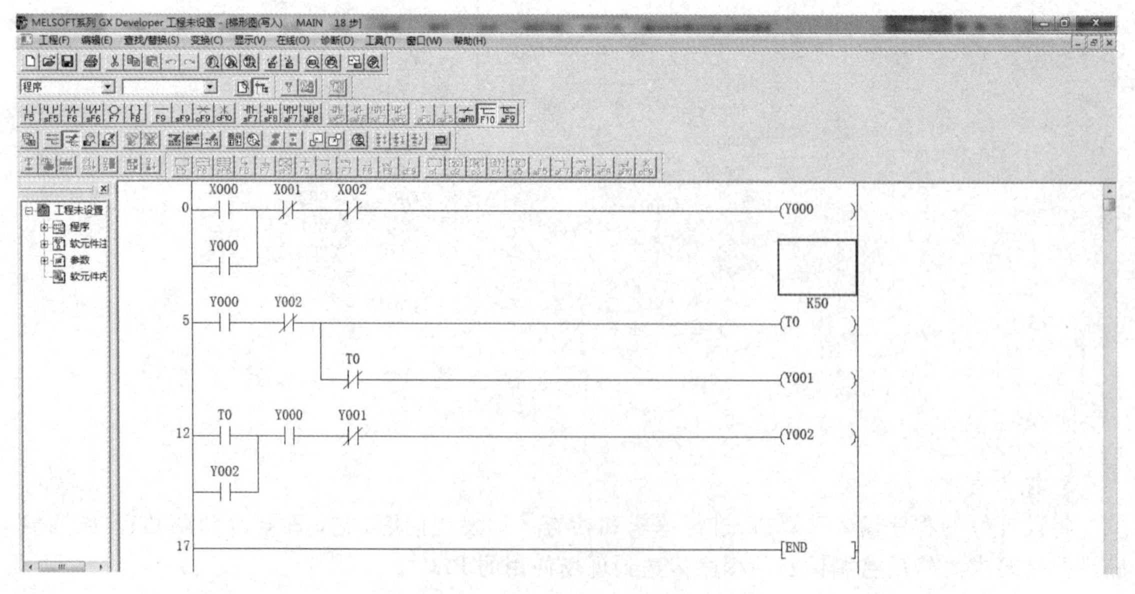

图 5-1-48 编辑梯形图程序

(4) 将计算机中编制好的程序写入 PLC,将 PLC 设置在“STOP”模式下,执行“在线”→“写入 PLC”命令,根据出现的对话框进行操作,即选中“参数+程序”后,单击“执行”按钮即可。

6. 通电试车

经教师同意后,通电试车。为保证安全,可先不带负载调试,观察接触器动作是否正常,再接好三相异步电动机试车。通电试车时,必须严格遵守安全操作规程,注意安全。

要点提示

(1) 为防止电弧短路,实际程序中可设置在 KMY 失电 1 s 后 KMΔ 才得电。

(2) 接触器 KMY、KMΔ 在 PLC 外部接线时,必须加入联锁。

三、电路检修

按照表 5-1-8,小组合作进行电路故障排查及检修训练。

表 5-1-8 PLC 控制 Y-Δ 降压起动控制电路的常见故障排查方法

故障现象	原因分析	图	检查方法
按下按钮 SB1 后,接触器 KM 和接触器 KMY 均不动作	FU2 熔断或 PLC 的 SB2 与 FR 采用了动断触点	CON X000 X001 X002 SB1 SB2 FR	可用万用表测量电压或用验电笔测试,检查断路故障点
按下按钮 SB1 后,接触器 KM 和 KMY 均吸合,但电动机不能星形起动	FR 热元件两端点接触不良;KMY 接触器主触点两端点接触不良	FR U V W M 3～ KMΔ KMY	用验电笔检查

任务评价

根据自评、小组互评和教师评价将项目得分以及总评内容和得分填入表 5-1-9。

表 5-1-9 评价反馈表

<table>
<tr><td rowspan="2">任务名称</td><td rowspan="2" colspan="2">PLC 控制 Y-Δ 降压起动控制电路的安装与检修</td><td>学生姓名</td><td>学号</td><td>班级</td><td>日期</td></tr>
<tr><td></td><td></td><td></td><td></td></tr>
<tr><td>项目内容</td><td>配分</td><td colspan="4">评分标准</td><td>得分</td></tr>
<tr><td>熟悉 PLC 指令</td><td>20 分</td><td colspan="4">熟悉 PLC 的基本指令</td><td></td></tr>
<tr><td rowspan="7">电路的设计、安装与接线</td><td rowspan="7">30 分</td><td colspan="4">1. 不按接线图安装,扣 5 分</td><td></td></tr>
<tr><td colspan="4">2. 元器件安装不牢固、不匀称、不合理,每次扣 5 分</td><td></td></tr>
<tr><td colspan="4">3. 损坏元器件,扣 10 分</td><td></td></tr>
<tr><td colspan="4">4. 不按接线图接线,扣 5 分</td><td></td></tr>
<tr><td colspan="4">5. 布线不符合要求,每根扣 3 分</td><td></td></tr>
<tr><td colspan="4">6. 接点不符合要求,每个扣 2 分</td><td></td></tr>
<tr><td colspan="4">7. 损坏导线线芯或绝缘,扣 5 分</td><td></td></tr>
<tr><td rowspan="2">程序的输入与调试</td><td rowspan="2">20 分</td><td colspan="4">1. 能正确输入 PLC 程序(10 分)</td><td></td></tr>
<tr><td colspan="4">2. 按控制要求调试,达到设计要求(10 分)</td><td></td></tr>
<tr><td>检修</td><td>10 分</td><td colspan="4">根据故障现象,用万用表或验电笔判断故障并检修</td><td></td></tr>
<tr><td>实训后</td><td>10 分</td><td colspan="4">规范整理实训器材</td><td></td></tr>
<tr><td>职业素养养成</td><td>10 分</td><td colspan="4">严格遵守安全规程、文明生产、规范操作,养成严谨、专注、精益求精的职业精神,注重小组协作、德技并修</td><td></td></tr>
<tr><td>总评</td><td colspan="5"></td><td></td></tr>
</table>

思考与拓展

1. 程序中的 T0 若改为 T200,如果定时时间相同,那么应该如何进行时间设置?
2. 画出 PLC 控制 Y-Δ 降压起动控制电路的改造梯形图。

项目2
变频器控制线路的安装与检修

项目概述

变频器的全称是“交流变频调速器”，主要用于三相异步电动机的控制和速度调节，在泵、风机、机床、升降机、运输机、食品机械、印刷机械及冶金设备等自动生产设备和生产线中使用非常广泛。

本项目主要介绍三菱 FR-E700 型变频器的基本使用方法，如何通过变频器实现对三相异步电动机的多速控制和正反转控制等相关知识，通过学习，掌握变频器的基本使用方法。

任务1　变频器多转速控制电路的安装与检修

任务描述

商场中的自动扶梯在闲时低速运行，当自动扶梯两端的传感器检测到有人使用自动扶梯时，自动扶梯高速运行，如何利用变频器、传感器实现自动扶梯运行的控制呢?

知识储备

一、变频器的基本组成

变频器主要由主电路和控制电路组成，如图 5-2-1 所示。

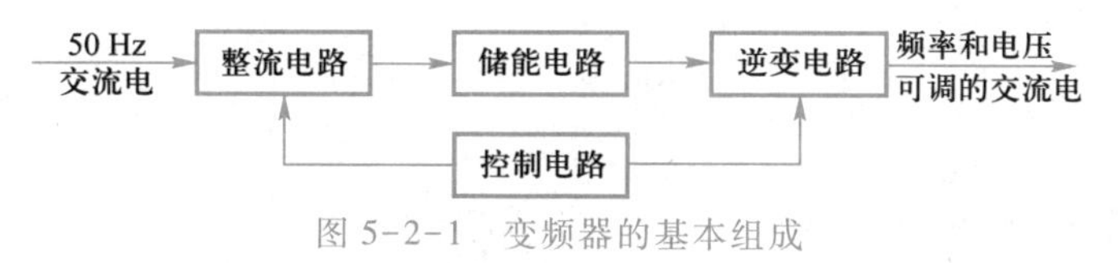

图 5-2-1　变频器的基本组成

变频器的主电路包括整流电路、储能电路和逆变电路，它是变频器的功率电路。

(1) 整流电路

由二极管构成三相桥式整流电路，将交流电全波整流为直流电。

(2) 储能电路

储能电路由电容构成，具有储能和平稳直流电压的作用。

(3) 逆变电路

由绝缘栅双极型晶体管和续流二极管构成三相桥式逆变电路。晶体管工作在开关状态,按一定规律轮流导通,将直流电逆变成三相交流电,驱动电动机工作。

变频器的控制电路主要以单片微处理器为核心,控制电路具有设定和显示运行参数、信号检测、系统保护、计算与控制、驱动逆变管等功能。

二、FR-E700 型变频器的基本接线

不同型号的三菱变频器的电路端子相似但又略有不同,FR-E700 型变频器基本接线图如图 5-2-2 所示。

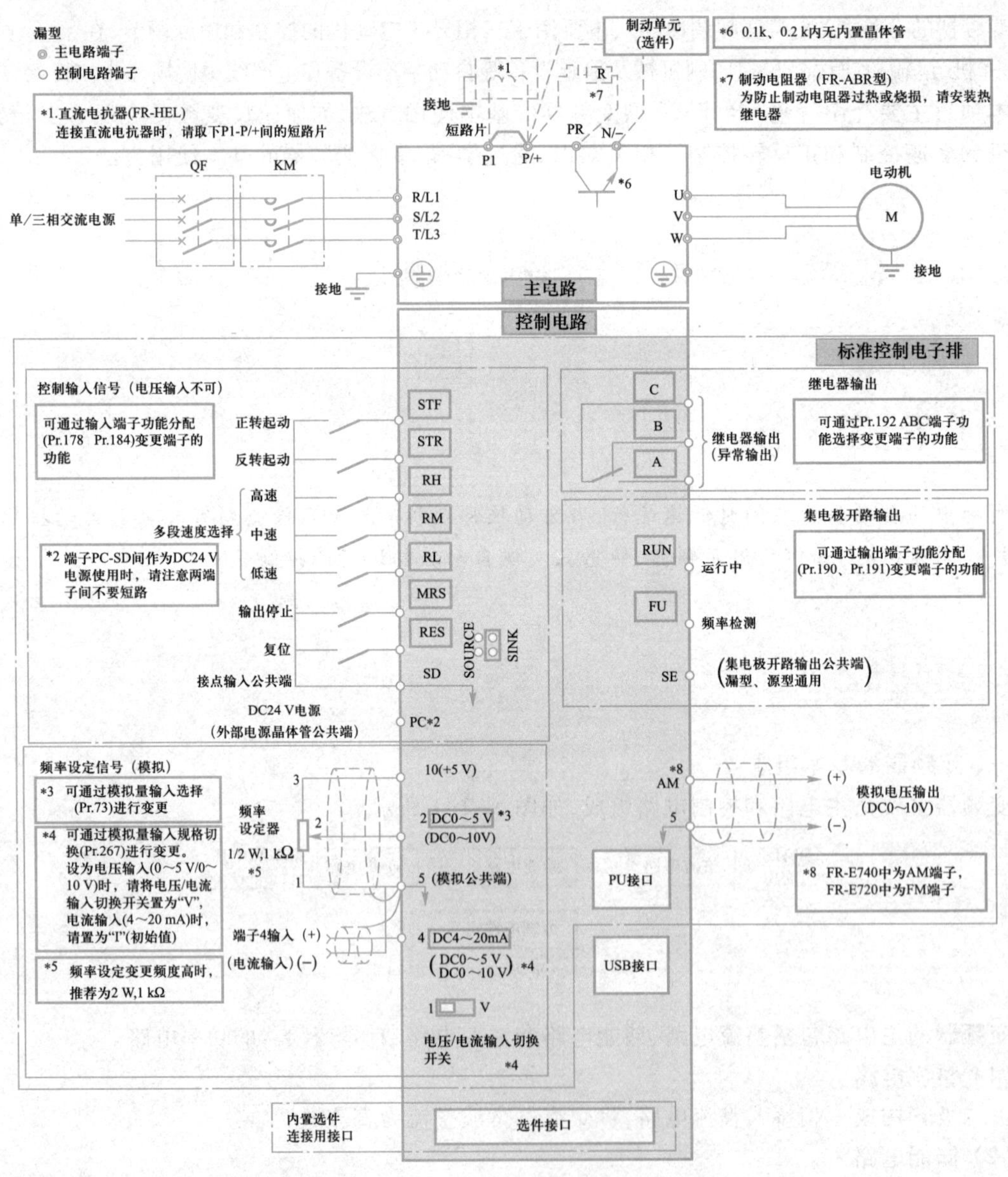

图 5-2-2 FR-E700 型变频器基本接线图

1. 主电路接线

主电路电源和电动机的连接如图 5-2-3 所示，主电路接线端子名称和功能见表 5-2-1。

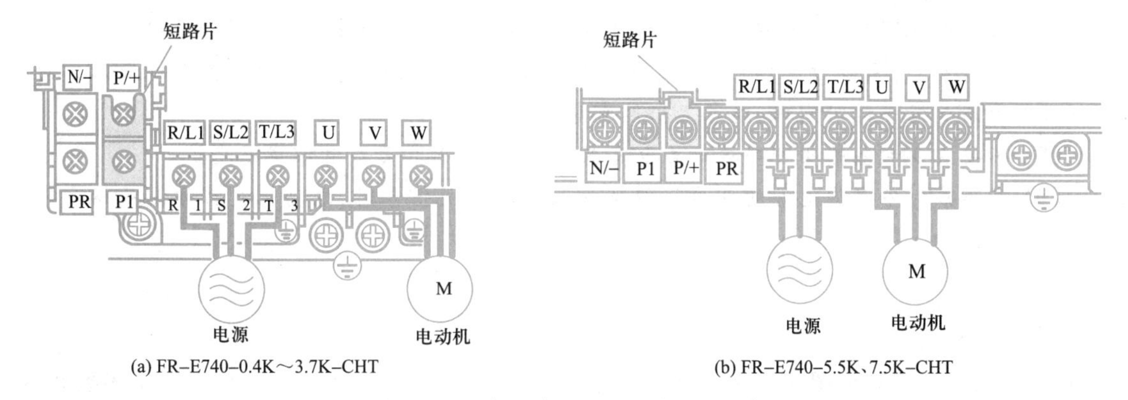

图 5-2-3　主电路电源和电动机的连接

表 5-2-1　主电路接线端子名称和功能

端子记号	端子名称	端子功能说明
R/L1、S/L2、T/L3	交流电源输入	连接工频电源 当使用高功率因数变流器(FR-HC)及共直流母线变流器(FR-CV)时不要连接任何东西
U、V、W	变频器输出	连接三相笼型异步电动机
P/+、PR	制动电阻器连接	在端子 P/+-PR 间连接制动电阻器(FR-ABR)
P/+、N/-	制动单元连接	连接制动单元(FR-BU2)、共直流母线变流器(FR-CV)以及高功率因数变流器(FR-HC)
P/+、P1	直流电抗器连接	拆下端子 P/+-P1 间的短路片，连接直流电抗器
⏚	接地	变频器机架接地用，必须接大地

要点提示

主电路接线时要注意以下几点：

(1) 进行主电路接线时，应确保输入、输出端不能接错，即电源线必须连接至 R/L1、S/L2、T/L3，绝对不能接 U、V、W，否则会损坏变频器。变频器和电动机必须有良好的接地。使用单相电源时必须接 R、S 端。电动机接到 U、V、W 端子上。

(2) 接触器 KM 用于变频器安全保护，注意变频器的通断电是在变频器停止输出状态下进行的，在运行状态下一般不允许通过此接触器来切断变频器的电源，否则可能降低变频器的使用寿命。

(3) 端子 P1、P/+之间用于连接直流电抗器，不须连接时，两端子间短路。

(4) P/+与 PR 之间用于连接制动电阻器；P/+与 N/-之间用于连接制动单元。

(5) 接线时，零碎线头必须清除干净，零碎线头可能造成设备运行时发生异常、失灵和故障，必须始终保持变频器清洁。

(6) 为使电压下降在2%以内，请用适当型号的电线接线。布线距离最长为500 m。

(7) 运行后，若需要改变接线，必须在电源切断至少10min后，用万用表检查电压后方可进行。因为断电后一段时间内，电容上仍然有危险的高电压。

(8) 不要在变频器输出侧安装电力电容器、浪涌抑制器和无线电噪声滤波器。

(9) 在接线时不考虑电源的相序。但当加入正转开关信号时，电动机旋转方向从轴向看时为逆时针方向。

2. 控制电路接线

控制电路端子排列如图5-2-4所示。端子SD、SE和5为I/O信号的公共端子，请不要将这些公共端子相互连接或接地。

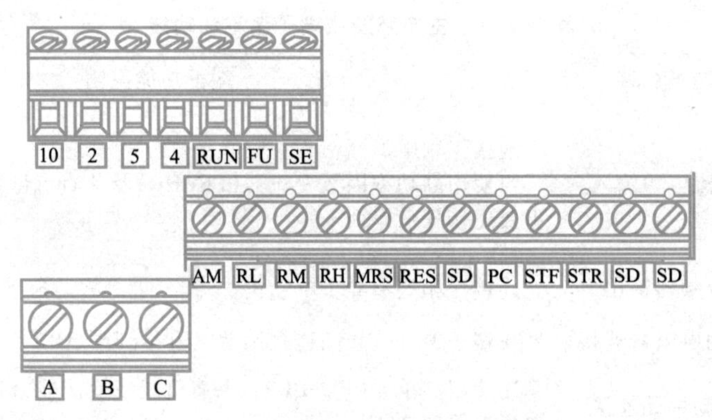

图5-2-4 控制电路端子排列

输入信号端子功能见表5-2-2，输出信号端子功能见表5-2-3。

表5-2-2 输入信号端子功能

种类	记号	名称	功能说明		额定规格
接点输入	STF	正转起动	STF信号为ON时电动机正转，为OFF时停止	STF、STR信号同时为ON时电动机停止	输入电阻为4.7 kΩ 开路时电压为DC21～26 V 短路时电流为DC4～6 mA
	STR	反转起动	STR信号为ON时电动机反转，为OFF时停止		
	RH、RM、RL	多段速度选择	用RH、RM和RL信号的组合可以选择多段速度		
	MRS	输出停止	MRS信号为ON(20 ms或以上)时，变频器输出停止。 用电磁制动器停止电动机时用于断开变频器的输出		

续表

种类	记号	名称	功能说明	额定规格
接点输入	RES	复位	用于解除保护电路动作时的报警输出。请使RES信号处于ON状态0.1 s或以上，然后断开。 初始设定为始终可进行复位。但进行了Pr.75的设定后，仅在变频器报警发生时可进行复位。复位所需时间约为1 s	输入电阻为4.7 kΩ 开路时电压为DC21~26 V 短路时电流为DC4~6 mA
	SD	接点输入公共端（漏型逻辑）（初始设定）	接点输入端子（漏型逻辑）的公共端子	—
		外部晶体管公共端（源型逻辑）	采用源型逻辑时，将晶体管输出用的外部电源公共端接到该端子时，可以防止因漏电引起的误动作	
		DC24 V电源公共端	DC24 V、0.1 A电源（端子PC）的公共输出端子。与端子5及端子SE绝缘	
	PC	外部晶体管公共端（漏型逻辑）（初始设定）	采用漏型逻辑时，将晶体管输出用的外部电源公共端接到该端子时，可以防止因漏电引起的误动作	电源电压范围为DC22~26 V 容许负载电流为100 mA
		接点输入公共端（源型逻辑）	接点输入端子（源型逻辑）的公共端子	
		DC24 V电源	可作为DC24 V、0.1 A的电源使用	
频率设定	10	频率设定用电源	作为外接频率设定（速度设定）用电位器时的电源使用（参照Pr.73模拟量输入选择）	DC5.2 V±0.2 V 容许负载电流为10 mA
	2	频率设定（电压）	如果输入DC0~5 V（或0~10 V），在5 V（10 V）时为最大输出频率，输入输出成正比。通过Pr.73进行DC0~5 V（初始设定）和DC0~10 V输入的切换操作	输入电阻10 kΩ±1 kΩ 最大容许电压为DC20 V

续表

种类	记号	名称	功能说明	额定规格
频率设定	4	频率设定(电流)	如果输入 DC4~20 mA(或 0~5 V,0~10 V),在20 mA时为最大输出频率,输入输出成正比。只有 AU 信号为 ON 时端子 4 的输入信号才会有效(端子 2 的输入将无效)。通过Pr.267进行 4~20 mA(初始设定)和 DC0~5 V、DC0~10 V 输入的切换操作。电压输入(0~5 V/0~10 V)时,请将电压/电流输入切换开关切换至“V”	电流输入的情况下: 输入电阻为 233 Ω±5 Ω 最大容许电流为 30 mA 电压输入的情况下: 输入电阻为 10 kΩ±1 kΩ 最大容许电压为 DC20 V 电流输入 (初始状态) 电压输入
	5	频率设定公共端	频率设定信号(端子 2 或 4)及端子 AM 的公共端子。请勿接大地	—

表 5-2-3 输出信号端子功能

种类	记号	名称	功能说明	额定规格
继电器	A、B、C	继电器输出(异常输出)	指示变频器因保护功能动作时输出停止的 1C 接点输出。异常时:B-C 间不导通(A-C 间导通),正常时:B-C 间导通(A-C 间不导通)	接点容量为 AC230 V 0.3 A(功率因数=0.4)或 DC30 V 0.3 A
集电极开路	RUN	变频器正在运行	变频器输出频率大于或等于起动频率(初始值 0.5 Hz)时为低电平,已停止或正在直流制动时为高电平	容许负载为 DC24 V (最大 DC27 V)0.1 A (ON 时最大电压降 3.4 V) *低电平表示集电极开路输出用的晶体管处于 ON(导通状态)。高电平表示处于 OFF(不导通状态)
	FU	频率检测	输出频率大于或等于任意设定的检测频率时为低电平,未达到时为高电平	
	SE	集电极开路输出公共端	端子 RUN、FU 的公共端子	—
模拟	AM	模拟电压输出	可以从多种监示项目中选一种作为输出。变频器复位中不被输出。 输出信号与监示项目的大小成比例 | 输出项目: 输出频率 (初始设定)	输出信号为 DC0~10 V,许可负载电流为 1 mA(负载阻抗 10 kΩ 以上),分辨力为 8 位

要点提示

控制电路端子接线时要注意：

（1）必须使用双绞线或者屏蔽线，而且必须与主电路（强电回路）分开布线。

（2）由于控制电路的频率输入信号微弱，所以在接点输入的场合，为了防止接触不良，应使用两个并联的接点或双接点。

（3）控制电路建议使用 0.3~0.75 mm^2 的电线，且长度在 30 m 以下。

（4）异常输出端子（A、B、C）上请务必接上继电器线圈或指示灯。

三、认识 FR-E700 型变频器操作面板

FR-E700 型变频器操作面板如图 5-2-5 所示。

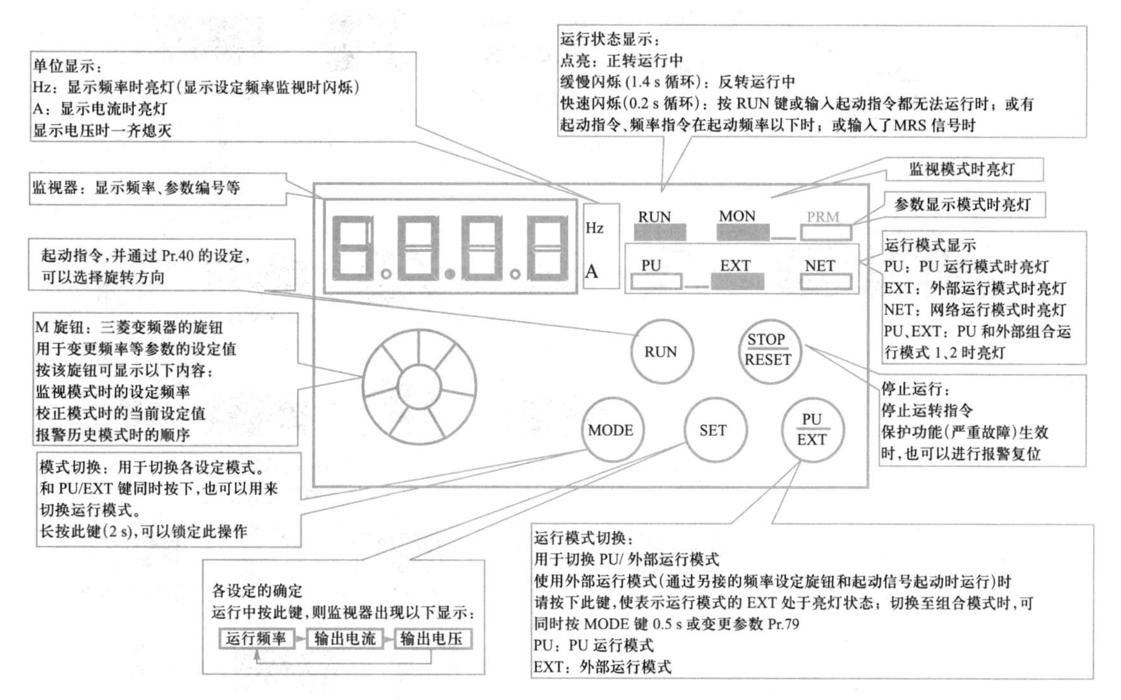

图 5-2-5　FR-E700 型变频器操作面板

四、变频器操作面板的基本操作

FR-E700 型变频器操作面板的基本操作，如图 5-2-6 所示。

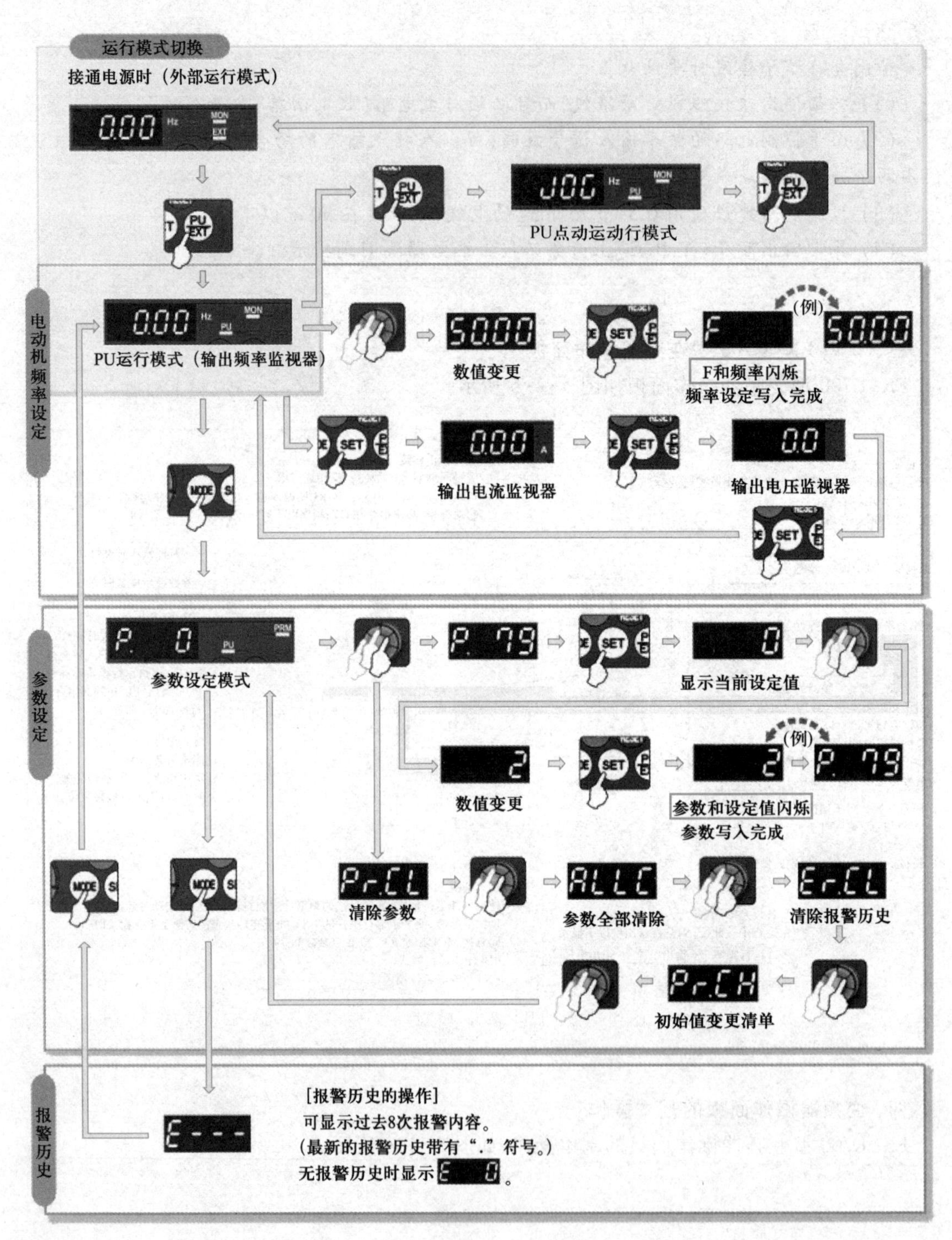

图 5-2-6 FR-E700 型变频器操作面板的基本操作

五、变频器的运行操作模式

运行模式是指对输入到变频器的起动指令和频率指令的输入场所的指定。FR-E700 型变频器的运行操作模式见表 5-2-4。

表 5-2-4 FR-E700 型变频器的运行操作模式

参数编号	名称	初始值	设定范围	内容	LED 显示 ■:灭灯 □:亮灯
79	运行模式选择	0	0	外部/PU 切换模式，通过(PU/EXT)键可以切换 PU 与外部运行模式 接通电源时为外部运行模式	外部运行模式 EXT PU运行模式 PU
			1	固定为 PU 运行模式	PU
			2	固定为外部运行模式 可以在外部、网络运行模式间切换运行	外部运行模式 EXT 网络运行模式 NET
			3	外部/PU 组合运行模式 1 频率指令：用操作面板、PU(FR-PU04-CH/FR-PU07)设定或外部信号输入[多段速设定，端子 4-5 间(AU 信号 ON 时有效)] 起动指令：外部信号输入(端子 STF、STR)	PU EXT
			4	外部/PU 组合运行模式 2 频率指令：外部信号输入(端子 2、4、JOG、多段速选择等) 起动指令：通过操作面板的(RUN)键、PU(FR-PU04-CH/FR-PU07)的(FWD)、(REV)键来输入	PU EXT
			6	切换模式 可以在保持运行状态的同时，进行 PU 运行、外部运行、网络运行的切换	PU运行模式 PU 外部运行模式 EXT 网络运行模式 NET
			7	外部运行模式(PU 运行互锁) X12 信号为 ON 可切换到 PU 运行模式 (外部运行中输出停止) X12 信号为 OFF 禁止切换到 PU 运行模式	PU运行模式 PU 外部运行模式 EXT

一般来说,使用控制电路端子、在外部设置电位器和开关来进行操作的是外部运行模式,使用操作面板以及参数单元(FR-PU04-CH/FR-PU07)输入起动指令、频率指令的是PU运行模式,通过PU接口进行RS-485通信或使用通信选件的是网络运行模式。

六、变更参数的设定值

现通过变更Pr.1为例,分析如何通过操作面板变更参数的设定值,如图5-2-7所示。

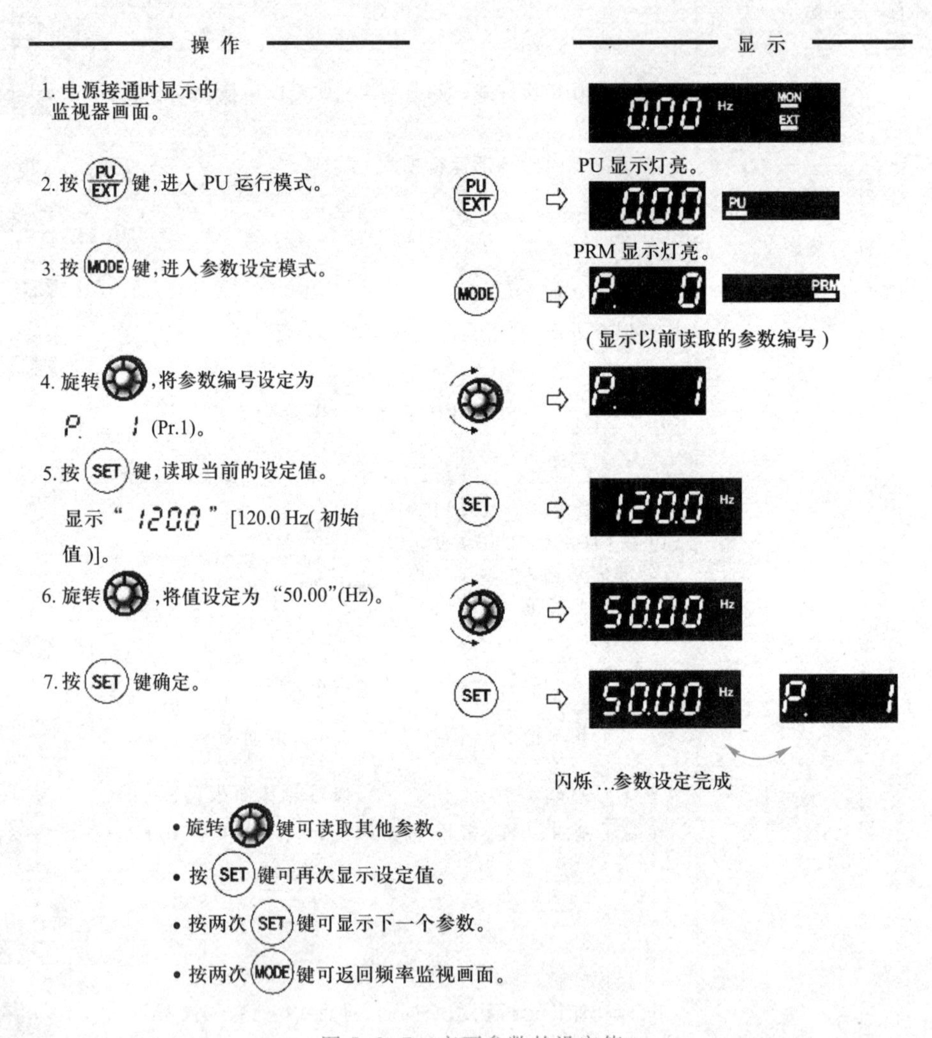

图5-2-7 变更参数的设定值

七、变频器的常用基本参数

FR系列变频器的参数有多个,按功能分类有基本功能、标准运行功能、输出端子功能、第二功能、电流检测、显示功能、再起动和附加功能等,现仅列出常用的基本参数。

(1) 输出频率范围(Pr.1、Pr.2、Pr.18)

(2) 基准频率(Pr.3)和基准频率电压(Pr.19)

(3) 起动频率(Pr.13)

(4) 点动频率(Pr.15)和点动加/减速时间(Pr.16)

(5) 加/减速时间(Pr.7、Pr.8)

(6) 电子过流保护(Pr.9)

(7) 转矩提升系数(Pr.0)

(8) 参数写入禁止选择(Pr.77)

(9) 操作模式选择(Pr.79)

Pr.79=0:电源投入时外部运行模式。

Pr.79=1:PU 运行模式,用操作面板、参数单元键进行数字设定。

Pr.79=2:外部运行模式,起动需要来自外部的信号。

Pr.79=3:外部/PU 组合运行模式 1。

Pr.79=4:外部/PU 组合运行模式 2。

(10) 多段速度运行(Pr.4、Pr.5、Pr.6、Pr.24~Pr.27、Pr.232~Pr.239)

Pr.4:多段速度设定(高速)。

Pr.5:多段速度设定(中速)。

Pr.6:多段速度设定(低速)。

Pr.24~Pr.27:多段速度设定(4~7 段速度设定)。

Pr.232~Pr.239:多段速度设定(8~15 段速度设定)。

八、多段速控制

三菱变频器可以实现的多段速功能有 3 段速控制功能、7 段速控制功能和 15 段速控制功能。

1. 多段速控制的参数

用参数将多种运行速度预先设定,用输入端子进行转换。

多段速参数的出厂设定值与设定范围见表 5-2-5。

表 5-2-5　多段速参数的出厂设定值与设定范围

参数号	功能	出厂设定	设定范围	备注
Pr.4	多段速度设定(高速)	50 Hz	0~400 Hz	—
Pr.5	多段速度设定(中速)	30 Hz	0~400 Hz	—
Pr.6	多段速度设定(低速)	10 Hz	0~400 Hz	—
Pr.24~Pr.27	多段速度设定(4~7 段速度设定)	9 999	0~400 Hz,9 999	9 999:未选择
Pr.232~Pr.239	多段速度设定(8~15 段速度设定)	9 999	0~400 Hz,9 999	9 999:未选择

如果要实现 3 段速控制,就把 3 段速的运行频率设置于 Pr.4~Pr.6 这 3 个参数上,其他参数设定为 9 999;如果要实现 7 段速控制,就把 7 段速的运行频率设置于 Pr.4~Pr.6、Pr.24~Pr.27 这 7 个参数上,其他参数设定为 9 999;如果要实现 15 段速控制,就把 15 段速的运行频率设置于 Pr.4~Pr.6、Pr.24~Pr.27 和 Pr.232~Pr.239 这 15 个参数上。

2. 多段速控制端子与运行频率选择

用以上参数将多种运行速度预先设定,然后用输入端子进行切换,选择运行频率。用来选择运行频率的控制端子有4个,分别为RH、RM、RL和REX。多段速控制在外部操作模式(Pr.79=2)或PU/外部并行模式(Pr.79=3或4)才有效。多段速度设定在PU运行和外部运行中都可以设定。

另外,端子REX在变频器的输入端子中是不存在的,需要用Pr.178~Pr.184中的任意一个参数安排端子用于REX信号的输入,例如当Pr.183=8时,将端子MRS作为端子REX使用。

多段速运行频率的选择如图5-2-8所示,多段速频率选择具体见表5-2-6。

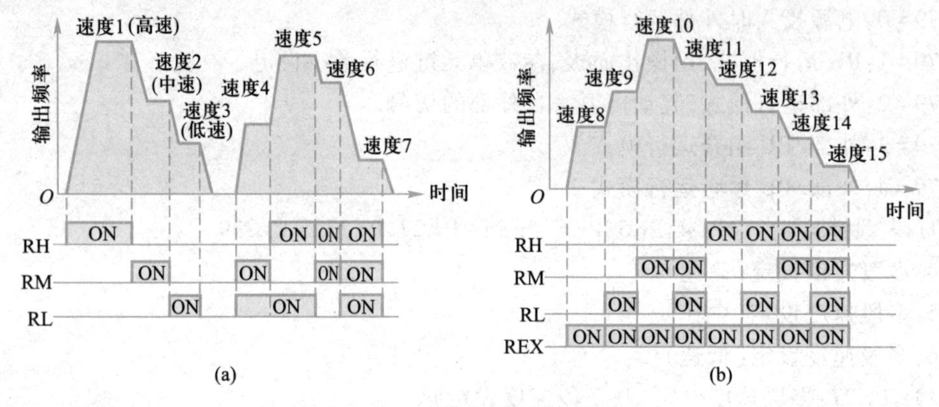

图5-2-8 多段速运行频率的选择

表5-2-6 多段速频率选择

输入端子状态				速度选择	对应频率参数
RL	RM	RH	REX		
0	0	1	0	速度1	Pr.4
0	1	0	0	速度2	Pr.5
1	0	0	0	速度3	Pr.6
1	1	0	0	速度4	Pr.24
1	0	1	0	速度5	Pr.25
0	1	1	0	速度6	Pr.26
1	1	1	0	速度7	Pr.27
0	0	0	1	速度8	Pr.183,Pr.232
1	0	0	1	速度9	Pr.183,Pr.233
0	1	0	1	速度10	Pr.183,Pr.234
1	1	0	1	速度11	Pr.183,Pr.235
0	0	1	1	速度12	Pr.183,Pr.236
1	0	1	1	速度13	Pr.183,Pr.237
0	1	1	1	速度14	Pr.183,Pr.238
1	1	1	1	速度15	Pr.183,Pr.239

3. 多段速运行的接线图

如图 5-2-9 所示，合上相应的开关，则电动机即可按相应的速度运行。

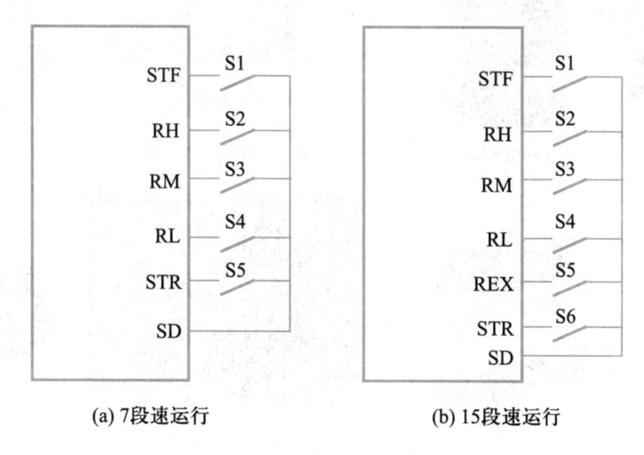

图 5-2-9　多段速运行的接线图

要点提示

(1) 在变频器运行期间，每种速度(频率)能在 0~400 Hz 范围内被设定。

(2) 多段速度比主速度(端子 2—5、4—5)优先。

(3) 在 3 段速控制的场合，2 段以上速度同时被选择时，低速信号的设定频率优先。

(4) Pr.24~Pr.27 和 Pr.232~Pr.239 接的设定没有优先级别。

(5) 运行期间参数值能被重新设定。

(6) 当用 Pr.178~Pr.184 改变端子分配时，其他功能可能受到影响。设定前检查相应的端子功能。

任务实施

做中学

安装与检修变频器多转速控制电路

一、器材和工具

安装与检修变频器多转速控制电路所需器材和工具如图 5-2-10 所示。

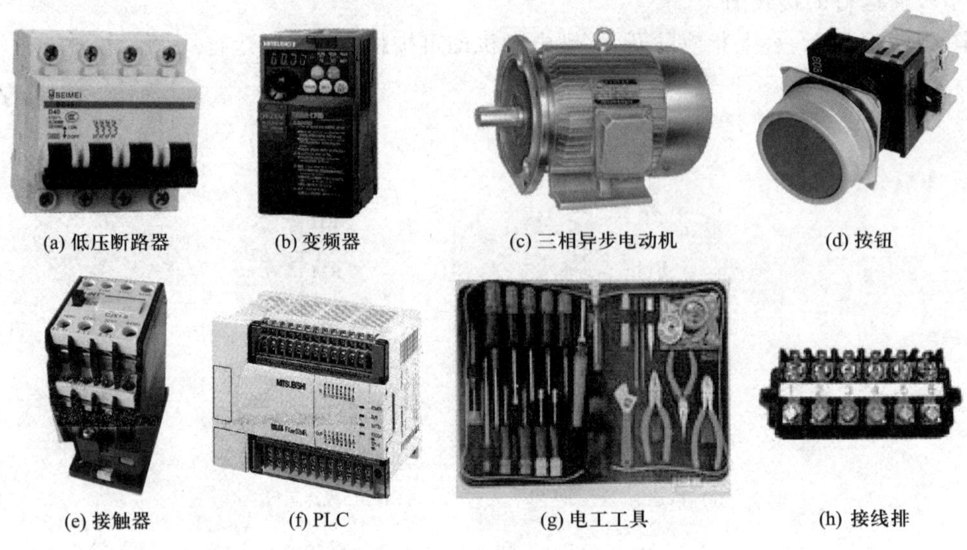

(a) 低压断路器　(b) 变频器　(c) 三相异步电动机　(d) 按钮

(e) 接触器　(f) PLC　(g) 电工工具　(h) 接线排

图 5-2-10　器材和工具

二、操作步骤

以小组为单位，进行变频器多转速控制电路的安装接线与程序设计训练，整个过程要求团队协作、安全规范操作、严谨细致、精益求精。

1. 分析控制要求

用 PLC 和变频器控制电动机的要求为：按下按钮 SB1，KM 主触点闭合，按下按钮 SB3，电动机以 20 Hz 的频率起动后运行 5 s，再转为 30 Hz 频率运行 6 s，最后转为 40 Hz 频率运行 5 s 后自动停止，当电路发生故障时或按下按钮 SB2，主触点 KM 断开。

2. 确定 PLC 的 I/O 地址分配

PLC 的 I/O 地址分配见表 5-2-7。

表 5-2-7　PLC 的 I/O 地址分配

输入信号			输出信号		
1	X000	变频器起动按钮 SB1	1	Y000	接触器 KM
2	X001	变频器停止按钮 SB2	2	Y004	STF
3	X002	电动机起动按钮 SB3	3	Y005	RH
4	X003	故障信号	4	Y006	RM
			5	Y007	RL

3. 安装接线

画出外部接线图并进行安装接线，如图 5-2-11 所示。

（1）安装主电路。主电路的安装方法与继电器-接触器电路相同。

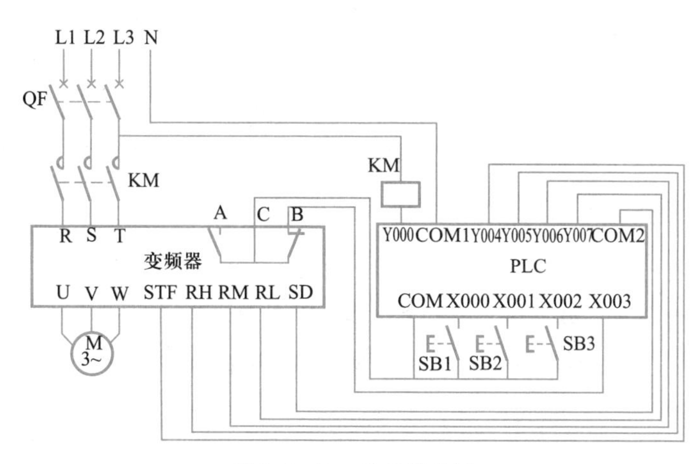

图 5-2-11 外部接线图

（2）安装控制电路。控制电路按照图 5-2-11 所示接线。

4. 变频器的参数设定

根据控制要求，除了设定变频器的基本参数以外，还必须进行操作模式的选择以及多段速度的参数设定。参数设置如下：

（1）上限频率 Pr1 = 50 Hz

（2）下限频率 Pr2 = 0 Hz

（3）基底频率 Pr3 = 50 Hz

（4）加速时间 Pr7 = 2 s

（5）减速时间 Pr8 = 2 s

（6）过电流保护 Pr9 = 电动机的额定电流

（7）运行模式选择（组合）Pr79 = 3

（8）多段速度设定（1 速）Pr4 = 20 Hz

（9）多段速度设定（2 速）Pr5 = 30 Hz

（10）多段速度设定（3 速）Pr6 = 40 Hz

5. 设计程序

程序如图 5-2-12 所示。

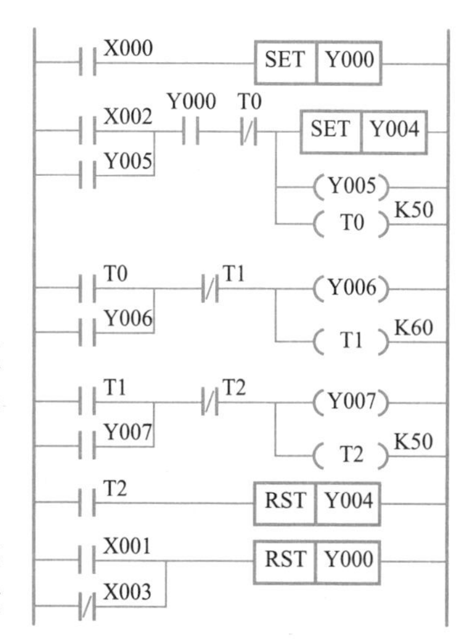

图 5-2-12 程序

6. 输入程序

将设计好的程序输入计算机，进行编辑和检查。如发现问题，应立即修改和调整程序，直到满足控制要求。然后将调试好的程序传送到现场使用的 PLC 中。

7. 通电试车

经教师同意后，通电试车。为保证安全，可先不带负载调试，观察接触器动作是否正常，再接好三相异步电动机试车。通电试车时，必须严格遵守安全操作规程，注意安全。

要点提示

(1) 接好线以后,须经教师检查后才能通电。

(2) 编制程序时,一定要注意 Y000 的动作先于 Y004。

(3) RH、RM、RL 端子为默认的高中低端子,具体工作时的转速取决于参数的设置。

三、电路检修

按照表 5-2-8,小组合作进行电路故障排查及检修训练。

表 5-2-8 变频器多转速控制电路的常见故障排查方法

故障现象	原因分析	图形	检查方法
按下按钮 SB1 和 SB3 后,接触器 KM 动作,但电动机直接以 40Hz 频率先运行	变频器参数 Pr.4 设置错误		可在 PU 运行下检查变频器的参数设置
按下按钮 SB2 后,接触器 KM 无法断开	可能的故障原因:SB2 按钮采用了动断触点; 程序中 X001 采用了动断触点	COM X000 X001 X002 SB1 SB2 SB3	拆装按钮 SB2 进行检查

任务评价

根据自评、小组互评和教师评价将项目得分以及总评内容和得分填入表 5-2-9。

表 5-2-9 评价反馈表

任务名称	变频器多转速控制电路的安装与检修		学生姓名	学号	班级	日期
项目内容	配分	评分标准				得分
熟悉变频器	20 分	熟悉变频器的面板、接线及参数设定				

续表

项目内容	配分	评分标准	得分
电气线路的设计、安装与接线	30分	1. 不按接线图安装，扣5分	
		2. 元器件安装不牢固、不匀称、不合理，每次扣5分	
		3.损坏元器件，扣10分	
		4. 不按接线图接线，扣5分	
		5. 布线不符合要求，每根扣3分	
		6. 接点不符合要求，每个扣2分	
		7. 损坏导线线芯或绝缘，扣5分	
程序的输入与调试	20分	1. 能正确输入PLC程序(10分)	
		2. 按控制要求调试，达到设计要求(10分)	
检修	10分	根据故障现象，用万用表或验电笔判断故障并检修	
实训后	10分	规范整理实训器材	
职业素养养成	10分	严格遵守安全规程、文明生产、规范操作，养成严谨、专注、精益求精的职业精神，注重小组协作、德技并修	
总评			

思考与拓展

1. 实训中，变频器设置了哪些参数？使用了哪些外部端子？
2. 若将电动机的3速运行改为5速运行，PLC程序如何设计？怎样进行系统接线？

任务2　变频器正反转控制电路的安装与检修

任务描述

某化工厂芳烃装置空冷平台利用风机进行主动式散热，冬季气温较低时则需要风机反向送风才能达到控制温度的需求。如何使用变频器正反转控制电路帮助该化工厂进行技术改造呢？

知识储备

一、单向连续控制电路

1. 单向连续开关控制电路

图 5-2-13 所示为单向连续开关控制电路，主电路采用低压断路器 QF 作为主电源的通断控制，其作用是控制变频器总电源的通电、断电，不作为变频器的工作开关。当变频器长时间不用或进行保养维护时，应将低压断路器断开。低压断路器必须采用有明显断点的触点，它的通、断能够看见。接触器 KM 的功能是控制变频器的通断，其作用为：一是变频器的保护功能动作时可以通过接触器迅速切断电源；二是可以方便地实现顺序控制和远程操作。

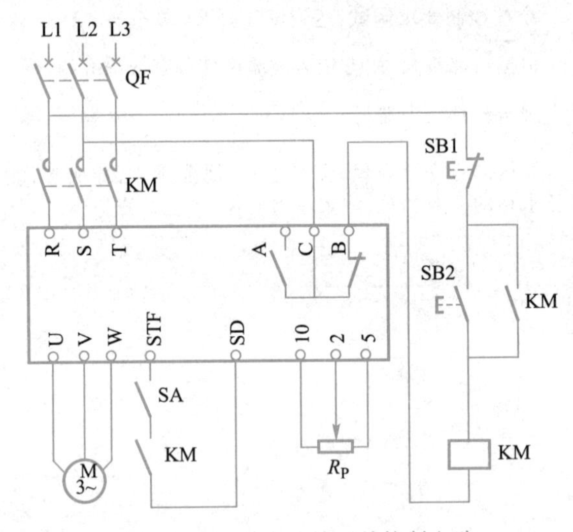

图 5-2-13 单向连续开关控制电路

电路的工作过程：

(1) 闭合 QF，按下按钮 SB2，使接触器 KM 得电并自锁，其主触点闭合，变频器的输入端 R、S、T 获得工频电源，串联在 SA 支路中的 KM 的另一动合触点闭合，变频器进入热备用状态。

(2) 合上 SA，电动机起动运行。调节端子 10、2、5 间外接电位器 R_P，变频器输出电源频率会发生变化，电动机转速也随之变化。

(3) 若变频器运行期间出现故障或异常，变频器的 B、C 端子间内部等效的动断触点断开，KM 线圈失电，主触点断开，切断变频器电源，对变频器进行保护。

(4) 变频器正常工作时，将开关 SA 断开，再按按钮 SB1，使 KM 线圈失电，主触点断开，切断变频器电源。

要点提示

变频器使用中要注意：控制变频器的接触器 KM 通、断电是在变频器停止输出状态下进行的，在运行状态下一般不允许切断变频器电源。

2. 单向连续继电器控制电路

如图 5-2-14 所示，起动按钮 SB1 和停止按钮 SB2 控制接触器 KM，从而控制变频器接通和切断电源。而电动机正转起动信号是通过 KA 来控制的，KA 线圈由按钮 SB3 和 SB4 控制。

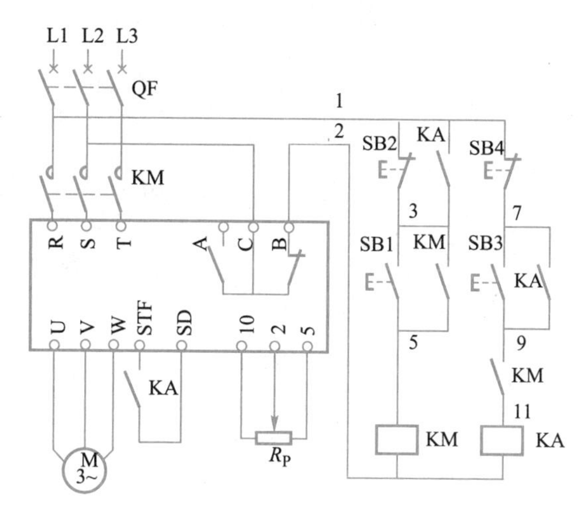

图 5-2-14 单向连续继电器控制电路

电路工作过程为：

(1) 闭合 QF，按下 SB1，KM 线圈通电并自锁，KM 主触点闭合，变频器的 R、S、T 获得工频电源，同时动合触点 KM(9-11)闭合，为 KA 线圈通电做好准备。

(2) 按下 SB3，KA 线圈通电并自锁，动合触点 KA(STF-SD)控制电动机正转。通过电位器 R_P 调频调速。

(3) 按下 SB4，KA 线圈失电，其动合触点(STF-SD)断开，电动机减速并停止运行后，由于动合触点 KA(1-3)断开，再按下 SB2，才能使 KM 失电释放，KM 才能断开变频器电源。

要点提示

按钮操作的顺序必须为 SB1—SB3—SB4—SB2，才能保证变频器的通、断电是在停止输出状态下进行的。

二、正反转控制电路

1. 正反转开关控制电路

如图 5-2-15 所示，SA 为三位开关，即有“正转”“反转”“停止”3 个位置，以控制电动机的正反转。

电动机正反转运行必须在 KM 已得电动作并且变频器的端子 R、S、T 已接通三相电源的状态下进行。正反转切换不能直接进行，必须在确定停止运行后再改变方向。

工作时，先闭合 QF，按下按钮 SB2，接触器 KM 得电并自锁，其主触点闭合，主电路进入备用状态。串联在 SA 支路中的 KM 的另一动合触点闭合，再使开关 SA 置于“正转”或“反转”位置，电动机就实现正转或反转起动运行。

停机时，先使开关 SA 置于“停止”(即中间)位置，变频器停止工作，电动机停止运行。再按下按钮 SB1，接触器 KM 失电，其主触点断开，断开变频器电源。

变频器发生故障时,端子 C-B 断开,KM 失电释放,使变频器停止工作,电动机停止运行。

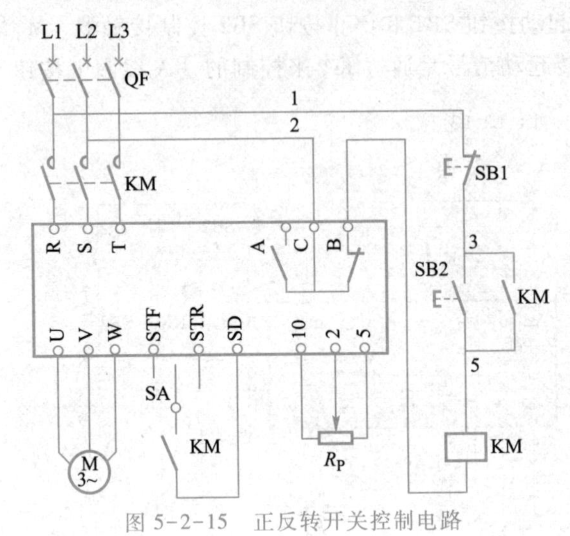

图 5-2-15 正反转开关控制电路

2. 正反转继电器控制电路

如图 5-2-16 所示,电动机正反转运行必须在 KM 得电动作并且变频器的端子 R、S、T 已接通三相电源的状态下进行;同时正反转继电器 KA1、KA2 应互锁。正反转切换不能直接进行,必须在确定停止运行后再改变方向。

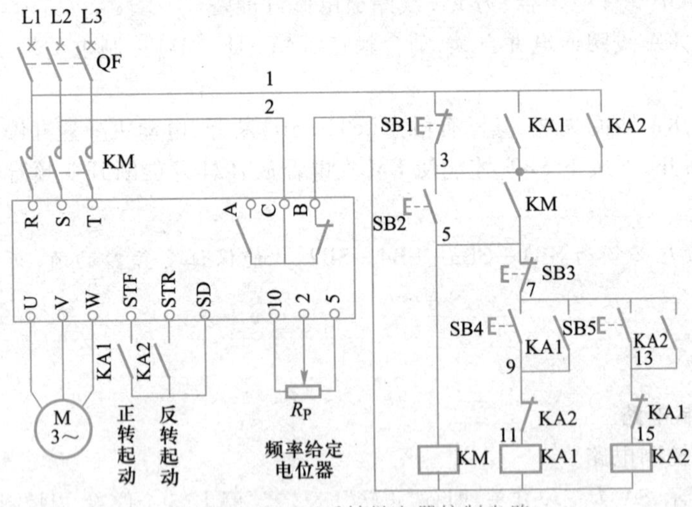

图 5-2-16 正反转继电器控制电路

按钮 SB1、SB2 用于控制 KM,从而控制变频器的端子 R、S、T 接通或切断电源。按钮 SB3、SB4 用于控制中间继电器 KA1,从而通过动合触点 KA1(STF-SD)控制电动机正转或停止。按钮 SB3、SB5 用于控制中间继电器 KA2,从而通过动合触点 KA2(STR-SD)控制电动机反转或停止。

该电路实现了顺序起动和顺序停止功能,只有在先按下 SB2,KM 得电吸合后,才能按下 SB4 或 SB5,使 KA1 或 KA2 得电,实现电动机的正转或反转;按钮 SB1 两端并联有 KA1、KA2 的动合触点,可防止电动机在运行状态下,按下 SB1 使 KM 失电,切断变频器 R、S、T 端子电源,使变频器直接停机。动断触点 KA1(13-15)、KA2(9-11)实现正反转的互锁。

任务实施

做中学

安装与检修变频器正反转控制电路

一、器材和工具

安装与检修变频器正反转控制电路所需器材和工具如图 5-2-17 所示。

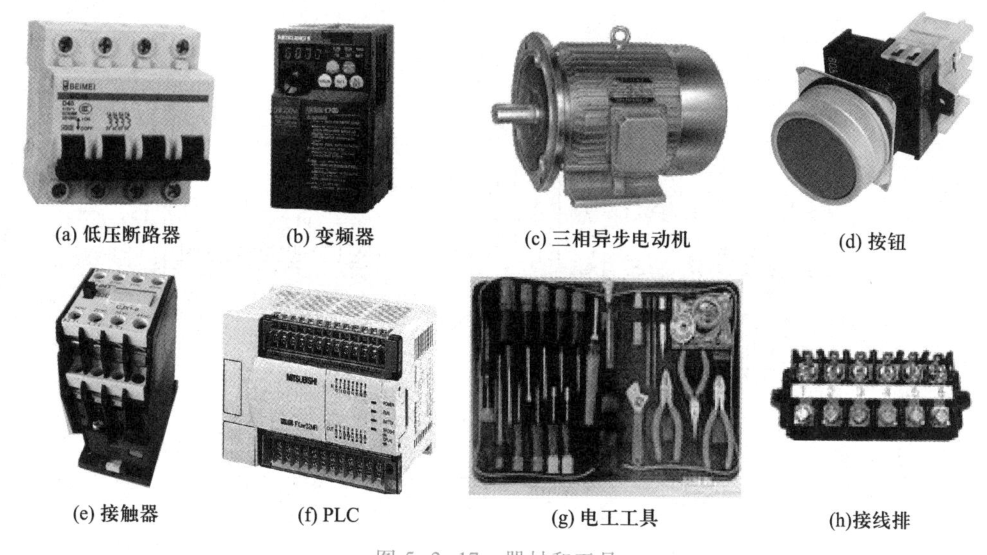

(a) 低压断路器　(b) 变频器　(c) 三相异步电动机　(d) 按钮

(e) 接触器　(f) PLC　(g) 电工工具　(h)接线排

图 5-2-17　器材和工具

二、操作步骤

以小组为单位，进行变频器正反转控制电路的安装接线与程序设计，整个过程要求团队协作、安全规范操作、严谨细致、精益求精。

1. 分析控制要求

用 PLC 和变频器控制电动机的要求为：按下按钮 SB2，KM 主触点闭合，变频器接通电源，然后按下正转按钮 SB4 或反转按钮 SB5，电动机将分别实现正反转，按下按钮 SB3，电动机停止，当电路发生故障或按下按钮 SB1 时，主触点 KM 断开。

2. 确定 PLC 的 I/O 地址分配

PLC 的 I/O 地址分配见表 5-2-10。

表 5-2-10 PLC 的 I/O 地址分配

输入信号			输出信号		
1	X000	故障信号	1	Y000	接触器 KM
2	X001	变频器停止按钮 SB1	2	Y004	STF
3	X002	变频器起动按钮 SB2	3	Y005	STR
4	X003	电动机停止按钮 SB3			
5	X004	电动机正转起动按钮 SB4			
6	X005	电动机反转起动按钮 SB5			

3. 安装接线

画出外部接线图并进行安装接线，如图 5-2-18 所示。

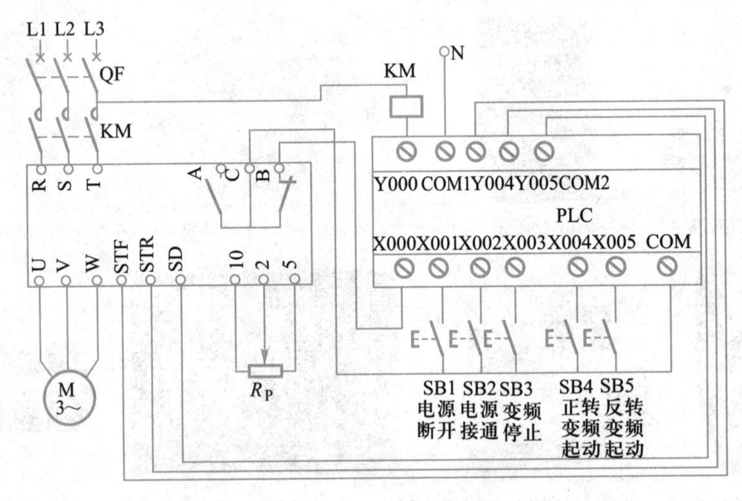

图 5-2-18 外部接线图

（1）安装主电路。主电路的安装方法与继电器-接触器电路相同。

（2）安装控制电路。控制电路按照图 5-2-18 所示接线。

4. 变频器的参数设定

根据控制要求，除了设定变频器的基本参数以外，还必须进行操作模式的选择参数设定。参数设定如下：

（1）上限频率 Pr1 = 50 Hz

（2）下限频率 Pr2 = 0 Hz

（3）基底频率 Pr3 = 50 Hz

（4）加速时间 Pr7 = 2 s

（5）减速时间 Pr8 = 2 s

（6）过电流保护 Pr9 = 电动机的额定电流

（7）运行模式选择 Pr79 = 2

5. 设计程序

程序如图 5-2-19 所示。

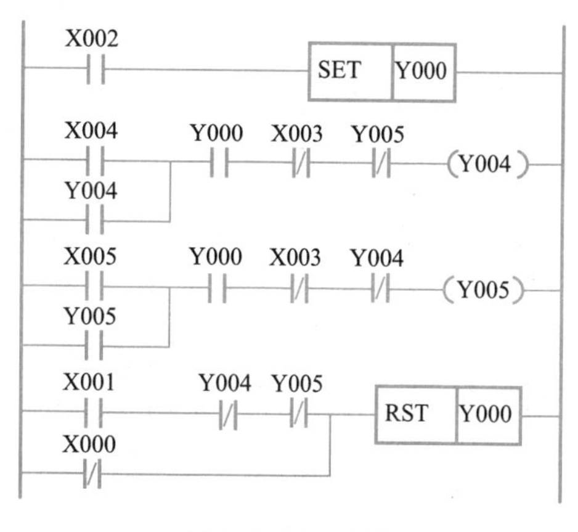

图 5-2-19　程序

6. 输入程序

将设计好的程序输入计算机，进行编辑和检查。如发现问题，应立即修改和调整程序，直到满足控制要求。然后将调试好的程序传送到现场使用的 PLC 中。

7. 通电试车

经教师同意后，通电试车。为保证安全，可先不带负载调试，观察接触器动作是否正常，再接好三相异步电动机试车。通电试车时，必须严格遵守安全操作规程，注意安全。

要点提示

（1）接好线以后，须经教师检查后才能通电。

（2）编制程序时一定要注意：起动时 Y000 的动作先于 Y004 和 Y005，停止时 Y000 的动作后于 Y004 和 Y005。

（3）注意 I/O 端口分配时，不能用 Y001、Y002 代替 Y004 和 Y005。

三、电路检修

按照表 5-2-11，小组合作进行电路故障排查及检修训练。

表 5-2-11　变频器正反转控制电路的常见故障排查方法

故障现象	原因分析	图	检查方法
工作时变频器发生故障，不能及时停止工作	可能的故障原因：X000 动断触点与 X001 并联；X000 外接线时采用 A、C 端子	X001　Y004 Y005　RST Y000 X000	可通过检查程序和外部接线检查
按下按钮 SB3 后，接触器 KM 无法断开	可能的故障原因：SB3 按钮采用了动断触点； 程序中 X003 采用了动合触点	X000 X001 X002 X003　X004 X005　COM E-　E-　E-　E-　E- SB1 SB2 SB3　SB4 SB5	拆装按钮 SB3 进行检查

任务评价

根据自评、小组互评和教师评价将项目得分以及总评内容和得分填入表5-2-12。

表5-2-12 评价反馈表

任务名称	变频器正反转控制电路的安装与检修	学生姓名	学号	班级	日期
项目内容	配分	评分标准			得分
熟悉电动机控制电路	20分	熟悉各种变频器控制电动机电路			
电气线路的设计、安装与接线	30分	1. 不按接线图安装,扣5分			
		2. 元器件安装不牢固、不匀称、不合理,每次扣5分			
		3. 损坏元器件,扣10分			
		4. 不按接线图接线,扣5分			
		5. 布线不符合要求,每根扣3分			
		6. 接点不符合要求,每个扣2分			
		7. 损坏导线线芯或绝缘,扣5分			
程序的输入与调试	20分	1. 能正确输入PLC程序(10分)			
		2. 按控制要求调试,达到设计要求(10分)			
检修	10分	根据故障现象,用万用表或验电笔判断故障并检修			
实训后	10分	规范整理实训器材			
职业素养养成	10分	严格遵守安全规程、文明生产、规范操作,养成严谨、专注、精益求精的职业精神,注重小组协作、德技并修			
总评					

思考与拓展

1. 实训中,当使用PLC和变频器控制电动机单向正转工作时,如何接线?梯形图程序是如何编制的?

2. 变频器参数是如何修改的?

模块小结

1. PLC实质是工业控制计算机，主要由中央处理单元(CPU)，存储器(RAM、ROM)，输入/输出(I/O)单元，电源等组成。

2. FX_{2N}系列PLC基本单元的外部特征基本相似，一般有外部端子部分、指示部分及接口部分等。

3. PLC编程元件是指输入继电器、输出继电器、辅助继电器、定时器和计数器等。

4. GX Developer编程软件是通过计算机进行PLC编程的常用软件，输入方式可采用梯形图和指令表等。

5. FX_{2N}系列PLC的最基本指令共20条，其中2条成对使用。

6. 利用PLC控制三相异步电动机基本控制电路，在改变控制要求时只需要改变程序而无需重新配线，而且由于用PLC内部软继电器取代了许多元器件，从而大大减少了元器件的数量，简化了电气控制系统的接线，减少了电气控制柜的安装尺寸，充分体现出设计施工周期短、通用性强、可靠性高、成本低的优点。

7. 变频器主要由主电路和控制电路组成，其中主电路包括整流电路、储能电路、逆变电路等。

8. 认识变频器的基本接线和操作面板是使用变频器的基础，变频器的运行操作模式有外部运行模式、PU运行模式、网络运行模式及组合运行模式。

9. 变频器的常用基本参数是变频器调速的关键，应明确参数、含义及范围。

10. 三菱变频器可以实现的多段速功能有3段速控制功能、7段速控制功能和15段速控制功能。

11. 变频器和电动机的工作之间有顺序起动和逆序停止的关系，电路接线一定要注意。

复习思考题

一、填空题

1. PLC实质上是____________,它主要由____________、____________、____________、____________等组成。

2. ____________是PLC接收外部输入信号的窗口。输入继电器只能由____________的信号驱动,不受PLC______的控制,不能被____________来驱动。

3. 输出继电器是PLC向____________的器件。

4. OUT是驱动______的输出指令,但不能用于____________。

5. SET是______指令,用于____________指令。

6. FX系列PLC的基本指令中,成对出现的有______和______、____________和______。

7. 变频器主要由____________和____________组成,其中主电路含____________、____________、____________等。

8. 变频器的运行操作模式对应的Pr.79参数为有外部运行模式______、PU运行模式______、网络运行模式______及组合运行模式1______、组合运行模式2______。

9. 用于控制变频器3段速控制的参数是______、______、______。

二、选择题

1. PLC的继电器中,能驱动外部负载的是(　　)。

A. 输入继电器　　B. 输出继电器

C. 辅助继电器　　D. 计数器

2. ORI指令用于(　　)。

A. 串联动合触点　　B. 串联动断触点

C. 并联动合触点　　D. 并联动断触点

3. 以下FX_{2N}系列PLC的基本指令中,必须成对使用的是(　　)。

A. LD和LDI　　B. ANB和ORB

C. SET和RST　　D. MPS和MPP

4. 下列PLC指令中,用于线圈驱动的是(　　)。

A. OUT　　B. ORB　　C. LD　　D. ANI

5. 欲用10 ms的定时器设定15 s的延时时间,则设定值应是(　　)。

A. 15　　B. 150　　C. 1 500　　D. 15 000

6. 受PLC内部指令控制,但不能直接驱动外部负载动作的是(　　)。

A. 输入继电器　　B. 辅助继电器

C. 输出继电器　　D. 中间继电器

7. 在下列 FX_{2N} 系列 PLC 的指令中,可以在输入信号的上升沿产生脉冲输出的指令为(　　)。

A. MPS　　B. PLF　　C. LDI　　D. PLS

8. 当变频器的参数 Pr.79 的数值设置为“1”“2”“3”时分别表示(　　)。

A.“1”为 PU 运行模式 ;“2”为外部运行模式;“3”为组合运行模式

B.“1”为外部运行模式 ;“2”为 PU 运行模式;“3”为组合运行模式

C.“1”为外部运行模式 ;“2”为组合运行模式;“3”为 PU 运行模式

D.“1”为组合运行模式 ;“2”为 PU 运行模式;“3”为外部运行模式

9. 变频器参数 Pr.1 表示的是(　　)。

A. 上限频率　　B. 下限频率

C. 高速上限频率　　D. 起动频率

10. 变频器参数 Pr.7 是指(　　)。

A. 加速时间　　B. 减速时间

C. 电子过流保护　　D. 点动频率

三、编程题

1. 根据两台电动机的控制时序图(如题图 5-1 所示),设计 PLC 控制线路。要求:(1) 设计 I/O 接线图;(2) 画出梯形图。

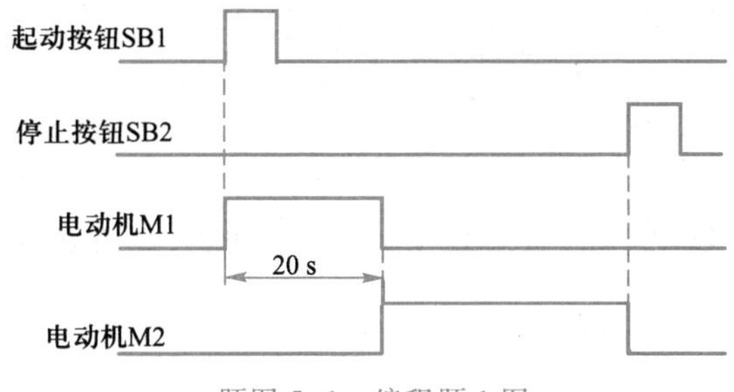

题图 5-1　编程题 1 图

2. 题图 5-2 所示为用三个定时器产生一组顺序脉冲的梯形图,顺序脉冲波形如题图 5-2 所示,请补充 A、B、C、D、E 五处梯形图,实现完整的控制功能。

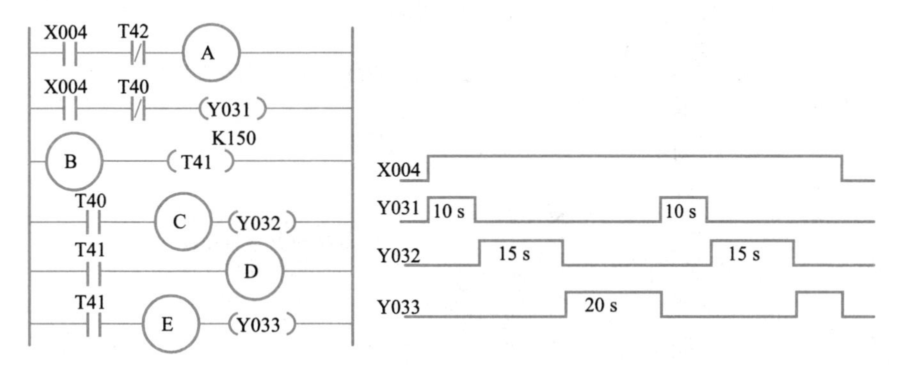

题图 5-2　编程题 2 图

四、作图题

1. 补画出题图 5-3 所示的时序图中 M0、M1、Y0 的波形。

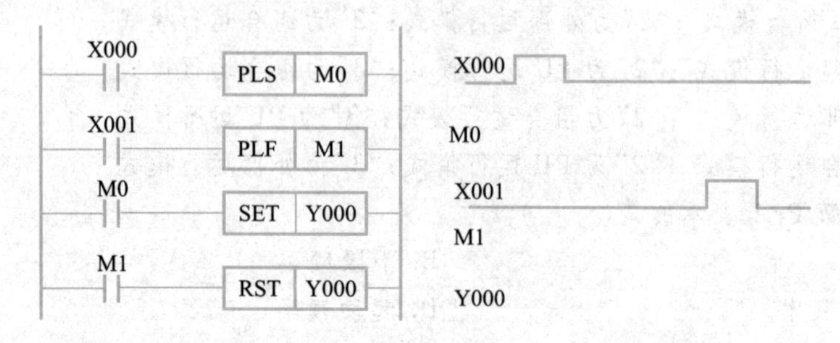

题图 5-3 作图题 1 图

2. 如题图 5-4 所示梯形图,请画出化简后的梯形图。

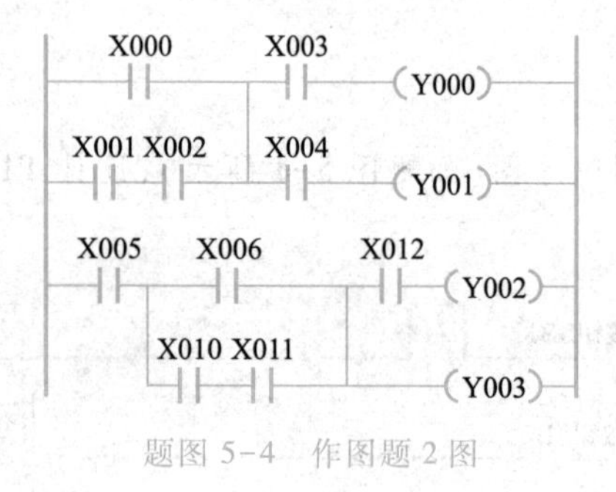

题图 5-4 作图题 2 图

3. 题图 5-5 所示为 PLC 和变频器正转控制电路接线图,请根据接线图编制梯形图程序。

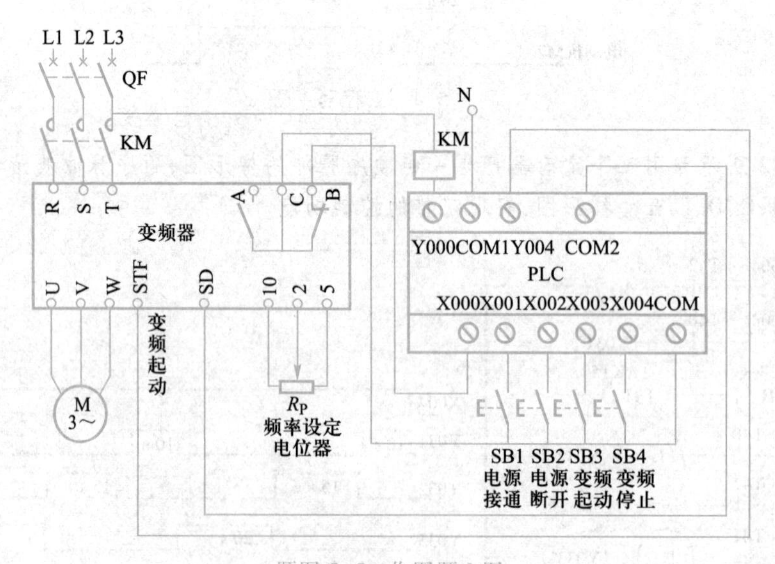

题图 5-5 作图题 3 图

*模块6

常用生产机械电气控制线路的识读及故障检修

模块导入

随着“中国智造2025”的到来，机床在智能制造中应用越来越广泛，其中车床、磨床、钻床是智能制造中最常用的生产机械，这些机床能够加工多种机械零件，满足生产需要。

本模块我们将一起认识CA6140型车床、M7130型平面磨床、Z3040型摇臂钻床以及X62W型万能铣床，探究其电气控制线路工作过程，提升识读生产机械电气控制电路及熟练处理常见电气故障的能力。

职业综合素养提升目标

1. 了解CA6140型车床、M7130型平面磨床、Z3040型摇臂钻床、X62W型万能铣床电气控制线路的主要结构和运动情况，会识读其电气原理图，会正确进行机床电气控制电路的安装与接线，掌握机床电气控制电路的常见故障处理方法，能够进行基本的机床电气故障排查与检修。

2. 树立常用生产机械电气控制线路的故障检修过程中的安全生产、环境保护及规范电气操作意识，在新知探究及技能实操的过程中注意培养团队协作、严谨细致、规范操作、精益求精的工匠精神，促进自身的电气操作职业岗位综合素养养成。

项目1
CA6140型车床电气控制电路

项目概述

车床是使用最广泛的一种金属切削机床,主要用于车削工件的外圆、内圆、端面、螺纹等,装上钻头或铰刀,还可进行钻孔和铰孔等加工。在各种车床中,应用最多的是普通车床。

本项目我们将认识CA6140型车床,提升车床电气控制电路的识读与分析能力及在使用过程中遇到故障的检修能力。

任务1　认识CA6140型车床电气控制电路

任务描述

普通车床工作时主要有两种运动,一种是卡盘或顶尖带着工件的旋转运动,也就是主轴的运动,称为主运动;另一种是溜板带动刀架的直线运动,称为进给运动。CA6140型车床如何实现主运动及进给运动呢?

知识储备

一、主要结构和运动情况

图6-1-1所示为CA6140型车床的外形。CA6140型车床主要由床身、主轴箱、进给箱、溜板箱、刀架、丝杠、光杠、尾座等组成。

车削加工时,CA6140型车床的主运动是工件的旋转运动,进给运动是刀具的直线运动,辅助运动是刀架的快速移动及工件的夹紧和放松。主轴电动机的动力,由三角皮带通过主轴箱传给主轴,主轴通过卡盘带动工件做旋转运动。主轴一般只要求单方向旋转,只有在车螺纹时才需要用反转来退刀。CA6140型车床用操纵手柄通过摩擦离合器来改变主轴旋转方向,有的车床也通过改变电动机的转向来改变主轴的转向。主轴的变速是通过变换主轴箱外的手柄位置来实现的。

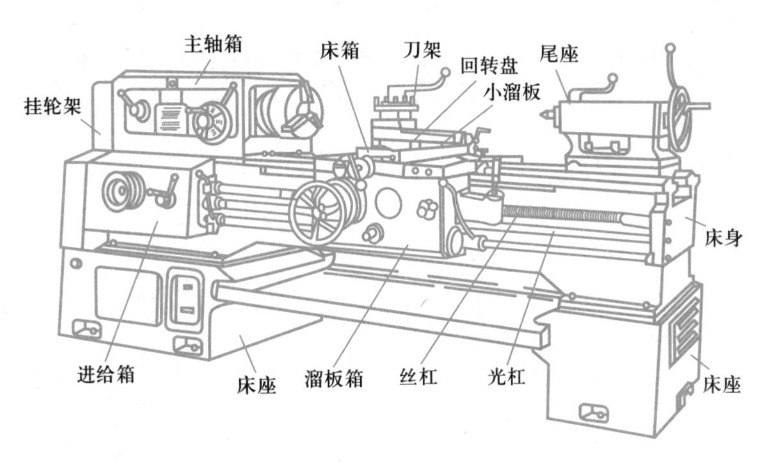

图 6-1-1 CA6140 型车床的外形

要点提示

(1) 主轴电动机一般选用三相笼型电动机，完成车床的主运动和进给运动。主轴电动机可直接起动；车床采用机械方法实现反转；采用机械调速，对电动机无电气调速要求。

(2) 车削加工时，为防止刀具和工件温度过高，需要一台冷却泵电动机来提供冷却液。要求主轴电动机起动后冷却泵电动机才能起动，主轴电动机停车，冷却泵电动机也同时停车。

(3) CA6140 型车床要有一台刀架快速移动电动机。

(4) 必须具有短路、过载、失压和欠压等必要的保护装置。

(5) 具有安全的局部照明装置。

二、电气原理图识读

CA6140 型车床的电气原理图如图 6-1-2 所示。电气原理图的下方按顺序分为 12 个区，以序号顺序标注。其中，1 区为电源保护和电源开关部分，2~4 区为主电路部分，5~10 区为控制电路部分，11~12 区为信号灯和照明灯电路部分。

(1) 主电路(2~4 区)

三相电源 L1、L2、L3 由低压断路器 QF 控制(1 区)，从 2 区开始就是主电路，主电路有三台电动机。

M1(2 区)是主轴电动机，带动主轴对工件进行车削加工，是主运动和进给运动电动机。它由 KM 的主触点控制，其控制线圈在 7 区，热继电器 FR1 作过载保护，其动断触点在 7 区，M1 的短路保护由 QF 的电磁脱扣器实现。

M2(3 区)是冷却泵电动机，带动冷却泵供给刀具和工件冷却液。它由 KA1 的主触点控制，其控制线圈在 10 区。FR2 作过载保护，其动断触点在 10 区。熔断器 FU1 作短路保护。

M3(4 区)是刀架快速移动电动机，带动刀架快速移动。它由 KA2 的主触点控制，其控制线圈在 9 区。由于 M3 容量较小且为点动控制，因此不需要作过载保护。熔断器 FU1 作短路保护。

(2) 控制电路(5~10 区)

控制电路由控制变压器 T 提供 110 V 电源，由 FU2 作短路保护(6 区)。带钥匙的旋钮开关

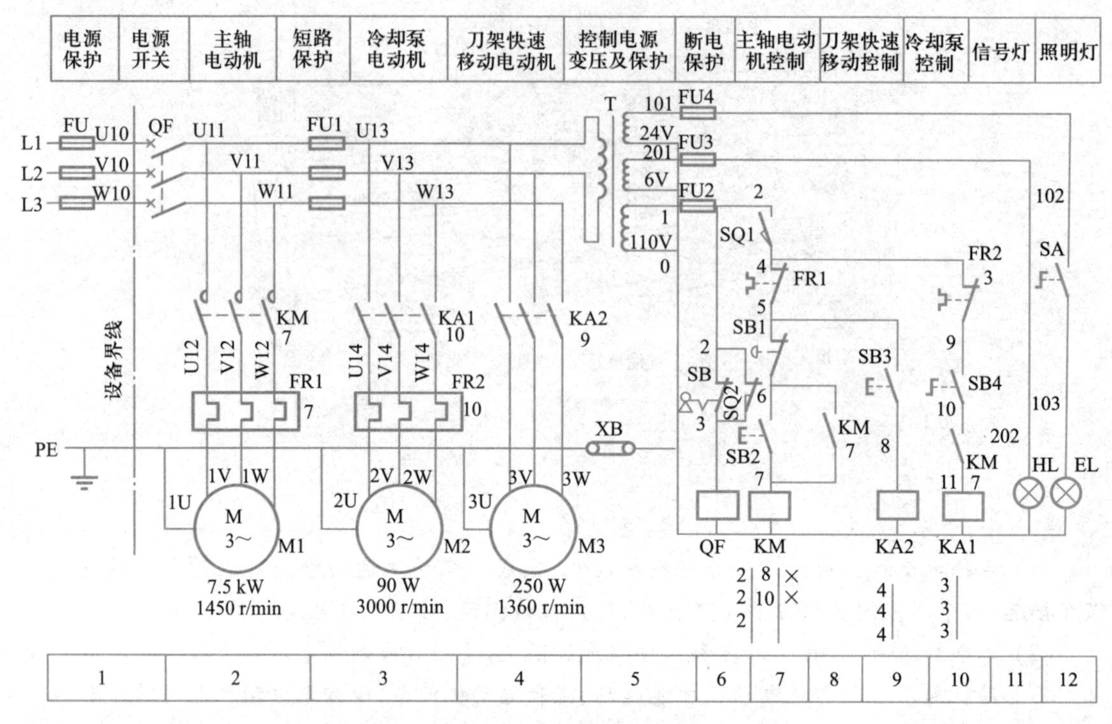

图 6-1-2 CA6140 型车床的电气原理图

SB 是电源开关锁,起动机床时,先用钥匙向右旋转旋钮开关 SB 或压下溜板箱安全行程开关 SQ2,再合上低压断路器才能接通电源。7~9 区分别为主轴电动机 M1、刀架快速移动电动机 M3、冷却泵电动机 M2 的控制电路。进给箱安全行程开关 SQ1 作为 M1、M2、M3 的断电安全保护开关。

7~8 区为主轴电动机 M1 的控制电路,是典型的单向连续控制电路。SB1 为主轴电动机 M1 停止按钮,SB2 为主轴电动机 M1 的起动按钮。

9 区为刀架快速移动电动机 M3 的控制电路,是典型的单向点动控制电路。由按钮 SB3 进行点动控制。

10 区为冷却泵电动机 M2 的控制电路。由旋钮开关 SB4 操纵,KM 的动合触点(10-11)控制,因此,M2 需在 M1 起动后才能起动,如 M1 停转,M2 也同时停转,即 M1、M2 采用的是控制电路顺序控制。

(3) 信号灯和照明灯电路(11~12 区)

信号灯和照明灯电路的电源由控制变压器 T 提供。信号灯电路(11 区)采用 6 V 交流电压电源,指示灯 HL 接在变压器 T 二次侧的 6 V 线圈上,指示灯亮表示控制电路有电。照明灯电路采用 24 V 交流电压(12 区)。照明灯电路由旋钮开关 SA 和照明灯 EL 组成,照明灯 EL 的另一端必须接地,以防止照明变压器一次绕组和二次绕组间发生短路时可能发生的触电事故,熔断器 FU3 和 FU4 分别作信号灯电路和照明灯电路的短路保护。

任务实施

做中学

认识 CA6140 型车床电气控制电路

一、认识电气元器件

以小组为单位,参照表 6-1-1,认识 CA6140 型车床电气控制电路的主要电气元器件及主要用途。

表 6-1-1　CA6140 型车床电气控制电路的主要电气元器件明细表

序号	符号	名称	型号	规格	数量	用途
1	M1	主轴电动机	Y132M-4-B3	7.5 kW,15.4 A,1450 r/min	1	主运动和进给运动动力
2	M2	冷却泵电动机	AOB-25	90 W,3 000 r/min	1	驱动冷却泵
3	M3	刀架快速移动电动机	AOS5634	250 W,1 360 r/min	1	提供刀架快速移动动力
4	FR1	热继电器	JR16-20/3D	11 号热元件,整定电流 15.4 A	1	M1 的过载保护
5	FR2	热继电器	JR16-20/3D	1 号热元件,整定电流 0.32 A	1	M2 的过载保护
6	KM	接触器	CJ10-40	40 A,线圈电压 110 V	1	控制 M1
7	KA1	中间继电器	JZ7-44	线圈电压 110 V	1	控制 M2
8	KA2	中间继电器	JZ7-44	线圈电压 110 V	1	控制 M3
9	FU1	熔断器	RL1-15	380 V,15 A,配 1 A 熔体	3	M2、M3 及控制电路的短路保护
10	FU2	熔断器	RL1-15	380V,15 A,配 4 A 熔体	1	控制电路的短路保护
11	FU3	熔断器	RL1-15	380 V,15 A,配 1 A 熔体	1	信号灯电路的短路保护
12	FU4	熔断器	RL1-15	380V,15 A,配 2 A 熔体	1	照明灯电路的短路保护
13	SB1	按钮	LAY3-10/3	红色	1	M1 停止按钮
14	SB2	按钮	LAY3-01ZS/1	绿色	1	M1 起动按钮
15	SB3	按钮	LA19-11	500 V,5 A	1	M3 控制按钮
16	SB4	旋钮开关	LAY3-10X/2		1	M2 控制开关
17	SB	旋钮开关	LAY3-01Y/12	带钥匙	1	电源开关
18	SQ1	进给箱安全行程开关	JWM6-11		1	断电安全保护
19	SQ2	溜板箱安全行程开关	JWM6-11		1	

二、电气安装接线

以小组为单位,参考图 6-1-3 进行电气安装与接线。整个过程要求团队协作、安全规范操作、严谨细致、精益求精。

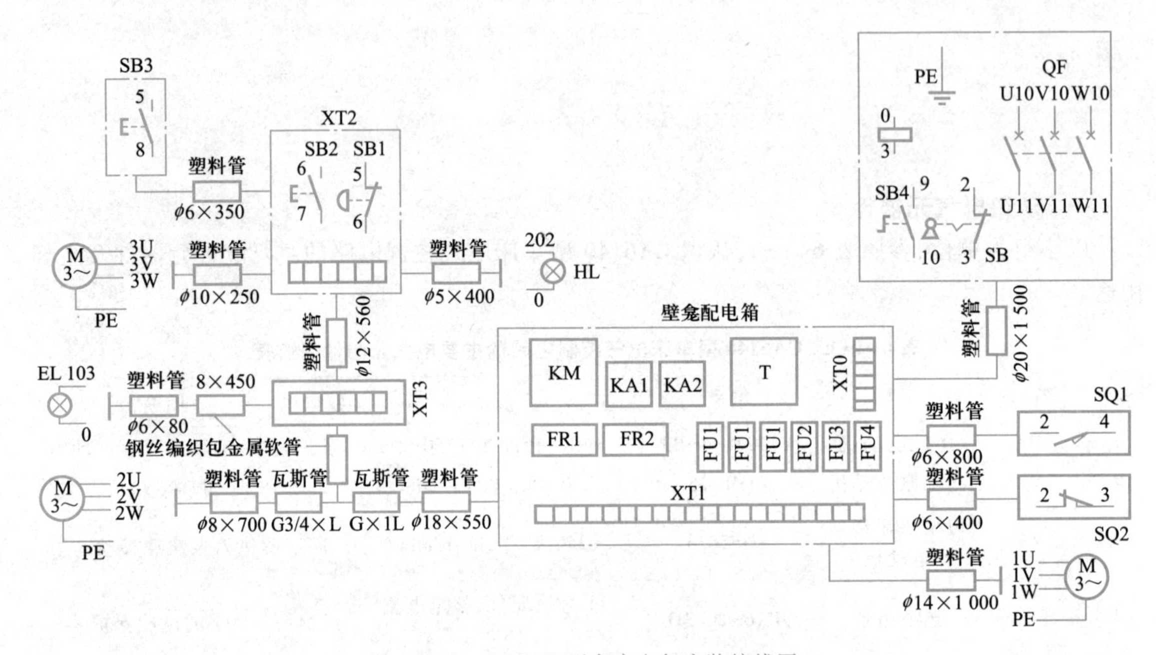

图 6-1-3 CA6140 型车床电气安装接线图

(1) 根据电动机的容量、线路走向及要求和各元器件的安装尺寸,正确选配导线的规格、导线通道类型和数量、接线端子板、控制板、紧固件等。

(2) 在控制板上固定元器件和走线槽,并在元器件附近做好与电路图上相同代号的标记。安装走线槽时,应做到横平竖直、排列整齐匀称、安装牢固和便于走线等。

(3) 按接线图在控制板上进行板前线槽配线,并在导线端部套编码套管。

(4) 进行控制板外的元器件固定和布线。控制板外部导线的线头上要套装与电路图相同线号的编码套管,可移动的导线通道应留适当的余量。

要点提示

(1) 电动机和线路的接地要符合要求。严禁采用金属软管作为接地通道。

(2) 在控制板外部进行布线时,导线必须穿在或敷设在机床底座内的导线通道中,导线的中间不允许有接头。

(3) 在进行快速进给时,要注意将运动部件置于行程的中间位置,以防运动部件与车头或尾架相撞。

(4) 试车时,要先合上电源开关,后按起动按钮;停车时,要先按停止按钮,后断电源开关。

(5) 通电试车必须在教师的监护下进行,必须严格遵守安全操作规程。

任务评价

根据自评、小组互评和教师评价将项目得分以及总评内容和得分填入表6-1-2。

表6-1-2　评价反馈表

任务名称	认识CA6140型车床电气控制电路	学生姓名	学号	班级	日期
项目内容	配分	评分标准			得分
熟悉CA6140型车床	40分	熟悉CA6140型车床结构、运动情况及各元器件规格、用途			
安装接线	40分	1. 不按接线图安装，扣5分			
		2. 元器件安装不牢固、不匀称、不合理，每次扣5分			
		3. 损坏元器件，扣10分			
		4. 不按接线图接线，扣5分			
		5. 布线不符合要求，每根扣3分			
		6. 接点不符合要求，每个扣2分			
		7. 损坏导线线芯或绝缘，扣5分			
实训后	10分	规范整理实训器材			
职业素养养成	10分	严格遵守安全规程、文明生产、规范操作，养成严谨、专注、精益求精的职业精神，注重小组协作、德技并修			
总评					

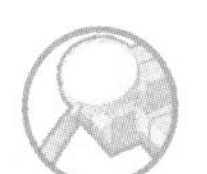

思考与拓展

1. CA6140型车床的电气保护措施有________、________、________和________等。

2. 车床的切削运动包括________、________。

3. CA6140型车床电动机没有反转控制，而主轴有反转要求，是靠________实现的。

任务 2 CA6140 型车床电气控制电路常见故障的检修

任务描述

在使用 CA6140 型车床过程中,如果发生电气故障,应该如何进行检查和维修呢?

知识储备

一、机床电气故障处理的一般步骤

(1) 根据故障现象在电路图上进行故障初步分析及大致范围锁定。

(2) 通过试验观察法对故障进一步分析,缩小故障范围。

(3) 用测量法寻找故障点。

(4) 检修故障。

(5) 通电试车。

(6) 整理现场,做好维修记录。

二、机床电气故障处理方法——局部短接法

常见机床电气故障为断路故障,如导线断路、虚连、虚焊、触点接触不良、熔断器开路等,对这类故障常用短接法检查。检查时,用一根绝缘良好的导线,将可能的断路部位短接,若短接到某处电路接通,则说明该处断路。短接法有局部短接法和长短接法。局部短接法是一次短接一个触点来检查故障的方法。

如图 6-1-4 所示,检查前,先用万用表测量 1-0 两点间的电压,若电压正常,合上进给箱安全行程开关 SQ1,一人按住起动按钮 SB2 不放,另一人用一根绝缘良好的导线,分别短接标号相邻的两点 2-4、4-5、5-6、6-7(注意不能短接 7-0 两点,防止短路)。当短接到某两点时,接触器 KM 吸合,说明断路故障就在该两点之间,见表 6-1-3。

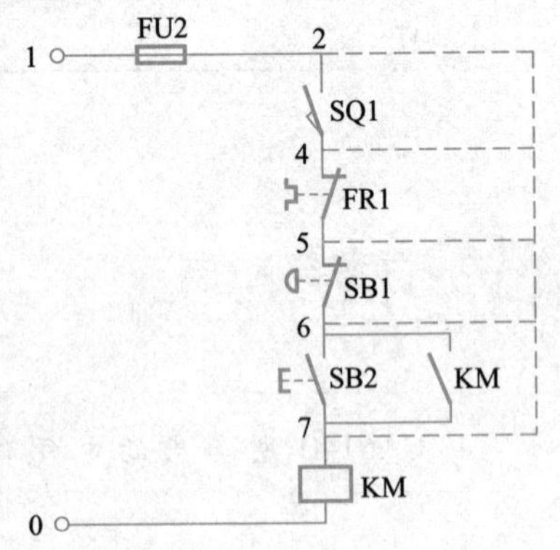

图 6-1-4 局部短接法

表 6-1-3　用局部短接法查找故障点

故障现象	短接点标号	KM 动作	故障点
按下 SB2，KM 不能吸合	2-4	KM 吸合	SQ1 动合触点接触不良
	4-5	KM 吸合	FR1 动断触点接触不良或误动作
	5-6	KM 吸合	SB1 动断触点接触不良
	6-7	KM 吸合	SB2 动合触点接触不良

任务实施

做中学

CA6140 型车床电气控制电路常见故障的检修

以小组为单位，根据表 6-1-4，对 CA6140 型车床电气控制电路进行常见故障排查与检修训练，整个过程要求团队协作、安全规范操作、严谨细致、精益求精。

表 6-1-4　CA6140 型车床电气控制电路常见故障的处理方法

序号	故障现象	故障电路	故障原因	处理方法
1	主轴电动机 M1 不能起动	电源电路	(1) 熔断器 FU 熔断；连线断路	更换相同规格和型号的熔体；将连线接好
			(2) 低压断路器 QF 接触不良；连线断路	更换相同规格的低压断路器；将连线接好
		主电路	(3) 接触器 KM 不能吸合	检查控制电路，查明原因，排除故障
			(4) 接触器 KM 主触点接触不良	更换相同规格的接触器
			(5) 热继电器 FR1 动断触点尚未复位；热继电器 FRI 的规格选配不当；热继电器 FRI 的整定电流过小；连线断路	热继电器复位；正确选配热继电器；调整热继电器的整定电流；将连线接好
			(6) 电动机机械部分损坏	修复或更换电动机
		控制电路	(7) SB1 接触不良；连线断路	修复或更换 SB1；将连线接好
			(8) SB2 接触不良；连线断路	修复或更换 SB2；将连线接好
			(9) KM 线圈开路；连线断路	更换相同型号的接触器；将连线接好

续表

序号	故障现象	故障电路	故障原因	处理方法
2	主轴电动机 M1 起动后不能自锁	控制电路	接触器 KM 动合触点接触不良；连接导线松脱	修复或更换相同规格的接触器；将连线接好
3	主轴电动机 M1 不能停车	主电路	(1) 接触器 KM 主触点由于熔焊，被杂物卡住不能断开；线圈有剩磁不能复位	修复或更换相同规格的接触器
		控制电路	(2) SB1 动断触点击穿或短路	修复或更换按钮
4	冷却泵电动机 M2 不能起动	主电路	(1) 主轴电动机 M1 未起动	起动主轴电动机 M1
			(2) 熔断器 FU1 熔体熔断	更换熔体
			(3) 中间继电器 KA1 不能吸合	检查控制电路，查明原因，排除故障
			(4) 冷却泵电动机 M2 损坏	修复、更换冷却泵电动机 M2
		控制电路	(5) SB4 接触不良；连线断路	更换 SB4；将连线接好
			(6) KA1 线圈开路；连线断路	更换相同型号的中间继电器；将连线接好
5	刀架快速移动电动机 M3 不能起动	主电路	(1) 熔断器 FU1 熔断；连线断路	更换相同规格和型号的熔体；将连线接好
			(2) 中间继电器 KA2 不能吸合	检查控制电路，查明原因，排除故障
		控制电路	(3) SB3 接触不良；连线断路	更换 SB3；将连线接好
			(4) KA2 线圈开路；连线断路	更换相同型号的中间继电器；将连线接好

要点提示

当需要打开配电盘壁龛门进行带电检修时，将 SQ2 开关的传动杆拉出，低压断路器 QF 仍可合上。关上壁龛门后，SQ2 复原恢复保护作用。

任务评价

根据自评、小组互评和教师评价将项目得分以及总评内容和得分填入表 6-1-5。

表 6-1-5　评价反馈表

任务名称	CA6140 型车床电气控制电路常见故障的检修	学生姓名	学号	班级	日期

项目内容	配分	评分标准	得分
按下 SB2,M1 起动运转,松开 SB2,M1 随之停止不能起动	20 分	1. 不能判断故障电路,扣 5 分	
		2. 不能找出原因,扣 10 分	
		3. 不能排除故障,扣 10 分	
主轴电动机运行中停车	20 分	1. 不能判断故障电路,扣 5 分	
		2. 不能找出原因,扣 10 分	
		3. 不能排除故障,扣 10 分	
按下 SB3,刀架快速移动电动机不能起动	20 分	1. 不能判断故障电路,扣 5 分	
		2. 不能找出原因,扣 10 分	
		3. 不能排除故障,扣 10 分	
机床照明灯不亮	20 分	1. 不能判断故障电路,扣 5 分	
		2. 不能找出原因,扣 10 分	
		3. 不能排除故障,扣 10 分	
实训后	10 分	规范整理实训器材	
职业素养养成	10 分	严格遵守安全规程、文明生产、规范操作,养成严谨、专注、精益求精的职业精神,注重小组协作、德技并修	
总评			

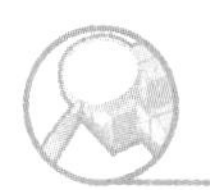

思考与拓展

1. CA6140 型车床的主轴电动机 M1 因过载而自动停车后,操作者立即按起动按钮,但主轴电动机 M1 不能起动,试分析可能的原因。

2. 若 CA6140 型车床的主轴电动机 M1 只能点动,则可能的故障原因有哪些?在此情况下,冷却泵电动机 M2 能否正常工作?

项目2
M7130型平面磨床电气控制电路

项目概述

磨床是用砂轮的周边或端面对工件的表面进行机械加工的一种精密机床，根据用途不同可分为平面磨床、内圆磨床、外圆磨床、无心磨床等。

M7130 型平面磨床是平面磨床中使用较普遍的一种，其作用是用砂轮磨削加工各种零件的表面。它操作方便，磨削精度较高，适用于磨削精密零件和各种工具，并可进行镜面磨削。

本项目我们将了解 M7130 型平面磨床，提升磨床电气控制电路的识读与分析能力及在使用过程中遇到故障的检修能力。

任务1　认识 M7130 型平面磨床电气控制电路

任务描述

M7130 型平面磨床工作时，被加工的工件通常被装在工作台上的电磁吸盘牢牢吸住，通过砂轮的旋转运动进行磨削加工，这种控制过程是如何实现的呢？

知识储备

一、主要结构和运动情况

M7130 型平面磨床主要由床身、工作台、电磁吸盘、砂轮箱、滑座、立柱等部分组成，外形如图 6-2-1 所示。

M7130 型平面磨床的主运动是砂轮的快速旋转，由砂轮电动机带动。进给运动有工作台的纵向往复运动和砂轮的横向和垂直进给运动，采用液压传动，由液压泵电动机驱动液压泵。

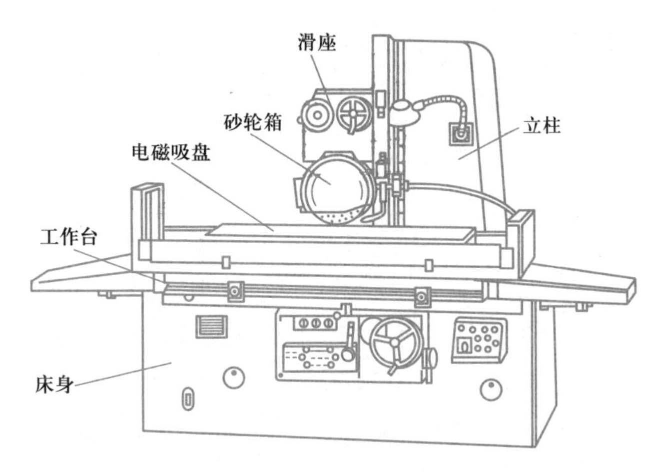

图 6-2-1 M7130 型平面磨床的外形

要点提示

(1) 砂轮电动机一般选用三相笼型电动机,实现磨床的主运动。由于砂轮一般不需要调速,所以对砂轮电动机没有调速要求,也不需要反转,可直接起动。

(2) 平面磨床的进给运动一般采用液压传动,因此需要一台液压泵电动机驱动液压泵。对液压泵电动机也没有调速、反转要求,可直接起动。

(3) 同车床一样,平面磨床也需要一台冷却泵电动机提供冷却液,冷却泵电动机与砂轮电动机需要顺序控制,即要求砂轮电动机起动后冷却泵电动机才能起动。

(4) 平面磨床采用电磁吸盘来吸持工件。电磁吸盘要有充磁和退磁电路,同时为防止磨削加工时因电磁吸力不足而造成工件飞出,还要求有弱磁保护;为保证安全,电磁吸盘与 3 台电动机之间还要有电气联锁装置,即电磁吸盘吸合后,电动机才能起动。

(5) 必须具有短路、过载、失压和欠压等必要的保护装置。

(6) 具有安全的局部照明装置。

二、电气原理图识读

M7130 型平面磨床的电气原理图如图 6-2-2 所示。电气原理图的下方按顺序分为 17 个区,以序号顺序标注。其中,1 区为电源开关及保护,2~4 区为主电路部分,5~9 区为控制电路部分,10~15 区为电磁吸盘电路部分,16~17 区为照明灯电路部分。

(1) 主电路(2~4 区)

三相电源 L1、L2、L3 由组合开关 QS1 控制,熔断器 FU1 实现对全电路的短路保护(1 区)。从 2 区开始就是主电路,主电路有三台电动机。

M1(2 区)是砂轮电动机,带动砂轮转动对工件进行磨削加工,是主运动电动机。它由 KM1 的主触点控制,其控制线圈在 6 区。热继电器 FR1 作过载保护,其动断触点在 6 区。

M2(3 区)是冷却泵电动机,带动冷却泵供给砂轮和工件冷却液,同时利用冷却液带走磨下的金属屑。M2 由插头插座 X1 与电源相接,在需要提供冷却液时才插上。M2 由 KM1 的主触点

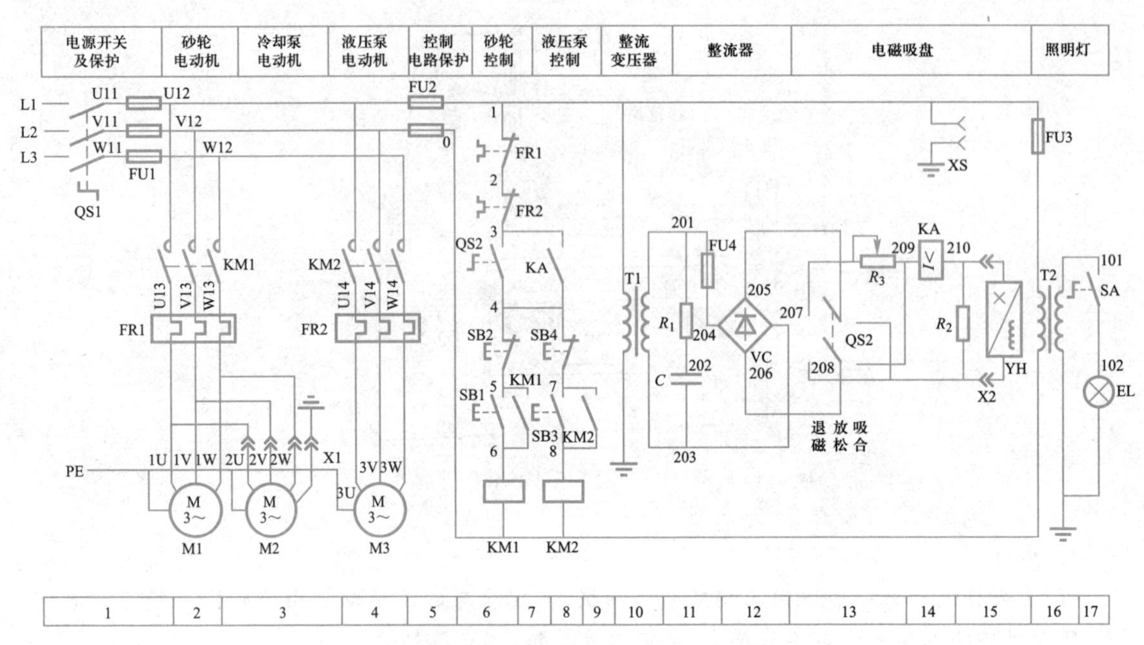

图 6-2-2 M7130 型平面磨床的电气原理图

控制，所以 M1 起动后，M2 才可能起动。M1、M2 采用的是主电路顺序控制。由于 M2 容量较小，因此不需要过载保护。

M3（4 区）是液压泵电动机，带动液压泵进行液压传动，使工作台和砂轮进行往复运动。它由 KM2 的主触点控制，其控制线圈在 8 区。热继电器 FR2 作为过载保护，其动断触点在 6 区。

（2）控制电路（5~9 区）

控制电路采用 380V 电源，由熔断器 FU2 作为短路保护（5 区）。

6~9 区分别为砂轮电动机 M1 和液压泵电动机 M3 的控制电路。当电路（3-4）接通时，控制电路才能正常工作。电路（3-4）接通的条件是转换开关 QS2 扳到“退磁”位置，使 QS2（3-4）接通或欠电流继电器 KA 的动合触点闭合。

6~7 区为砂轮电动机 M1 的控制电路，是典型的电动机单向连续控制电路。SB1、SB2 分别为砂轮电动机 M1 的起动和停止按钮。

8~9 区为液压泵电动机 M3 的控制电路，也是典型的电动机单向连续控制电路。SB3、SB4 分别为液压泵电动机 M3 的起动和停止按钮。

（3）电磁吸盘电路（10~15 区）

电磁吸盘就是一个电磁铁，其线圈通电后产生电磁吸力，吸引铁磁材料（如铁、钢等）的工件进行磨削加工。与机械夹具相比，电磁吸盘具有操作快速简便，不损伤工件，一次能吸引多个小工件，以及磨削时工件发热可自由伸缩，不会变形等优点。但是电磁吸盘对非铁磁材料（如铝、铜等）的工件没有吸力，而且其线圈必须使用直流电。电磁吸盘电路包括整流变压器、短路保护、整流、电磁吸盘控制、弱磁保护等电路。

整流变压器电路（10 区）：整流变压器 T1 将 220 V 交流电压降为 127 V；T1 的二次侧并联的

是由 R_1、C 组成的阻容吸收电路，用来吸收交流电路产生的过电压和在直流侧通断时的浪涌电压，对整流变压器进行过电压保护。

整流电路(11~12 区)：熔断器 FU4 作为电磁吸盘电路的短路保护(11 区)；桥式整流电路 VC 将整流变压器二次侧 127 V 交流电压变换为 110 V 的直流电压，供给电磁吸盘线圈 YH (5 区)。

电磁吸盘电路(13~15 区)：转换开关 QS2 为电磁吸盘控制开关，有“吸合”“放松”“退磁”3 个位置(13 区)。

加工工件前：

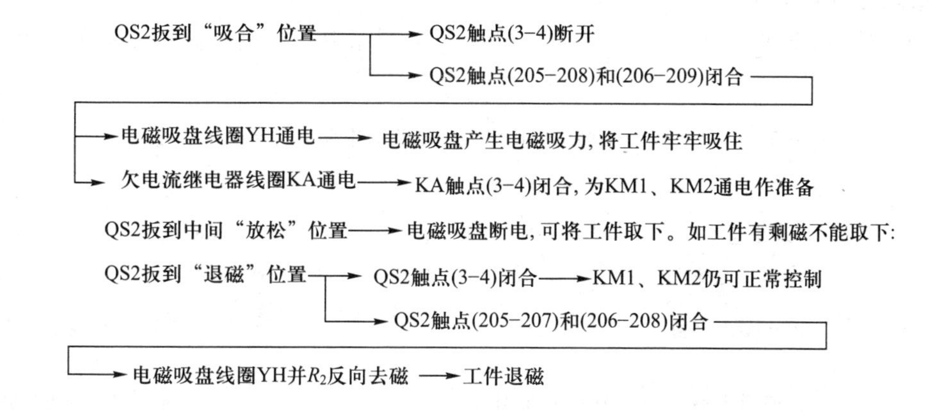

退磁时要注意控制退磁时间，否则工件会因反向充磁而更难取下。电阻 R_2 的作用是调节退磁电流。去磁结束，将 QS2 扳到“放松”位置，取下工件。

14 区为电磁吸盘弱磁保护电路。在磨削加工时，如电磁吸盘吸力不足，工件会被高速旋转的砂轮碰击而飞出，造成事故。因此，在电磁吸盘线圈电路中串入欠电流继电器线圈 KA，其动合触点与 QS2 的动合触点(3-4)并联，串联在 KM1、KM2 线圈的控制电路中。QS2 动合触点(3-4)只有在扳到“退磁”位置才接通，在“吸合”位置是断开的，这就保证了电磁吸盘在吸持工件时有足够的充磁电流，才能起动电动机；在加工过程中，如电流不足，欠电流继电器 KA 动作，及时切断 KM1、KM2 线圈电路，各电动机因控制电路断电而停车。

如不使用电磁吸盘，而将工件夹在工作台上，则将插头插座 X2 上的插头拔掉，同时将 QS2 扳到“退磁”位置，这时 QS2 动合触点(3-4)接通，各电动机就可以正常起动了。

电磁吸盘线圈 YH 由插头插座 X2 控制(15 区)。与电磁吸盘线圈 YH 并联的放电电阻 R_2 的作用是在电磁吸盘断电瞬间提供通路，吸收电磁吸盘线圈释放的磁场能量，作为电磁吸盘线圈的过电压保护。

(4) 照明灯电路(16~17 区)

照明灯电路由照明变压器 T2 将 380V 交流电压降至 36V 安全电压供给照明灯 EL，FU3 是照明灯电路的短路保护(16 区)。照明灯 EL 一端接地，SA 为灯开关(17 区)。

任务实施

做中学

认识 M7130 型平面磨床电气控制电路

一、认识电气元器件

以小组为单位,参照表 6-2-1,认识 M7130 型平面磨床电气控制电路的主要电气元器件及主要用途。

表 6-2-1 M7130 型平面磨床电气控制电路的主要电气元器件明细表

序号	符号	名称	型号	规格	数量	用途
1	M1	砂轮电动机	JO2-31-2	3 kW,6.13 A,2 860 r/min	1	主运动动力
2	M2	冷却泵电动机	JCB-22	0.125 kW,2 790 r/min	1	驱动冷却泵
3	M3	液压泵电动机	JO2-21-4	1.1 kW,2.67 A,1 410 r/min	1	驱动液压泵
4	FR1	热继电器	JR16-20/3D	9 号热元件,整定电流 6.13 A	1	M1 的过载保护
5	FR2	热继电器	JR16-20/3D	7 号热元件,整定电流 2.67 A	1	M3 的过载保护
6	KM1	接触器	CJ10-10	10 A,线圈电压 380 V	1	控制 M1
7	KM2	接触器	CJ10-10	10 A,线圈电压 380 V	1	控制 M3
8	KA	欠电流继电器	JT3-11L	1.5 A	1	电磁吸盘弱磁保护
9	FU1	熔断器	RL1-60	380 V,60 A,配 30 A 熔体	3	全电路的短路保护
10	FU2	熔断器	RL1-15	380 V,15 A,配 5 A 熔体	2	控制电路的短路保护
11	FU3	熔断器	RL1-15	380 V,15 A,配 2 A 熔体	1	照明电路的短路保护
12	FU4	熔断器	RL1-15	380 V,15 A,配 2 A 熔体	1	电磁吸盘电路的短路保护
13	SB1	按钮	LA2	500 V,5 A	1	M1 的起动按钮
14	SB2	按钮	LA2	500 V,5 A	1	M1 的停止按钮
15	SB3	按钮	LA2	500 V,5 A	1	M3 的起动按钮
16	SB4	按钮	LA2	500 V,5 A	1	M3 的停止按钮
17	QS1	组合开关	HZ10-25/3	380 V,25 A,三极	1	电源引入开关
18	QS2	转换开关	HZ10-10P/3	380V ,10 A	1	电磁吸盘控制开关
19	VC	桥式整流电路	GZH1A200V		1	提供 YH 直流工作电压

续表

序号	符号	名称	型号	规格	数量	用途
20	YH	电磁吸盘	HDXP	110 V,1.45 A	1	磨床夹具
21	T1	整流变压器	BK-400	400 V · A 220 V/127 V	1	提供整流电源
22	T2	照明变压器	BK-50	50 V · A 380 V/36 V	1	提供照明电源
23	EL	照明灯	JC11	40 W、36 V	1	工作照明
24	C	电容器	—	600 V,5 μF	1	在 T1 二次侧组成阻容吸收电路,作为过电压保护
25	R_1	电阻器	GF	50 W,500 Ω	1	
26	R_2	电阻器		50 W,1 000 Ω	1	电磁吸盘线圈放电电阻
27	R_3	可调电阻器		6 W,125 Ω	1	调节去磁电流

二、电气安装接线

以小组为单位,参考图 6-2-3 进行电气安装与接线。整个过程要求团队协作、安全规范操作、严谨细致、精益求精。

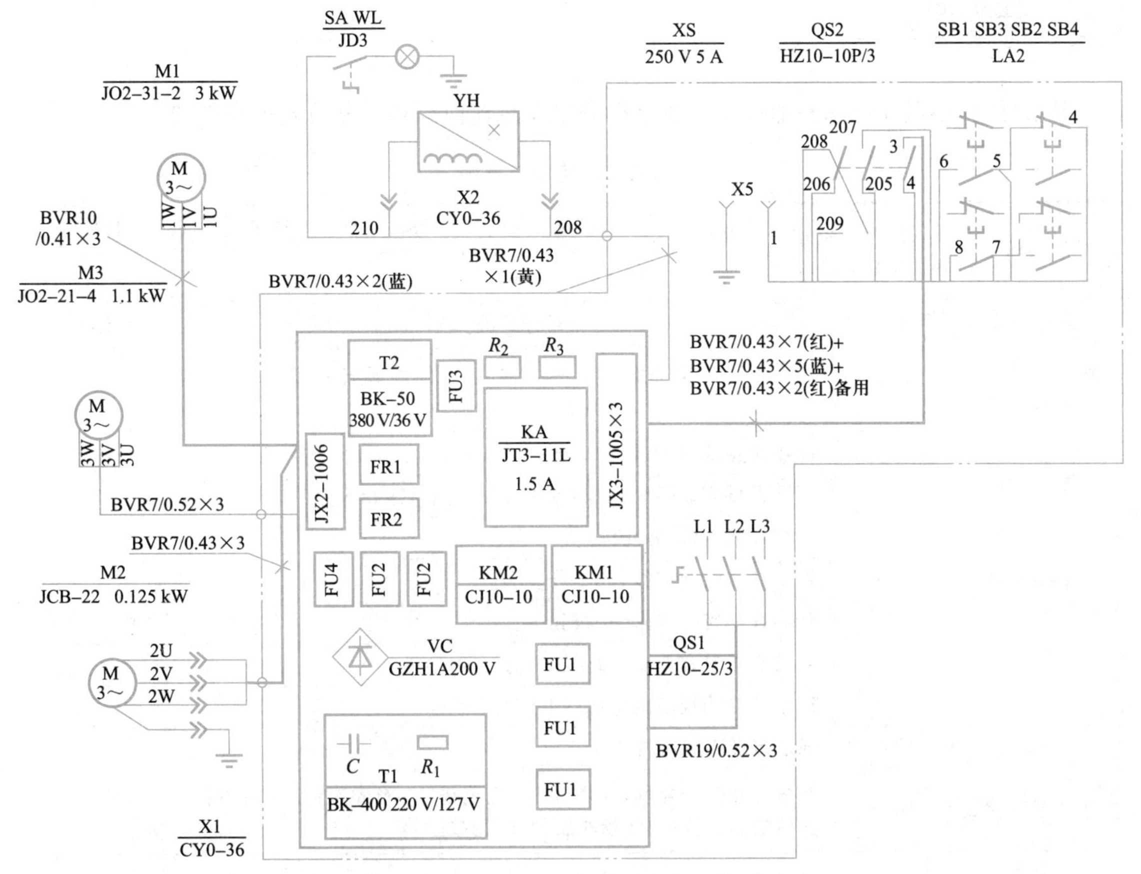

图 6-2-3 M7130 型平面磨床电气安装接线图

(1) 根据电动机的容量、线路走向及要求和各元器件的安装尺寸,正确选配导线的规格、导线通道类型和数量、接线端子板、控制板、紧固件等。

(2) 在控制板上固定元器件和走线槽,并在元器件附近做好与电路图上相同代号的标记。安装走线槽时,应做到横平竖直、排列整齐匀称、安装牢固和便于走线等。

(3) 按接线图在控制板上进行板前线槽配线,并在导线端部套编码套管。

(4) 进行控制板外的元器件固定和布线。控制板外部导线的线头上要套装与电路图相同线号的编码套管,可移动的导线通道应留适当的余量。

要点提示

(1) 电动机和线路的接地要符合要求。严禁采用金属软管作为接地通道。

(2) 在控制板外部进行布线时,导线必须穿在或敷设在机床底座内的导线通道中,导线的中间不允许有接头。

(3) 试车时,要先合上电源开关,后按起动按钮;停车时,要先按停止按钮,后断电源开关。

(4) 通电试车必须在教师的监护下进行,必须严格遵守安全操作规程。

任务评价

根据自评、小组互评和教师评价将项目得分以及总评内容和得分填入表 6-2-2。

表 6-2-2 评价反馈表

任务名称	认识 M7130 型平面磨床电气控制电路	学生姓名	学号	班级	日期

项目内容	配分	评分标准	得分
熟悉 M7130 型平面磨床	40 分	熟悉 M7130 型平面磨床的结构、运动情况及各元器件规格、用途	
安装接线	40 分	1. 不按接线图安装,扣 5 分	
		2. 元器件安装不牢固、不匀称、不合理,每次扣 5 分	
		3. 损坏元器件,扣 10 分	
		4. 不按接线图接线,扣 5 分	
		5. 布线不符合要求,每根扣 3 分	
		6. 接点不符合要求,每个扣 2 分	
		7. 损坏导线线芯或绝缘,扣 5 分	
实训后	10 分	规范整理实训器材	
职业素养养成	10 分	严格遵守安全规程、文明生产、规范操作,养成严谨、专注、精益求精的职业精神,注重小组协作、德技并修	
总评			

思考与拓展

1. M7130 型平面磨床工作台的往复运动是由__________传动完成的。

2. M7130 型平面磨床先应确保__________得电并工作正常，才能起动砂轮，电气上靠__________来实现。

任务 2 M7130 型平面磨床电气控制电路常见故障的检修

任务描述

在使用 M7130 型平面磨床进行磨削工件时，发现电磁吸盘不吸持工件，如果发生此类电气故障，如何进行检查和维修呢？

知识储备

一、常见机床电气故障处理的一般要求

(1) 采取的方法和步骤正确，符合规范。

(2) 不随意更换电气元器件及连接导线的规格型号。

(3) 不擅自改动线路。

(4) 不损坏完好的电气元器件。

(5) 电气设备的各种保护性能必须满足使用要求。

(6) 损坏的电气装置应尽量修复使用，但不得降低其性能。

(7) 修理后的电气装置必须满足其质量标准要求。

(8) 绝缘电阻合格，通电试车能满足电路的各种功能，控制环节的动作程序符合要求。

二、机床电气故障处理方法——长短接法

当电路中有两个或两个以上元器件同时接触不良时，用局部短接法无法检测，这时，可以用长短接法来检测故障。长短接法是指一次短接两个或多个触点来检查故障的方法。用长短接法还可以把故障点缩小到一个较小的范围内。

如图 6-2-4 所示，第一次先短接 1-6 两点，若接触器 KM1 吸合，说明 1-6 电路有断路故障，再短接 1-4 两点，若按下 SB1，接触器 KM1 吸合，说明故障在 1-4 范围内，若 KM1 不吸合，说明故障在 4-6 范围内。

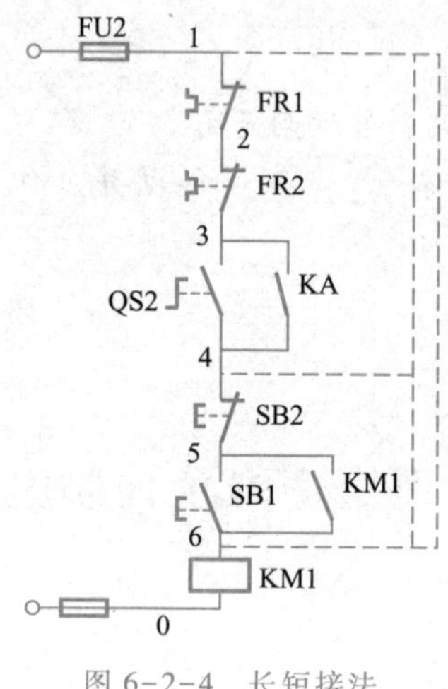

图 6-2-4 长短接法

要点提示

（1）短接法检测是用手拿绝缘导线带电操作，所以一定要注意安全，避免触电事故。

（2）短接法只适用于电压极小的导线及触点之间的断路故障。对于电压较大的电器，如线圈、绕组、电阻等断路故障，不能采用短接法，否则会出现短路故障。

任务实施

做中学

M7130 型平面磨床电气控制电路常见故障的检修

以小组为单位，根据表 6-2-3，对 M7130 型平面磨床电气控制电路常见故障进行排查与检修训练，整个过程要求团队协作、安全规范操作、严谨细致、精益求精。

表 6-2-3 M7130 型平面磨床电气控制电路常见故障的处理方法

序号	故障现象	故障电路	故障原因	处理方法
1	所有电动机都不能起动	电源电路	（1）FU1 熔断；连线断路	更换相同规格和型号的熔体；将连线接好
			（2）QS1 接触不良；连线断路	更换相同规格的电源开关；将连线接好

续表

序号	故障现象	故障电路	故障原因	处理方法
1	所有电动机都不能起动	控制电路	(3) FR1 动断触点动作或接触不良;连线断路	复位或修复热继电器;更换相同型号的热继电器;将连线接好
			(4) FR2 动断触点接触不良;连线断路或有污垢	复位或修复热继电器;更换相同型号的热继电器;将连线接好
			(5) QS2 接触不良;连线断路	更换转换开关;将连线接好
			(6) KA 动合触点接触不良;连线断路	修复或更换欠电流继电器;将连线接好
2	砂轮电动机 M1 不能起动	主电路	(1) KM1 主触点由于熔焊、被杂物卡住不能断开;线圈有剩磁造成触点不能复位	修复或更换接触器
			(2) 热继电器 FR1 动断触点尚未复位;热继电器的规格选配不当;热继电器的整定电流过小;连线断路	热继电器复位;正确选配热继电器;调整热继电器的整定电流;将连线接好
		控制电路	(3) SB1 动合触点接触不良;连线断路	修复或更换 SB1;将连线接好
			(4) SB2 动断触点被击穿或短路	修复或更换 SB2
			(5) KM1 动合触点接触不良;连线断路	修复或更换相同规格的接触器;将连线接好
3	液压泵电动机 M3 不能起动	主电路	(1) KM1 主触点由于熔焊、被杂物卡住不能断开;线圈有剩磁造成触点不能复位	修复或更换接触器
			(2) 热继电器 FR2 动断触点尚未复位;热继电器的规格选配不当;热继电器的整定电流过小;连线断路	热继电器复位;正确选配热继电器;调整热继电器的整定电流;将连线接好
		控制电路	(3) SB3 动合触点接触不良;连线断路	修复或更换 SB3;将连线接好
			(4) SB4 动断触点被击穿或短路	修复或更换 SB4
			(5) KM2 动合触点接触不良;连线断路	修复或更换相同规格的接触器;将连线接好
4	冷却泵电动机 M2 不能起动	主电路	(1) 主轴电动机 M1 未起动	起动主轴电动机 M1
			(2) 接插件 X1 损坏	修复或更换接插件 X1

续表

序号	故障现象	故障电路	故障原因	处理方法
5	电磁吸盘YH无吸力	控制电路	(1) 熔断器FU4熔断;连线断路	更换相同规格和型号的熔体;将连线接好
			(2) 接插件X2损坏	修复或更换接插件
			(3) YH线圈接触不良或断路	修复或更换电磁吸盘线圈
			(4) KA线圈接触不良或断路	修复或更换欠电流继电器线圈
6	电磁吸盘YH吸力不足	控制电路	(1) 电磁吸盘YH损坏	修复或更换电磁吸盘
			(2) 桥式整流电路VC输出电压不正常	修复或更换桥式整流电路
			(3) 退磁时间太长或太短	掌握好退磁时间

任务评价

根据自评、小组互评和教师评价将项目得分以及总评内容和得分填入表6-2-4。

表6-2-4 评价反馈表

任务名称	M7130型平面磨床电气控制电路常见故障的检修	学生姓名	学号	班级	日期

项目内容	配分	评分标准	得分
电磁吸盘无吸力	20分	1. 不能判断故障电路,扣5分	
		2. 不能找出原因,扣10分	
		3. 不能排除故障,扣10分	
砂轮电动机的热继电器FR1经常扣脱	20分	1. 不能判断故障电路,扣5分	
		2. 不能找出原因,扣10分	
		3. 不能排除故障,扣10分	
电磁吸盘吸力不足	20分	1. 不能判断故障电路,扣5分	
		2. 不能找出原因,扣10分	
		3. 不能排除故障,扣10分	
三台电动机不能起动	20分	1. 不能判断故障电路,扣5分	
		2. 不能找出原因,扣10分	
		3. 不能排除故障,扣10分	

续表

项目内容	配分	评分标准	得分
实训后	10分	规范整理实训器材	
职业素养养成	10分	严格遵守安全规程、文明生产、规范操作，养成严谨、专注、精益求精的职业精神，注重小组协作、德技并修	
总评			

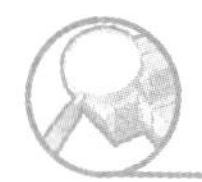

思考与拓展

1. 若熔断器FU1中U相烧断会有什么现象？而V相和W相中有一相烧断又会有什么现象？

2. M7130型平面磨床电磁吸盘夹持工件有什么特点？为什么电磁吸盘要用直流电而不用交流电？

项目3
Z3040型摇臂钻床电气控制电路

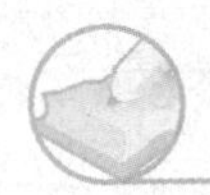

项目概述

钻床是一种用途广泛的孔加工机床,它主要用钻头钻削精度要求不太高的孔,另外还可以用来扩孔、铰孔、镗孔,以及刮平面、攻螺纹等。

钻床的结构形式很多,有立式钻床、卧式钻床、深孔钻床及多轴钻床等。摇臂钻床是一种立式钻床,它适用于单件或批量生产中带有多孔的大型零件的孔加工。

本项目我们将了解Z3040型摇臂钻床,提升摇臂钻床电气控制电路的识读与分析能力及在使用过程中遇到故障的检修能力。

任务1　认识Z3040型摇臂钻床电气控制电路

任务描述

Z3040型摇臂钻床是一种广泛使用的钻床,由4台电动机驱动,这4台电动机如何实现相应的自动控制呢?

知识储备

一、主要结构和运动情况

图6-3-1所示为Z3040型摇臂钻床的外形。Z3040型摇臂钻床主要由底座、内立柱、外立柱、摇臂、主轴箱及工作台等部分组成。

Z3040型摇臂钻床的主运动是主轴的旋转运动,进给运动为主轴的纵向(垂直)进给运动,辅助运动为主轴箱沿摇臂导轨的径向运动、摇臂沿外立柱的垂直移动及摇臂和外立柱一起绕内立柱的回转运动。摇臂钻床的主运动和进给运动由一台主轴电动机拖动,由机械及液压系统实现主轴的旋转和进给,主轴的变速和反转均由机械方法实现。摇臂沿外立柱上、下移动,是由一台摇臂升降电动机驱动丝杠正反转来实现的。

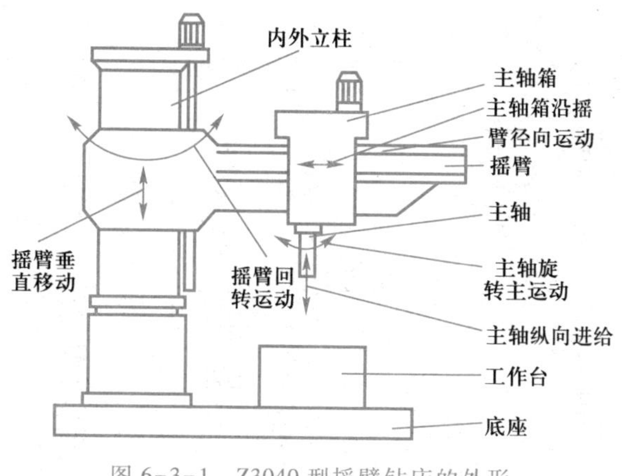

图 6-3-1 Z3040 型摇臂钻床的外形

要点提示

(1) 摇臂钻床由 4 台电动机驱动。M1 为主轴电动机,M2 为摇臂升降电动机,M3 为液压泵电动机,M4 为冷却泵电动机。

(2) 主轴电动机 M1 担负主轴的旋转运动和进给运动,由接触器 KM1 控制,只能单方向旋转,其正反转控制、变速和变速系统的润滑都通过操纵机械与液压系统实现。热继电器 FR1 作 M1 的过载保护。

(3) 摇臂的升降由接触器 KM2、KM3 控制 M2 实现,摇臂的松开与夹紧则通过夹紧机械液压系统来实现(电气-液压配合实现摇臂升降与放松、夹紧的自动循环)。摇臂的升降设有限位保护,由断路器 QF3 提供过载和短路保护。

(4) 液压泵电动机 M3 受接触器 KM4、KM5 控制,M3 的主要作用是供给夹紧装置压力油,实现摇臂的松开与夹紧以及立柱和主轴箱的松开与夹紧。热继电器 FR2 为 M2 提供过载保护。冷却泵电动机 M4 由断路器 QF2 直接控制。

(5) 摇臂升降与其夹紧机构动作之间插入时间继电器 KT,使得摇臂升降得以自动完成。同时,摇臂升降电动机 M2 切断电源后,需延时一段时间,才能使摇臂夹紧,避免了因升降机构的惯性,而直接夹紧所产生的抖动现象。

(6) 摇臂钻床立柱顶上设有汇流环装置,消除了因汇流环接触不良带来的故障。

二、电气原理图识读

Z3040 型摇臂钻床的电气原理图如图 6-3-2 所示。电气原理图的下方按顺序分为 24 个区,其中 1 区为电源保护部分,2~6 区为主电路部分,7~12 区为指示灯和照明灯电路部分,13~24 区为控制电路部分。

Z3040 型摇臂钻床具有“开门断电”功能,开车前应合上 QF3(5 区),并将摇臂后部配电箱门盖好,然后合上总电源开关 QF1(2 区)。电源指示灯 HL1 亮,表示摇臂钻床的电气线路进入带电状态。

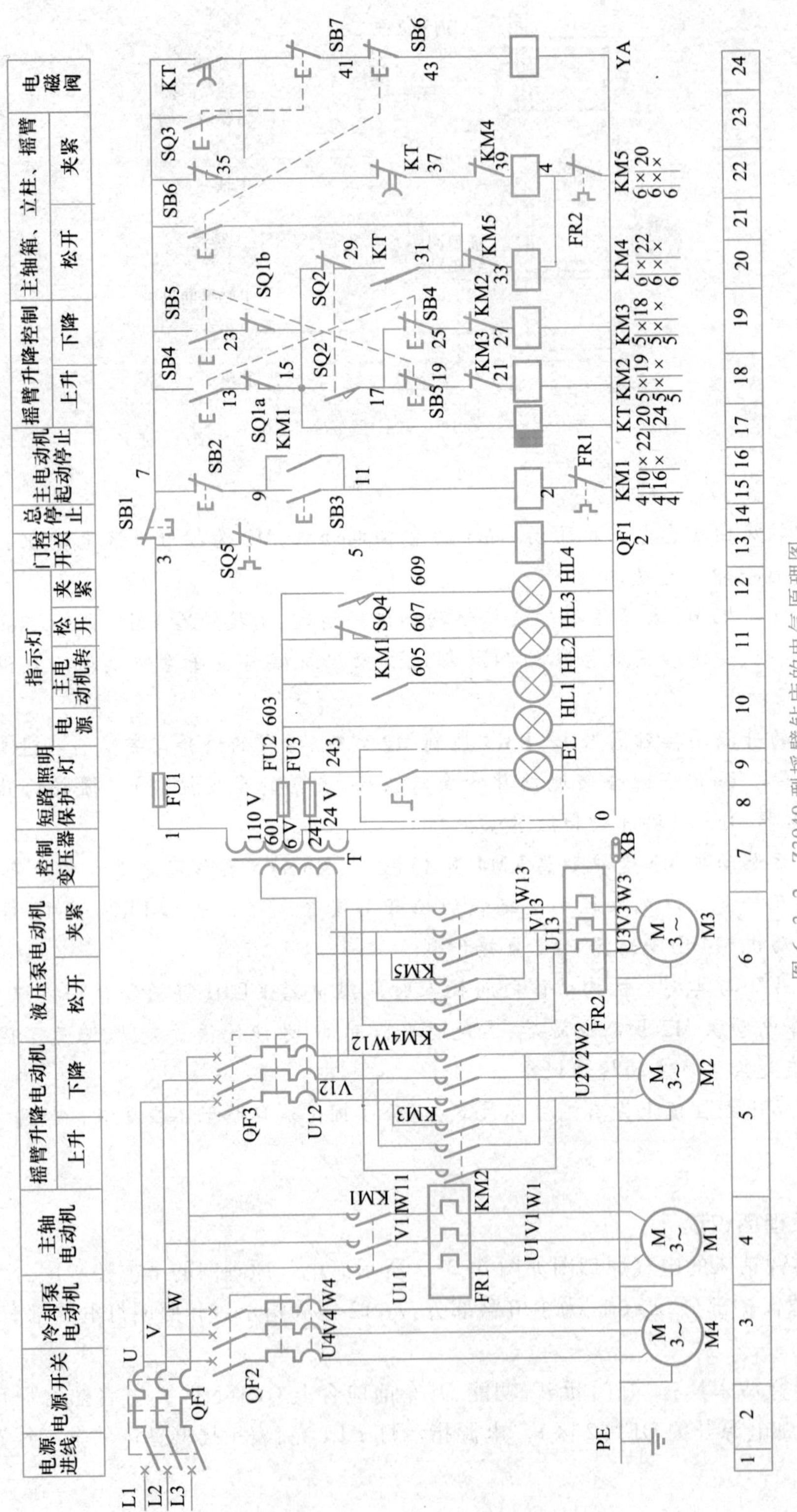

图 6-3-2 Z3040 型摇臂钻床的电气原理图

1. 主电路(2~6 区)

电源由低压断路器 QF1 引入,其本身带有总电源的短路和过载保护。

主电路中共有 4 台电动机。M1(4 区)为主轴电动机。由接触器 KM1 的主触点控制其起停,由热继电器 FR1 作为过载保护。主轴电动机只单方向旋转,主轴的正反转由液压系统和正反转摩擦离合器来实现。空挡、制动及变速等也由液压系统来完成。这些压力油由主轴电动机驱动齿轮泵而得到。M2(5 区)为摇臂升降电动机,由接触器 KM2 和 KM3 控制其正反转。电动机 M2 是短时运行,所以可不加过载保护。M3(6 区)为液压泵电动机,它拖动送出压力油以实现摇臂的松开、夹紧和主轴箱的松开、夹紧,由接触器 KM4 和 KM5 控制其正反转。由热继电器 FR2 作为过载保护。M4(3 区)为冷却泵电动机,因其容量很小,故可用低压断路器 QF2 直接控制。

2. 控制电路(13~24 区)

(1) 主轴电动机 M1 控制

按下起动按钮SB3(15区)→KM1线圈得电并自锁→M1起动运行
　　　　　　　　　　　　　　　　　　　　　　→M1运行指示灯HL2亮

按下停止按钮 SB2→KM1 线圈失电→M1 停转,M1 运行指示灯 HL2 熄灭。

(2) 摇臂升降控制

摇臂钻床在常态下,摇臂和外立柱处于夹紧状态,此时,SQ3 处于压下状态,其动断触点(22 区)为断开位置,SQ2 处于自然位置,它们动作的控制由摇臂松开和夹紧油腔推动活塞杆上下移动实现。当摇臂和外立柱松开后,活塞杆下移,SQ3 复位,压下 SQ2。SQ2、SQ3 的位置示意如图 6-3-3 所示。

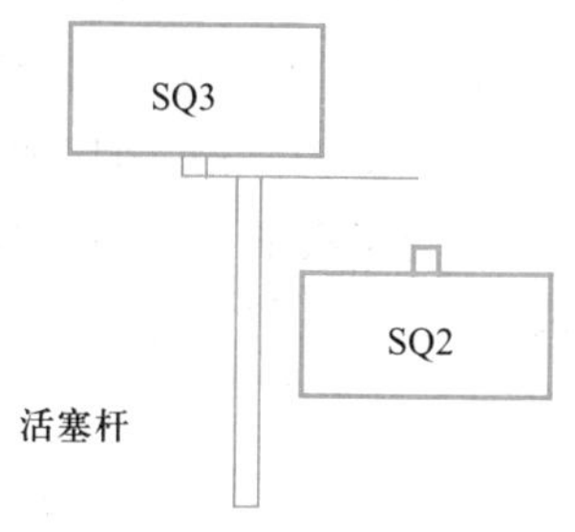

图 6-3-3　SQ2、SQ3 的位置示意

① 摇臂上升控制

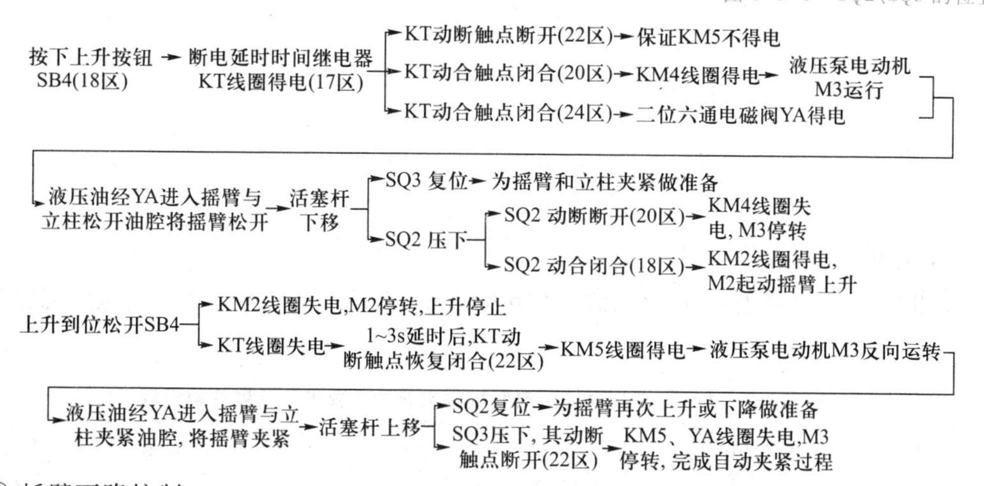

② 摇臂下降控制

按下下降按钮 SB5,摇臂下降。动作过程与摇臂上升类似,自动完成松开→下降→夹紧的整套动作。

上下限位开关 SQ1a、SQ1b 作为摇臂升降的超程限位保护。摇臂的自动夹紧由位置开关 SQ3 控制。如果液压夹紧系统出现故障,不能自动夹紧摇臂,或由于 SQ3 调整不当,在摇臂夹紧后不能使 SQ3 动断触点断开,都会使液压泵电动机 M3 长时间过载运行而损坏,为此装设热继电器 FR2 进行过载保护。摇臂上升、下降电路中采用接触器和按钮复合联锁保护，以确保电路安全工作。

(3) 立柱与主轴箱的夹紧与放松控制

按下立柱和主轴箱松开按钮 SB6，KM4 线圈得电，M3 正向运转，液压油经二位六通电磁阀进入立柱和主轴箱松开油腔，使立柱和主轴箱夹紧装置松开。

按下立柱和主轴箱夹紧按钮 SB7，接触器 KM5 得电吸合，M3 反转，液压油经二位六通电磁阀重新抽回立柱和主轴箱夹紧油腔，使立柱和主轴箱夹紧装置夹紧。

立柱和主轴箱的松开与夹紧状态可由按钮上所带指示灯 HL3、HL4 指示，也可通过推动摇臂或转动主轴箱上手轮得知，能推动摇臂或能转动手轮表明立柱和主轴箱处于松开状态。

提示：液压泵工作后是摇臂与立柱松开（夹紧）还是立柱与主轴箱松开（夹紧），由二位六通电磁阀 YA 决定。YA 得电，将液压油送入摇臂与立柱松开（夹紧）油腔；YA 不得电，将液压油送入立柱与主轴箱松开（夹紧）油腔。

(4) 冷却泵电动机 M4 控制

扳动低压断路器 QF2，就可接通和断开冷却泵电动机 M4 电源，对其直接控制。

3. 照明灯、指示灯电路（7~12 区）

照明灯、指示灯电路的电源由控制变压器 T 降压后提供 24V、6V 电源，由熔断器 FU2、FU3 提供短路保护。EL 为照明灯，HL1 为电源指示灯，HL2 为主轴电动机运行指示灯，HL3、HL4 为立柱和主轴箱的松开与夹紧指示灯。当液压油进入主轴箱与立柱松开或夹紧油腔后，由液压推杆松开或压下位置开关 SQ4，进而控制指示灯 HL3、HL4。

任务实施

做中学

认识 Z3040 型摇臂钻床电气控制电路

一、认识电气元器件

以小组为单位，参照表 6-3-1，认识 Z3040 型摇臂钻床电气控制电路的主要电气元器件及其用途。

表 6-3-1 Z3040 型摇臂钻床电气控制电路的主要电气元器件明细表

序号	符号	名称	型号	规格	数量	用途
1	M1	主轴电动机	Y112M-4	4 kW，1 440 r/min	1	主运动和进给运动动力
2	M2	摇臂升降电动机	Y90L-4	1.5 kW，1 440 r/min	1	摇臂升降动力
3	M3	液压泵电动机	Y802-4	0.75 kW，1 390 r/min	1	驱动液压泵
4	M4	冷却泵电动机	AOB-25	90 W，2 800 r/min	1	驱动冷却泵
5	KM1	接触器	CJ20-20	20 A，线圈电压 110 V	1	控制 M1

续表

序号	符号	名称	型号	规格	数量	用途
6	KM2~KM5	接触器	CJ20-10	10 A,线圈电压 110 V	4	控制 M2、M3
7	FU1~FU3	熔断器	BZ-001A	2 A	3	短路保护
8	KT	时间继电器	JS7-4A	线圈电压 110 V	1	延时
9	FR1	热继电器	JR16-20/3D	6.8~11 A	1	M1 过载保护
10	FR2	热继电器	JR16-20/3D	1.5~2.4 A	1	M3 过载保护
11	QF1	低压断路器	DZ5-20/330FSH	10 A	1	总开关
12	QF2	低压断路器	DZ5-20/330H	0.3~0.45 A	1	控制 M4
13	QF3	低压断路器	DZ5-20/330H	5.5 A	1	控制 M2、M3
14	YA	二位六通电磁阀	MFJ1-3	线圈电压 110 V	1	液压换向
15	T	控制变压器	BK-150	380 V/110 V、24 V、6 V	1	为控制照明提供不同电压
16	SB1	按钮	LAY3-11ZS/1	红色	1	总停
17	SB3、SB6、SB7	按钮	LA19-11D	带指示灯按钮	3	发出起停指令
18	SB2、SB4、SB5	按钮	LA19-11	—	3	发出起停指令
19	SQ1	行程开关	HZ4-22	—	1	上下限位
20	SQ2、SQ3	行程开关	LX5-11	—	2	摇臂松紧控制
21	SQ4	行程开关	LX3-11k	—	1	控制指示灯
22	HL1~HL4	指示灯	XD1	6 V	4	指示
23	EL	照明灯	JC-25	40 W,24 V	1	照明

二、电气安装接线

以小组为单位,参考图 6-3-4 进行电气安装与接线。整个过程要求团队协作、安全规范操作、严谨细致、精益求精。

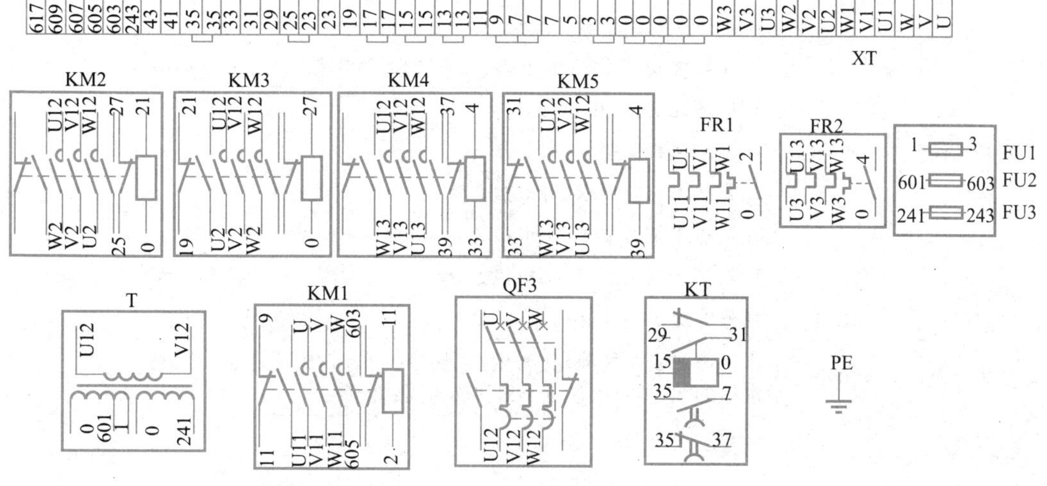

图 6-3-4 Z3040 型摇臂钻床电气安装接线图

(1) 根据电动机的容量、线路走向及要求和各元器件的安装尺寸,正确选配导线的规格、导线通道类型和数量、接线端子板、控制板、紧固件等。

(2) 在控制板上固定元器件和走线槽,并在元器件附近做好与电路图上相同代号的标记。安装走线槽时,应做到横平竖直、排列整齐匀称、安装牢固和便于走线等。

(3) 按接线图在控制板上进行板前线槽配线,并在导线端部套编码套管。

(4) 进行控制板外的元器件固定和布线。控制板外部导线的线头上要套装与电路图相同线号的编码套管,可移动的导线通道应留适当的余量。

要点提示

(1) 电动机和线路的接地要符合要求。严禁采用金属软管作为接地通道。

(2) 在控制板外部进行布线时,导线必须穿在或敷设在机床底座内的导线通道中,导线的中间不允许有接头。

(3) 试车时,要先合上电源开关,后按起动按钮;停车时,要先按停止按钮,后断电源开关。

(4) 通电试车必须在教师的监护下进行,必须严格遵守安全操作规程。

任务评价

根据自评、小组互评和教师评价将项目得分以及总评内容和得分填入表6-3-2。

表6-3-2 评价反馈表

<table>
<tr><td rowspan="2">任务名称</td><td rowspan="2">认识Z3040型摇臂钻床电气控制电路</td><td>学生姓名</td><td>学号</td><td>班级</td><td>日期</td></tr>
<tr><td></td><td></td><td></td><td></td></tr>
<tr><td>项目内容</td><td>配分</td><td colspan="3">评分标准</td><td>得分</td></tr>
<tr><td>熟悉Z3040型摇臂钻床</td><td>40分</td><td colspan="3">熟悉Z3040型摇臂钻床的结构、运动情况及各元器件规格、用途</td><td></td></tr>
<tr><td rowspan="7">安装接线</td><td rowspan="7">40分</td><td colspan="3">1. 不按接线图安装,扣5分</td><td></td></tr>
<tr><td colspan="3">2. 元器件安装不牢固、不匀称、不合理,每次扣5分</td><td></td></tr>
<tr><td colspan="3">3. 损坏元器件,扣10分</td><td></td></tr>
<tr><td colspan="3">4. 不按接线图接线,扣5分</td><td></td></tr>
<tr><td colspan="3">5. 布线不符合要求,每根扣3分</td><td></td></tr>
<tr><td colspan="3">6. 接点不符合要求,每个扣2分</td><td></td></tr>
<tr><td colspan="3">7. 损坏导线线芯或绝缘,扣5分</td><td></td></tr>
<tr><td>实训后</td><td>10分</td><td colspan="3">规范整理实训器材</td><td></td></tr>
<tr><td>职业素养养成</td><td>10分</td><td colspan="3">严格遵守安全规程、文明生产、规范操作,养成严谨、专注、精益求精的职业精神,注重小组协作、德技并修</td><td></td></tr>
<tr><td>总评</td><td colspan="4"></td><td></td></tr>
</table>

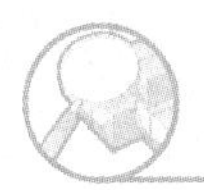

思考与拓展

1. Z3040型摇臂钻床电气控制电路中，SQ1的作用是＿＿＿＿＿＿，SQ2的作用是＿＿＿＿＿＿，SQ3的作用是＿＿＿＿＿＿。

2. Z3040型摇臂钻床摇臂的夹紧与放松由＿＿＿＿＿＿配合＿＿＿＿＿＿自动进行。

任务2　Z3040型摇臂钻床电气控制电路常见故障的检修

任务描述

在使用Z3040型摇臂钻床的过程中，如果发生电路控制或液压系统控制故障，如何才能快速修复呢？

知识储备

一、机床电气故障处理注意事项

(1) 熟悉机床的控制要求及电气原理图的基本环节。

(2) 检查所用的工具、仪表是否符合使用要求。

(3) 排除故障时，必须修复故障点，不得采用元器件替换法。

(4) 检修时，严禁扩大故障范围或产生新的故障。

(5) 进行停电检修前要验电；进行带电检修时，必须在指导教师监护下检修，以确保安全。

二、电气装置检修质量标准

(1) 外观整洁，无破损和碳化现象。

(2) 所有触点均应完整、光洁、接触良好。

(3) 压力弹簧和反作用力弹簧具有足够的弹力。

(4) 操纵、复位机构都必须灵活可靠。

(5) 各种衔铁运动灵活，无卡阻现象。

(6) 整定数值大小应符合电路使用要求。

(7) 灭弧罩完整、清洁、安装牢固。

(8) 指示装置能正常发出信号。

任务实施

做中学

Z3040 型摇臂钻床电气控制电路常见故障的检修

以小组为单位,根据表 6-3-3,对 Z3040 型摇臂钻床电气控制电路常见故障进行排查与检修训练,整个过程要求团队协作、安全规范操作、严谨细致、精益求精。

表 6-3-3 Z3040 型摇臂钻床电气控制电路常见故障的处理方法

序号	故障现象	故障电路	故障原因	处理方法
1	主轴电动机 M1 不能起动	电源电路	(1) QF1 没有接通	QF1 加电
			(2) QF1 处发生断路	检查并修复
		主电路	(3) 热继电器已动作过,其动断触点没有复位	热继电器复位
			(4) 主电路发生断路	检查并修复断路点
		控制电路	(5) 起动按钮与停止按钮内的触点接触不良	检查按钮或更换
			(6) 接触器线圈烧坏或接线脱落	更换接触器
2	按下 SB3,主轴电动机刚起动运转,QF1 跳闸	机械负载	(1) 机械机构卡住	清理机械故障
			(2) 钻头被铁屑卡住,进给量大	
			(3) 负荷太大,导致 QF1 电磁脱扣器动作	
3	摇臂不能上升	控制电路	(1) SQ2 没有动作,KM2 不能吸合	检查 SQ2 位置
			(2) SQ2 动作,接触器 KM2 故障或 M2 故障	检查 KM2 或 M2
		液压系统	(3) 液压泵卡死,不转或堵塞,致 SQ2 不动作	检查油路
			(4)电源相序接反,液压泵反转,致 SQ2 不动作	检查电源相序

任务评价

根据自评、小组互评和教师评价将项目得分以及总评内容和得分填入表 6-3-4。

表 6-3-4　评价反馈表

<table>
<tr><td colspan="2" rowspan="2">任务名称</td><td rowspan="2">Z3040 型摇臂钻床电气控制电路常见故障的检修</td><td>学生姓名</td><td>学号</td><td>班级</td><td>日期</td></tr>
<tr><td></td><td></td><td></td><td></td></tr>
<tr><td>项目内容</td><td>配分</td><td colspan="4">评分标准</td><td>得分</td></tr>
<tr><td rowspan="3">主轴电动机 M1 不能起动</td><td rowspan="3">25 分</td><td colspan="4">1. 不能判断故障电路，扣 5 分</td><td rowspan="3"></td></tr>
<tr><td colspan="4">2. 不能找出原因，扣 10 分</td></tr>
<tr><td colspan="4">3. 不能排除故障，扣 10 分</td></tr>
<tr><td rowspan="3">按下 SB3，主轴电动机刚起动运转，QF1 跳闸</td><td rowspan="3">25 分</td><td colspan="4">1. 不能判断故障电路，扣 5 分</td><td rowspan="3"></td></tr>
<tr><td colspan="4">2. 不能找出原因，扣 10 分</td></tr>
<tr><td colspan="4">3. 不能排除故障，扣 10 分</td></tr>
<tr><td rowspan="3">摇臂不能上升</td><td rowspan="3">30 分</td><td colspan="4">1. 不能判断故障电路，扣 5 分</td><td rowspan="3"></td></tr>
<tr><td colspan="4">2. 不能找出原因，扣 10 分</td></tr>
<tr><td colspan="4">3. 不能排除故障，扣 10 分</td></tr>
<tr><td>实训后</td><td>10 分</td><td colspan="4">规范整理实训器材</td><td></td></tr>
<tr><td>职业素养养成</td><td>10 分</td><td colspan="4">严格遵守安全规程、文明生产、规范操作，养成严谨、专注、精益求精的职业精神，注重小组协作、德技并修</td><td></td></tr>
<tr><td>总评</td><td colspan="5"></td><td></td></tr>
</table>

思考与拓展

1. Z3040 型摇臂钻床大修后，若 SQ3 安装位置不当，会出现什么故障？
2. 按下下降按钮 SB5，写出摇臂下降的控制过程。

项目4
X62W型万能铣床电气控制电路

项目概述

铣床是一种通用的多用途机床,其应用广泛程度仅次于车床。铣床可用于加工平面、斜面和沟槽;如果装上分度头,可以铣切直齿齿轮的螺旋面;如果装上圆工作台,还可以加工凸轮和弧形槽。

铣床的种类很多,有卧式铣床、立式铣床、龙门铣床以及各种专用铣床等,其中以卧式和立式的万能铣床应用最为广泛。

本项目我们将了解 X62W 型万能铣床,提升铣床电气控制电路的识读与分析能力及在使用过程中遇到故障的检修能力。

任务1 认识 X62W 型万能铣床电气控制电路

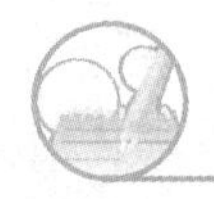

任务描述

X62W 型万能铣床是一种使用较多的铣床,X62W 型万能铣床的多台电动机之间如何实现自动控制呢?

知识储备

一、主要结构和运动情况

图 6-4-1 所示为 X62W 型万能铣床的外形。X62W 型万能铣床主要由床身、悬梁及刀杆支架、工作台、升降台等部分组成。

X62W 型万能铣床的主运动是主轴带动刀杆和铣刀的旋转运动,进给运动是工件相对于铣床的移动,包括工作台带动工件在前后(纵向)、左右(横向)及上下(垂直)6 个方向的运动,辅助运动是工作台在 6 个方向的快速移动。

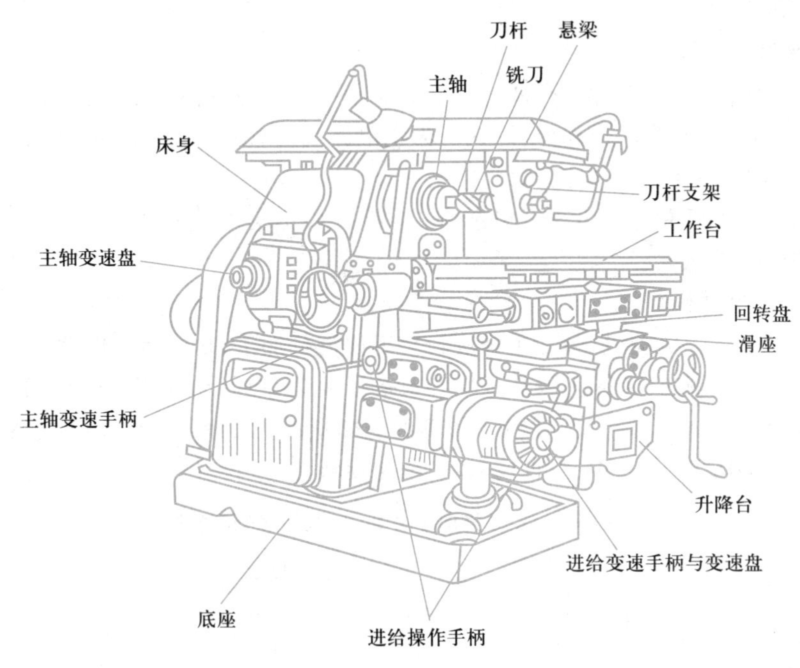

图 6-4-1　X62W 型万能铣床的外形

要点提示

(1) 主轴电动机一般选用三相笼型电动机，完成铣床的主运动。为满足顺铣和逆铣两种铣削方式的需要，主轴的正反转由电动机的正反转实现。主轴电动机没有电气调速，而是通过齿轮来实现变速。为缩短停车时间，主轴停车时采用电气制动，并要求变速冲动。

(2) 铣床的工作台前后、左右、上下 6 个方向的进给运动和工作台在 6 个方向的快速移动由进给电动机完成。进给电动机要求能正反转，并通过操纵手柄和机械离合器的配合来实现进给的快速移动。为扩大其加工能力，工作台可加装圆形工作台，圆形工作台的回转运动由进给电动机经传动机械驱动。

(3) 主运动和进给运动采用变速盘来进行速度选择，为保证变速齿轮啮合良好，两种运动都要求变速后进行瞬时点动（即变速冲动）。

(4) 根据加工工艺要求，铣床应具有以下电气联锁：

① 为防止刀具和铣床的损坏，要求只有主轴旋转后才能进行进给运动和工作台的快速移动。

② 为减小加工工件表面的粗糙度，只有进给停止后主轴才能停止或同时停止。铣床在电气上采用主轴和进给同时停止的方式，但由于主轴运动的惯性很大，实际上应保证进给运动先停止，主轴运动后停止的要求。

③ 工作台前后、左右、上下 6 个方向的进给运动中同时只能有一种运动产生，铣床采用机械操纵手柄和位置开关相配合的方式来实现 6 个方向的联锁。

(5) 需要一台冷却泵电动机提供冷却液。

(6) 必须具有短路、过载、失压、欠压等必要的保护装置。

(7) 具有安全的局部照明装置。

二、电气原理图识读

X62W 型万能铣床的电气原理图如图 6-4-2 所示。电气原理图的下方按顺序分为 18 个区，其中 1 区为电源开关及短路保护部分，2~5 区为主电路部分，6~18 区（11 区、12 区除外）为控制电路部分，11 区、12 区为照明灯电路部分。

三相电源 L1、L2、L3 由电源开关 QS1 控制，熔断器 FU1 实现对全电路的短路保护（1 区）。

（1）主电路（2~5 区）

主电路有 3 台电动机。

① M1（2 区）是主轴电动机，带动主轴旋转对工件进行加工，是主运动电动机。它由 KM1 的主触点控制，其控制线圈在 14 区。因其正反转切换不频繁，在起动前用主轴换相开关 SA3 预先选择。主轴换向开关 SA3 在 4 个位置时各触点的通断情况见表 6-4-1。热继电器 FR1 作为过载保护，其动断触点在 13 区。M1 为直接起动，单向旋转。

表 6-4-1 主轴换向开关 SA3 的触点通断情况

位置	正转	停止	反转
SA3-1	断开	断开	闭合
SA3-2	闭合	断开	断开
SA3-3	闭合	断开	断开
SA3-4	断开	断开	闭合

② M3（3 区）是冷却泵电动机，带动冷却泵供给铣刀和工件冷却液，同时利用冷却液带走金属屑。M3 由组合开关 QS2 作为控制开关，在需要提供冷却液时才接通。M1、M3 采用主电路顺序控制，所以 M1 起动后，M3 才能起动。热继电器 FR2 作为过载保护，其动断触点在 13 区。M3 为直接起动，单向旋转。

③ M2（4 区、5 区）是进给电动机，带动工作台作进给运动。它由 KM3、KM4 的主触点进行正反转控制，其控制线圈在 17 区、18 区。热继电器 FR3 作为过载保护，其动断触点在 15 区。熔断器 FU2 作短路保护。M2 作直接起动，双向旋转。

（2）控制电路（6~18 区，11 区、12 区除外）

控制电路包括交流控制电路和直流控制电路。交流控制电路由控制变压器 T 提供 110 V 的工作电压，熔断器 FU6 作为交流控制的短路保护（12 区）。直流控制电路的主轴制动、工作台工作进给和快速进给分别由电磁离合器 YC1（8 区）、YC2（9 区）、YC3（10 区）实现。电磁离合器的直流工作电压由整流变压器 T2 降压为 36 V 后经桥式整流提供，熔断器 FU3、FU4 分别作为整流器和直流控制电路的短路保护（6 区）。

① 主轴电动机 M1 的控制

主轴电动机 M1 的控制包括主轴起动、主轴制动和换刀制动及主轴变换冲动。

A. 主轴起动（14 区）。主轴电动机 M1 由接触器 KM1 控制，为两地控制单向控制电路。为方便操作，两组按钮安装在铣床的不同位置：SB1 和 SB5 安装在升降台上，SB2 和 SB6 安装在床身上。起动按钮 SB1、SB2（9-6）并联连接，停止按钮 SB5、SB6 的动断触点 SB5-1、SB6-1 串联连接，动合触点 SB5-2、SB6-2 并联连接。

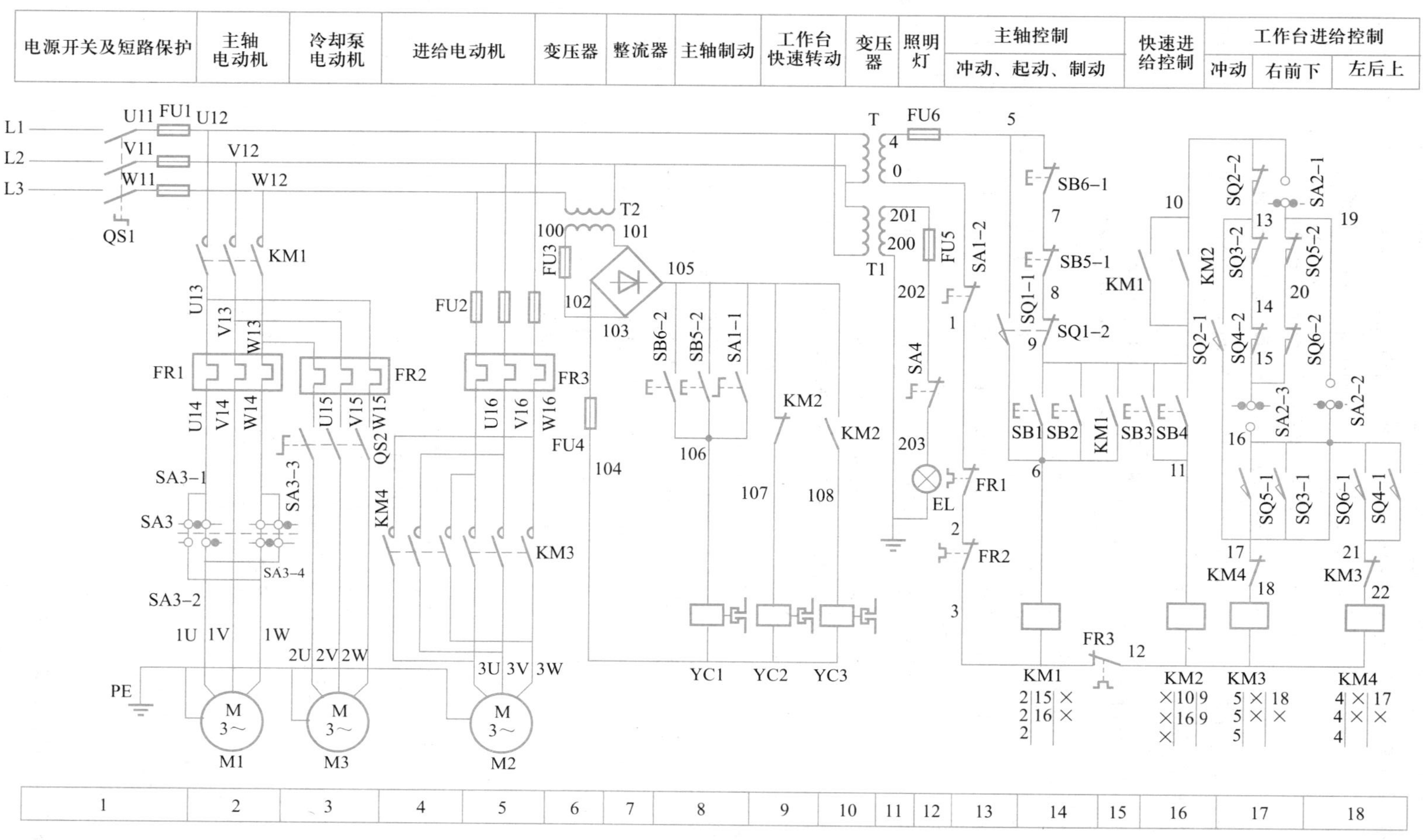

图 6-4-2　X62W 型万能铣床的电气原理图

起动前,先按照顺铣或逆铣的工艺要求,用组合开关 SA3 预先确定 M1 的转向。

B. 主轴制动和换刀制动(8 区、14 区)。主轴制动由电磁离合器 YC1 实现。YC1 装在主轴传动系统与 M1 转轴相连的第一根传动轴上,当 YC1 通电时,将摩擦片压紧,对 M1 进行制动。

按SB5或SB6 → SB5-1(7-8)或SB6-1触点断开 → KM1线圈断电 → M1停车
按SB5或SB6 → SB5-2或SB6-2触点闭合 → YC1线圈通电 → M1制动

为了使主轴在换刀时不随意转动,换刀前应该将主轴制动,以免发生事故。主轴的换刀制动由组合开关 SA1 控制。

SA1扳到换刀位置 → SA1-2触点断开 → 控制电路断电
SA1扳到换刀位置 → SA1-1触点闭合 → YC1线圈通电 → M1制动

换刀结束后,将 SA1 扳回工作位置,SA1 复位。

C. 主轴变速冲动(13 区)。变速冲动是为了在电动机变速时使变换后的齿轮能顺利啮合,主轴变速冲动是指变速时主轴电动机应能点动一下,进给变速冲动是指变速时进给电动机能点动一下。

主轴变速冲动由行程开关 SQ1 实现。变速时,将变速手柄拉出,转动变速盘调节所需转速,然后再将变速手柄复位。在手柄复位的过程中,瞬间压动了行程开关 SQ1,手柄复位后,SQ1 也随之复位。

压下SQ1 → SQ1-2(8-9)断开 → 断开其他支路
压下SQ1 → SQ1-1(5-6)闭合 → KM1线圈通电 → M1点动

② 进给电动机 M2 的控制(9 区、10 区、15~18 区)

工作台的进给运动分为工作进给和快速进给。工作进给必须在主轴电动机 M1 起动运行后才能进行,快速进给属于辅助运动,可以在 M1 不起动的情况下进行。因此,进给电动机 M2 必须在主轴电动机 M1 或冷却泵电动机 M3 起动后才能起动,KM1、KM2 的动合触点(9-10)并联接在进给电路中,属控制电路顺序控制。它们分别由两个电磁离合器 YC2 和 YC3 来实现。YC2、YC3 均安装在进给传动链中的第四根传动轴上。当 YC2 吸合而 YC3 断开时,为工作进给;当 YC3 吸合而 YC2 断开时,为快速进给。

工作台在 6 个方向上的进给运动(17 区、18 区)由机械操作手柄带动相关的行程开关 SQ3~SQ6,通过接触器 KM3、KM4 来控制进给电动机 M2 正反转来实现。行程开关 SQ3 和 SQ4 分别控制工作台的向前、向下和向后、向上运动,SQ5 和 SQ6 分别控制工作台的向右和向左运动。

A. 工作台的纵向(左右)进给运动(17 区、18 区)。先将工作台开关 SA2 置于“断开”位置上,SA2 各触点的通断情况见表 6-4-2。

表 6-4-2 SA2 各触点通断情况

位置	接通	断开
SA2-1	断开	闭合
SA2-2	闭合	断开
SA2-3	断开	闭合

工作台的纵向进给过程如下:

当纵向操作手柄扳到“向右”时:

SQ5动作 → SQ5-2触点断开
SQ5动作 → SQ5-1触点闭合 → KM3线圈通电 → M2正转 → 工作台向右运动

当纵向操作手柄扳到“向左”时：

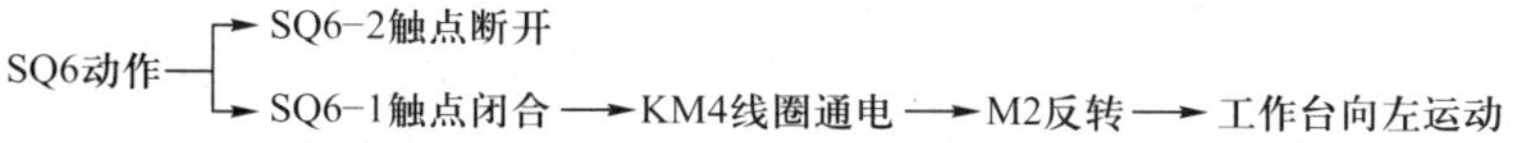

SQ6动作 → SQ6-2触点断开
SQ6动作 → SQ6-1触点闭合 → KM4线圈通电 → M2反转 → 工作台向左运动

当将纵向操作手柄扳回中间位置时，一方面纵向运动的机械机构脱开，另一方面行程开关SQ5、SQ6均复位，其动合触点断开，KM3、KM4断电，M2停车，工作台停止运动。

在工作台的两端各有一块挡铁，当工作台移动到挡铁碰动纵向进给手柄位置时，会使纵向进给手柄回到中间位置，实现自动停车，即终端限位保护。调整挡铁在工作台上的位置，可以改变停车的终端位置。

B. 工作台的垂直（上下）与横向（前后）进给运动（17区、18区）。工作台垂直与横向进给运动由十字手柄操纵。十字手柄有两个，分别装在工作台左侧的前、后方，十字手柄有上、下、前、后和中间5个位置，扳动十字手柄时，通过它的联动机构将有关的传动机构接通。十字手柄位置与工作台的运动关系见表6-4-3。

表6-4-3　十字手柄位置与工作台的运动关系

手柄位置	行程开关动作	M2转向	工作台运动
向下	SQ3	正转	向下
向上	SQ4	反转	向上
向前	SQ3	正转	向前
向后	SQ4	反转	向后
中间	不动作	不旋转	不运动

工作台垂直与横向进给工作过程如下：

当十字手柄扳“向下”时：

SQ3动作 → SQ3-2触点断开
SQ3动作 → SQ3-1触点闭合 → KM3线圈通电 → M2正转 → 工作台向下运动

当十字手柄扳“向上”时：

SQ4动作 → SQ4-2触点断开
SQ4动作 → SQ4-1触点闭合 → KM4线圈通电 → M2反转 → 工作台向上运动

当十字手柄扳“向前”或“向后”时，虽然同样压动行程开关SQ3和SQ4，但此时机械传动机构使工作台分别向前或向后运动。工作台垂直与横向进给均有限位保护。

C. 工作台的快速进给（15区、16区）。要使工作台在6个方向上快速进给，在按工作进给的方法操纵进给控制手柄的同时，按下快速进给按钮SB3（在床身的侧面）或SB4（在工作台的前面）。工作台的快速进给工作过程为：

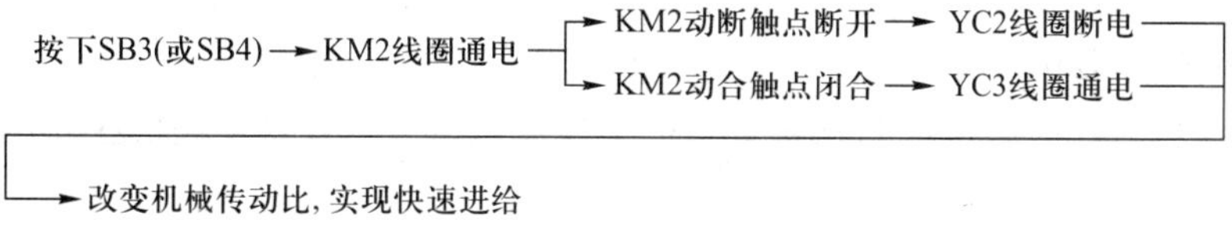

按下SB3(或SB4) → KM2线圈通电 → KM2动断触点断开 → YC2线圈断电
按下SB3(或SB4) → KM2线圈通电 → KM2动合触点闭合 → YC3线圈通电
→ 改变机械传动比，实现快速进给

由于 KM1 的动合触点(10-9)并联了 KM2 的动合触点,所以在 M1 不起动情况下,也可以进行快速进给。

D. 圆工作台的控制(17 区、18 区)。圆工作台是机床的附件,在需要加工弧形槽、弧形面和螺旋槽时,可以在工作台上安装圆工作台进行铣切。圆工作台的回转运动也由进给电动机 M2 拖动。SA2 各触点通断情况见表 6-4-2。在使用圆工作台时,将组合开关 SA2 扳至"接通"位置,SA2-2 触点闭合,SA2-1、SA2-3 触点断开。在主轴电动机 M1 起动的同时,KM3 线圈经 10—13—14—15—20—19—17—18 的路径通电,M2 正转,带动圆工作台旋转。从 KM3 线圈通电路径可见,只要扳动工作台进给操作的任何一个手柄,SQ3～SQ6 其中一个行程开关的动断触点断开,都会切断 KM3 线圈支路,使圆工作台停止运动,从而保证了工作台的进给运动和圆工作台的旋转运动不会同时进行。

E. 进给变速冲动(17 区)。与主轴变速冲动一样,进给变速时进给电动机也应能点动一下,使变换后的齿轮能顺利啮合。

进给变速冲动由行程开关 SQ2 实现。变速时,将进给变速手柄拉出,转动变速盘调节所需转速,然后再将变速手柄复位。在手柄复位的过程中,在瞬时压下了行程开关 SQ2,手柄复位后,SQ2 也随之复位。

压下SQ2 → SQ2-2动断触点断开
压下SQ2 → SQ2-1动合触点闭合 → KM3线圈通电 → M2点动

KM3 线圈的通电路径为:10—19—20—15—14—13—17—18。由 KM3 的通电路径可见,只有在进给操作手柄均处于零位,且行程开关 SQ3～SQ6 均不动作时,才能进行进给变速冲动。

③ 冷却泵电动机 M3 的控制

冷却泵电动机 M3 必须在 M1 起动后,才有可能起动。M3 由组合开关 QS2 作控制开关,需要提供冷却液才接通。

(3) 照明灯电路(11 区、12 区)

照明灯电路由照明变压器 T1 提供 24V 的安全工作电压,照明灯开关 SA4 控制照明灯 EL,熔断器 FU5 作为照明灯电路的短路保护。

任务实施

做中学

认识 X62W 型万能铣床电气控制电路

一、认识电气元器件

以小组为单位,参照表 6-4-4,认识 X62W 型万能铣床电气控制电路的主要电气元器件及其用途。

表 6-4-4 X62W 型万能铣床电气控制电路的主要电气元器件明细表

序号	符号	名称	型号	规格	数量	用途
1	M1	主轴电动机	JO2-51-4	7.5 kW,1 450 r/min	1	主运动动力
2	M2	进给电动机	JO2-52-4	1.5 kW,1 410 r/min	1	进给和辅助运动动力
3	M3	冷却泵电动机	JCB-22	0.125 kW,2 790 r/min	1	提供冷却液
4	FR1	热继电器	JR0-40/3	热元件整定电流 13.85 A	1	M1 的过载保护
5	FR2	热继电器	JR10-10/3	10 号热元件,整定电流 3.42 A	1	M3 的过载保护
6	FR3	热继电器	JR10-10/3	1 号热元件,整定电流 0.145 A	1	M2 的过载保护
7	KM1	接触器	CJ10-20	20 A,线圈电压 110 V	1	M1 的运行控制
8	KM2	接触器	CJ10-20	10 A,线圈电压 110 V	1	电磁离合器 YC2 和 YC3 控制
9	KM3,KM4	接触器	CJ10-10	10 A,线圈电压 110 V	2	M2 的正反转控制
10	FU1	熔断器	RL1-60	380 V,60A,配 60 A 熔体	3	全电路的短路保护
11	FU2	熔断器	RL1-15	380 V,15 A,配 5 A 熔体	3	M2 的短路保护
12	FU3	熔断器	RL1-15	380 V,15 A,配 5 A 熔体	1	直流控制电路短路保护
13	FU4	熔断器	RL1-15	380 V,15 A,配 5 A 熔体	1	整流器短路保护
14	FU5	熔断器	RL1-15	380 V,15 A,配 15 A 熔体	1	照明灯电路短路保护
15	FU6	熔断器	RL1-15	380 V,15 A,配 1 A 熔体	1	交流控制电路短路保护
16	SB1,SB2	按钮	LA2	500 V,5 A,红色	2	M1 的起动按钮
17	SB3,SB4	按钮	LA2	500 V,5 A,绿色	2	快速进给按钮
18	SB5,SB6	按钮	LA2	500 V,5 A,黑色	2	M1 的停止按钮
19	QS1	组合开关	HZ1-60/3J	三极,60 A,500 V	1	电源引入开关
20	QS2	组合开关	HZ1-10/3J	三极,10 A,500 V		M3 控制开关
21	SA1	组合开关	HZ1-10/3J	二极,10 A,500 V	1	换刀制动开关
22	SA2	组合开关	HZ1-10/3J	二极,10 A,500 V	1	工作台开关
23	SA3	组合开关	HX3-60/3J	二极,60 A,500 V	1	M1 换向开关
24	SA4	组合开关	HZ10-10/2	二极,10 A	1	铣床照明开关
25	SQ1	行程开关	JC11	带 40W,36 V 灯泡	1	主轴变速冲动开关
26	SQ2	行程开关	—	600 V,5 μF	1	进给变速冲动开关
27	SQ3~SQ6	行程开关	GF	50 W,500 Ω	4	进给运动控制开关

二、电气安装接线

以小组为单位,参考图6-4-3和图6-4-4进行电气安装与接线。整个过程要求团队协作、安全规范操作、严谨细致、精益求精。

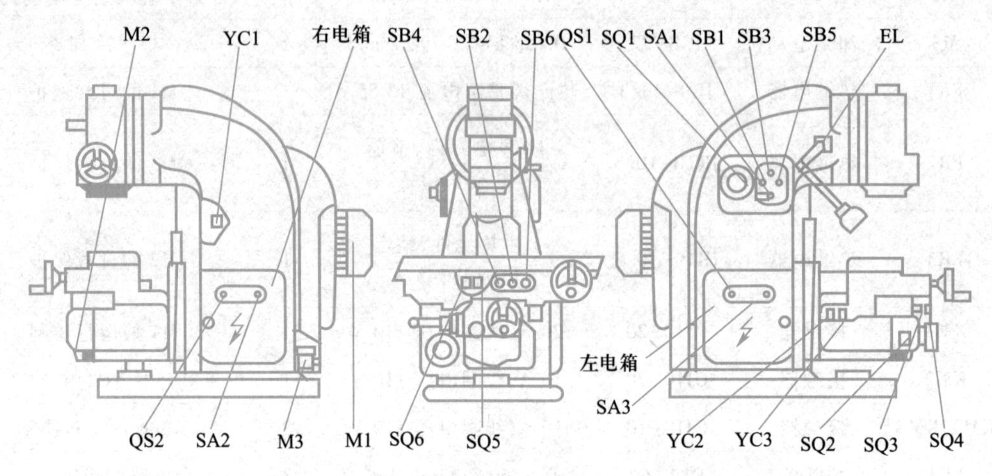

图6-4-3 X62W型万能铣床元器件位置图

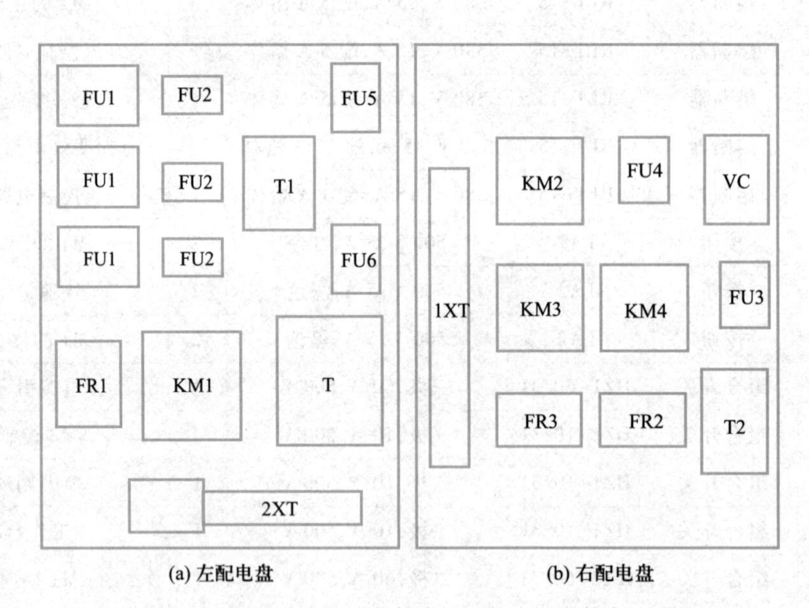

图6-4-4 X62W型万能铣床配电箱内元器件布置图

(1) 根据电动机的容量、线路走向及要求和各元器件的安装尺寸,正确选配导线的规格、导线通道类型和数量、接线端子板、控制板、紧固件等。

(2) 在配电盘上固定元器件和走线槽,并在元器件附近做好与电路图上相同代号的标记。安装走线槽时,应做到横平竖直、排列整齐匀称、安装牢固和便于走线等。

(3) 按接线图在配电盘上进行板前线槽配线,并在导线端部套编码套管。

（4）进行配电盘外的元器件固定和布线。配电箱外部导线的线头上要套装与电路图相同线号的编码套管，可移动的导线通道应留适当的余量。

要点提示

（1）电动机和线路的接地要符合要求。严禁采用金属软管作为接地通道。

（2）在配电箱外部进行布线时，导线必须穿在或敷设在机床底座内的导线通道中，导线的中间不允许有接头。

（3）试车时，要先合上电源开关，后按起动按钮；停车时，要先按停止按钮，后断电源开关。

（4）通电试车必须在教师的监护下进行，必须严格遵守安全操作规程。

任务评价

根据自评、小组互评和教师评价将项目得分以及总评内容和得分填入表6-4-5。

表6-4-5　评价反馈表

任务名称	认识X62W型万能铣床电气控制电路	学生姓名	学号	班级	日期
项目内容	配分	评分标准			得分
熟悉X62W型万能铣床	40分	熟悉X62W型万能铣床的结构、运动情况及各元器件规格、用途			
安装接线	40分	1. 不按布置图安装，扣5分			
		2. 元器件安装不牢固、不匀称、不合理，每次扣5分			
		3. 损坏元器件，扣10分			
		4. 不按电路图接线，扣5分			
		5.布线不符合要求，每根扣3分			
		6. 接点不符合要求，每个扣2分			
		7. 损坏导线线芯或绝缘，扣5分			
实训后	10分	规范整理实训器材			
职业素养养成	10分	严格遵守安全规程、文明生产、规范操作，养成严谨、专注、精益求精的职业精神，注重小组协作、德技并修			
总评					

思考与拓展

1. 主轴的变速由齿轮系统完成，当变速时将变速手柄拉出，调好速度挡后，为使齿轮易于重新啮合，在啮合前主轴必须要__________。

2. 工作台的进给有三个坐标：__________、__________、__________；六个方向：__________、__________、__________、__________、__________、__________。

任务 2 X62W 型万能铣床电气控制电路常见故障的检修

任务描述

在使用 X62W 型万能铣床的过程中，如果发生电路控制故障，如何才能快速进行电气故障的排除呢？

知识储备

一、机床电气故障排查方法

当机床发生电气故障时，不要马上动手检修。在检修前，要通过问、看、听、摸来了解故障前后的操作情况和故障发生后出现的异常现象。

(1) 问。询问操作者故障前后电路和设备的运行情况及故障发生后的现象。故障发生前有无切削力过大和频繁起动、制动、停车等情况，有无经过保养或改动线路，是否有声响、冒烟、火花、异常振动等。

(2) 看。查看故障发生后是否有明显的外观征兆。如信号异常，有指示装置的熔断器熔断，保护电器动作，接线脱落，触点烧蚀或熔焊，线圈过热烧毁等。

(3) 听。在线路还能运行和不扩大故障范围、不损坏设备的前提下，可通电试车，细听电动机、接触器和继电器的声音是否正常。

(4) 摸。在刚切断电源后，尽快触摸电动机、变压器、电磁线圈及熔断器等，看是否有过热现象。

二、机床电气故障处理方法——电压分阶测量法

用电压分阶测量法检修机床电气故障时，首先将万用表的量程置于交流电压 500 V 挡。对于 X62W 型万能铣床主轴电动机控制电路，可以采用电压分阶测量法检测，如图 6-4-5 所示，所测的电压值及故障点见表 6-4-6。

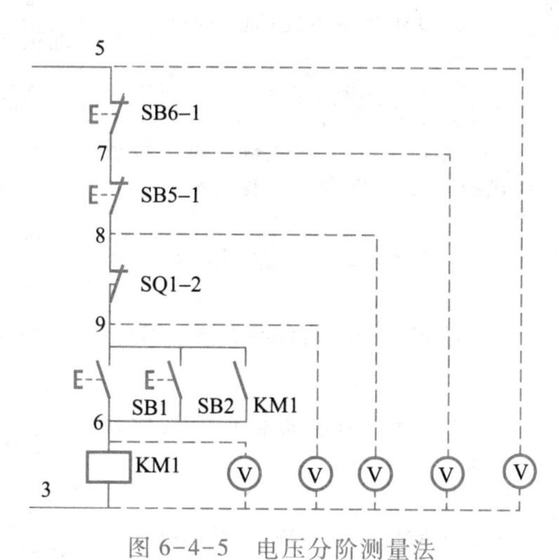

图 6-4-5　电压分阶测量法

表 6-4-6　用电压分阶测量法所测的电压值及故障点

故障现象	测试状态	3-5	3-7	3-8	3-9	3-6	故障点
按下 SB1 或 SB2，KM1 不吸合	按下 SB1 或 SB2 不放	0 V	0 V	0 V	0 V	0 V	没有电源（FU6 熔断）
		110 V	0 V	0 V	0 V	0 V	SB6-1 动断触点接触不良
		110 V	110 V	0 V	0 V	0 V	SB5-1 动断触点接触不良
		110 V	110 V	110 V	0 V	0 V	SQ1-2 动断触点接触不良
		110 V	110 V	110 V	110 V	0 V	SB1 或 SB2 触点接触不良
		110 V	110 V	110 V	110 V	110 V	KM1 线圈断路

任务实施

做中学

X62W 型万能铣床电气控制电路常见故障的检修

以小组为单位，根据表 6-4-7，对 X62W 型万能铣床电气控制电路常见故障进行排查与检修训练，整个过程要求团队协作、安全规范操作、严谨细致、精益求精。

表 6-4-7 X62W 型万能铣床电气控制电路常见故障的处理方法

序号	故障现象	故障电路	故障原因	处理方法
1	主轴电动机不能起动	电源电路	(1) FU1 熔断;连接断路	更换相同规格的熔体;将连线接好
			(2) QS1 接触不良;连接断路	更换相同规格的电源开关;将连线接好
			(3) SA3 接触不良	修复、更换主轴换向开关
		控制电路	(4) FR1、FR2 动断触点不复位或接触不良;连线断路或有油垢	复位或修复热继电器;更换相同型号的热继电器;将连线接好
			(5) FU6 接触不良;连线断路	更换相同规格的熔断器;将连线接好
			(6) SB1、SB2 动合触点接触不良;连线断路	修复或更换 SB1、SB2;将连线接好
			(7) SB5、SB6 动断触点击穿或短路	修复或更换 SB5、SB6
			(8) KM1 线圈开路;连线断路	更换相同型号的接触器;将连线接好
			(9) SQ1 动断触点接触不良;接线断路	修复或更换行程开关;将连线接好
2	主轴电动机不能制动	控制电路	(1) 电磁离合器 YC1 线圈断路	修复或更换电磁离合器 YC1
			(2) FU3、FU4 接触不良;连线断路	更换相同规格的熔断器或将连线接好
			(3) 整流器中的二极管损坏	更换损坏的二极管
3	工作台各个方向不能进给	主电路	(1) FU2 接触不良;连线断路	更换相同规格的熔断器;将连线接好
			(2) KM3、KM4 主触点熔焊、被杂物卡住不能断开;线圈有剩磁造成触点不能复位	修复或更换接触器
		控制电路	(3) SA2 处于断开状态	将工作台开关处于“接通”状态
			(4) M1 没有起动	起动 M1
			(5) KM3、KM4 动断触点接触不良或连线断开	修复或更换接触器;将连线接好
			(6) SQ2 在复位时没有接通或接触不良	修复或更换变速冲动开关

续表

序号	故障现象	故障电路	故障原因	处理方法
4	工作台能够前后进给，不能左右、上下进给	控制电路	KM3、KM4接触不良，连线断开，螺钉松动；行程开关移位、接触不良、触点不能复位或连线断开	修复或更换接触器或行程开关；将连线连好
5	工作台不能快速移动	控制电路	(1) SB3、SB4动合触点接触不良；连线断开	修复或更换SB3、SB4；将连线接好
			(2) KM2线圈开路；连线断开	更换相同型号的接触器；将连线接好
			(3) 电磁离合器YC3线圈断路	修复或更换电磁离合器YC3

任务评价

根据自评、小组互评和教师评价将项目得分以及总评内容和得分填入表6-4-8。

表6-4-8 评价反馈表

任务名称	X62W型万能铣床电气控制电路常见故障的检修		学生姓名	学号	班级	日期
项目内容	配分	评分标准				得分
主轴电动机不能起动	20分	1. 不能判断故障电路，扣5分				
		2. 不能找出原因，扣10分				
		3. 不能排除故障，扣10分				
主轴电动机不能制动	20分	1. 不能判断故障电路，扣5分				
		2. 不能找出原因，扣10分				
		3. 不能排除故障，扣10分				
工作台各个方向不能进给	20分	1. 不能判断故障电路，扣5分				
		2. 不能找出原因，扣10分				
		3. 不能排除故障，扣10分				
工作台不能快速移动	20分	1. 不能判断故障电路，扣5分				
		2. 不能找出原因，扣10分				
		3. 不能排除故障，扣10分				

续表

项目内容	配分	评分标准	得分
实训后	10分	规范整理实训器材	
职业素养养成	10分	严格遵守安全规程、文明生产、规范操作，养成严谨、专注、精益求精的职业精神，注重小组协作、德技兼修	
总评			

思考与拓展

1. 说明X62W型万能铣床主轴变速冲动控制过程。

2. X62W型万能铣床电气控制电路中三个电磁离合器的作用分别是什么？电磁离合器为什么要采用直流电源供电？

模 块 小 结

1. 车床是使用最广泛的一种金属切削机床，主要用于车削工件的外圆、内圆、端面、螺纹等，装上钻头或铰刀，还可进行钻孔和铰孔等加工。

2. CA6140 型车床主要由床身、主轴箱、进给箱、溜板箱、刀架、丝杠、光杠、尾座等组成。

3. CA6140 型车床的主运动是工件的旋转运动，进给运动是刀具的直线运动，辅助运动是刀架的快速移动及工件的夹紧和放松。

4. M7130 型平面磨床是平面磨床中使用较普遍的一种，其作用是用砂轮磨削加工各种零件的表面。

5. M7130 型平面磨床主要由床身、工作台、电磁吸盘、砂轮箱、滑座、立柱等部分组成。

6. M7130 型平面磨床的主运动是砂轮的快速旋转，由砂轮电动机带动。进给运动有工作台的纵向往复运动和砂轮的横向和垂直进给运动，采用液压传动，由液压泵电动机驱动液压泵。

7. 钻床是一种用途广泛的孔加工机床，它主要用钻头钻削精度要求不太高的孔，另外还可以用来扩孔、铰孔、镗孔，以及刮平面、攻螺纹等。

8. Z3040 型摇臂钻床主要由底座、内立柱、外立柱、摇臂、主轴箱及工作台等部分组成。

9. Z3040 型摇臂钻床的主运动是主轴的旋转运动，进给运动为主轴的纵向(垂直)进给运动，辅助运动为主轴箱沿摇臂导轨的径向运动、摇臂沿外立柱的垂直移动及摇臂和外立柱一起绕内立柱的回转运动。

10. 铣床是一种通用的多用途机床，其使用范围仅次于车床。铣床可用于加工平面、斜面和沟槽；如果装上分度头，可以铣切直齿齿轮的螺旋面；如果装上圆工作台，还可以加工凸轮和弧形槽。

11. X62W 型万能铣床的主运动是主轴带动刀杆和铣刀的旋转运动，进给运动是工件相对于铣床的移动，包括工作台带动工件在前后(纵向)、左右(横向)及上下(垂直)6 个方向的运动，辅助运动是工作台在 6 个方向的快速移动。

复习思考题

一、填空题

1. 车床是使用最广泛的一种__________，主要用于车削工件的__________、__________、__________、__________等。

2. CA6140 型车床主要由__________、__________、__________、__________、刀架、丝杠、光杠、尾座等组成。

3. CA6140 型车床的主运动是工件的__________，进给运动是刀具的__________，辅助运动是______________________________。

4. M7130 型平面磨床是平面磨床中使用较普遍的一种，其作用是______________________。

5. M7130 型平面磨床主要由床身、__________、__________、__________、滑座、立柱等部分组成。

6. M7130 型平面磨床的主运动是____________，由砂轮电动机带动。进给运动有____________________和____________________，采用液压传动。

7. 钻床是一种用途广泛的孔加工机床，它主要用钻头钻削____________________，另外还可以用来__________、__________、__________，以及刮平面、攻螺纹等。

8. 摇臂钻床的主运动是__________，进给运动为______________。

9. X62W 型万能铣床的铣头上安装或卸下铣刀时，主轴必须在__________状态下。当要装刀或卸刀时，电路中采用开关__________来实现，使__________断开控制电路，以防误动作而伤人或设备，而__________接通电磁离合器 YC1 制动主轴。

二、选择题

1. CA6140 型车床的过载保护采用(　　)，短路保护采用(　　)，失压保护采用(　　)。

A. 接触器自锁　B. 熔断器　C. 热继电器　D. 接触器联锁

2. 主电动机缺相运行，会发出“嗡嗡”声，输出转矩下降，可能(　　)。

A. 烧毁电动机　B. 烧毁控制电路

C. 电动机加速运转　D. 电动机停止

3. Z3040 型摇臂钻床中，立柱与主轴箱松开后，主轴箱在摇臂上的移动靠(　　)。

A. 转动手轮　B. 电动机驱动　C. 液压驱动　D. 手轮和液压结合

4. Z3040 型摇臂钻床中，时间继电器 KT 线圈断路，按下摇臂上升按钮，摇臂(　　)。

A. 正常上升　B. 不能上升

C. 上升但摇臂与立柱未松开　D. 不上升反而下降

5. M7130 型平面磨床中，插座的作用(　　)。

A. 保护吸盘　B. 充磁　C. 退磁　D. 接照明灯

6. M7130 型平面磨床的电磁吸盘电路中 R_2 开路，会造成(　　)；R_3 开路会造成(　　)。

A. 电磁吸盘不能充磁　　B. 电磁吸盘不能快速退磁

C. 电磁吸盘不能充磁，也不能退磁　　D. 电磁吸盘不能充磁，但能退磁

7. X62W 型万能铣床的主轴电动机要求正反转，不用接触器控制而用组合开关控制，是因为(　　)。

A. 节省电器　　B. 正反转不频繁　　C. 操作方便　　D. 安全原因

三、简答题

1. CA6140 型车床电气控制电路中有几台电动机？它们的作用分别是什么？

2. Z3040 型摇臂钻床大修后，若摇臂升降电动机 M2 的三相电源相序接反会发生什么事故？试车时应如何检测？

3. M7130 型平面磨床电气控制电路中，欠电流继电器 KA 和电阻 R_2 的作用分别是什么？

4. X62W 型万能铣床的工作台可以在哪些方向上进给？

参考文献

1. 杜德昌. 电工电子技术与技能[M]. 3 版. 北京:高等教育出版社,2018
2. 杜德昌. 电工电子技术及应用[M]. 3 版. 北京:高等教育出版社,2018.
3. 赵承荻,王玺珍,袁媛.电机与电气控制技术[M]. 5 版. 北京:高等教育出版社,2019.
4. 崔金华. 电器及 PLC 控制技术与实训[M]. 北京:机械工业出版社,2011.
5. 杜德昌. 电动机结构与维修[M]. 3 版. 北京:电子工业出版社,2011.

郑重声明

防伪查询说明

用户购书后刮开封底防伪涂层,利用手机微信等软件扫描二维码,会跳转至防伪查询网页,获得所购图书详细信息。也可将防伪二维码下的20位密码按从左到右、从上到下的顺序发送短信至106695881280,免费查询所购图书真伪。

反盗版短信举报

编辑短信"JB,图书名称,出版社,购买地点"发送至10669588128

防伪客服电话

(010)58582300

学习卡账号使用说明

一、注册/登录

访问 http://abook.hep.com.cn/sve,点击"注册",在注册页面输入用户名、密码及常用的邮箱进行注册。已注册的用户直接输入用户名和密码登录即可进入"我的课程"页面。

二、课程绑定

点击"我的课程"页面右上方"绑定课程",正确输入教材封底防伪标签上的20位密码,点击"确定"完成课程绑定。

三、访问课程

在"正在学习"列表中选择已绑定的课程,点击"进入课程"即可浏览或下载与本书配套的课程资源。刚绑定的课程请在"申请学习"列表中选择相应课程并点击"进入课程"。

如有账号问题,请发邮件至:4a_admin_zz@pub.hep.cn。